U0177964

高等学校数学类系列教材

应用数值分析

冯象初　王卫卫　任春丽
尚晓清　冯晓莉　宋宜美　编著

西安电子科技大学出版社

内 容 简 介

本书系统地介绍了数值分析的基本理论和算法。全书共7章，内容分为三大部分：第一部分(第1章)是预备知识，主要介绍误差的基本理论、Banach空间、Hilbert空间、不动点原理等；第二部分(第2～4章)是数值逼近，主要介绍函数的插值与逼近问题、数据处理问题、数值积分和数值微分等；第三部分(第5～7章)是数值代数，主要介绍线性方程组、非线性方程(组)的数值解法及矩阵的特征问题。

本书内容丰富，论述翔实严谨，理论知识、实现方法、应用案例紧密结合，可作为数学系高年级本科生及电子、通信、计算机等工科专业研究生的教材，也可供从事科学和工程计算的科技工作者参考。

图书在版编目(CIP)数据

应用数值分析/冯象初等编著. 一西安：西安电子科技大学出版社，2020.8(2022.10重印)
ISBN 978-7-5606-5810-0

Ⅰ. ① 应…　Ⅱ. ① 冯…　Ⅲ. ① 数值分析　Ⅳ. ① O241

中国版本图书馆CIP数据核字(2020)第139262号

策　　划　李惠萍
责任编辑　李惠萍
出版发行　西安电子科技大学出版社(西安市太白南路2号)
电　　话　(029)88242885　88201467　　邮　　编　710071
网　　址　www.xduph.com　　电子邮箱　xdupfxb001@163.com
经　　销　新华书店
印刷单位　陕西天意印务有限责任公司
版　　次　2020年8月第1版　2022年10月第3次印刷
开　　本　787毫米×960毫米　1/16　印　张　16
字　　数　328千字
印　　数　4001～6000册
定　　价　38.00元
ISBN 978-7-5606-5810-0/O

XDUP 6112001-3

前　言

“数值分析”是我校数学与统计学院数学与应用数学专业、信息与计算科学专业本科生的专业基础课，也是我校电子类各专业硕士研究生的学位课，每年有千余人学习此课程。学习此课程的硕士研究生来自通信、电子工程、电子机械、微电子、技术物理、计算机科学、计算机应用等多个学科和专业。

本书编写组成员长期从事本科生和研究生的数值分析课程教学工作以及与数值分析密切相关的科研工作，在教学和科研过程中不断探索，特别是结合选课学生的专业特点和专业需要，在教学内容的设计方面进行了深入的改革。本书在经典内容的基础上，增加了泛函分析基础知识，为深入理解各种数值方法奠定理论基础；增加了二元插值、二维梯度和方向导数的计算(图像方向场)、矩阵的广义逆、奇异值分解等内容的介绍；为了让学生了解数值分析方法的广泛应用，对大部分数值方法都给出了实例；为了加强和巩固学生对知识的理解，每章配有适当难度和数量的习题。此外，为了加强学生的数值计算能力，每章都提供了数值实验题。

本书的主要特点如下：

(1) 重视理论分析，有利于进一步巩固学生的理论基础，加强培养学生的理论分析能力。

(2) 重视理论与应用相结合，有利于加强培养学生灵活运用理论解决实际问题的能力。

(3) 内容与时俱进，结合专业需要，有很强的实用性。

(4) 设计有工程背景的数值实验，有利于加强培养学生的数值仿真能力。

全书共 7 章，其中第 1 章、第 2 章的 2.7 节、第 3 章的 3.7 节、第 4 章的 4.8 节、第 5 章的 5.7 节和第 7 章的 7.6 节与 7.7 节由冯象初教授编写，第 2 章的 2.1 节～2.6 节及第 3 章的 3.1 节～3.6 节由任春丽副教授编写，第 4 章的 4.1 节～4.7 节由尚晓清副教授编写，第 5 章的 5.1 节～5.6 节及第 7 章的 7.1 节～7.5 节由王卫卫教授编写，第 6 章由冯晓莉副教授编写，各章习题由宋宜美副教授编写。

本书的编写得到了西安电子科技大学研究生院、数学与统计学院的大力支持，在此深表谢意。同时，对本书编写时所参考的相关文献的作者也一并表示感谢。

由于编者水平有限，书中不妥之处在所难免，欢迎广大读者批评指正。

编著者

2020 年春于西安电子科技大学

目　　录

第 1 章　理论准备

1.1　绪　　论

1.1.1　数值分析简介

数值分析又称计算方法或数值计算方法，它是研究利用计算机解决一些基本数学计算问题的数值计算方法，其包括函数的逼近、函数的积分和微分、线性方程组的求解、非线性方程和非线性方程组的求解、矩阵的特征问题等。数值分析的重点在于讨论解决上述问题的数值算法的构造(即设计计算公式和算法步骤)、算法的理论分析(包括误差分析、收敛性分析、稳定性分析)等。数值分析把微积分、线性代数等课程中的相关数学理论与计算机应用紧密结合起来，既有纯数学的高度抽象性与严密科学性，又有应用的广泛性与实际实验的高度技术性。

用计算机解决科学计算问题时需经历的过程如图 1.1.1 所示，从中可以看出数值计算方法起着承上启下的作用，是连接数学模型到计算结果的重要环节。数值计算方法的根本任务是：针对具体的数学模型，研究通过计算机所能执行的基本运算(加、减、乘、除)来求得各类问题的数值解的方法，通过程序设计、运算获得计算结果，对算法和结果进行相应的理论分析，如收敛性分析、误差分析等，从而保证计算结果满足实际要求。

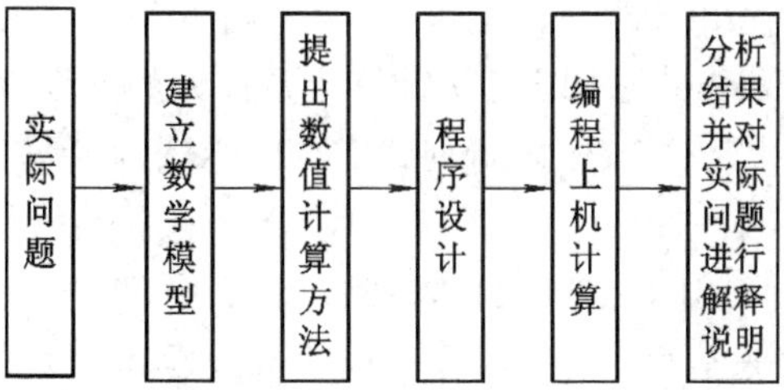

图 1.1.1　用计算机解决科学计算问题时需经历的过程

1. 收敛性问题

数值计算方法是在离散化的基础上进行的，其解决问题的最终结果不是解析解而是数值解。连续性问题(如微分方程、积分方程)的求解，首先要通过特定的手段将连续问题离散化(如用差分代替微分)，然后转化为代数问题。计算机只能直接对有限位数进行加、减、乘、除与逻辑运算，因此对给定的数学模型提出的数值计算方法也只能包含上述五种运算。对于给定的数学模型，采用不同的离散手段可以导致不同的数值方法，应该通过理论分析、数值实验等加以研究，例如，用计算机运算得到的结果是否收敛到实际问题的解以及收敛速度的快慢等。

例 1.1.1 求非线性方程 $f(x)=0$ 的根。若已知方程的粗略近似解为 x_0，则由 Taylor (泰勒)级数得

$$f(x) \approx f(x_0) + f'(x_0)(x - x_0)$$

令

$$f(x_0) + f'(x_0)(x - x_0) = 0$$

这是一个线性方程，易于求解，将其解记为 x_1，易知

$$x_1 = x_0 - \frac{f(x_0)}{f'(x_0)}$$

将 x_1 作为非线性方程 $f(x)=0$ 的新的近似解，并重复这一过程，得迭代公式

$$x_{n+1} = x_n - \frac{f(x_n)}{f'(x_n)}$$

这一求非线性方程近似解的方法称为牛顿迭代法。我们要研究迭代序列 $\{x_n\}$ 的收敛性，若收敛，是否收敛到方程的精确解，以及收敛的速度等问题。

2. 计算复杂度问题

由于计算机的内存大小、运算速度等约束，对选定的算法要进行计算量分析。算法的计算量主要由以下两个因素决定：一是使用中央处理器(CPU)的时间，这主要由四则运算的次数决定；二是占用内存储器的空间，这主要由使用的数据量决定。有时也称之为时间与空间的复杂度，简称计算复杂度。

例 1.1.2 解线性方程组 $\boldsymbol{Ax}=\boldsymbol{b}$。若 $\det\boldsymbol{A}\neq 0$，则方程组存在唯一解，理论上可采用 Cramer 法则求解。但用 Cramer 法则求解，计算量是惊人的！设 $\boldsymbol{A}$ 为 20 阶矩阵，则需计算 21 个 20 阶的行列式。而计算一个 20 阶行列式需要的乘法运算量为 $19\times 20!$ 次，总的乘法运算量为

$$21 \times 19 \times 20! \approx 9.71 \times 10^{20}\text{(次)}$$

若用 10 亿次/秒的计算机来运算，则一年可完成的乘法运算量为

$$10^9 \times 365 \times 24 \times 3600 \approx 3.15 \times 10^{16}\text{(次 / 年)}$$

解 20 阶的方程组所需乘法运算的时间为

$$\frac{9.71 \times 10^{20}}{3.15 \times 10^{16}} \approx 3.08 \times 10^4\text{(年)}$$

显然这个运算时间在实际中是不可接受的。而在实际问题中，例如大型水利工程、天气预

报等，需要解的大型方程组的阶数一般都远远大于20。这个例子说明解线性方程组的Cramer法则在理论上虽然可行，但在实际应用中却不可行。本书第5章给出了一些计算机上可行的数值方法，如高斯消元法，其计算复杂度为$O(n^3)$。

3. 算法的数值稳定性问题

由于计算机字长的限制，计算机只能近似地表示实数。不论计算机中的数是定点表示，还是浮点表示，它所表示的数的位数都是有限的，这说明用计算机运算得到的结果都是近似的，因此需要对算法进行舍入误差分析。舍入误差在算法计算过程中会不会扩大的问题就是算法的数值稳定性问题。

例 1.1.3 当$b^2-4ac>0$时，方程$ax^2+bx+c=0$有两个相异的实根$x_{1,2}=\frac{-b\pm\sqrt{b^2-4ac}}{2a}$。若直接按此编写程序，则当$b^2\gg 4ac$时，$\sqrt{b^2-4ac}\approx|b|$，分子中会出现两个相近数相减，这会使有效数字损失，影响计算精度(1.2节中会给出有效数字具体的分析)。

上面几个例子表明，算法设计、收敛性分析、计算复杂度分析和稳定性分析是数值分析课程要考虑的核心问题。总之，对于给定的数学模型，应该设计可行、有效的算法，使其在理论上收敛、稳定，在实际计算中精确度高、计算复杂度小。

1.1.2 课程内容及课程要求

课程内容：介绍工程和科学实验中最基本、最常用的数值算法，如插值法、最佳逼近、数值积分与数值微分、线性与非线性方程组的数值求解、矩阵的特征值与特征向量的计算等。

课程要求：掌握数值分析中相关的理论分析技巧和数值求解方法；熟悉所学方法的计算过程，并在实践中能够合理地选择和使用数值计算方法；培养科学计算的能力。

1.1.3 算法的实现

掌握数值分析的根本目的是解决所遇到的各种数学问题，为此必须在计算机上实现算法，这包含使用软件工具和自编程序两方面的含义。

“数值分析”课程涉及的大多是数值分析的基本问题，有很多现成的通用或专用数学软件包含有实现这些算法的子程序，如Mathematica、Matlab等，可以直接调用这些子程序或库函数求出数值解。尽管如此，自编程序仍是不可缺少的。一则，子程序和库函数是孤立的功能块，实际问题往往需要综合使用多种数学方法才能解决；二则，一个数学问题可能有多种解法，各有优缺点，需要选择合适的方法，这就需要对算法的性质有深刻的了解，只有通过理论和实践两个方面才能得到解决；三则，数学软件和函数库并非包罗万象，有的问题需要自己构造算法并编制程序。

1.2　误差的来源、基本概念及减少误差的若干原则

1.2.1　误差的来源

误差的来源如下：

(1) 模型误差。一般来说，生产和科研中遇到的实际问题是比较复杂的，要用数学模型来描述，需要进行必要的简化，忽略一些次要的因素，这样建立起来的数学模型与实际问题之间一定有误差。数学模型与实际问题之间的误差称为模型误差。

(2) 观测误差(或数据误差)。一般数学问题包含若干参数，它们的值往往通过观测得到。实验或观测得到的数据与实际数据之间的误差称为观测误差(或数据误差)。

(3) 方法误差(或截断误差)。一般数学问题难以求解，往往要通过近似替代，简化为较易求解的问题。数学模型的精确解与用数值方法得到的数值解之间的误差称为方法误差(或截断误差)。例如，由 Taylor 公式得

$$\mathrm{e}^x = 1 + x + \frac{x^2}{2!} + \cdots + \frac{x^n}{n!} + R_n(x)$$

用 $p_n(x)=1+x+\frac{x^2}{2!}+\cdots+\frac{x^n}{n!}$ 近似代替 e^x，这时的方法误差为

$$R_n(x) = \frac{\mathrm{e}^\xi}{(n+1)!}x^{n+1}$$

ξ 介于 0 与 x 之间。

(4) 舍入误差。对数据进行四舍五入后产生的误差称为舍入误差。

由于数值分析研究数学问题的数值解法，因此本书中只讨论方法误差和舍入误差。

1.2.2　误差的基本概念

1. 绝对误差和绝对误差限、相对误差和相对误差限

定义 1.2.1　设 x^* 为准确值，x 是 x^* 的近似值，称

$$e = x^* - x \tag{1.2.1}$$

为近似值 x 的绝对误差，简称误差。

误差 e 既可为正，也可为负。一般来说，准确值 x^* 是不知道的，因此误差 e 的准确值无法求出。在实际工作中，可根据相关领域的知识、经验及测量工具的精度，事先估计出误差绝对值不超过某个正数 ε，即

$$|e| = |x^* - x| \leqslant \varepsilon \tag{1.2.2}$$

ε 称为近似值 x 的绝对误差限，简称误差限或精度。

由式(1.2.2)得

$$x-\varepsilon \leqslant x^{*} \leqslant x+\varepsilon$$

故有时将准确值 x^{*} 写成 $x^{*}=x\pm\varepsilon$。例如用卡尺测量一个圆杆的直径近似值为 $x=350$ mm，由卡尺的精度知道这个近似值的误差不会超过 0.5 mm，则有

$$|x^{*}-x|=|x^{*}-350|\leqslant 0.5$$

于是该圆杆的直径为

$$x^{*}=(350\pm 0.5)\ \text{mm}$$

用 $x^{*}=x\pm\varepsilon$ 表示准确值可以反映它的准确程度，但不能说明近似值的优劣。例如，测量一根 10 cm 长的圆钢时发生了 0.5 cm 的误差，和测量一根 10 m 长的圆钢时发生了 0.5 cm 的误差，其绝对误差都是 0.5 cm，但是，后者的测量结果显然比前者要准确得多。这说明决定一个量的近似值的优劣，除了要考虑绝对误差的大小，还要考虑准确值本身的大小，这就需要引入相对误差的概念。

定义 1.2.2 设 x^{*} 为准确值，x 是 x^{*} 的近似值，称

$$e_{r}=\frac{e}{x^{*}}=\frac{x^{*}-x}{x^{*}} \tag{1.2.3}$$

为近似值 x 的相对误差。

在实际计算中，由于准确值 x^{*} 总是未知的，因此也把

$$e_{r}=\frac{e}{x}=\frac{x^{*}-x}{x} \tag{1.2.4}$$

称为近似值 x 的相对误差。

在上面的例子中，前者的相对误差是 0.5/10=0.05，而后者的相对误差是 0.5/1000=0.0005。一般来说，相对误差越小，表明近似程度越好。与绝对误差一样，近似值 x 的相对误差的准确值也无法求出。仿绝对误差限，称相对误差绝对值的上界 ε_{r} 为近似值 x 的相对误差限，即

$$|e_{r}|=\left|\frac{x^{*}-x}{x}\right|\leqslant \varepsilon_{r} \tag{1.2.5}$$

注 绝对误差和绝对误差限有量纲(单位)，而相对误差和相对误差限没有量纲，通常用百分数来表示。

2. 有效数字及其与相对误差限的联系

当在实际运算中遇到的数的位数很多时，如 π、e 等，常常采用四舍五入的原则得到近似值，为此引入有效数字的概念。

定义 1.2.3 设近似值 $x=\pm 0.a_{1}a_{2}\cdots a_{n}\times 10^{m}$，其中 a_{1}，a_{2}，…，a_{n} 是 0 到 9 之间的自然数，$a_{1}\neq 0$，m 为整数，如果

$$|x^{*}-x|\leqslant \frac{1}{2}\times 10^{m-n} \tag{1.2.6}$$

则称近似值 x 具有 n 位有效数字(其中 a_1，a_2，…，a_n 都是 x 的有效数字)，也称 x 是有 n 位有效数字的近似值。

例 1.2.1 设 $x^*=3.200\,169$，则它的近似值 $x_1=3.2001$，$x_2=3.2002$ 分别具有几位有效数字?

解 因为 $x_1=0.320\,01\times10^1$，$m=1$，$|x^*-x_1|=0.069\times10^{-3}<0.5\times10^{-3}$，所以 $m-n=-3$，$n=4$。故 $x_1=3.2001$ 具有 4 位有效数字，而最后一位数字 1 不是有效数字。

因为 $x_2=0.320\,02\times10^1$，$m=1$，$|x^*-x_2|=0.31\times10^{-4}<0.5\times10^{-4}$，所以 $m-n=-4$，$n=5$。故 $x_2=3.2002$ 具有 5 位有效数字。

特别要指出的是，$x^*=3.200$ 有 4 位有效数字，而 $x=3.2$ 只有 2 位有效数字。

从上面的讨论可以看出，有效数字位数越多，绝对误差限就越小。同样地，有效数字位数越多，相对误差限也就越小。下面阐述有效数字与相对误差限的联系。

定理 1.2.1 设近似值 $x=\pm0.a_1a_2\cdots a_n\times10^m$ 有 n 位有效数字，则其相对误差限为 $\varepsilon_r=\frac{1}{2a_1}\times10^{-n+1}$。

证明 因为 x 具有 n 位有效数字，所以由定义 1.2.3 知

$$|x^*-x|\leqslant\frac{1}{2}\times10^{m-n}$$

又 $|x|\geqslant a_1\times10^{m-1}$，故

$$\frac{|x^*-x|}{|x|}\leqslant\frac{\frac{1}{2}\times10^{m-n}}{a_1\times10^{m-1}}=\frac{1}{2a_1}\times10^{-n+1}=\varepsilon_r$$

定理 1.2.2 设近似值 $x=\pm0.a_1a_2\cdots a_n\times10^m$ 的相对误差限为 $\varepsilon_r=\frac{1}{2(a_1+1)}\times10^{-n+1}$，则它至少具有 n 位有效数字。

证明 因为 $|x|\leqslant(a_1+1)\times10^{m-1}$，所以

$$|x^*-x|=\frac{|x^*-x|}{|x|}\cdot|x|\leqslant\frac{1}{2(a_1+1)}\times10^{-n+1}\times(a_1+1)\times10^{m-1}=\frac{1}{2}\times10^{m-n}$$

故由定义 1.2.3 知 x 至少具有 n 位有效数字。

例 1.2.2 设 $\sqrt{5}$ 的近似值 x 的相对误差不超过 0.1%，问 x 至少具有几位有效数字?

解 设 x 至少具有 n 位有效数字，因为 $\sqrt{5}=2.23\cdots$ 的第一个非零数字是 2，即 x 的第一位有效数字 $a_1=2$，根据题意及定理 1.2.1 知

$$\frac{|\sqrt{5}-x|}{|x|}\leqslant\frac{1}{2a_1}\times10^{-n+1}=\frac{1}{2\times2}\times10^{-n+1}\leqslant10^{-3}$$

解得 $n\geqslant3.398$，故取 $n=4$，即 x 至少具有 4 位有效数字时，其相对误差不超过 0.1%。

1.2.3 减少误差的若干原则

在用计算机实现算法时，输入计算机的数据一般是有误差的(如观测误差等)，计算机运算过程的每一步又会产生舍入误差，由十进制转化为机器数也会产生舍入误差，这些误差在迭代过程中还会逐步传播和积累，因此必须研究这些误差对计算结果的影响。但一个实际问题往往需要亿万次以上的计算，且每一步都可能产生误差，因此不可能对每一步误差进行分析和研究，只能根据具体问题的特点进行研究，提出相应的误差估计。特别地，如果在构造算法的过程中注意了以下一些原则，则可有效地减少和避免误差的危害，控制误差的传播和积累。

1. 避免两个相近的数相减

在数值计算中两个相近的数相减会造成有效数字的严重损失，从而导致误差增大，影响计算结果的精度。

例 1.2.3 当 $x=10\ 003$ 时，计算 $\sqrt{x+1}-\sqrt{x}$ 的近似值。

解 若使用 6 位十进制浮点运算，运算时取 6 位有效数字，则结果

$$\sqrt{x+1}-\sqrt{x}=100.020-100.015=0.005$$

只有 1 位有效数字，损失了 5 位有效数字，使得绝对误差和相对误差都变得很大，影响计算结果的精度。若改用

$$\sqrt{x+1}-\sqrt{x}=\frac{1}{\sqrt{x+1}+\sqrt{x}}\approx\frac{1}{100.020+100.015}\approx 0.004\ 999\ 13$$

则其结果有 6 位有效数字，与精确值 0.004 999 125 231 179 84…非常接近。

2. 防止重要的小数被大数“吃掉”

在数值计算中，参加运算的数的数量级有时相差很大，而计算机的字长又是有限的，因此，如果不注意运算次序，就可能出现小数被大数“吃掉”的现象。这种现象在有些情况下是允许的，但在有些情况下，这些小数很重要，若它们被“吃掉”，就会造成计算结果的失真，影响计算结果的可靠性。

例 1.2.4 求二次方程 $x^2-(10^9+1)x+10^9=0$ 的根。

解 用因式分解易得方程的两个根为 $x_1=10^9$，$x_2=1$，但用求根公式 $x_{1,2}=\dfrac{-b\pm\sqrt{b^2-4ac}}{2a}$ 编制程序，如果在只能将数表示到小数后 8 位的计算机上运算，那么首先要对阶。由于

$$-b=10^9+1=0.100\ 000\ 0\times 10^{10}+0.000\ 000\ 000\ 1\times 10^{10}$$

而计算机上只能达到 8 位，故计算机上 $0.000\ 000\ 000\ 1\times 10^{10}$ 不起作用，即视为 0，于是

$$-b=0.100\ 000\ 0\times 10^{10}=10^9$$

类似地，有 $\sqrt{b^2-4ac}=|b|=10^9$，故所得两个根为 $x_1=10^9$，$x_2=0$。x_2 严重失真的原因是大数“吃掉了”小数。

如果把 x_2 的计算公式写成 $x_2=\dfrac{-b-\sqrt{b^2-4ac}}{2a}=\dfrac{2c}{-b+\sqrt{b^2-4ac}}$，则

$$x_2=\frac{2\times 10^9}{10^9+10^9}=1$$

再如，已知 $x=3\times 10^{12}$，$y=7$，$z=-3\times 10^{12}$，求 $x+y+z$。如果按 $x+y+z$ 的次序来编制程序，则 x“吃掉” y，而 x 与 z 互相抵消，其结果为0。如果按 $(x+z)+y$ 的次序来编制程序，其结果为7。由此可见，如果事先大致估计出计算方案中各数的数量级，编制程序时加以合理的安排，那么重要的小数就可以避免被“吃掉”。此例还说明，用计算机作加减运算时，交换律和结合律往往不成立，不同的运算次序会得到不同的运算结果。

3. 避免出现除数的绝对值远远小于被除数绝对值的情况

在用计算机实现算法的过程中，如果用绝对值很小的数作除数，往往会使舍入误差增大。即在计算 $\dfrac{y}{x}$ 时，若 $|x|\ll 1$，则可能产生较大的舍入误差，对计算结果带来严重影响，因此应尽量避免。

例 1.2.5 在4位浮点十进制数下，用消去法解线性方程组

$$\begin{cases}0.000\,03x_1-3x_2=0.6\\ x_1+2x_2=1\end{cases}$$

解 仿计算机实际计算，将上述方程组写成

$$\begin{cases}0.3000\times 10^{-4}x_1-0.3000\times 10^{1}x_2=0.6000\times 10^{0} & (1)\\ 0.1000\times 10^{1}x_1+0.2000\times 10^{1}x_2=0.1000\times 10^{1} & (2)\end{cases}$$

(1) $\div(0.3000\times 10^{-4})-$(2)（注意：在第一步运算中出现了用很小的数作除数的情形，相应地在第二步运算中出现了大数“吃掉”小数的情形），得

$$\begin{cases}0.3000\times 10^{-4}x_1-0.3000\times 10^{1}x_2=0.6000\times 10^{0}\\ -0.1000\times 10^{6}x_2=0.2000\times 10^{5}\end{cases}$$

解得 $x_1=0$，$x_2=-0.2$。而原方程组的准确解为 $x_1=1.399\,972\cdots$，$x_2=-0.199\,986\cdots$。显然上述结果严重失真。

如果反过来用第二个方程消去第一个方程中含 x_1 的项，就可以避免很小的数作除数的情形，即(2)$\times(0.3000\times 10^{-4})-$(1)，得

$$\begin{cases}-0.3000\times 10^{1}x_2=0.6000\times 10^{0}\\ 0.1000\times 10^{1}x_1+0.2000\times 10^{1}x_2=0.1000\times 10^{1}\end{cases}$$

解得 $x_1=1.4$，$x_2=-0.2$。这是一组相当好的近似解。

4. 注意算法的数值稳定性

为了避免误差在运算过程中的累积增大，在构造算法时，要考虑算法的稳定性。

定义 1.2.4　一个算法如果输入数据有误差，而在计算过程中误差不增长，那么称此算法是数值稳定的，否则称为数值不稳定的。

例 1.2.6　当 $n=0, 1, 2, \cdots, 11$ 时，计算积分 $I_n=\int_0^1 \frac{x^n}{x+9}\mathrm{d}x$ 的近似值。

解　由 $I_n+9I_{n-1}=\int_0^1 \frac{x^n+9x^{n-1}}{x+9}\mathrm{d}x=\int_0^1 x^{n-1}\mathrm{d}x=\frac{1}{n}$，得递推关系

$$I_n=\frac{1}{n}-9I_{n-1} \tag{1.2.7}$$

因为 $I_0=\int_0^1 \frac{1}{x+9}\mathrm{d}x=\ln 10-\ln 9\approx 0.105\ 361=\bar{I}_0$，利用递推关系(即式(1.2.7))得

$$\begin{cases}\bar{I}_0=0.105\ 361\\ \bar{I}_n=\dfrac{1}{n}-9\bar{I}_{n-1},\ n=1, 2, \cdots, 11\end{cases} \tag{1.2.8}$$

由式(1.2.8)得

$\bar{I}_1=0.051\ 751$，$\bar{I}_2=0.034\ 241$，$\bar{I}_3=0.025\ 164$，$\bar{I}_4=0.023\ 521$，$\bar{I}_5=-0.011\ 689$，…

由 I_n 的表达式知，对所有正整数 n，$I_n>0$，而上面得出的 $\bar{I}_5=-0.011\ 689<0$ 显然是错误的。下面分析产生错误的原因。

设初始误差为 ε_0，则 $\varepsilon_0=I_0-\bar{I}_0=-4.843\ 42\times 10^{-7}$，这时

$$\varepsilon_n=I_n-\bar{I}_n=\left(\frac{1}{n}-9I_{n-1}\right)-\left(\frac{1}{n}-9\bar{I}_{n-1}\right)=-9\varepsilon_{n-1}=\cdots=(-9)^n\varepsilon_0$$

$$\varepsilon_1=-9\varepsilon_0=4.359\ 08\times 10^{-6}$$

$$\varepsilon_2=(-9)^2\varepsilon_0=-3.923\ 17\times 10^{-5}$$

$$\varepsilon_3=(-9)^3\varepsilon_0=3.530\ 85\times 10^{-4}$$

$$\varepsilon_4=(-9)^4\varepsilon_0=-3.177\ 77\times 10^{-3}$$

而 I_5 的准确值是 0.016 910 921 01…，显然误差的传播和积累淹没了问题的真解。可见，虽然初始误差 ε_0 很小，但是上述算法误差的传播是逐步扩大的，也就是说它是不稳定的，因此计算结果不可靠。

下面换一种算法。由式(1.2.7)得

$$I_{n-1}=\frac{1}{9}\left(\frac{1}{n}-I_n\right) \tag{1.2.9}$$

首先估计初值 I_{12} 的近似值。因为

$$\frac{1}{10(n+1)}=\frac{1}{10}\int_0^1 x^n\mathrm{d}x\leqslant I_n\leqslant\frac{1}{9}\int_0^1 x^n\mathrm{d}x=\frac{1}{9(n+1)}$$

所以 $\frac{1}{130}\leqslant I_{12}\leqslant\frac{1}{117}$。因为 $\frac{1}{2}\times\left(\frac{1}{130}+\frac{1}{117}\right)\approx 0.008\ 120$，所以可取 $\bar{I}_{12}=0.008\ 120$。建立递推关系

$$\begin{cases}\bar{I}_{12}=0.008\ 120\\ \bar{I}_{n-1}=\frac{1}{9}\times\left(\frac{1}{n}-\bar{I}_n\right), \quad n=12, 11, \cdots, 2, 1\end{cases} \tag{1.2.10}$$

计算结果见表 1.2.1。

表 1.2.1　例 1.2.6 采用递推公式(1.2.10)得到的迭代结果

n	I_n(准确值)	$\bar{I}_n$(近似值)	n	I_n(准确值)	$\bar{I}_n$(近似值)
0	0.105 361	0.105 361	6	0.014 468	0.014 468
1	0.051 755	0.051 755	7	0.012 642	0.012 642
2	0.034 202	0.034 202	8	0.011 224	0.011 224
3	0.025 517	0.025 517	9	0.010 093	0.010 092
4	0.020 343	0.020 343	10	0.009 168	0.009 172
5	0.016 911	0.016 911	11	0.008 401	0.008 357

从表 1.2.1 可以看出，用第二种算法得出的结果精度很高。这是因为，虽然初始数据 $\bar{I}_{12}=0.008\ 120$ 有误差，但是这种误差在计算过程的每一步都是逐步缩小的，即此算法是稳定的。这个例子表明，用数值方法在解决实际问题时一定要选择数值稳定的算法。

5. 简化计算步骤

同样一个问题，如果能减少运算次数，那么不但可以节省计算机的计算复杂度，而且还能减少舍入误差的积累。因此在构造算法时，合理地简化计算公式是一个非常重要的原则。

例 1.2.7　离散 Fourier(傅立叶)变换。假设已知一离散信号 $(f_0, f_1, \cdots, f_{N-1})^{\mathrm{T}}$，则其对应的 Fourier 系数为

$$a_j=\frac{1}{N}\sum_{k=0}^{N-1}f_k\mathrm{e}^{-\mathrm{i}jk\frac{2\pi}{N}}, \quad j=0, 1, \cdots, N-1$$

反过来，若已知 Fourier 系数 $(a_0, a_1, \cdots, a_{N-1})^{\mathrm{T}}$，则可求出

$$f_j=\sum_{k=0}^{N-1}a_k\mathrm{e}^{\mathrm{i}jk\frac{2\pi}{N}}$$

上面两个式子分别称为离散 Fourier 变换和离散 Fourier 逆变换，在数字信号处理、光谱及

声谱分析等领域有广泛的应用。

归纳起来主要是计算 $\sum_{k=0}^{N-1} x_k\ (\mathrm{e}^{-\mathrm{i}j\frac{2\pi}{N}})^k$ 或 $\sum_{k=0}^{N-1} x_k(\mathrm{e}^{\mathrm{i}j\frac{2\pi}{N}})^k(j=0,\ 1,\ \cdots,\ N-1)$。若令 $\omega=\mathrm{e}^{-\mathrm{i}\frac{2\pi}{N}}$ 或 $\mathrm{e}^{\mathrm{i}\frac{2\pi}{N}}$，即要求

$$c_j=\sum_{k=0}^{N-1} x_k\omega^{kj},\quad j=0,\ 1,\ \cdots,\ N-1 \tag{1.2.11}$$

要求出 c_0，c_1，…，c_{N-1}，共需要进行 N^2 次复数乘法计算。一般取 $N=2^p$(p 为正整数)，此时需要进行 $2^p\times 2^p$ 次乘法计算。

快速 Fourier 变换的基本思想是利用乘法的结合律 $ab+ac=a(b+c)$减少乘法计算的次数。在式(1.2.11)中，如果有相同的 ω^{kj}，则提出来，将对应的 x_k 相加后再乘 ω^{kj}，这样可以大量减少乘法计算的次数。在 $\omega^{ij}=\mathrm{e}^{\mathrm{i}kj\frac{2\pi}{N}}$中，设 $kj=qN+r$，即除以 N 后得商 q 及余数 r，则

$$\omega^{kj}=\mathrm{e}^{\mathrm{i}kj\frac{2\pi}{N}}=\mathrm{e}^{\mathrm{i}(qN+r)\frac{2\pi}{N}}=\mathrm{e}^{\mathrm{i}2\pi q}\mathrm{e}^{\mathrm{i}r\frac{2\pi}{N}}=\mathrm{e}^{\mathrm{i}r\frac{2\pi}{N}}=\omega^r$$

下面以 $N=2^3$ 为例，由于 $0\leqslant k$，$j\leqslant N-1=2^3-1=7$，则只需计算

$$c_j=\sum_{k=0}^{7} x_k\omega^{kj},\ j=0,\ 1,\ \cdots,\ 7,\ \omega=\mathrm{e}^{\mathrm{i}\frac{2\pi}{N}} \tag{1.2.12}$$

将 k，j 用二进制表示为

$$k=k_2 2^2+k_1 2+k_0 2^0=(k_2,\ k_1,\ k_0)$$
$$j=j_2 2^2+j_1 2+j_0 2^0=(j_2,\ j_1,\ j_0)$$

其中，k_r、$j_r(r=0,\ 1,\ 2)$只能取 0 或 1。记 $c_j=c(j_2,\ j_1,\ j_0)$，$x_k=x(k_2,\ k_1,\ k_0)$，则式(1.2.12)表示为

$$\begin{aligned}
c(j_2,\ j_1,\ j_0)&=\sum_{k_0=0}^{1}\sum_{k_1=0}^{1}\sum_{k_2=0}^{1} x(k_2,\ k_1,\ k_0)\omega^{(k_2 2^2+k_1 2+k_0 2^0)(j_2 2^2+j_1 2+j_0 2^0)}\\
&=\sum_{k_0=0}^{1}\sum_{k_1=0}^{1}\sum_{k_2=0}^{1} x(k_2,\ k_1,\ k_0)\omega^{j_2 2^2(k_2 2^2+k_1 2+k_0 2^0)}\omega^{j_1 2^1(k_2 2^2+k_1 2+k_0 2^0)}\omega^{j_0 2^0(k_2 2^2+k_1 2+k_0 2^0)}\\
&=\sum_{k_0=0}^{1}\sum_{k_1=0}^{1}\sum_{k_2=0}^{1} x(k_2,\ k_1,\ k_0)\omega^{j_2 k_0 2^2}\omega^{j_1(k_1 2^2+k_0 2^1)}\omega^{j_0(k_2 2^2+k_1 2+k_0 2^0)}\\
&=\sum_{k_0=0}^{1}\Big[\sum_{k_1=0}^{1}\Big(\sum_{k_2=0}^{1} x(k_2,\ k_1,\ k_0)\omega^{j_0(k_2,\ k_1,\ k_0)}\Big)\omega^{j_1(k_1 2^2+k_0 2)}\Big]\omega^{j_2 k_0 2^2}\\
&=\sum_{k_0=0}^{1}\Big[\sum_{k_1=0}^{1}\Big(\sum_{k_2=0}^{1} x(k_2,\ k_1,\ k_0)\omega^{j_0(k_2,\ k_1,\ k_0)}\Big)\omega^{j_1(k_1,\ k_0,\ 0)}\Big]\omega^{j_2(k_0,\ 0,\ 0)}
\end{aligned}$$

算法可写为

$$A_0(k_2,\ k_1,\ k_0)=x(k_2,\ k_1,\ k_0)$$

$$A_1(k_1, k_0, j_0) = \sum_{k_2=0}^{1} A_0(k_2, k_1, k_0)\omega^{j_0(k_2, k_1, k_0)}$$

$$A_2(k_0, j_1, j_0) = \sum_{k_1=0}^{1} A_1(k_1, k_0, j_0)\omega^{j_1(k_1, k_0, 0)}$$

$$A_3(j_2, j_1, j_0) = \sum_{k_0=0}^{1} A_2(k_0, j_1, j_0)\omega^{j_2(k_0, 0, 0)}$$

$$c(j_2, j_1, j_0) = A_3(j_2, j_1, j_0)$$

$N=2^3$，计算分为三步，每步进行 2 次复数乘法计算。一般取 $N=2^p$，计算分为 p 步，每步进行 $2pN$ 次乘法计算，即 $2p\cdot 2^p=2\log N\cdot N$ 和 $N^2=2^p\cdot 2^p$ 相比计算量要小得多。

计算流图如图 1.2.1 所示，其中的实线和虚线均表示计算方向。

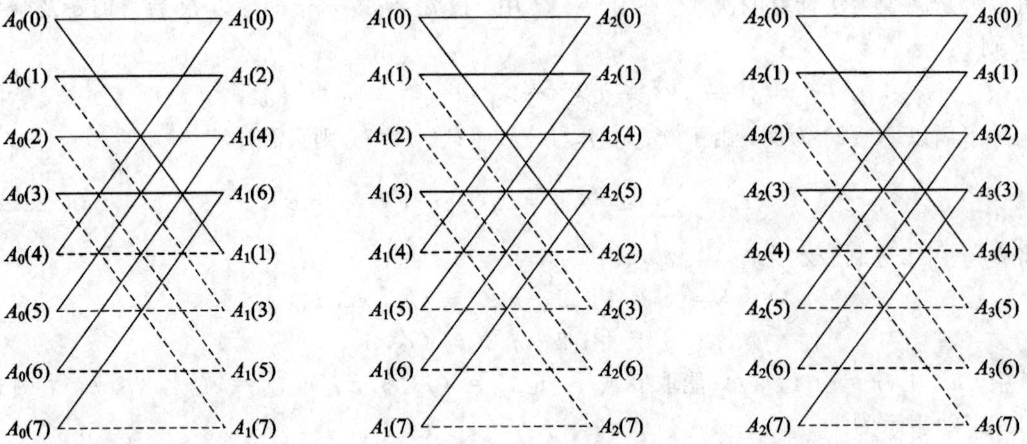

图 1.2.1　计算流图

输入 $A_0(i)=x(i)$，当 $N=2^p$ 时，有

$$\begin{cases} A_q(k2^q+j) = A_{q-1}(k2^{q-1}+j) + A_{q-1}(k2^{q-1}+j+2^{p-1}) \\ A_q(k2^q+j+2^{q-1}) = [A_{q-1}(k2^{q-1}+3) - A_{q-1}(k2^{q-1}+j+2^{p-1})]\omega k2^{q-1} \end{cases}$$

其中，$q=1, 2, \cdots, p$，$k=0, 1, \cdots, 2^{p-q}-1$，$j=0, 1, \cdots, 2^{q-1}-1$。

1.3　范数与内积

向量范数和矩阵范数是计算向量和矩阵“大小”的度量。第 5 章需要利用向量范数和矩阵范数来度量线性方程组的精确解和近似解的误差，以及分析迭代公式的收敛性；第 3 章要利用内积空间的正交投影解决函数的最佳平方逼近问题。因此，本节先介绍向量范数和矩阵范数，然后介绍内积空间的基本概念和性质。

1.3.1　向量范数和矩阵范数

定义 1.3.1(向量范数)　如果向量 $\boldsymbol{x}\in\mathbf{R}^n$ 的某个实值函数记作 $\|\boldsymbol{x}\|$，且满足：

(1) 正定性：$\|\boldsymbol{x}\|\geqslant 0$，且 $\|\boldsymbol{x}\|=0\Leftrightarrow\boldsymbol{x}=\mathbf{0}$；

(2) 正齐性：$\forall\alpha\in\mathbf{R}$，有 $\|\alpha\boldsymbol{x}\|=|\alpha|\,\|\boldsymbol{x}\|$；

(3) 三角不等式：$\forall\boldsymbol{x},\boldsymbol{y}\in\mathbf{R}^n$，有 $\|\boldsymbol{x}+\boldsymbol{y}\|\leqslant\|\boldsymbol{x}\|+\|\boldsymbol{y}\|$，

则称 $\|\boldsymbol{x}\|$ 是 $\mathbf{R}^n$ 上的一个向量范数。

下面是几种常用的向量范数：

(1) ∞-范数：$\|\boldsymbol{x}\|_\infty=\max\limits_{1\leqslant i\leqslant n}|x_i|$；

(2) 1-范数：$\|\boldsymbol{x}\|_1=\sum\limits_{i=1}^{n}|x_i|$；

(3) 欧氏范数或 2-范数：$\|\boldsymbol{x}\|_2=\sqrt{\sum\limits_{i=1}^{n}|x_i|^2}$。

可以证明它们都满足范数的公理化要求。第 5 章将利用向量范数定义两个向量 $\boldsymbol{x}$，$\boldsymbol{y}$ 的误差为 $\|\boldsymbol{x}-\boldsymbol{y}\|$，即差向量的范数。

定理 1.3.1(范数的连续性)　设 $\|\boldsymbol{x}\|$ 是 $\mathbf{R}^n$ 上任一种向量范数，则 $\|\boldsymbol{x}\|$ 是向量 $\boldsymbol{x}$ 的分量$(x_1, x_2, \cdots, x_n)$的连续函数。

定理 1.3.2(向量范数的等价性)　设 $\|\cdot\|_s$ 与 $\|\cdot\|_t$ 是 $\mathbf{R}^n$ 上任意两种向量范数，则存在常数 C_1，$C_2>0$，使

$$C_1\|\boldsymbol{x}\|_s\leqslant\|\boldsymbol{x}\|_t\leqslant C_2\|\boldsymbol{x}\|_s,\qquad\forall\boldsymbol{x}\in\mathbf{R}^n$$

证明　只需证明不等式在 $\|\boldsymbol{x}\|_s=\|\boldsymbol{x}\|_\infty$ 时成立，即证明存在常数 C_1，$C_2>0$，使

$$C_1\leqslant\frac{\|\boldsymbol{x}\|_t}{\|\boldsymbol{x}\|_\infty}\leqslant C_2,\qquad\forall\boldsymbol{x}\in\mathbf{R}^n,\ \boldsymbol{x}\neq\mathbf{0}$$

考虑泛函 $f(\boldsymbol{x})=\|\boldsymbol{x}\|_t\geqslant 0$，$\boldsymbol{x}\in\mathbf{R}^n$。记 $S=\{\boldsymbol{x}\mid\|\boldsymbol{x}\|_\infty=1,\ \boldsymbol{x}\in\mathbf{R}^n\}$，则 S 是一个有界闭集，由于 $f(\boldsymbol{x})$ 为 S 上的连续函数，因此 $f(\boldsymbol{x})$ 在 S 上可以取到最大值 C_2 和最小值 C_1。

设 $\boldsymbol{x}\in\mathbf{R}^n$ 且 $\boldsymbol{x}\neq\mathbf{0}$，则 $\dfrac{\boldsymbol{x}}{\|\boldsymbol{x}\|_\infty}\in S$，从而有

$$C_1\leqslant f\left(\frac{\boldsymbol{x}}{\|\boldsymbol{x}\|_\infty}\right)\leqslant C_2$$

上式可写为 $C_1\leqslant\left\|\dfrac{\boldsymbol{x}}{\|\boldsymbol{x}\|_\infty}\right\|_t\leqslant C_2$，即 $C_1\|\boldsymbol{x}\|_\infty\leqslant\|\boldsymbol{x}\|_t\leqslant C_2\|\boldsymbol{x}\|_\infty$，$\forall\boldsymbol{x}\in\mathbf{R}^n$。

定义 1.3.2　设 $\{\boldsymbol{x}^{(k)}\}$ 为 $\mathbf{R}^n$ 中一向量序列，$\boldsymbol{x}\in\mathbf{R}^n$，如果 $\lim\limits_{k\to\infty}x_i^{(k)}=x_i^*$，$i=1, 2, \cdots, n$，则 $\boldsymbol{x}^{(k)}$ 按坐标收敛于 $\boldsymbol{x}^*$，记为 $\lim\limits_{k\to\infty}\boldsymbol{x}^{(k)}=\boldsymbol{x}^*$，其中 $\boldsymbol{x}^{(k)}=\{x_1^{(k)}, x_2^{(k)}, \cdots, x_n^{(k)}\}$，$\boldsymbol{x}^*=\{x_1^*, x_2^*, \cdots, x_n^*\}$。

利用定理 1.3.2 可以证明向量序列按坐标收敛等价于在任何一种范数意义下该序列收敛。

定理 1.3.3　$\lim\limits_{k\to\infty}\boldsymbol{x}^{(k)}=\boldsymbol{x}^{*}\Leftrightarrow\|\boldsymbol{x}^{(k)}-\boldsymbol{x}^{*}\|\to 0$，$k\to\infty$。

证明　显然$\lim\limits_{k\to\infty}\boldsymbol{x}^{(k)}=\boldsymbol{x}^{*}\Leftrightarrow\|\boldsymbol{x}^{(k)}-\boldsymbol{x}^{*}\|_{\infty}\to 0$(当 $k\to\infty$时)，而对任意一种范数$\|\cdot\|$，有 $C_1\|\boldsymbol{x}^{(k)}-\boldsymbol{x}^{*}\|\leqslant\|_{\infty}\boldsymbol{x}^{(k)}-\boldsymbol{x}^{*}\|\leqslant C_2\|\boldsymbol{x}^{(k)}-\boldsymbol{x}^{*}\|_{\infty}$，故$\|\boldsymbol{x}^{(k)}-\boldsymbol{x}^{*}\|\to 0$(当 $k\to\infty$时)。

定义 1.3.3　如果 $\boldsymbol{A}\in\mathbf{R}^{n\times n}$的某个非负的实值函数记作$\|\boldsymbol{A}\|$，且满足：

(1) 正定性：$\forall\boldsymbol{A}\in\mathbf{R}^{n\times n}$，有$\|\boldsymbol{A}\|\geqslant 0$，当且仅当 $\boldsymbol{A}=\boldsymbol{0}$ 时，$\|\boldsymbol{A}\|=0$；

(2) 正齐性：$\forall\boldsymbol{A}\in\mathbf{R}^{n\times n}$和$\forall\alpha\in\mathbf{R}$，有$\|\alpha\boldsymbol{A}\|=|\alpha|\,\|\boldsymbol{A}\|$；

(3) 三角不等式：$\forall\boldsymbol{A},\boldsymbol{B}\in\mathbf{R}^{n\times n}$，有$\|\boldsymbol{A}+\boldsymbol{B}\|\leqslant\|\boldsymbol{A}\|+\|\boldsymbol{B}\|$；

(4) 乘积不等式：$\forall\boldsymbol{A},\boldsymbol{B}\in\mathbf{R}^{n\times n}$，有$\|\boldsymbol{AB}\|\leqslant\|\boldsymbol{A}\|\cdot\|\boldsymbol{B}\|$，

则称$\|\cdot\|$为 $\mathbf{R}^{n\times n}$上的矩阵范数。

例如 $\|\boldsymbol{A}\|_{\mathrm{F}}=\left(\sum\limits_{i,j=1}^{n}a_{ij}^{2}\right)^{\frac{1}{2}}$，称为矩阵的 Frobenius 范数，简称为 F 范数。若矩阵 $\boldsymbol{A}$ 表示一个二维信号，则 F 范数的物理意义是二维信号的能量的开方。

定义 1.3.4(矩阵的算子范数)　设 $\boldsymbol{x}\in\mathbf{R}^{n}$，$\boldsymbol{A}\in\mathbf{R}^{n\times n}$，给出一种向量范数$\|\boldsymbol{x}\|_{\gamma}$，例如 $\gamma=1,2,\infty$，相应地定义一个矩阵的非负函数 $\|\boldsymbol{A}\|_{\gamma}=\max\limits_{\boldsymbol{x}\neq\boldsymbol{0}}\dfrac{\|\boldsymbol{Ax}\|_{\gamma}}{\|\boldsymbol{x}\|_{\gamma}}$，满足矩阵范数的条件，称为矩阵的算子范数。

在上面的定义中，给出一个向量范数就得到了一个矩阵范数，因此也称矩阵的算子范数为由向量范数诱导出的矩阵范数。显然，向量范数诱导出的矩阵范数和向量范数满足

$$\|\boldsymbol{Ax}\|\leqslant\|\boldsymbol{A}\|\,\|\boldsymbol{x}\|,\quad\forall\boldsymbol{x}\in\mathbf{R}^{n},\boldsymbol{A}\in\mathbf{R}^{n\times n}$$

这一性质称为矩阵范数与向量范数的相容性，上述不等式称为矩阵范数与向量范数的相容性条件。在大多数与估计有关的问题中，矩阵和向量同时参与讨论，需要用到满足相容性的矩阵范数和向量范数。

下面的定理给出了三种常用向量范数诱导出的矩阵范数的计算公式。

定理 1.3.4　设 $\boldsymbol{x}\in\mathbf{R}^{n}$，$\boldsymbol{A}\in\mathbf{R}^{n\times n}$，则

(1) $\|\boldsymbol{A}\|_{\infty}=\max\limits_{\boldsymbol{x}\neq\boldsymbol{0}}\dfrac{\|\boldsymbol{Ax}\|_{\infty}}{\|\boldsymbol{x}\|_{\infty}}=\max\limits_{1\leqslant i\leqslant n}\sum\limits_{j=1}^{n}|a_{ij}|$；

(2) $\|\boldsymbol{A}\|_{1}=\max\limits_{\boldsymbol{x}\neq\boldsymbol{0}}\dfrac{\|\boldsymbol{Ax}\|_{1}}{\|\boldsymbol{x}\|_{1}}=\max\limits_{1\leqslant j\leqslant n}\sum\limits_{i=1}^{n}|a_{ij}|$；

(3) $\|\boldsymbol{A}\|_{2}=\sqrt{\lambda_{\max}(\boldsymbol{A}^{\mathrm{T}}\boldsymbol{A})}$，其中 $\lambda_{\max}(\boldsymbol{A}^{\mathrm{T}}\boldsymbol{A})$表示 $\boldsymbol{A}^{\mathrm{T}}\boldsymbol{A}$ 的最大特征值。

证明　只就(1)和(3)给出证明。

(1) 设 $\boldsymbol{x}=(x_1,x_2,\cdots,x_n)^{\mathrm{T}}\neq\boldsymbol{0}$，不妨设 $\boldsymbol{A}\neq 0$，记

$$t=\max|x_i|,\ \mu=\max_{1\leqslant i\leqslant n}\sum_{j=1}^{n}|a_{ij}|$$

则

$$\|\boldsymbol{Ax}\|_\infty=\max_{1\leqslant i\leqslant n}\left|\sum_{j=1}^{n}a_{ij}x_j\right|\leqslant\max_{1\leqslant i\leqslant n}\sum_{j=1}^{n}|a_{ij}||x_j|\leqslant t\max_{1\leqslant i\leqslant n}\sum_{j=1}^{n}|a_{ij}|$$

即 $\forall \boldsymbol{x}\in\mathbf{R}^n$，$\boldsymbol{x}\neq\mathbf{0}$，有 $\dfrac{\|\boldsymbol{Ax}\|_\infty}{\|\boldsymbol{x}\|_\infty}\leqslant\mu$。

下面说明有一向量 $\boldsymbol{x}_0\neq\mathbf{0}$，使得 $\dfrac{\|\boldsymbol{Ax}_0\|_\infty}{\|\boldsymbol{x}_0\|_\infty}=\mu$。

设 $\mu=\sum\limits_{j=1}^{n}|a_{i_0j}|$，取 $\boldsymbol{x}_0=(x_1,x_2,\cdots,x_n)^{\mathrm{T}}$，其中 $x_j=\mathrm{sign}(a_{i_0j})$，$j=1,2,\cdots,n$，显然 $\|\boldsymbol{x}_0\|_\infty=1$，且 $\boldsymbol{Ax}_0$ 的第 i 个分量为 $\sum\limits_{j=1}^{n}a_{ij}x_j=\sum\limits_{j=1}^{n}|a_{i_0j}|$，即

$$\|\boldsymbol{Ax}_0\|_\infty=\max_{1\leqslant i\leqslant n}\left|\sum_{j=1}^{n}a_{ij}x_j\right|=\sum_{j=1}^{n}|a_{i_0j}|=\mu$$

（3）由于 $\forall \boldsymbol{x}\in\mathbf{R}^n$ 有

$$\|\boldsymbol{Ax}\|_2^2=(\boldsymbol{Ax},\boldsymbol{Ax})=(\boldsymbol{A}^{\mathrm{T}}\boldsymbol{Ax},\boldsymbol{x})\geqslant 0$$

因此 $\boldsymbol{A}^{\mathrm{T}}\boldsymbol{A}$ 的特征值为非负实数。设 $\lambda_1\geqslant\lambda_2\geqslant\cdots\geqslant\lambda_n\geqslant 0$，并设对应的特征向量为 $\boldsymbol{u}_1,\boldsymbol{u}_2,\cdots,\boldsymbol{u}_n$，且 $(\boldsymbol{u}_i,\boldsymbol{u}_j)=\delta_{ij}$。

$\forall \boldsymbol{x}\in\mathbf{R}^n$ 且 $\boldsymbol{x}\neq\mathbf{0}$，设 $\boldsymbol{x}=\sum\limits_{i=1}^{n}c_i\boldsymbol{u}_i$，则有

$$\frac{\|\boldsymbol{Ax}\|_2^2}{\|\boldsymbol{x}\|_2^2}=\frac{(\boldsymbol{A}^{\mathrm{T}}\boldsymbol{Ax},\boldsymbol{x})}{(\boldsymbol{x},\boldsymbol{x})}\leqslant\frac{\sum\limits_{i=1}^{n}c_i^2\lambda_1}{\sum\limits_{i=1}^{n}c_i^2}=\lambda_1$$

另一方面，取 $\boldsymbol{x}=\boldsymbol{u}$，则上面等式成立，故

$$\|\boldsymbol{A}\|_2=\max_{\boldsymbol{x}\neq\mathbf{0}}\frac{\|\boldsymbol{Ax}\|_2}{\|\boldsymbol{x}\|_2}=\sqrt{\lambda_1}=\sqrt{\lambda_{\max}(\boldsymbol{A}^{\mathrm{T}}\boldsymbol{A})}$$

例 1.3.1　已知 $\boldsymbol{A}=\begin{bmatrix}1 & -2\\ -3 & 4\end{bmatrix}$，计算 $\boldsymbol{A}$ 的各种范数。

解　$\|\boldsymbol{A}\|_1=6$，$\|\boldsymbol{A}\|_\infty=7$，$\|\boldsymbol{A}\|_2=\sqrt{15+\sqrt{221}}\approx5.46$，$\|\boldsymbol{A}\|_F=5.477$。

定义 1.3.5　设 $\boldsymbol{A}\in\mathbf{R}^{n\times n}$ 的特征值为 $\lambda_i(i=1,2,\cdots,n)$，称 $\rho(\boldsymbol{A})=\max\limits_{1\leqslant i\leqslant n}|\lambda_i|$ 为 $\boldsymbol{A}$ 的谱半径。

定理 1.3.5（特征值的上界）　设 $\boldsymbol{A}\in\mathbf{R}^{n\times n}$，则 $\rho(\boldsymbol{A})\leqslant\|\boldsymbol{A}\|$，即 $\boldsymbol{A}$ 的谱半径不超过 $\boldsymbol{A}$ 的任何一种算子范数（对 $\|\boldsymbol{A}\|_F$ 亦适用）。

证明　设λ是$\boldsymbol{A}$的任一特征值，$\boldsymbol{x}$为对应的特征向量，则$\boldsymbol{Ax}=\lambda\boldsymbol{x}$。因为

$$|\lambda|\ \|\boldsymbol{x}\| = \|\lambda\boldsymbol{x}\| = \|\boldsymbol{Ax}\| \leqslant \|\boldsymbol{A}\|\ \|\boldsymbol{x}\|$$

故$|\lambda|\leqslant\|\boldsymbol{A}\|$。

定理 1.3.6　如果$\boldsymbol{A}\in\mathbf{R}^{n\times n}$为对称矩阵，则$\rho(\boldsymbol{A})=\|\boldsymbol{A}\|_2$。

定理 1.3.7　如果$\|\boldsymbol{B}\|<1$，则$\boldsymbol{I}\pm\boldsymbol{B}$为非奇异矩阵，且$\|(\boldsymbol{I}\pm\boldsymbol{B})^{-1}\|\leqslant\dfrac{1}{1-\|\boldsymbol{B}\|}$。这里，$\|\cdot\|$指矩阵的算子范数。

证明　用反证法，若$\det(\boldsymbol{I}-\boldsymbol{B})=0$，则$(\boldsymbol{I}-\boldsymbol{B})\boldsymbol{x}=\boldsymbol{0}$有非零解$\boldsymbol{x}_0$，即$\boldsymbol{Bx}_0=\boldsymbol{x}_0$，$\dfrac{\|\boldsymbol{Bx}_0\|}{\|\boldsymbol{x}_0\|}=1$，故$\|\boldsymbol{B}\|\geqslant 1$。

又由$(\boldsymbol{I}-\boldsymbol{B})(\boldsymbol{I}-\boldsymbol{B})^{-1}=\boldsymbol{I}$，有$(\boldsymbol{I}-\boldsymbol{B})^{-1}=\boldsymbol{I}+\boldsymbol{B}(\boldsymbol{I}-\boldsymbol{B})^{-1}$，则

$$\|(\boldsymbol{I}-\boldsymbol{B})^{-1}\| \leqslant \|\boldsymbol{I}\| + \|\boldsymbol{B}\|\ \|(\boldsymbol{I}-\boldsymbol{B})^{-1}\|$$

故

$$\|(\boldsymbol{I}\pm\boldsymbol{B})^{-1}\| \leqslant \frac{1}{1-\|\boldsymbol{B}\|}$$

向量范数和矩阵范数分别度量向量和矩阵的“大小”，其共同本质特性是正定性、正齐性和三角不等式，将这些特性推广到一般线性空间上，就得到更一般的范数概念，用来度量一般线性空间中对象的“大小”。

定义 1.3.6(范数)　设E是数域K(通常是实数域或复数域)上的线性空间，在E上的实值函数记作$\|\cdot\|$，若满足：

(1) 正定性：$\forall x\in E$，有$\|x\|\geqslant 0$，且$\|x\|=0\Leftrightarrow x=0$；

(2) 正齐性：$\forall\alpha\in K$和$\forall x\in E$，有$\|\alpha x\|=|\alpha|\ \|x\|$；

(3) 三角不等式：$\forall x, y\in E$，有$\|x+y\|\leqslant\|x\|+\|y\|$，

则称$\|\cdot\|$是E上的一个范数，并称E为赋范线性空间。

后面的讨论中需要赋范线性空间的如下性质：

性质 1(收敛点列)　设$\{x_n\}\subset E$，$x\in E$，若$\|x_n-x\|\to 0$，则称点列$\{x_n\}$收敛于x，记作$\lim x_n=x$。

性质 2(Cauchy 列或称基本列)　设$\{x_n\}\subset E$，若$\|x_{n+p}-x_n\|\to 0$，$n\to\infty$，$\forall p\in\mathbf{Z}^+$，则称$\{x_n\}$为 Cauchy 列或基本列。

收敛点列一定是 Cauchy 列，反之不然。例如，在实数空间中，{3，3.1，3.14，3.141，3.1415，3.141 59，…}是一个收敛数列，其极限为π，因此也是基本列，但在有理数空间中无极限，因此不收敛。

对赋范线性空间E，若其中所有基本列都收敛，则称E为完备的赋范线性空间，也称为 Banach 空间；否则称为不完备的赋范线性空间。有理数集是不完备的，实数集是完备的赋范线性空间。

1.3.2 内积空间

实向量空间 $\mathbf{R}^n$ 中的内积 $(\boldsymbol{x}, \boldsymbol{y}) = \sum_{i=1}^{n} x_i y_i$，其中 $\boldsymbol{x} = (x_1, \cdots, x_n)^{\mathrm{T}} \in \mathbf{R}^n$，$\boldsymbol{y} = (y_1, \cdots, y_n)^{\mathrm{T}} \in \mathbf{R}^n$；复向量空间 $\mathbf{C}^n$ 中的内积 $(\boldsymbol{z}, \boldsymbol{p}) = \sum_{i=1}^{n} z_i \bar{p}_i$，其中 $\boldsymbol{z} = (z_1, \cdots, z_n)^{\mathrm{T}} \in \mathbf{C}^n$，$\boldsymbol{p} = (p_1, \cdots, p_n)^{\mathrm{T}} \in \mathbf{C}^n$。实向量的内积可以看成复向量内积的特例。它们具有如下共同性质：

(1) 正定性：$(\boldsymbol{x}, \boldsymbol{x}) \geqslant 0$，且 $(\boldsymbol{x}, \boldsymbol{x}) = 0 \Leftrightarrow \boldsymbol{x} = \mathbf{0}$；

(2) 共轭对称性：$(\boldsymbol{x}, \boldsymbol{y}) = \overline{(\boldsymbol{y}, \boldsymbol{x})}$（对实向量来说是对称性）；

(3) 关于第一变元的线性性质：$(\alpha \boldsymbol{x}, \boldsymbol{y}) = \alpha(\boldsymbol{x}, \boldsymbol{y})$，$(\boldsymbol{x} + \boldsymbol{y}, \boldsymbol{z}) = (\boldsymbol{x}, \boldsymbol{z}) + (\boldsymbol{y}, \boldsymbol{z})$。

用内积可以定义向量的正交性，且在实向量空间中，内积可以定义向量夹角这个几何度量。如果把实向量和复向量内积的上述本质性质推广到一般向量空间上，就有下面一般的内积概念。

定义 1.3.7 设 U 是数域 K（通常是实数域或复数域）上的线性空间，若在 U^2 上定义一个二元函数，且满足上述的正定性、共轭对称性和关于第一变元的线性性质，则称其为内积，记作 $(\cdot, \cdot)$ 或 $\langle \cdot, \cdot \rangle$。

由定义 1.3.7 可以看出，内积关于第二变元满足共轭线性性质：

$$(\boldsymbol{x}, \alpha \boldsymbol{y}) = \overline{(\alpha \boldsymbol{y}, \boldsymbol{x})} = \overline{\alpha (\boldsymbol{y}, \boldsymbol{x})} = \bar{\alpha}(\boldsymbol{x}, \boldsymbol{y})$$

$$(\boldsymbol{x}, \boldsymbol{y} + \boldsymbol{z}) = \overline{(\boldsymbol{y} + \boldsymbol{z}, \boldsymbol{x})} = \overline{(\boldsymbol{y}, \boldsymbol{x}) + (\boldsymbol{z}, \boldsymbol{x})} = (\boldsymbol{x}, \boldsymbol{y}) + (\boldsymbol{x}, \boldsymbol{z})$$

例如，$L^2[a, b] = \left\{ f(\boldsymbol{x}) : \int_a^b |f(\boldsymbol{x})|^2 \mathrm{d}\boldsymbol{x} < \infty \right\}$，称为平方可积函数空间；物理中，$\int_a^b |f(\boldsymbol{x})|^2 \mathrm{d}\boldsymbol{x}$ 代表信号的能量，因此也称为能量有限信号空间。其中定义内积为

$$(f(\boldsymbol{t}), g(\boldsymbol{t})) = \int_a^b f(\boldsymbol{t}) \overline{g(\boldsymbol{t})} \mathrm{d}t$$

可证明它满足内积的三个条件。第 3 章将在此空间利用内积度量来解决函数的最佳平方逼近问题。

为了更好地利用内积，下面给出内积的几个重要性质。

性质 1 内积满足 Cauchy - Schwarz 不等式：$|(\boldsymbol{x}, \boldsymbol{y})| \leqslant (\boldsymbol{x}, \boldsymbol{x})^{\frac{1}{2}} (\boldsymbol{y}, \boldsymbol{y})^{\frac{1}{2}}$。

证明 $\forall x, y \in U$，$\forall \lambda \in K$，有

$$(\boldsymbol{x} + \lambda \boldsymbol{y}, \boldsymbol{x} + \lambda \boldsymbol{y}) \geqslant 0$$

即

$$(\boldsymbol{x}, \boldsymbol{x}) + \bar{\lambda}(\boldsymbol{x}, \boldsymbol{y}) + \lambda(\boldsymbol{y}, \boldsymbol{x}) + |\lambda|^2 (\boldsymbol{y}, \boldsymbol{y}) \geqslant 0$$

取 $\lambda = -\dfrac{(\boldsymbol{x}, \boldsymbol{y})}{(\boldsymbol{y}, \boldsymbol{y})}$，设 $\boldsymbol{y} \neq \mathbf{0}$，则

$$(\boldsymbol{x},\boldsymbol{x})-\frac{|(\boldsymbol{x},\boldsymbol{y})|^2}{(\boldsymbol{y},\boldsymbol{y})}\geqslant 0$$

从而

$$|(\boldsymbol{x},\boldsymbol{y})|^2\leqslant(\boldsymbol{x},\boldsymbol{x})(\boldsymbol{y},\boldsymbol{y})$$

故

$$|(\boldsymbol{x},\boldsymbol{y})|\leqslant(\boldsymbol{x},\boldsymbol{x})^{\frac{1}{2}}(\boldsymbol{y},\boldsymbol{y})^{\frac{1}{2}}$$

性质 2 内积可诱导范数 $\|\boldsymbol{x}\|=\sqrt{(\boldsymbol{x},\boldsymbol{x})}$。

可直接验证性质 2 满足范数的条件，其中三角不等式利用 Cauchy - Schwarz 不等式可证。在此意义下，内积空间一定是赋范线性空间(在其诱导的范数下)。通常内积空间的范数是指内积导出的范数。下面内容中的范数都是指内积导出的范数。

例如，L^2 空间中内积导出的范数为 $\|f\|=\sqrt{\int_a^b|f(\boldsymbol{x})|^2\mathrm{d}\boldsymbol{x}}$。

性质 3 内积导出的范数满足平行四边形公式：

$$\|\boldsymbol{x}+\boldsymbol{y}\|^2+\|\boldsymbol{x}-\boldsymbol{y}\|^2=2(\|\boldsymbol{x}\|^2+\|\boldsymbol{y}\|^2)$$

性质 4 内积(·，·)关于其两个变量连续。

利用内积可以定义如下正交性和正交投影的概念。

定义 1.3.8 设 U 是内积空间，U 中元素与元素、元素与子集、子集与子集的正交分别定义如下：

(1) $\boldsymbol{x},\boldsymbol{y}\in U$，若$(\boldsymbol{x},\boldsymbol{y})=0$，则称 $\boldsymbol{x}$ 与 $\boldsymbol{y}$ 正交，记作 $\boldsymbol{x}\perp\boldsymbol{y}$；

(2) $\boldsymbol{x}\in U$，$M\subset U$，若 $\forall\,\boldsymbol{y}\in M$，有$(\boldsymbol{x},\boldsymbol{y})=0$，则称 $\boldsymbol{x}$ 与 M 正交，记作 $\boldsymbol{x}\perp M$；

(3) $M\subset U$，$N\subset U$，若 $\forall\,\boldsymbol{x}\in M$，$\boldsymbol{y}\in N$，有$(\boldsymbol{x},\boldsymbol{y})=0$，则称 M 与 N 正交，记作 $M\perp N$；

(4) $M\subset U$，U 中所有与 M 正交的元素的集合称为 M 的正交补空间，记作 $M^{\perp}$；

(5) 设 M 是 U 的线性子空间，元素 $\boldsymbol{x}\in U$，若 $\exists\,x_0\in M$，$x_1\in M^{\perp}$，使得 $\boldsymbol{x}=\boldsymbol{x}_0+\boldsymbol{x}_1$(对 $\boldsymbol{x}$ 的正交分解)，则称 $\boldsymbol{x}_0$ 为 $\boldsymbol{x}$ 在 M 上的正交投影($\boldsymbol{x}-\boldsymbol{x}_0=\boldsymbol{x}_1\perp M$)。

由上述定义可得正交分解的如下性质：

性质 1(内积空间的商高定理) $\boldsymbol{x},\boldsymbol{y}\in U$，若 $\boldsymbol{x}\perp\boldsymbol{y}$，则 $\|\boldsymbol{x}+\boldsymbol{y}\|^2=\|\boldsymbol{x}\|^2+\|\boldsymbol{y}\|^2$。

证明

$$\|\boldsymbol{x}+\boldsymbol{y}\|^2=(\boldsymbol{x}+\boldsymbol{y},\boldsymbol{x}+\boldsymbol{y})=(\boldsymbol{x},\boldsymbol{x})+(\boldsymbol{x},\boldsymbol{y})+(\boldsymbol{y},\boldsymbol{x})+(\boldsymbol{y},\boldsymbol{y})=\|\boldsymbol{x}\|^2+\|\boldsymbol{y}\|^2$$

性质 2 设 U 是内积空间，$M\subset U$，$M^{\perp}$ 必为 U 中闭的线性子空间。

性质 3 设 M 是 U 中闭的线性子空间，则正交投影是存在且唯一的，即 $\forall\,\boldsymbol{x}\in U$，$\exists\,\boldsymbol{x}_0\in M$，$\boldsymbol{x}_1\in M^{\perp}$，使得 $\boldsymbol{x}=\boldsymbol{x}_0+\boldsymbol{x}_1$，且

$$\|\boldsymbol{x}-\boldsymbol{x}_0\|=\min_{y\in M}\|\boldsymbol{x}-\boldsymbol{y}\|$$

证明 因为

$$\|\boldsymbol{x}-\boldsymbol{y}\|^2=\|\boldsymbol{x}-\boldsymbol{x}_0+\boldsymbol{x}_0-\boldsymbol{y}\|^2=\|\boldsymbol{x}-\boldsymbol{x}_0\|^2+\|\boldsymbol{x}_0-\boldsymbol{y}\|^2$$
$$\geqslant\|\boldsymbol{x}-\boldsymbol{x}_0\|^2$$

所以

$$\|\boldsymbol{x}-\boldsymbol{y}\|\geqslant\|\boldsymbol{x}-\boldsymbol{x}_0\|,\ \forall\,\boldsymbol{y}\in M$$

即

$$\|\boldsymbol{x}-\boldsymbol{x}_0\|=\min_{\boldsymbol{y}\subset M}\|\boldsymbol{x}-\boldsymbol{y}\|$$

在性质 3 中，$\|\boldsymbol{x}-\boldsymbol{y}\|$ 表示 $\boldsymbol{x}$ 与 $\boldsymbol{y}$ 的差的大小，即 $\boldsymbol{x}$ 与 $\boldsymbol{y}$ 的误差。若给定 $\boldsymbol{x}\in U$，要在 M 中找一个向量逼近 $\boldsymbol{x}$，且误差最小，这样的向量称为 $\boldsymbol{x}$ 在 M 中的最佳逼近元。性质 3 表明，$\boldsymbol{x}$ 在 M 中的最佳逼近元就是 $\boldsymbol{x}$ 在 M 中的正交投影。因此，在内积空间中的最佳逼近问题就是正交投影问题。下面讨论正交投影的计算。

设 U 为完备的内积空间，$\boldsymbol{x}_1,\boldsymbol{x}_2,\cdots,\boldsymbol{x}_n$ 是其中线性无关的向量，$M=\mathrm{span}\{\boldsymbol{x}_1,\boldsymbol{x}_2,\cdots,\boldsymbol{x}_n\}$，$\forall\,\boldsymbol{x}\in U$，如何寻找 $\boldsymbol{x}$ 在 M 中的正交投影？

设 $\boldsymbol{x}$ 在 M 中的正交投影为 $\boldsymbol{x}_0$，根据正交投影的定义，有 $\boldsymbol{x}=\boldsymbol{x}_0+(\boldsymbol{x}-\boldsymbol{x}_0)$，其中 $\boldsymbol{x}_0=\sum_{i=1}^{n}a_i\boldsymbol{x}_i\in M$，同时 $\boldsymbol{x}-\boldsymbol{x}_0\in M^{\perp}$。

$\boldsymbol{x}-\boldsymbol{x}_0\in M^{\perp}$ 等价于 $(\boldsymbol{x}-\boldsymbol{x}_0,\boldsymbol{x}_j)=0$，$j=1,2,\cdots,n$，或 $(\boldsymbol{x}_0,\boldsymbol{x}_j)=(\boldsymbol{x},\boldsymbol{x}_j)$，$j=1,2,\cdots,n$，而 $(\boldsymbol{x}_0,\boldsymbol{x}_j)=\sum_{i=1}^{n}a_i(\boldsymbol{x}_i,\boldsymbol{x}_j)$，因此有

$$\sum_{i=1}^{n}a_i(\boldsymbol{x}_i,\boldsymbol{x}_j)=(\boldsymbol{x},\boldsymbol{x}_j),\quad j=1,2,\cdots,n$$

令向量 $\boldsymbol{a}=(a_1,a_2,\cdots,a_n)^{\mathrm{T}}$，$\boldsymbol{b}=(b_1,b_2,\cdots,b_n)^{\mathrm{T}}$，其中 $\boldsymbol{b}_j=(\boldsymbol{x},\boldsymbol{x}_j)$，矩阵 $\boldsymbol{A}=(\boldsymbol{A}_{ij})$，$\boldsymbol{A}_{ij}=(\boldsymbol{x}_i,\boldsymbol{x}_j)$，则上面关于正交投影系数 $(a_i)_{i=1,\cdots,n}$ 的线性方程组可写为

$$\boldsymbol{A}\boldsymbol{a}=\boldsymbol{b}$$

在 $\boldsymbol{x}_1,\boldsymbol{x}_2,\cdots,\boldsymbol{x}_n$ 线性无关的条件下，系数矩阵 $\boldsymbol{A}$ 可逆，方程组存在唯一解，解方程组求出唯一解 $(a_i)_{i=1,\cdots,n}$，即得正交投影

$$\boldsymbol{x}_0=\sum_{i=1}^{n}a_i\boldsymbol{x}_i$$

上面的结论有两个计算简单的特例：

(1) $\boldsymbol{x}_1,\boldsymbol{x}_2,\cdots,\boldsymbol{x}_n$ 是一组正交系，即 $(\boldsymbol{x}_i,\boldsymbol{x}_j)=0$，$\boldsymbol{x}_i$ 和 $\boldsymbol{x}_j$ 是两个不同的向量，则 $\boldsymbol{A}$ 是对角阵，系数

$$a_i=\frac{\boldsymbol{x},\boldsymbol{x}_i}{\boldsymbol{x}_i,\boldsymbol{x}_i},\quad i=1,2,\cdots,n$$

$$\boldsymbol{x}_0=\sum_{i=1}^{n}\frac{(\boldsymbol{x},\boldsymbol{x}_i)}{(\boldsymbol{x}_i,\boldsymbol{x}_i)}\boldsymbol{x}_i$$

(2) $\boldsymbol{x}_1, \boldsymbol{x}_2, \cdots, \boldsymbol{x}_n$ 是一组规范正交系，即$(\boldsymbol{x}_i, \boldsymbol{x}_j)=0$，$\boldsymbol{x}_i$ 和 $\boldsymbol{x}_j$ 是两个不同的向量，且$(\boldsymbol{x}_i, \boldsymbol{x}_i)=1$，则 $\boldsymbol{A}$ 是单位阵，系数

$$a_i = (\boldsymbol{x}, \boldsymbol{x}_i), \quad i = 1, 2, \cdots, n$$

$$\boldsymbol{x}_0 = \sum_{i=1}^{n} (\boldsymbol{x}, \boldsymbol{x}_i)\boldsymbol{x}_i$$

此时由商高定理还可以得到

$$\| \boldsymbol{x}_0 \|^2 = \sum_{i=1}^{n} |(\boldsymbol{x}, \boldsymbol{x}_i)|^2$$

1.4　不动点原理

求解非线性问题，无论是理论上还是计算方法上都比解线性问题复杂得多。一般非线性方程常用不动点迭代求解，比如第 5 章中线性方程组的迭代法与第 6 章中非线性方程和非线性方程组的迭代法都是基于不动点原理，下面讨论有关理论。

设映射 $F: D\subset \mathbf{R}^n \to \mathbf{R}^n$，考虑方程

$$F(\boldsymbol{x}) = 0$$

若存在点 $\boldsymbol{x}^* \in D$，使 $F(\boldsymbol{x}^*)=0$，则称 $\boldsymbol{x}^*$ 为方程 $F(\boldsymbol{x})=0$ 的解。

用迭代法求解方程 $F(\boldsymbol{x})=0$ 的基本思想是，先将其化为等价的方程

$$\boldsymbol{x} = G(\boldsymbol{x})$$

其中，映射 $G: D\subset \mathbf{R}^n \to \mathbf{R}^n$。形如 $\boldsymbol{x}=G(\boldsymbol{x})$ 的方程称为不动点方程，若有解，其解 $\boldsymbol{x}^* = G(\boldsymbol{x}^*)$ 称为映射 G 的不动点，由等价性知 $\boldsymbol{x}^*$ 就是方程 $F(\boldsymbol{x})=0$ 的解。研究映射 G 是否存在不动点是迭代法要解决的基本问题。

定义 1.4.1(压缩映射/非膨胀映射)　设映射 $G: D\subset \mathbf{R}^n \to \mathbf{R}^n$，若存在 $\alpha \in (0, 1)$，使 $\forall \boldsymbol{x}, \boldsymbol{y} \in D$，恒有

$$\| G(\boldsymbol{x}) - G(\boldsymbol{y}) \| \leqslant \alpha \| \boldsymbol{x} - \boldsymbol{y} \|$$

则称 G 在 D 上是压缩映射，α 称为压缩系数。

若 $\forall \boldsymbol{x}, \boldsymbol{y} \in D$，有 $\| G(\boldsymbol{x})-G(\boldsymbol{y}) \| \leqslant \| \boldsymbol{x}-\boldsymbol{y} \|$，则称 G 为 D 上的非膨胀映射；又若上式当 $\boldsymbol{x}\neq \boldsymbol{y}$ 时严格不等式成立，则称 G 为 D 上的严格非膨胀映射。

注意，上述映射之间的关系：压缩映射一定是严格非膨胀映射，严格非膨胀映射一定是非膨胀映射，反过来都不成立。另外，上述映射都是连续映射。

下面给出几种压缩映射原理。

定理 1.4.1　设 $G: \mathbf{R}^n \to \mathbf{R}^n$ 为 $\mathbf{R}^n$ 上的压缩映射，则 G 在 $\mathbf{R}^n$ 中有唯一的不动点。

证明　任取 $\boldsymbol{x}^0 \in \mathbf{R}^n$，构造序列 $\boldsymbol{x}^{k+1} = G(\boldsymbol{x}^k)$，$k=0, 1, \cdots$，利用 G 在 $\mathbf{R}^n$ 上的压缩性，有

$$\|\boldsymbol{x}^{k+1}-\boldsymbol{x}^k\| = \|G(\boldsymbol{x}^k)-G(\boldsymbol{x}^{k-1})\| \leqslant \alpha\|\boldsymbol{x}^k-\boldsymbol{x}^{k-1}\| \\ \leqslant \cdots \leqslant \alpha^k\|\boldsymbol{x}^1-\boldsymbol{x}^0\|$$

故

$$\begin{aligned}\|\boldsymbol{x}^{k+p}-\boldsymbol{x}^k\| &\leqslant \|\boldsymbol{x}^{k+p}-\boldsymbol{x}^{k+p-1}\| + \|\boldsymbol{x}^{k+p-1}-\boldsymbol{x}^{k+p-2}\| + \cdots + \|\boldsymbol{x}^{k+1}-\boldsymbol{x}^k\| \\ &\leqslant (\alpha^{k+p-1}+\alpha^{k+p-2}+\cdots+\alpha^k)\|\boldsymbol{x}^1-\boldsymbol{x}^0\| \\ &= \frac{\alpha^k(1-\alpha^p)}{1-\alpha}\|\boldsymbol{x}^1-\boldsymbol{x}^0\|\end{aligned}$$

因 $\alpha<1$，故 $\{\boldsymbol{x}^k\}$ 是 Cauchy 列，由 $\mathbf{R}^n$ 的完备性知，$\{\boldsymbol{x}^k\}$ 在 $\mathbf{R}^n$ 中收敛，即存在 $\boldsymbol{x}^* \in \mathbf{R}^n$，使 $\lim\limits_{k\to\infty}\boldsymbol{x}^k=\boldsymbol{x}^*$，再由 G 的连续性，有

$$\boldsymbol{x}^* = \lim_{k\to\infty}\boldsymbol{x}^{k+1} = \lim_{k\to\infty}G(\boldsymbol{x}^k) = G(\boldsymbol{x}^*)$$

这说明 $\boldsymbol{x}^*$ 是 G 的不动点。

下面证明 $\boldsymbol{x}^*$ 是唯一不动点。若不然，设还有 $\boldsymbol{y}^*=G(\boldsymbol{y}^*)$，则

$$\|\boldsymbol{x}^*-\boldsymbol{y}^*\| = \|G(\boldsymbol{x}^*)-G(\boldsymbol{y}^*)\| \leqslant \alpha\|\boldsymbol{x}^*-\boldsymbol{y}^*\|，且\ \alpha<1$$

故必有 $\|\boldsymbol{x}^*-\boldsymbol{y}^*\|=0$，即 $\boldsymbol{x}^*=\boldsymbol{y}^*$。

定理 1.4.1 要求 G 在全空间 $\mathbf{R}^n$ 上压缩这一条件太强，可以放松为如下定理。

定理 1.4.2 设 $G: D\subset\mathbf{R}^n\to\mathbf{R}^n$ **是有界闭集** D **上的压缩映射**，且 $G(D)\subset D$，则 G 在 D 中有唯一不动点。

证明 与定理 1.4.1 类似。

在定理 1.4.2 中把 G 的压缩性放松为严格非膨胀映射，结论仍成立，但在全空间 $\mathbf{R}^n$ 上的严格非膨胀映射不一定有不动点。

定理 1.4.3 若 $G: D\subset\mathbf{R}^n\to\mathbf{R}^n$ 为**有界闭集** D **上的严格非膨胀映射**，且 $G(D)\subset D$，则 G 在 D 中有唯一不动点。

证明 先证明不动点的存在性。令 $\varphi(\boldsymbol{x})=\|\boldsymbol{x}-G(\boldsymbol{x})\|$，$\varphi: D\subset\mathbf{R}^n\to\mathbf{R}^n$ 在 D 上连续，因为 D 是有界闭集，故 φ 在 D 上有最小值，设 $\boldsymbol{x}^*\in D$ 为其最小值点，即

$$\varphi(\boldsymbol{x}^*) = \min_{x\in D}\|\boldsymbol{x}-G(\boldsymbol{x})\|$$

则 $\boldsymbol{x}^*$ 为 G 的不动点。因为若不然，则有 $\boldsymbol{x}^*\neq G(\boldsymbol{x}^*)$，再由 G 是严格非膨胀的，可得

$$\varphi(G(\boldsymbol{x}^*)) = \|G(\boldsymbol{x}^*)-G^2(\boldsymbol{x}^*)\| < \|\boldsymbol{x}^*-G(\boldsymbol{x}^*)\| = \varphi(\boldsymbol{x}^*)$$

这与 $\varphi(\boldsymbol{x}^*)$ 为最小值相矛盾，故 $\boldsymbol{x}^*=G(\boldsymbol{x}^*)$ 是 G 的不动点。

唯一性由严格非膨胀的定义容易验证。

上面定理中对 G 的要求可进一步放松为连续，但同时加强对 D 的约束，则有下述 Brouwer（布劳威尔）不动点定理。

定理 1.4.4（Brouwer 不动点定理） 设 $G: D\subset\mathbf{R}^n\to\mathbf{R}^n$ 在**有界闭凸集** D **上连续**，且 $G(D)\subset D$，则 G 在 D 中有不动点。

图 1.4.1 给出了定理 1.4.4 的一维情形几何解释。设 $f: [a, b]\to[a, b]$ 内连续，则 f

在[a, b]内至少有一个不动点。

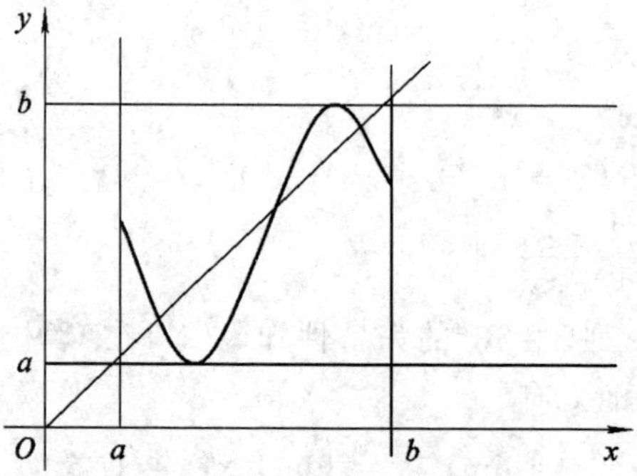

图 1.4.1 定理 1.4.4 的一维情形几何解释

上面不动点定理都是在有限维空间中讨论的，在无穷维空间中对 D 的“有界闭”要求改为“列紧闭”或“紧”，也就是要求 D 内的任一无穷列都在 D 中有收敛子列，则有下面的 Schauder(肖德尔)不动点定理。

定理 1.4.5(Schauder 不动点定理) 设 G：$D\subset E\to E$ 为完备赋范线性空间 E 中紧凸集 D 上的连续映射，且 $G(D)\subset D$，则 G 在 D 中有不动点。

如果保留 D 的“有界闭”性质，欲使结论成立，则必须加强对映射 G 的要求，如将 G 的连续换成全连续，这是 Schauder 不动点定理的另一种表述形式。

习 题 1

1. 构造数值算法有哪些原则？
2. 误差通常来源于哪几方面？
3. 数值算法的稳定性指什么？
4. 计算复杂度包括哪些方面？
5. 设 $x>0$，x 的相对误差为 δ，求 $\ln x$ 的误差。
6. 计算球体积，要使相对误差限为 1%，问度量半径 R 时允许的相对误差限是多少？
7. 当 N 充分大时，怎样求 $\int_N^{N+1}\frac{1}{1+x^2}\mathrm{d}x$？
8. 已知三角形面积 $S=\frac{1}{2}ab\sin c$，其中 c 为弧度，$0<c<\frac{\pi}{2}$，且测量 a、b、c 的误差分别为 Δa、Δb、Δc。证明面积的误差 ΔS 满足：

$$\left|\frac{\Delta S}{S}\right|\leqslant\left|\frac{\Delta a}{a}\right|+\left|\frac{\Delta b}{b}\right|+\left|\frac{\Delta c}{c}\right|$$

9. 设序列$\{y_n\}$满足关系式 $y_n=y_{n-1}-\sqrt{2}$，$n=1, 2, \cdots$。若 $y_0=1$，$\sqrt{2}\approx 1.4142$，则计算 y_{10}会有多大误差？

10. 设序列$\{y_n\}$满足关系式 $y_n=10y_{n-1}$，$n=1, 2, \cdots$。若 $y_0=\sqrt{2}\approx 1.4142$，则计算 y_{10}会有多大误差？

11. 求证：

(1) $\|\boldsymbol{x}\|_\infty \leqslant \|\boldsymbol{x}\|_1 \leqslant n\|\boldsymbol{x}\|_\infty$；

(2) $\dfrac{1}{\sqrt{n}}\|\boldsymbol{A}\|_F \leqslant \|\boldsymbol{A}\|_2 \leqslant \|\boldsymbol{A}\|_F$。

12. 设 $\boldsymbol{P}\in\mathbf{R}^{n\times n}$且非奇异，又设$\|\boldsymbol{x}\|$为 $\mathbf{R}^n$ 上一向量范数，试证明$\|\boldsymbol{x}\|_P=\|\boldsymbol{Px}\|$亦为 $\mathbf{R}^n$ 上向量的一种范数。

13. 设 $\boldsymbol{A}\in\mathbf{R}^{n\times n}$为对称正定，试证明$\|\boldsymbol{x}\|_A=(\boldsymbol{Ax}, \boldsymbol{x})^{\frac{1}{2}}$为 $\mathbf{R}^n$ 上向量的一种范数。

14. 设$\|\boldsymbol{A}\|_s$和$\|\boldsymbol{A}\|_t$为 $\mathbf{R}^{n\times n}$上任意两种矩阵算子范数，证明存在常数 c_1，$c_2>0$，使对一切 $\boldsymbol{A}\in\mathbf{R}^{n\times n}$满足 $c_1\|\boldsymbol{A}\|_s\leqslant\|\boldsymbol{A}\|_t\leqslant c_2\|\boldsymbol{A}\|_s$。

15. 设 $\boldsymbol{A}$ 为非奇异矩阵，求证$\dfrac{1}{\|\boldsymbol{A}^{-1}\|_\infty}=\min\limits_{\boldsymbol{y}\neq\boldsymbol{0}}\dfrac{\|\boldsymbol{Ay}\|_\infty}{\|\boldsymbol{y}\|_\infty}$。

16. 设 $\boldsymbol{A}\in\mathbf{R}^{n\times n}$，证明$\|\boldsymbol{A}\|_1=\max\limits_{\boldsymbol{x}\neq\boldsymbol{0}}\dfrac{\|\boldsymbol{Ax}\|_1}{\|\boldsymbol{x}\|_1}=\max\limits_{1\leqslant j\leqslant n}\sum\limits_{i=1}^{n}|a_{ij}|$。

17. 设 $\boldsymbol{A}=\begin{bmatrix}3 & 2 & -1\\ -2 & -2 & 2\\ 3 & 6 & -1\end{bmatrix}$，求$\|\boldsymbol{A}\|_1$、$\|\boldsymbol{A}\|_\infty$和$\|\boldsymbol{A}\|_F$。

18. 设 $\boldsymbol{A}=\begin{bmatrix}2 & 0\\ -1 & 1\end{bmatrix}$，求$\|\boldsymbol{A}\|_2$和$\|\boldsymbol{A}\|_F$。

19. 设 $\boldsymbol{A}$ 为 n 阶实对称矩阵，其特征值为 λ_1，λ_2，$\cdots$，λ_n，证明：

$$\|\boldsymbol{A}\|_F^2=\lambda_1^2+\lambda_2^2+\cdots+\lambda_n^2$$

20. $f(x)$，$g(x)\in C^1[a, b]$，定义：

(1) $(f, g)=\displaystyle\int_a^b f'(x)g'(x)\mathrm{d}x$；

(2) $(f, g)=\displaystyle\int_a^b f'(x)g'(x)\mathrm{d}x+f(a)g(a)$。

问它们是否构成内积？

第2章 插 值 法

2.1 引 言

在科学研究与工程技术中，常常遇到这样的问题：知道函数关系 $y=f(x)$ 在某个区间 $[a, b]$ 上存在，但却不能给出解析表达式，只能通过实验或观测得到一些离散数据 $(x_i, f(x_i))(i=0, 1, \cdots, n)$。而研究的问题往往还需要求出不在给定数据点上的其他函数值，因此我们希望求出一条既通过这些已知点，又能反映函数 $f(x)$ 特性，并且便于计算的简单函数 $S(x)$ 来近似代替 $f(x)$，从而计算出其他点的函数值。有的函数虽然有解析表达式，但关系式复杂，不便于计算，也可以构造这样的简单函数来近似。

例 2.1.1 数码相机拍摄的图片在后期裁剪或放大时像素会有损失，为了打印出高质量、大尺寸的照片，就需要增加像素，这时经常使用的方法就是插值法。插值法是以相邻的像素为依据，计算出新的像素，而根据计算方法的不同，就形成不同的插值方法，常用的有最近邻插值、双线性、双二次等插值法。

例 2.1.2 为试验某种新药的疗效，医生对某人用快速静脉注射方式一次性注入该药 300 毫克后，在一定时间 t（小时）采取血样，测得血药浓度 C（微克/毫升）数据如表 2.1.1 所示。

表 2.1.1 例 2.1.2 所用数据表

t/h	0.25	0.5	1	1.5	2	3	4	6	8
C/(μg/mL)	19.21	18.15	15.36	14.10	12.89	9.32	7.45	5.24	3.01

根据此表推断血药浓度 C 与时间 t 之间函数关系 $C=f(t)$ 的近似表达式。

分析 该问题要求根据有限个点 $t_i(i=0, 1, 2, \cdots, n)$ 处的测试值 $f(t_i)$ $(i=0, 1, 2, \cdots, n)$，得到 $f(t)$ 的近似表达式，从而估算其他点的值。解决这个问题的方法之一是插值法。

例 2.1.3 通过查表得到对数函数 $\ln x$ 的一组数据如表 2.1.2 所示。

表 2.1.2　例 2.1.3 所用数据表

x_i	0.4	0.5	0.6	0.7	0.8	0.9
$\ln x_i$	−0.916 291	−0.693 147	−0.510 826	−0.356 675	−0.223 144	−0.105 361

根据表 2.1.2 求出 ln6.5。

由于要计算的 ln6.5 不在数据表中，可以采用插值法来计算。

以上例子表明，插值法在数学、工程、医学等领域都有广泛应用。下面给出插值问题的数学描述。

插值问题　已知函数 $f(x)$在区间$[a, b]$上 $n+1$ 个相异点 $a\leqslant x_0<x_1<x_2<\cdots<x_n\leqslant b$ 处的函数值 $f(x_0)$，$f(x_1)$，…，$f(x_n)$，如果存在一个函数 $S(x)$，满足

$$S(x_i)=f(x_i),\quad i=0, 1, 2, \cdots, n$$

则称 $S(x)$为 $f(x)$在点 x_i，$i=0, 1, 2, \cdots, n$ 处的**插值函数**，$f(x)$为**被插值函数**，x_i 为**插值节点**，$[a, b]$为**插值区间**，求插值函数 $S(x)$的方法称为**插值法**，用 $S(x)$近似 $f(x)$引起的误差函数 $R(x)=f(x)-S(x)$称为**插值余项**。

如图 2.1.1 所示，几何上，插值问题可以描述为，给定坐标平面内有限个点(x_i, y_i)，$i=0, 1, 2, \cdots, n$，找一个简单函数，使其曲线通过给定点。

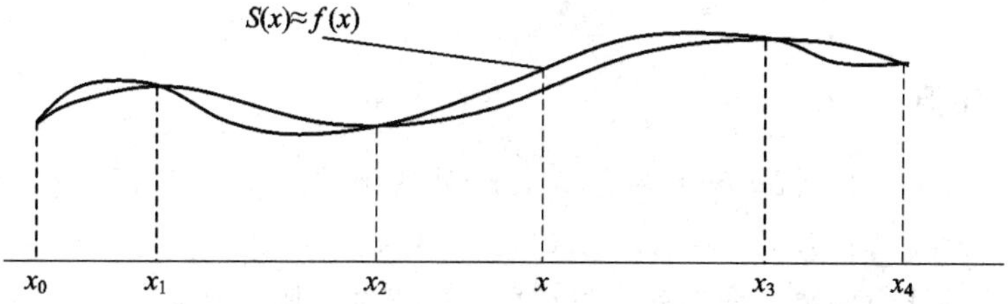

图 2.1.1　插值问题

利用插值函数可以近似计算被插值函数 $f(x)$的函数值和导数值，进行数值积分和数值微分(第 4 章)等近似计算。

满足插值条件的插值函数有多种形式，常用的有多项式、有理分式、三角函数和指数函数等。由于多项式和分段多项式计算简单，所以在工程应用中这两种插值函数使用最多，当插值函数 $S(x)$是次数不超过 n 次的多项式 $P_n(x)=a_0+a_1x+\cdots+a_nx^n$ 时，称 $P_n(x)$是$f(x)$的 ***n* 次插值多项式(或代数插值)**。

定理 2.1.1(插值多项式的存在唯一性)　已知函数 $f(x)$在$[a, b]$上的 $n+1$ 个相异插值节点 $a\leqslant x_0<x_1<x_2<\cdots<x_n\leqslant b$ 处的函数值 $f(x_i)$，$i=0, 1, 2, \cdots, n$，则存在唯一的次数不超过 n 次的多项式 $P_n(x)=a_0+a_1x+\cdots+a_nx^n$，使

$$P_n(x_i)=f(x_i),\quad i=0, 1, 2, \cdots, n$$

证明　由插值条件 $P_n(x_i)=f(x_i)=y_i$，$i=0, 1, 2, \cdots, n$，得线性方程组

$$\begin{cases} a_0 + a_1 x_0 + a_2 x_0^2 + \cdots + a_n x_0^n = y_0 \\ a_0 + a_1 x_1 + a_2 x_1^2 + \cdots + a_n x_1^n = y_1 \\ \vdots \\ a_0 + a_1 x_n + a_2 x_n^2 + \cdots + a_n x_n^n = y_n \end{cases}$$

因为系数矩阵的行列式

$$D = \prod_{0 \leqslant j < i \leqslant n} (x_i - x_j) \neq 0$$

故方程组有唯一解，即多项式 $P_n(x)$存在并且唯一。

上面定理的证明过程也提供了构造插值多项式的一种方法，即解上述方程组求出插值多项式的系数，这种方法称为待定系数法，但此方法计算量大，且当节点分布较密时，方程组是“病态的”，数值求解不稳定。因此人们研究出了更巧妙的构造插值多项式 $P_n(x)$的方法。本章介绍几种常用的方法，一维插值法有拉格朗日(Lagrange)插值、牛顿(Newton)插值、分段低次插值、埃尔米特(Hermite)插值、样条插值；二维插值方法有双线性插值、双二次插值等。

2.2　拉格朗日(Lagrange)插值法

2.2.1　线性插值

已知函数 $f(x)$在区间$[a, b]$上两点 x_0，x_1 处的函数值 $y_0=f(x_0)$，$y_1=f(x_1)$，求线性函数 $L_1(x)$，使其满足 $L_1(x_0)=y_0$，$L_1(x_1)=y_1$。

实际上，线性插值函数的图形就是过这两点的直线，其方程可表示为

$$L_1(x) = \frac{x - x_1}{x_0 - x_1} y_0 + \frac{x - x_0}{x_1 - x_0} y_1$$

记 $l_0(x)=\dfrac{x-x_1}{x_0-x_1}$，$l_1(x)=\dfrac{x-x_0}{x_1-x_0}$，则有

$$L_1(x) = \frac{x - x_1}{x_0 - x_1} y_0 + \frac{x - x_0}{x_1 - x_0} y_1 = l_0(x) y_0 + l_1(x) y_1 \tag{2.2.1}$$

称式(2.2.1)为 $f(x)$在$[a, b]$上的 **Lagrange 型线性插值函数**，函数 $l_0(x)$，$l_1(x)$分别是节点 x_0，x_1 上的 **Lagrange 插值基函数**。显然，此时插值基函数 $l_0(x)$，$l_1(x)$都是线性函数，且有以下性质：

$$l_0(x) + l_1(x) = 1$$

及

$$l_0(x_0) = 1,\ l_0(x_1) = 0,\ l_1(x_0) = 0,\ l_1(x_1) = 1$$

即

$$l_k(x_i) = \delta_{ki} = \begin{cases} 1, & i = k \\ 0, & i \neq k \end{cases},\quad k, i = 0, 1 \tag{2.2.2}$$

反之，如果线性函数 $l_0(x)$，$l_1(x)$ 具有性质(2.2.2)，可以证明它们只能是 $\frac{x-x_1}{x_0-x_1}$ 与 $\frac{x-x_0}{x_1-x_0}$。

式(2.2.1)中 Lagrange 型线性插值函数的特点是，将插值多项式表示为插值节点的函数值对节点上的插值基函数做线性组合，优点是容易验证插值多项式满足插值条件 $L_1(x_i)=y_i(i=0,1)$。下面进一步将 Lagrange 型线性插值函数的这种结构特点和优点推广到多个节点的情形。

2.2.2　二次插值

已知函数 $f(x)$ 在区间 $[a,b]$ 上三个互异节点 $x_i(i=0,1,2)$ 处的函数值 $y_i=f(x_i)$ $(i=0,1,2)$，求二次插值多项式 $L_2(x)$ 使其满足

$$L_2(x_i)=y_i,\quad i=0,1,2$$

根据式(2.2.1)的结构，令

$$L_2(x)=l_0(x)y_0+l_1(x)y_1+l_2(x)y_2 \tag{2.2.3}$$

其中，$l_k(x)$，$k=0,1,2$ 分别为节点 x_i，$i=0,1,2$ 的插值基函数，均为二次多项式，且满足

$$l_k(x_i)=\delta_{ki}=\begin{cases}1, & i=k\\ 0, & i\neq k\end{cases},\quad k,i=0,1,2$$

由于 $l_0(x)$ 是二次函数，且 $l_0(x_1)=l_0(x_2)=0$，说明 $l_0(x)$ 有两个零点 x_1 和 x_2，故可令

$$l_0(x)=C(x-x_1)(x-x_2)$$

又 $l_0(x_0)=1$，得 $C=\frac{1}{(x_0-x_1)(x_0-x_2)}$，所以

$$l_0(x)=\frac{(x-x_1)(x-x_2)}{(x_0-x_1)(x_0-x_2)}=\prod_{j=1}^{2}\frac{x-x_j}{x_0-x_j}$$

类似可得

$$l_1(x)=\frac{(x-x_0)(x-x_2)}{(x_1-x_0)(x_1-x_2)}=\prod_{\substack{j=0\\ j\neq 1}}^{2}\frac{x-x_j}{x_1-x_j}$$

$$l_2(x)=\frac{(x-x_0)(x-x_1)}{(x_2-x_0)(x_2-x_1)}=\prod_{\substack{j=0\\ j\neq 2}}^{2}\frac{x-x_j}{x_2-x_j}$$

从而二次插值多项式为

$$L_2(x)=\sum_{k=0}^{2}y_k l_k(x)=\sum_{k=0}^{2}y_k\left(\prod_{\substack{j=0\\ j\neq k}}^{2}\frac{x-x_j}{x_k-x_j}\right)$$

易验证，上面构造的二次函数 $L_2(x)$ 满足插值条件 $L_2(x_i)=y_i$，$i=0, 1, 2$，故 $L_2(x)$ 是 $f(x)$ 在 $[a, b]$ 上的**二次 Lagrange 插值多项式**。几何上，二次插值就是用通过三点 $(x_i, f(x_i))$，$i=0, 1, 2$ 的抛物线近似代替曲线 $y=f(x)$，因此二次插值也称为**抛物插值**。

2.2.3 *n* 次 Lagrange 插值多项式

已知函数 $f(x)$ 在区间 $[a, b]$ 上 $n+1$ 个互异节点 x_i，$i=0, 1, 2, \cdots, n$ 处的函数值 $y_i=f(x_i)$，$i=0, 1, 2, \cdots, n$，令

$$L_n(x) = \sum_{k=0}^{n} y_k l_k(x) \tag{2.2.4}$$

其中

$$l_k(x) = \prod_{\substack{j=0 \\ j\neq k}}^{n} \frac{x - x_j}{x_k - x_j}, \quad k = 0, 1, 2, \cdots, n \tag{2.2.5}$$

为节点 x_i，$i=0, 1, 2, \cdots, n$ 处的插值基函数，满足

$$l_k(x_i) = \delta_{ki}, \quad k, i = 0, 1, 2, \cdots, n$$

容易验证式(2.2.4)中的 n 次多项式 $L_n(x)$ 满足插值条件

$$L_n(x_i) = \sum_{k=0}^{n} y_k l_k(x_i) = y_i, \quad i = 0, 1, 2, \cdots, n$$

是函数 $f(x)$ 的 n 次 **Lagrange 插值多项式**。

若记 $\omega_{n+1}(x)=(x-x_0)(x-x_1)\cdots(x-x_n)=\prod\limits_{k=0}^{n}(x-x_k)$，则 $\omega'_{n+1}(x_k)=\prod\limits_{\substack{j=0 \\ j\neq k}}^{n}(x_k-x_j)$，

于是

$$l_k(x) = \frac{\omega_{n+1}(x)}{(x - x_k)\omega'_{n+1}(x_k)}, \quad k = 0, 1, \cdots, n$$

而

$$L_n(x) = \sum_{k=0}^{n} y_k \frac{\omega_{n+1}(x)}{(x - x_k)\omega'_{n+1}(x_k)}$$

例 2.2.1 已知函数 $f(x)$ 在四个点 0，1，2，4 处的函数值分别为 1，9，23，3，求 $f(x)$ 的三次插值多项式。

解 **方法 1** 待定系数法。

设插值多项式为 $P_3(x)=a_0+a_1x+a_2x^2+a_3x^3$，则由插值条件，得

$$\begin{cases} a_0 = 1 \\ a_0 + a_1 + a_2 + a_3 = 9 \\ a_0 + 2a_1 + 4a_2 + 8a_3 = 23 \\ a_0 + 4a_1 + 16a_2 + 64a_3 = 3 \end{cases}$$

解得 $a_0=1$，$a_1=-\frac{1}{2}$，$a_2=\frac{45}{4}$，$a_3=-\frac{11}{4}$，故 $P_2(x)=1-\frac{1}{2}x+\frac{45}{4}x^2-\frac{11}{4}x^3$。

方法2 Lagrange插值法。

计算插值基函数

$$l_0(x)=\frac{(x-1)(x-2)(x-4)}{(0-1)(0-2)(0-4)}=-\frac{1}{8}(x-1)(x-2)(x-4)$$

$$l_1(x)=\frac{(x-0)(x-2)(x-4)}{(1-0)(1-2)(1-4)}=\frac{1}{3}(x-0)(x-2)(x-4)$$

$$l_2(x)=\frac{(x-0)(x-1)(x-4)}{(2-0)(2-1)(2-4)}=-\frac{1}{4}(x-0)(x-1)(x-4)$$

$$l_3(x)=\frac{(x-0)(x-1)(x-2)}{(4-0)(4-1)(4-2)}=\frac{1}{24}(x-0)(x-1)(x-2)$$

故Lagrange插值多项式为

$$L_3(x)=l_0(x)+9l_1(x)+23l_2(x)+3l_3(x)=1-\frac{1}{2}x+\frac{45}{4}x^2-\frac{11}{4}x^3$$

2.2.4 插值余项

在$[a, b]$上用插值多项式 $L_n(x)$ 近似代替被插值函数 $f(x)$ 产生的误差 $R_n(x)=f(x)-L_n(x)$ 也称为**插值余项**。关于插值余项有以下定理。

定理2.2.1 设 $f(x)$ 在包含 $n+1$ 个互异节点 $a\leqslant x_0<x_1<\cdots<x_n\leqslant b$ 的区间$[a, b]$上具有 n 阶连续导数，且在 (a, b) 内有 $n+1$ 阶导数，则对于任意的 $x\in[a, b]$，必存在点 $\xi\in(a, b)$，使得插值余项

$$R_n(x)=f(x)-L_n(x)=\frac{f^{(n+1)}(\xi)}{(n+1)!}\omega_{n+1}(x),\quad \xi\text{与}x\text{有关} \tag{2.2.6}$$

其中，$\omega_{n+1}(x)=\prod_{i=0}^{n}(x-x_i)$。

证明 任意取定点 $x\in[a, b]$，若 x 为某个插值节点 x_i，$i=0, 1, \cdots, n$，则 $R_n(x_i)=0$，结论成立；当 x 不是插值节点时，因为 $R_n(x)$ 有 $n+1$ 个零点 $x_0, x_1, \cdots, x_n$，可设

$$R_n(x)=K(x)(x-x_0)(x-x_1)\cdots(x-x_n)$$

为求出待定的 $K(x)$，作辅助函数

$$\varphi(t)=R_n(t)-K(x)(t-x_0)(t-x_1)\cdots(t-x_n)$$

则 $\varphi(t)$ 至少有 $n+2$ 个互异零点 $x, x_0, x_1, \cdots, x_n$，将这 $n+2$ 个零点按从小到大的顺序排列，反复应用罗尔定理，可得，至少存在一点 $\xi\in(a, b)$，使得

$$\varphi^{(n+1)}(\xi)=f^{(n+1)}(\xi)-(n+1)!K(x)=0$$

故

$$K(x)=\frac{f^{(n+1)}(\xi)}{(n+1)!}$$

$$R_n(x)=f(x)-L_n(x)=\frac{f^{(n+1)}(\xi)}{(n+1)!}\omega_{n+1}(x)$$

其中，$\xi\in(a, b)$，且与 x 的位置有关。

例如，当 $n=1$ 时，线性插值余项为

$$R_1(x)=f(x)-L_1(x)=\frac{1}{2}f''(\xi)(x-x_0)(x-x_1),\ \xi\in(a, b)$$

当 $n=2$ 时，抛物插值余项为

$$R_2(x)=f(x)-L_2(x)=\frac{1}{3!}f'''(\xi)(x-x_0)(x-x_1)(x-x_2),\ \xi\in(a, b)$$

如果 $\max\limits_{a<x<b}|f^{(n+1)}(x)|\leqslant M$，则插值误差的绝对值有上界

$$|R_n(x)|\leqslant\frac{M}{(n+1)!}|\omega_{n+1}(x)|$$

由此可以确定插值误差的范围。

例 2.2.2 已知 $f(x)=e^{-x}$ 的一组数据见表 2.2.1，用抛物插值法计算 $e^{-2.1}$ 的近似值，并估计误差。

表 2.2.1 例 2.2.2 所用数据表

x_i	1	2	3
y_i	0.3679	0.1353	0.0183

解 记 $x_0=1$，$x_1=2$，$x_2=3$，则 $y_0=0.3679$，$y_1=0.1353$，$y_2=0.0183$。由插值公式得

$$\begin{aligned}e^{-2.1}&\approx L_2(2.1)\\&=y_0\frac{(2.1-x_1)(2.1-x_2)}{(x_0-x_1)(x_0-x_2)}+y_1\frac{(2.1-x_0)(2.1-x_2)}{(x_1-x_0)(x_1-x_2)}+y_2\frac{(2.1-x_0)(2.1-x_1)}{(x_2-x_0)(x_2-x_1)}\\&=0.3679\times\frac{0.1\times(-0.9)}{2}+0.1353\times\frac{1.1\times(-0.9)}{(-1)}+0.0183\times\frac{1.1\times0.1}{2}\\&\approx0.1184\end{aligned}$$

由于插值误差

$$\begin{aligned}|R_2(x)|&=\frac{1}{6}|e^{-\xi}(x-1)(x-2)(x-3)|\\&\leqslant\frac{e^{-1}}{6}|(x-1)(x-2)(x-3)|,\ \xi\in(1, 3)\end{aligned}$$

故在点 $x=2.1$ 处的插值误差

$$|R_2(2.1)|\leqslant\frac{0.3679}{6}\times0.099\leqslant0.006\,070\,1$$

Lagrange 插值方法的优点是：插值基函数及插值多项式形式对称，结构简单，容易编

制程序。一般来说，余项会随着节点个数增加而减少，因此可以通过增加插值节点的个数，即提高插值多项式的次数来提高计算精度。但另一方面，当增加节点时，原来已计算出的每一个插值基函数均随之变化，需要重新计算，这样一来增加了不必要的计算工作量。下面介绍的牛顿插值法克服了这一缺点。

2.3 牛顿(Newton)插值法

若已知函数 $f(x)$在区间$[a, b]$上一个节点 x_0 处的函数值 $y_0=f(x_0)$，则唯一确定一个 0 次插值多项式(常函数)，记作

$$N_0(x) = y_0$$

若增加一个节点 x_1 处的函数值 $y_1=f(x_1)$，则这两个节点唯一确定一个线性插值多项式，其图形为过这两点的直线，若用直线的点斜式方程来表示，并记作 $N_1(x)$，有

$$N_1(x) = y_0 + \frac{y_1 - y_0}{x_1 - x_0}(x - x_0) = N_0(x) + a_1(x - x_0) \tag{2.3.1}$$

其中，$a_1=\dfrac{y_1-y_0}{x_1-x_0}$表示直线的斜率，是 x_0，x_1 两个节点处函数值之差与自变量之差的商，简称为**差商**。

式(2.3.1)表明，要得到线性插值多项式 $N_1(x)$，只需要在零次插值多项式 $N_0(x)$的基础上增加一个线性项 $a_1(x-x_0)$即可，它与已有节点和新增节点有关。这启发我们，若已知 n 个插值节点 x_0，x_1，…，x_{n-1}对应的插值多项式为 $N_{n-1}(x)$，增加节点 x_n 后的插值多项式 $N_n(x)$只需要在 $N_{n-1}(x)$的基础上增加一个 n 次多项式即可，也就是说，类似于式(2.3.1)，我们希望 $N_n(x)$能表示为

$$N_n(x) = N_{n-1}(x) + a_n(x - x_0)(x - x_1)\cdots(x - x_{n-1}) \tag{2.3.2}$$

显然，$N_n(x)$在点 x_0，x_1，…，x_{n-1}处与 $N_{n-1}(x)$有相同的值，故满足前 n 个点的插值条件 $N_n(x_i)=f(x_i)$，$i=0$，1，…，$n-1$。再由插值条件 $N_n(x_n)=f(x_n)$，即可求出 a_n。

应用递推关系式(2.3.2)，可得出

$$N_n(x) = a_0 + a_1(x - x_0) + \cdots + a_n(x - x_0)(x - x_1)\cdots(x - x_{n-1}) \tag{2.3.3}$$

称多项式(2.3.3)为**牛顿(Newton)插值多项式**。其优点是当增加插值节点时，之前已计算的结果仍然能使用，有效地避免了重复性计算。

构造高阶牛顿型插值多项式需要用到高阶差商，下面先介绍差商的定义及其性质。

2.3.1 差商及性质

定义 2.3.1 已知函数 $f(x)$在$[a, b]$上的 $n+1$ 个相异插值节点 $a\leqslant x_0<x_1<\cdots<x_n\leqslant b$ 处的函数值 $f(x_i)$，$i=0$，1，2，…，n，则

$$f[x_i, x_j] = \frac{f(x_j) - f(x_i)}{x_j - x_i}$$

称为 $f(x)$关于节点 x_i，x_j 的**1 阶差商**；称

$$f[x_i, x_j, x_k] = \frac{f[x_i, x_k] - f[x_i, x_j]}{x_k - x_j}$$

为 $f(x)$关于节点 x_i，x_j，x_k 的**2 阶差商**。一般地，称

$$f[x_0, x_1, \cdots, x_{k-1}, x_k] = \frac{f[x_0, \cdots, x_{k-2}, x_k] - f[x_0, x_1, \cdots, x_{k-1}]}{x_k - x_{k-1}}$$

为 $f(x)$关于节点 x_0，x_1，…，x_{k-1}，x_k 的 **k 阶差商或均差**。

差商的基本性质如下：

(1) $f(x)$的 k 阶差商可以表示成 $f(x_0)$，$f(x_1)$，…，$f(x_k)$的线性组合，即

$$f[x_0, x_1, \cdots, x_{k-1}, x_k] = \sum_{i=0}^{k} \frac{f(x_i)}{(x_i - x_0)\cdots(x_i - x_{i-1})(x_i - x_{i+1})\cdots(x_i - x_k)}$$

该性质可用数学归纳法证明。

(2) 差商的对称性：差商与节点的排列次序无关，即任意交换两个节点 x_i，x_j 的顺序，差商值不变。由此得到 k 阶差商的另一个形式

$$f[x_0, x_1, \cdots, x_{k-1}, x_k] = \frac{f[x_1, x_2, \cdots, x_k] - f[x_0, x_1, \cdots, x_{k-1}]}{x_k - x_0}$$

该性质可由性质(1)证明。

(3) 差商与导数的关系：若 $f(x)$在$[a, b]$上存在 k 阶导数，且节点 $a \leqslant x_0 < x_1 < \cdots < x_n \leqslant b$，则

$$f[x_0, x_1, \cdots, x_k] = \frac{f^{(k)}(\xi)}{k!}, \quad \xi \in (a, b)$$

该公式可直接用罗尔定理证明。

为了方便使用，通常将差商列成下面的差商表。

表 2.3.1 差商表

x_k	$f(x_k)$	1 阶差商	2 阶差商	3 阶差商
x_0	$f(x_0)$			
x_1	$f(x_1)$	$f[x_0, x_1]$		
x_2	$f(x_2)$	$f[x_1, x_2]$	$f[x_0, x_1, x_2]$	
x_3	$f(x_3)$	$f[x_2, x_3]$	$f[x_1, x_2, x_3]$	$f[x_0, x_1, x_2, x_3]$
⋮	⋮	⋮	⋮	⋮

2.3.2 Newton 插值公式

基于差商的概念和性质，可以推导出牛顿插值多项式中的系数 a_k。

首先，$a_0=f(x_0)=f[x_0]$为 0 阶差商。

其次，

$$N_1(x) = f[x_0]+a_1(x-x_0)$$

将 $N_1(x_1)=f(x_1)$代入上式可得

$$a_1 = \frac{f[x_1]-f[x_0]}{x_1-x_0} = f[x_0, x_1]$$

说明 a_1 为 1 阶差商。

采用同样的推导，可得出 $a_2=f[x_0, x_1, x_2]$为 2 阶差商。依次可求得

$$a_k = f[x_0, x_1, \cdots, x_k]$$

为 k 阶差商。由此得到 **n 次牛顿插值公式**

$$N_n(x) = f[x_0]+f[x_0, x_1](x-x_0)+\cdots+ f[x_0, x_1, x_2, \cdots, x_n](x-x_0)(x-x_1)\cdots(x-x_{n-1})$$

其中系数为表 2.3.1 的差商表中对角线上的差商。

上述推导过程即表明 $N_n(x)$满足在点 $x_0, x_1, \cdots, x_n$ 处的插值条件 $N_n(x_i)=f(x_i)$，因此，Newton 插值多项式 $N_n(x)$与 Lagrange 插值多项式 $L_n(x)$相等，即 $N_n(x)=L_n(x)$，它们只是形式上不同。

例 2.3.1 已知函数 $f(x)$在四个点 0，1，2，4 处的函数值分别为 1，9，23，3。采用牛顿插值法求 $f(x)$的三次插值多项式。

解 首先根据差商公式列出差商表，见表 2.3.2，从而三次牛顿插值多项式

$$\begin{aligned} N_3(x) &= 1+8(x-0)+3(x-0)(x-1)-\frac{11}{4}(x-0)(x-1)(x-2) \\ &= 1-\frac{1}{2}x+\frac{45}{4}x^2-\frac{11}{4}x^3 \end{aligned}$$

表 2.3.2 例 2.3.1 的差商表

x_k	$f(x_k)$	1 阶差商	2 阶差商	3 阶差商
$x_0=0$	$f(x_0)=1$			
$x_1=1$	$f(x_1)=9$	$f[x_0, x_1]=8$		
$x_2=2$	$f(x_2)=23$	$f[x_1, x_2]=14$	$f[x_0, x_1, x_2]=3$	
$x_3=4$	$f(x_3)=3$	$f[x_2, x_3]=-10$	$f[x_1, x_2, x_3]=-8$	$f[x_0, x_1, x_2, x_3]=-\frac{11}{4}$

这一结果与拉格朗日插值方法完全一致(见例 2.2.1)。

2.3.3 Newton 插值公式的余项

根据差商定义，若 x 视为$[a, b]$上的任意一点，且 $x\neq x_0$，则

$$f[x_0, x] = \frac{f(x) - f(x_0)}{x - x_0}$$

从而

$$f(x) = f(x_0) + f[x_0, x](x - x_0)$$

同理，由

$$f[x_0, x_1, x] = \frac{f[x_0, x] - f[x_0, x_1]}{x - x_1}$$

可得

$$f[x_0, x] = f[x_0, x_1] + f[x_0, x_1, x](x - x_1)$$

依次求得

$$f[x_0, x_1, \cdots, x_{n-1}, x] = f[x_0, x_1, \cdots, x_n] + f[x_0, x_1, \cdots, x_n, x](x - x_n)$$

将上述后一个等式依次代入前一个等式就有

$$\begin{aligned} f(x) = {} & f(x_0) + f[x_0, x_1](x - x_0) + f[x_0, x_1, x_2](x - x_0)(x - x_1) + \\ & \cdots + f[x_0, x_1, x_2, \cdots, x_n](x - x_0)(x - x_1)\cdots(x - x_{n-1}) + \\ & f[x_0, x_1, \cdots, x_n, x](x - x_0)(x - x_1)\cdots(x - x_n) \end{aligned}$$

即

$$f(x) = N_n(x) + f[x_0, x_1, \cdots, x_n, x](x - x_0)(x - x_1)\cdots(x - x_n)$$

而牛顿插值余项为

$$\begin{aligned} R_n(x) &= f[x_0, x_1, \cdots, x_n, x](x - x_0)(x - x_1)\cdots(x - x_n) \\ &= f[x_0, x_1, \cdots, x_n, x]\omega_{n+1}(x) \end{aligned}$$

根据插值多项式的存在唯一性可知，牛顿插值余项与拉格朗日插值余项相等，则

$$R_n(x) = \frac{f^{(n+1)}(\xi)}{(n+1)!}\omega_{n+1}(x)$$

比较上述两个余项公式，得

$$f[x_0, x_1, \cdots, x_n, x] = \frac{f^{(n+1)}(\xi)}{(n+1)!}, \quad \xi \in (a, b)$$

从而推得差商与导数的关系[差商性质(3)]

$$f[x_0, x_1, \cdots, x_k] = \frac{f^{(k)}(\xi)}{k!}, \quad \xi \in (a, b)$$

例 2.3.2 表 2.3.3 给出了函数$\sqrt{x}$的数值表，试用二次牛顿插值多项式计算$\sqrt{2.15}$的近似值，并估计误差。

表 2.3.3 例 2.3.2 所用的数值表

x	2.0	2.1	2.2
$\sqrt{x}$	1.414 214	1.449 138	1.483 240

解　取插值节点 $x_0=2.0$，$x_1=2.1$，$x_2=2.2$，计算 $f(x)=\sqrt{x}$ 的差商表如表 2.3.4 所示。

表 2.3.4　例 2.3.2 的差商表

x_k	$f(x_k)$	1 阶差商	2 阶差商
$x_0=2.0$	1.414 214		
$x_1=2.1$	1.449 138	0.349 240	
$x_2-2.2$	1.483 240	0.341 020	−0.041 10

根据 Newton 插值公式，求得 $f(x)=\sqrt{x}$ 的二次牛顿插值多项式

$$N_2(x)=1.414\ 214+0.349\ 240(x-2.0)-0.041\ 10(x-2.0)(x-2.1)$$

代入 $x=2.15$，得

$$\sqrt{2.15}\approx N_2(2.15)=1.466\ 292$$

又 $f'''(x)=\dfrac{3}{8x^2\sqrt{x}}$，$\max\limits_{2.0\leqslant x\leqslant 2.2}|f'''(x)|=\left.\dfrac{3}{8x^2\sqrt{x}}\right|_{x=2.0}=0.066\ 29\cdots<0.066\ 3$，则截断误差

$$|R_2(2.15)|=\left|\frac{f'''(\xi)}{3!}(2.15-2.0)(2.15-2.1)(2.15-2.2)\right|$$

$$<\frac{0.0663}{6}\times 0.000\ 375<\frac{1}{2}\times 10^{-5}$$

与 $\sqrt{2.15}$ 的真值 1.466 288…相比较，$\sqrt{2.15}\approx 1.466\ 292$ 具有 5 位有效数字。

例 2.3.3　已知数据表 2.3.5，选择合适的节点，分别用线性、二次、三次插值多项式计算 $f(8.4)$ 的近似值。

表 2.3.5　例 2.3.3 的数据表

x	8.1	8.3	8.6	8.7
$f(x)$	16.944 10	17.564 92	18.505 15	18.820 91

解　选取插值节点 $x_0=8.3$，$x_1=8.6$，$x_2=8.7$，$x_3=8.1$，构造差商表如表 2.3.6 所示。

表 2.3.6　例 2.3.3 的差商表

k	x_k	$f(x_k)$	1 阶差商	2 阶差商	3 阶差商
0	8.3	17.564 92			
1	8.6	18.505 15	3.134 10		
2	8.7	18.820 91	3.157 60	0.058 75	
3	8.1	16.944 10	3.128 02	0.059 16	−0.002 05

根据 Newton 插值公式，计算得

$$f(8.4) \approx N_1(8.4) = 17.56492 + 3.13410 \times (8.4 - 8.3) = 17.87833$$

$$f(8.4) \approx N_2(8.4) = N_1(8.4) + 0.05875 \times (8.4 - 8.3) \times (8.4 - 8.6) = 17.877155$$

$$f(8.4) \approx N_3(8.4) = N_2(8.4) - 0.00205 \times (8.4 - 8.3) \times (8.4 - 8.6)(8.4 - 8.7) = 17.877143$$

若取 $f(8.4) \approx N_3(8.4) = 17.877143$ 时，则截断误差

$$|R_3(8.4)| \approx |N_3(8.4) - N_2(8.3)| = 0.000012$$

在这个例子中，被插值函数以表格形式给出，而 $f(x)$的解析式未知，所以插值余项无法计算，但可以用相邻两次计算结果进行大概的估计。

从上述计算过程可以看出，每增加一个插值节点，只需要在前一次计算的结果上再增加一项就行了，这样大大提高了计算效率。在实际应用中，当插值节点个数比较多时，通常先从被插值点 x 的附近选取插值节点作低次插值，再逐步增加节点个数来提高插值多项式的次数，直到达到精度要求。

2.3.4 重节点的 Newton 插值公式

在实际问题中可能会遇到知道部分节点的函数值与某些节点的导数值，这类问题可以综合应用插值方法解决。

例 2.3.4 要求构造一个满足条件

$$H_3(x_i) = f(x_i)(i = 0, 1, 2), H'_3(x_0) = f'(x_0)$$

的三次插值多项式 $H_3(x)$。

解 方法 1 混合使用牛顿法和待定系数法。

首先注意到，$N_2(x) = f(x_0) + f[x_0, x_1](x - x_0) + f[x_0, x_1, x_2](x - x_0)(x - x_1)$是满足 $N_2(x_i) = f(x_i)(i = 0, 1, 2)$的二次插值多项式，因此三次插值多项式 $H_3(x)$可以表示成 $H_3(x) = N_2(x) + \alpha(x - x_0)(x - x_1)(x - x_2)$，显然，$H_3(x)$满足 $H_3(x_i) = f(x_i)(i = 0, 1, 2)$，为了使其满足 $H'_3(x_0) = f'(x_0)$，可对上式求导并将 $H'_3(x_0) = f'(x_0)$代入，求出系数 α，即可得到满足所有插值条件的三次插值多项式 $H_3(x)$。

方法 2 定义重节点的差商，利用牛顿法构造插值公式。

设 $f'(x_0)$存在，则$\lim_{h \to 0} f[x_0, x_0 + h] = \lim_{h \to 0} \dfrac{f(x_0 + h) - f(x_0)}{h} = f'(x_0)$，由此启发我们定义重节点的 1 阶差商：$f[x_0, x_0] = \lim_{h \to 0} f[x_0, x_0 + h] = f'(x_0)$，类似地，可定义重节点的 2 阶差商 $f[x_0, x_0, x_0] = f''(x_0)$，$f[x_0, x_0, x_1] = \dfrac{f[x_0, x_0] - f[x_0, x_1]}{x_0 - x_1}$，甚至更高阶差商。对于本例，构造差商表如表 2.3.7 所示。

表 2.3.7 例 2.3.4 的差商表

x_k	$f(x_k)$	1 阶差商	2 阶差商	3 阶差商
x_0	$f(x_0)$			
x_0	$f(x_0)$	$f[x_0, x_0]=f'(x_0)$		
x_1	$f(x_1)$	$f[x_0, x_1]$	$f[x_0, x_0, x_1]$	
x_2	$f(x_2)$	$f[x_1, x_2]$	$f[x_0, x_1, x_2]$	$f[x_0, x_0, x_1, x_2]$

由表 2.3.7 可得牛顿型插值多项式：

$$H_3(x) = f(x_0) + f[x_0, x_0](x - x_0) + f[x_0, x_0, x_1](x - x_0)(x - x_0) + f[x_0, x_0, x_1, x_2](x - x_0)(x - x_0)(x - x_1)$$

且其余项为

$$R_3(x) = f[x_0, x_0, x_1, x_2, x](x - x_0)^2(x - x_1)(x - x_2)$$

2.4 埃尔米特(Hermite)插值法

Lagrange 和 Newton 插值法都要求插值函数与已知函数在插值节点处函数值相等，但在实际应用中，许多问题不仅要求在节点上的函数值相等，而且还要求在这些点处的一阶导数甚至更高阶的导数相等。下面介绍解决这类问题的 Hermite 插值方法。

2.4.1 Hermite 插值

定义 2.4.1 已知函数 $f(x)$在$[a, b]$上的 $n+1$ 个相异节点 $a\leqslant x_0<x_1<\cdots<x_n\leqslant b$ 处的函数值 $f(x_i)$和导数值 $f'(x_i)$，如果存在一个次数不超过 $2n+1$ 次的多项式 $H(x)$满足插值条件

$$\begin{cases} H(x_i) = f(x_i) = y_i \\ H'(x_i) = f'(x_i) = m_i \end{cases}, \quad i = 0, 1, 2, \cdots, n \tag{2.4.1}$$

则称 $H(x)$为 $f(x)$的 $2n+1$ **次埃尔米特(Hermite)插值多项式**。

若记 $2n+1$ 次 Hermite 插值多项式为 $H_{2n+1}(x)=a_0+a_1x+a_2x^2+\cdots+a_{2n+1}x^{2n+1}$，根据式(2.4.1)所给的 $2n+2$ 个条件，就可求出系数 $a_0, a_1, a_2, \cdots, a_{2n+1}$，从而得到 $H_{2n+1}(x)$。由于这种方法计算量大，因此采用类似于求 Lagrange 插值多项式的基函数方法确定 $H_{2n+1}(x)$。

设 $\alpha_j(x)$和 $\beta_j(x)$，$j=0, 1, 2, \cdots, n$ 是 $H_{2n+1}(x)$的 $2n+2$ 个插值基函数，每个插值基函数均是 $2n+1$ 次多项式，且满足条件

$$\begin{cases} \alpha_j(x_i) = \delta_{ji}, \alpha_j'(x_i) = 0 \\ \beta_j(x_i) = 0, \beta_j'(x_i) = \delta_{ji} \end{cases}, \quad j, i = 0, 1, 2, \cdots, n$$

用基函数方法表示

$$H_{2n+1}(x) = \sum_{j=0}^{n}[y_j\alpha_j(x) + m_j\beta_j(x)] \tag{2.4.2}$$

验证可知

$$\begin{cases} H_{2n+1}(x_i) = y_i \\ H'_{2n+1}(x_i) = m_i \end{cases}, \quad i = 0, 1, 2, \cdots, n$$

说明式(2.4.2)所确定的 $2n+1$ 次多项式就是满足插值条件(2.4.1)的 Hermite 插值多项式。

下面构造基函数 $\alpha_j(x)$ 和 $\beta_j(x)$。

由于 $\alpha_j(x)$ 有 n 个二重零点 $x_i(i=0, 1, \cdots, n, i\neq j)$，所以 $\alpha_j(x)$ 可以写成

$$\alpha_j(x) = (ax+b)l_j^2(x)$$

其中，$l_j(x) = \prod\limits_{\substack{i=0\\ i\neq j}}^{n} \dfrac{x-x_i}{x_j-x_i}$。又由条件 $\alpha_j(x_j)=1$，$\alpha_j'(x_j)=0$，得

$$\begin{cases} \alpha_j(x_j) = (ax_j+b)l_j^2(x_j) = ax_j+b = 1 \\ \alpha_j'(x_j) = al_j^2(x_j) + 2(ax_j+b)l_j(x_j)l_j'(x_j) = a+2l_j'(x_j) = 0 \end{cases}$$

由此解出

$$a = -2l_j'(x_j),\ b = 1+2x_jl_j'(x_j)$$

而 $l_j'(x_j) = \sum\limits_{\substack{i=0\\ i\neq j}}^{n} \dfrac{1}{x_j-x_i}$，所以基函数

$$\alpha_j(x) = \left[1-2(x-x_j)\sum_{\substack{i=0\\ i\neq j}}^{n} \frac{1}{x_j-x_i}\right]l_j^2(x), \quad j = 0, 1, 2, \cdots, n \tag{2.4.3}$$

同理可得

$$\beta_j(x) = (x-x_j)l_j^2(x), \quad j = 0, 1, 2, \cdots, n \tag{2.4.4}$$

当 $n=1$ 时，有两个插值节点 x_0，x_1，此时可以确定一个三次多项式

$$H_3(x) = y_0\alpha_0(x) + y_1\alpha_1(x) + m_0\beta_0(x) + m_1\beta_1(x)$$

称为两点三次 Hermite 插值多项式。其中 Hermite 插值基函数

$$\begin{cases} \alpha_0(x) = \left(1+2\dfrac{x-x_0}{x_1-x_0}\right)\left(\dfrac{x-x_1}{x_0-x_1}\right)^2 \\ \alpha_1(x) = \left(1+2\dfrac{x-x_1}{x_0-x_1}\right)\left(\dfrac{x-x_0}{x_1-x_0}\right)^2 \\ \beta_0(x) = (x-x_0)\left(\dfrac{x-x_1}{x_0-x_1}\right)^2 \\ \beta_1(x) = (x-x_1)\left(\dfrac{x-x_0}{x_1-x_0}\right)^2 \end{cases} \tag{2.4.5}$$

2.4.2 Hermite 插值的唯一性及余项

定理 2.4.1 满足插值条件(2.4.1)的 Hermite 插值多项式是唯一的。

证明 假设 $H_{2n+1}(x)$和 $\widetilde{H}_{2n+1}(x)$均是满足条件(2.4.1)的 Hermite 插值多项式，则函数

$$\varphi(x) = H_{2n+1}(x) - \widetilde{H}_{2n+1}(x)$$

有 $n+1$ 个二重零点 x_i，$i=0, 1, \cdots, n$，即有 $2n+2$ 个零点，但 $\varphi(x)$是不超过 $2n+1$ 次的多项式，所以 $\varphi(x)\equiv 0$，从而 $H_{2n+1}(x)=\widetilde{H}_{2n+1}(x)$，说明 Hermite 插值多项式是唯一的。

定理 2.4.2 设函数 $f(x)\in C^{2n+1}(a, b)$，$f(x)\in D^{2n+2}(a, b)$，则 $f(x)$的 Hermite 插值多项式的余项

$$R_{2n+1}(x) = f(x) - H_{2n+1}(x) = \frac{f^{(2n+2)}(\xi)}{(2n+2)!}\omega_{n+1}^2(x)$$

其中，$\xi\in(a, b)$依赖于 x 及插值节点。

定理 2.4.2 可仿照定理 2.2.1 来证明。

一般地，在所给插值节点个数相同时，用 Hermite 插值法比用 Lagrange 和 Newton 插值法计算具有更高的精度，但计算量相对较大。

例 2.4.1 已知函数 $\sin x$ 的数据表 2.4.1，试用三次 Hermite 插值多项式计算 $\sin 40°$ 的近似值，并估计误差。

表 2.4.1 例 2.4.1 所用的数据表

x_i	$\frac{\pi}{6}$	$\frac{\pi}{4}$
y_i	0.500 000	0.707 107
y_i'	0.866 025	0.707 107

解 将 $x=40$，$x_0=30$，$x_1=45$ 代入式(2.4.5)，得

$$\alpha_0(40) = \frac{7}{27},\ \alpha_1(40) = \frac{20}{27},\ \beta_0(40) = \frac{\pi}{162},\ \beta_1(40) = -\frac{\pi}{81}$$

由两点三次 Hermite 插值多项式

$$H_3(x) = y_0\alpha_0(x) + y_1\alpha_1(x) + y_0'\beta_0(x) + y_1'\beta_1(x)$$

可得

$$\begin{aligned}\sin 40° &\approx H_3(40)\\ &= 0.5\times\frac{7}{27} + 0.707\,107\times\frac{20}{27} + 0.866\,025\times\frac{\pi}{162} - 0.707\,107\times\frac{\pi}{81}\\ &\approx 0.642\,782\end{aligned}$$

其误差为

$$|R_3(40)| = \left|\frac{f^{(4)}(\xi)}{4!}(x-x_0)^2(x-x_1)^2\right| \leqslant \frac{1}{4}\left(\frac{2\pi}{9}-\frac{\pi}{6}\right)^2\left(\frac{2\pi}{9}-\frac{\pi}{4}\right)^2 < 0.000\,058$$

注 实际上，对于给定一组节点上的函数值以及导数值的情形，也可以用重节点的牛顿插值法构造插值公式。

2.5　分段低次插值法

直观上，插值节点越多插值多项式的次数越高，函数逼近越好，误差$|R_n(x)|$越小，但这一叙述并非对所有连续函数都是正确的，因为插值余项不仅与插值节点有关，还与函数$f(x)$的高阶导数有关。由 Lagrange 插值多项式余项公式知

$$|R_n(x)| = |f(x) - L_n(x)| \leqslant \frac{M_{n+1}}{(n+1)!}|(x-x_0)(x-x_1)\cdots(x-x_n)|$$

其中，$M_{n+1}=\max\limits_{a\leqslant x\leqslant b}|f^{(n+1)}(x)|$。如果$M_{n+1}$随$n$的增大波动很大，使得$L_n(x)$不收敛于$f(x)$，则不能保证误差$|R_n(x)|$越来越小。

例如，函数$f(x)=\dfrac{1}{1+x^2}$在$(-\infty, +\infty)$上具有任意阶导数，若在$[-5, 5]$上取等间距节点$x_i=-5+i\dfrac{10}{n}$，$i=0, 1, 2, \cdots, n$，构造 Lagrange 插值多项式

$$L_n(x) = \sum_{j=0}^{n}\left(\frac{1}{1+x_j^2}\prod_{\substack{i=0\\ i\neq j}}^{n}\frac{x-x_i}{x_j-x_i}\right)$$

图 2.5.1 描绘了$n=10$时，函数$f(x)=\dfrac{1}{1+x^2}$与插值多项式$L_{10}(x)$的图形。可以明显看出，插值多项式$L_{10}(x)$在区间中部能较好地逼近函数$f(x)$，在其他部位差异较大，而且越接近端点$x=\pm5$，波动越大。这种现象是在 20 世纪由龙格(Runge)首先给出的，故称为**Runge 现象**。

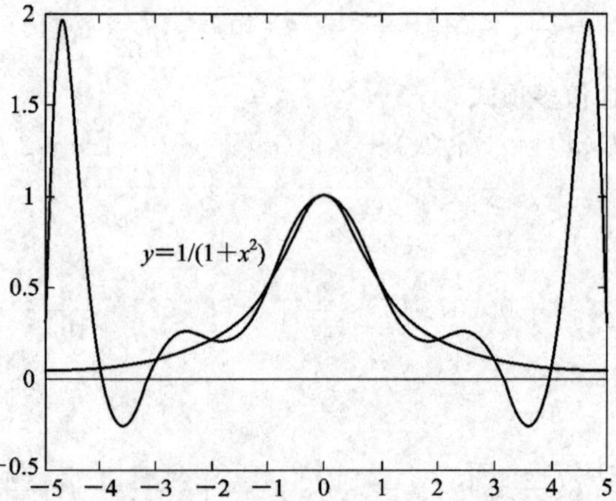

图 2.5.1　龙格现象

为了避免 Runge 现象的发生，通常采用分段低次插值方法。分段插值的思想是，用插

值节点将插值区间分成若干段，每一段采用低次多项式近似。

2.5.1 分段线性插值

定义 2.5.1 已知函数 $y=f(x)$ 在 $n+1$ 个节点 $a=x_0<x_1<\cdots<x_n=b$ 上的函数值 $y_k=f(x_k)$，$k=0, 1, \cdots, n$，作一条折线 $I(x)$ 满足：

(1) $I(x)$ 在 $[a, b]$ 上连续；

(2) $I(x_k)=y_k$，$k=0, 1, 2, \cdots, n$；

(3) $I(x)$ 在每个小区间 $[x_k, x_{k+1}]$ 上是线性函数，

则称 $I(x)$ 是 $f(x)$ 在 $[a, b]$ 上的**分段线性插值函数**。

分段线性插值的几何意义即是用折线近似代替曲线。

由于插值多项式的唯一性，$I(x)$ 在每个小区间 $[x_k, x_{k+1}]$ 上可表示为

$$I(x)=\frac{x-x_{k+1}}{x_k-x_{k+1}}y_k+\frac{x-x_k}{x_{k+1}-x_k}y_{k+1}, \quad x_k\leqslant x\leqslant x_{k+1}$$

而在整个区间 $[a, b]$ 上，$I(x)$ 可以表示为

$$I(x)=\sum_{j=0}^{n}y_j l_j(x)$$

其中，$l_j(x)$，$j=0, 1, 2, \cdots, n$ 为分段插值基函数(见图 2.5.2)，它满足条件：$l_j(x_k)=\delta_{jk}$，$j, k=0, 1, 2, \cdots, n$，而且在每个小区间 $[x_j, x_{j+1}]$，$j=0, 1, \cdots, n-1$ 上是线性函数。由此可以写出 $l_j(x)$ 的表达式为

$$l_j(x)=\begin{cases}\dfrac{x-x_{j-1}}{x_j-x_{j-1}}, & x_{j-1}\leqslant x\leqslant x_j,\ j\neq 0\\[2ex] \dfrac{x-x_{j+1}}{x_j-x_{j+1}}, & x_j\leqslant x\leqslant x_{j+1},\ j\neq n\\[2ex] 0, & x\in[a, b],\ x\notin[x_{j-1}, x_{j+1}]\end{cases}$$

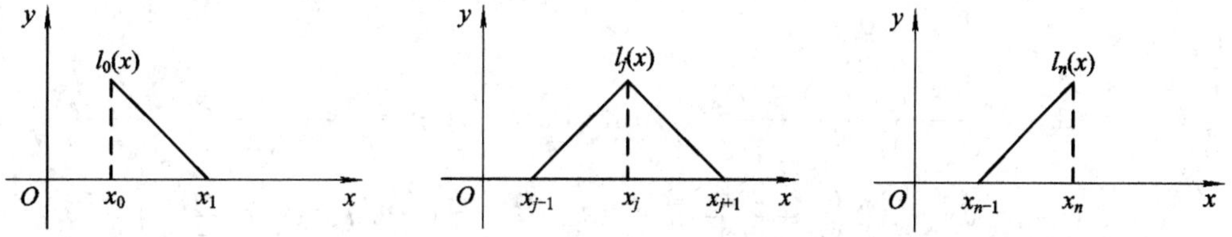

图 2.5.2　分段线性插值基函数 $l_j(x)$

定理 2.5.1 设函数 $f(x)\in C^2[a, b]$，则 $f(x)$ 的分段线性插值余项

$$|R(x)|\leqslant\frac{1}{8}Mh^2$$

其中，$M=\max\limits_{a\leqslant x\leqslant b}|f''(x)|$，$h=\max\limits_{0\leqslant k\leqslant n-1}(x_{k+1}-x_k)$。

证明 $x\in[x_k, x_{k+1}]$时，$I(x)=l_k(x)y_k+l_{k+1}(x)y_{k+1}$，故余项

$$|R(x)|=|f(x)-I(x)|=\left|\frac{f''(\xi_k)}{2!}(x-x_k)(x-x_{k+1})\right|$$

$$\leqslant\frac{M}{8}h_k^{\ 2}\leqslant\frac{M}{8}h^2,\ \xi_k\in(x_k, x_{k+1})$$

其中，$h_k=x_{k+1}-x_k$。当 $h\to0$ 时，$|R(x)|\to0$，因而$\lim\limits_{h\to0}I(x)=f(x)$，故 $I(x)$在$[a, b]$上一致收敛于 $f(x)$。

定理 2.5.1 表明，当节点加密时，每个小区间长度变短，分段线性插值的误差变小。

2.5.2 分段三次 Hermite 插值

尽管分段线性插值多项式计算简单，在插值节点处连续，但不能保证在节点处的光滑性，即曲线可能出现尖点。为使插值多项式具有光滑性，可在插值节点处给出函数值及导数值，从而构造出分段三次 Hermite 插值法。

定义 2.5.2 已知函数 $y=f(x)$在节点 $a=x_0<x_1<\cdots<x_n=b$ 上的函数值 y_k 及导数值 y_k'，$k=0, 1, 2, \cdots, n$，则可构造一个导数连续的分段插值函数 $H(x)$，它满足如下条件：

(1) $H(x_k)=y_k$，$H'(x_k)=y_k'$，$k=0, 1, 2, \cdots, n$；

(2) $H(x)$在每个小区间$[x_k, x_{k+1}]$上是三次多项式。

称 $H(x)$为 $f(x)$在$[a, b]$上的**分段三次 Hermite 插值多项式**。

由插值多项式的唯一性，当 $x\in[x_k, x_{k+1}]$时，根据 2.4.1 节中的两点三次插值公式(2.4.2)，即得到 $H(x)$在$[x_k, x_{k+1}]$上的分段三次 Hermite 插值多项式

$$H(x)=y_k\alpha_k(x)+y_{k+1}\alpha_{k+1}(x)+y'_k\beta_k(x)+y'_{k+1}\beta_{k+1}(x)$$
$$x\in[x_k, x_{k+1}],\ k=0, 1, \cdots, n-1$$

其中，

$$\alpha_k(x)=\left[1+\frac{2(x-x_k)}{x_{k+1}-x_k}\right]\left(\frac{x-x_{k+1}}{x_k-x_{k+1}}\right)^2,\ \alpha_{k+1}(x)=\left[1+\frac{2(x-x_{k+1})}{x_k-x_{k+1}}\right]\left(\frac{x-x_k}{x_{k+1}-x_k}\right)^2$$

$$\beta_k(x)=(x-x_k)\left(\frac{x-x_{k+1}}{x_k-x_{k+1}}\right)^2,\quad \beta_{k+1}(x)=(x-x_k)\left(\frac{x-x_k}{x_{k+1}-x_k}\right)^2$$

如果函数 $f(x)\in C^4[a, b]$，则 $f(x)$的分段三次 Hermite 插值多项式的余项

$$|R(x)|=|f(x)-H(x)|=\left|\frac{f^{(4)}(\xi_k)}{4!}(x-x_k)^2(x-x_{k+1})^2\right|$$

$$\leqslant\frac{1}{4!}\cdot\frac{h_k^4}{16}\max_{x_k\leqslant x\leqslant x_{k+1}}|f^{(4)}(x)|\leqslant\frac{M}{384}h^4,\quad \xi_k\in(x_k, x_{k+1})$$

其中，$h_k=x_{k+1}-x_k$，$h=\max\limits_{0\leqslant k\leqslant n-1} h_k$，$M=\max\limits_{a\leqslant x\leqslant b}|f^{(4)}(x)|$。

例 2.5.1 已知函数 $f(x)=\sqrt{x}$ 的数据表，如表 2.5.1 所示。

表 2.5.1 例 2.5.1 所用的数据表

x	1	4	9	16
$f(x)$	1	2	3	4
$f'(x)$	1/2	1/4	1/6	1/8

分别用两点一次插值、带导数的二次插值、两点三次插值计算$\sqrt{5}$的近似值，并与准确值相比较。

解 取接近 $x=5$ 的节点作插值。

(1) 一次插值：取插值条件为 $f(4)=2$，$f(9)=3$，则

$$\sqrt{5}\approx L_1(5)=\frac{5-9}{4-9}\times 2+\frac{5-4}{9-4}\times 3=2.2$$

(2) 二次插值：取插值条件为 $f(4)=2$，$f(9)=3$，$f'(4)=\frac{1}{4}$，则

$$\sqrt{5}\approx H_2(5)=\left(1-\frac{5-4}{4-9}\right)\times\frac{5-9}{4-9}\times 2+\left(\frac{5-4}{9-4}\right)^2\times 3+\frac{(5-4)(5-9)}{4-9}\times\frac{1}{4}=2.24$$

(3) 三次插值：取插值条件为$\begin{cases}f(4)=2\\ f'(4)=\frac{1}{4}\end{cases}$，$\begin{cases}f(9)=3\\ f'(9)=\frac{1}{6}\end{cases}$，则

$$\sqrt{5}\approx H_3(5)=\left(1-2\times\frac{5-4}{4-9}\right)\times\left(\frac{5-9}{4-9}\right)^2\times 2+\left(1-2\times\frac{5-9}{9-4}\right)\times\left(\frac{5-4}{9-4}\right)^2\times 3+$$
$$(5-4)\left(\frac{5-9}{4-9}\right)^2\times\frac{1}{4}+(5-9)\left(\frac{5-4}{9-4}\right)^2\times\frac{1}{6}=2.2373$$

与准确值$\sqrt{5}=2.236\ 068$ 相比较，上述误差分别为

$$\left|\sqrt{5}-L_1(5)\right|=0.036\ 068,\ \left|\sqrt{5}-H_2(5)\right|=0.003\ 932,\ \left|\sqrt{5}-H_3(5)\right|=0.001\ 232$$

可见两点三次插值误差最小。

2.6 样条插值法

2.6.1 样条插值函数

分段三次 Hermite 插值法不仅克服了高次插值多项式计算复杂的缺点，而且保证了逼近曲线的光滑性，但插值条件要求给出节点处的一阶导数值，这在具体应用时产生了一定困难。另一方面，在实际问题中，还要求插值曲线具有二阶的光滑度，即有连续的二阶

导数。

样条(Spline)是早期的工程师用来绘制光滑曲线的一种富有弹性的细木条(或细金属条)，把木条固定在曲线的样点上，让其他地方自然弯曲，然后描绘出近似光滑的曲线，称这样的曲线为**样条曲线**。在数学上就是三次样条插值函数，如图 2.6.1 所示。

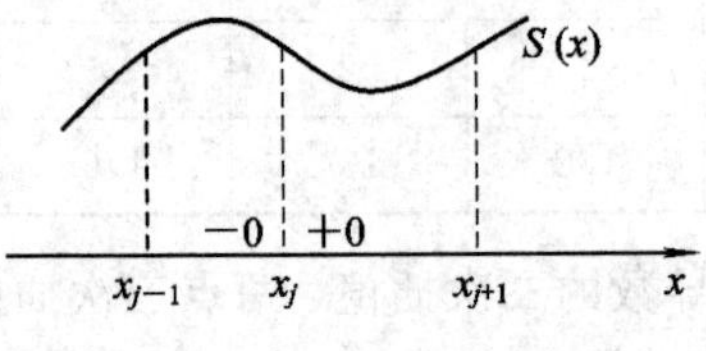

图 2.6.1 三次样条插值函数

定义 2.6.1 给定区间$[a, b]$一个划分 $a \leqslant x_0 < x_1 < \cdots < x_n \leqslant b$，若函数 $S(x)$满足条件：

(1) $S(x_k)=f(x_k)$，$k=0, 1, 2, \cdots, n$； (2.6.1)

(2) 在每个小区间$[x_k, x_{k+1}]$，$k=0, 1, 2, \cdots, n-1$ 上 $S(x)$是三次多项式；

(3) $S(x)$在$[a, b]$上二阶导数连续，即 $S''(x) \in C[a, b]$，

则称 $S(x)$是$[a, b]$上的**三次样条插值函数**。

显然三次样条插值函数 $S(x)$是由分段三次多项式拼接而成，并且在$[a, b]$上具有整体的二阶光滑性。由于各个小区间内是三次多项式，二阶导数连续，因此整体光滑性的要求主要针对节点处。

由样条函数定义知，$S(x)$在每个小区间$[x_k, x_{k+1}]$上都是三次多项式，即

$$S(x) = A_k + B_k x + C_k x^2 + D_k x^3, \quad k = 0, 1, 2, \cdots, n-1$$

其中，A_k，B_k，C_k，D_k 为待定系数，且满足条件：

(1) 插值条件：

$$S(x_k) = f(x_k), \quad k = 0, 1, 2, \cdots, n$$

(2) 连接条件：

$$\begin{cases} S(x_k - 0) = S(x_k + 0) \\ S'(x_k - 0) = S'(x_k + 0), \quad k = 1, 2, \cdots, n-1 \\ S''(x_k - 0) = S''(x_k + 0) \end{cases}$$

故 $S(x)$在$[a, b]$上有 $4n-2$ 个条件，而待定系数有 $4n$ 个，为了构造唯一的三次样条插值函数，还需要补充两个条件。通常在区间$[a, b]$端点处各补充一个条件，称为**边界条件**。

常用的边界条件有以下三种类型：

(1) 第一边界条件：$S'(x_0)=f'(x_0)$，$S'(x_n)=f'(x_n)$。

(2) 第二边界条件：$S''(x_0)=f''(x_0)$，$S''(x_n)=f''(x_n)$；特别地，当 $S''(x_0)=0$，$S''(x_n)=0$ 时，也称为**自然边界条件**。

(3) 第三边界条件(或周期边界条件)：当 $f(x)$ 是以 $x_n - x_0$ 为周期的函数时，要求 $S(x)$ 也是以 $x_n - x_0$ 为周期的周期函数，这时 $f(x_0+0)=f(x_n-0)$，相应的边界条件为

$$\begin{cases} S(x_0) = S(x_n) \\ S'(x_0) = S'(x_n) \\ S''(x_0) = S''(x_n) \end{cases}$$

2.6.2 三次样条插值函数的构造

三次样条插值函数 $S(x)$ 通常有两种表示形式：(1) 由节点处的一阶导数构造的函数 $S(x)$；(2) 由节点处的二阶导数构造的函数 $S(x)$。由一阶导数建立的 $S(x)$ 称为**三转角方程**，由二阶导数建立的方程称为**三弯矩方程**。这里只给出三弯矩方程的建立方法。

由于 $S(x)$ 在每个小区间 $[x_k, x_{k+1}]$ 上是三次多项式，所以 $S''(x)$ 是一次多项式。若记 $S''(x_k)=M_k$，$S''(x_{k+1})=M_{k+1}$，则由 Lagrange 插值公式可得

$$S''(x) = M_k \cdot \frac{x_{k+1}-x}{h_k} + M_{k+1} \cdot \frac{x-x_k}{h_k} \tag{2.6.2}$$

其中，$h_k = x_{k+1} - x_k$，$k=0, 1, \cdots, n-1$。将式(2.6.2)积分两次，并利用插值条件 $S(x_k)=f(x_k)$，$S(x_{k+1})=f(x_{k+1})$，整理得到以 M_k 为参数的样条函数

$$S(x) = M_k \cdot \frac{(x_{k+1}-x)^3}{6h_k} + M_{k+1} \cdot \frac{(x-x_k)^3}{6h_k} + \left[f(x_k) - \frac{M_k h_k^2}{6}\right] \cdot \frac{x_{k+1}-x}{h_k} + \left[f(x_{k+1}) - \frac{M_{k+1} h_k^2}{6}\right] \cdot \frac{x-x_k}{h_k}, \quad x \in [x_k, x_{k+1}], k = 1, 2, \cdots, n-1 \tag{2.6.3}$$

为求出 $M_k(k=0, 1, 2, \cdots, n)$，对式(2.6.3)求导，得

$$S'(x) = -M_k \cdot \frac{(x_{k+1}-x)^2}{2h_k} + M_{k+1} \cdot \frac{(x-x_k)^2}{2h_k} + f[x_k, x_{k+1}] - \frac{M_{k+1}-M_k}{6} h_k$$

故

$$S'(x_k+0) = -\frac{h_k}{2} M_k + f[x_k, x_{k+1}] - \frac{M_{k+1}-M_k}{6} h_k \tag{2.6.4}$$

$$S'(x_{k+1}-0) = \frac{h_k}{2} M_{k+1} + f[x_k, x_{k+1}] - \frac{M_{k+1}-M_k}{6} h_k \tag{2.6.5}$$

再由 $S'(x_k+0)=S'(x_k-0)$ 及式(2.6.4)、式(2.6.5)可得

$$-\frac{h_k}{2} M_k + f[x_k, x_{k+1}] - \frac{M_{k+1}-M_k}{6} h_k = \frac{h_{k-1}}{2} M_k + f[x_{k-1}, x_k] - \frac{M_k - M_{k-1}}{6} h_{k-1}$$

整理得

$$\mu_k M_{k-1} + 2M_k + \lambda_k M_{k+1} = d_k, \quad k = 1, 2, \cdots, n-1 \tag{2.6.6}$$

其中，$\mu_k=\frac{h_{k-1}}{h_{k-1}+h_k}$，$\lambda_k=1-\mu_k$，$d_k=6f[x_{k-1},x_k,x_{k+1}]$，$k=1,2,\cdots,n-1$。

对于第一类边界条件，把 $S'(x_0)=f'(x_0)$，$S'(x_n)=f'(x_n)$ 分别代入式(2.6.4)和式(2.6.5)中得

$$f[x_0,x_1]-\frac{h_0}{2}M_0-\frac{M_1-M_0}{6}h_0=f'(x_0)$$

$$f[x_{n-1},x_n]+\frac{h_{n-1}}{2}M_n-\frac{M_n-M_{n-1}}{6}h_{n-1}=f'(x_n)$$

即

$$2M_0+M_1=d_0 \tag{2.6.7}$$

$$M_{n-1}+2M_n=d_n \tag{2.6.8}$$

其中，$d_0=\frac{6}{h_0}[f(x_0,x_1)-f'(x_0)]$，$d_n=\frac{6}{h_{n-1}}(f'(x_n)-f[x_{n-1},x_n])$。令 $\lambda_0=1$，$\mu_n=1$，并将式(2.6.6)、式(2.6.7)、式(2.6.8)三式联立，即得到关于未知变量 $M_0,M_1,\cdots,M_n$ 的 $n+1$ 个线性方程组，其矩阵形式为

$$\begin{bmatrix} 2 & 1 & & & & \\ \mu_1 & 2 & \lambda_1 & & & \\ & \mu_2 & 2 & \lambda_2 & & \\ & & \ddots & \ddots & \ddots & \\ & & & \mu_{n-1} & 2 & \lambda_{n-1} \\ & & & & 1 & 2 \end{bmatrix}\begin{bmatrix} M_0 \\ M_1 \\ M_2 \\ \vdots \\ M_{n-1} \\ M_n \end{bmatrix}=\begin{bmatrix} d_0 \\ d_1 \\ d_2 \\ \vdots \\ d_{n-1} \\ d_n \end{bmatrix} \tag{2.6.9}$$

称式(2.6.9)为 $f(x)$ 的三次样条函数的**三弯矩方程**。

对于第二类边界条件，将 $M_0=f''(x_0)$，$M_n=f''(x_n)$ 代入式(2.6.6)中，得

$$2M_1+\lambda_1M_2=d_1-\mu_1f''(x_0)$$

$$\mu_{n-1}M_{n-2}+2M_{n-1}=d_{n-1}-\lambda_{n-1}f''(x_n)$$

相应的矩阵方程为

$$\begin{bmatrix} 2 & \lambda_1 & & & & \\ \mu_2 & 2 & \lambda_2 & & & \\ & \mu_3 & 2 & \lambda_3 & & \\ & & \ddots & \ddots & \ddots & \\ & & & \mu_{n-2} & 2 & \lambda_{n-2} \\ & & & & \mu_{n-1} & 2 \end{bmatrix}\begin{bmatrix} M_1 \\ M_2 \\ M_3 \\ \vdots \\ M_{n-2} \\ M_{n-1} \end{bmatrix}=\begin{bmatrix} d_1-\mu_1f''(x_0) \\ d_2 \\ d_3 \\ \vdots \\ d_{n-2} \\ d_{n-1}-\lambda_{n-1}f''(x_n) \end{bmatrix} \tag{2.6.10}$$

对于第三类边界条件，由于 $S'(x_0)=S'(x_n)$，由式(2.6.4)和式(2.6.5)可得

$$f[x_0,x_1]-\frac{h_0}{2}M_0-\frac{M_1-M_0}{6}h_0=f[x_{n-1},x_n]+\frac{h_{n-1}}{2}M_n-\frac{M_n-M_{n-1}}{6}h_{n-1}$$

又 $M_0=S''(x_0)=S''(x_n)=M_n$，代入上式整理得

$$\lambda_n M_1+\mu_n M_{n-1}+2M_n=d_n$$

其中，$\lambda_n=\dfrac{h_0}{h_0+h_{n-1}}$，$\mu_n=1-\lambda_n$，$d_n=6\cdot\dfrac{f[x_0, x_1]-f[x_{n-1}, x_n]}{h_0+h_{n-1}}$，相应的矩阵方程为

$$\begin{bmatrix} 2 & \lambda_1 & & & & \mu_1 \\ \mu_2 & 2 & \lambda_2 & & & \\ & \ddots & \ddots & \ddots & & \\ & & \mu_{n-2} & 2 & \lambda_{n-2} & \\ & & & \mu_{n-1} & 2 & \lambda_{n-1} \\ \lambda_n & & & & \mu_n & 2 \end{bmatrix}\begin{bmatrix} M_1 \\ M_2 \\ \vdots \\ M_{n-2} \\ M_{n-1} \\ M_n \end{bmatrix}=\begin{bmatrix} d_1 \\ d_2 \\ \vdots \\ d_{n-2} \\ d_{n-1} \\ d_n \end{bmatrix} \tag{2.6.11}$$

由于线性方程组(2.6.9)、(2.6.10)和(2.6.11)的系数矩阵严格对角占优，因此非奇异，故有唯一解，说明给定边界条件后的三次样条插值函数是存在并且唯一的。

类似地，如果用各节点处的一阶导数 $S'(x_k)=m_k(k=0, 1, 2, \cdots, n)$表示 $S(x)$，则在$[x_k, x_{k+1}]$上以 m_k 为参数的样条函数

$$\begin{aligned} S(x)= & m_k\cdot\frac{(x-x_{k+1})^2(x-x_k)}{h_k^3}+m_{k+1}\cdot\frac{(x-x_k)^2(x-x_{k+1})}{h_k^3}+ \\ & f(x_k)\cdot\frac{(x-x_{k+1})^2[h_{k+1}+2(x-x_k)]}{h_k^3}+ \\ & f(x_{k+1})\cdot\frac{(x-x_k)^2[h_k+2(x_{k+1}-x)]}{h_k^3} \\ & x\in[x_k, x_{k+1}],\ k=1, 2, \cdots, n-1 \end{aligned}$$

推导可得 $S(x)$在$[a, b]$上的**三转角方程**如下：

$$\lambda_k m_{k-1}+2m_k+\mu_k m_{k+1}=g_k,\ k=1, 2, \cdots, n-1 \tag{2.6.12}$$

其中，$\lambda_k=\dfrac{h_{k+1}}{h_k+h_{k+1}}$，$\mu_k=\dfrac{h_k}{h_k+h_{k+1}}$，$g_k=3(\lambda_k f[x_{k-1}, x_k]+\mu_k f[x_k, x_{k+1}])$，$k=1, 2, \cdots, n-1$。再结合任意一种边界条件，即可得到相应于 m_k，$k=0, 1, 2, \cdots, n$ 的三弯角方程。

建立三次样条插值函数的步骤如下：

(1) 求出 λ_k，μ_k，d_k，$k=0, 1, \cdots, n$；

(2) 选择与边界条件相对应的矩阵方程，求出 M_0，M_1，$\cdots$，M_n；

(3) 代入式(2.6.3)求出三次样条插值函数。

例 2.6.1　已知函数 $f(x)$在[27.7, 30]上插值点处的数据表，见表 2.6.1。

表 2.6.1　例 2.6.1 所用的数据表

x_i	27.7	28	29	30
$f(x_i)$	4.1	4.3	4.1	3.0

试求三次样条函数 $S(x)$，使它满足第一边界条件 $S'(27.7)=3.0$，$S'(30)=-4.0$。

解 由已知条件 $h_0=0.30$，$h_1=h_2=1$，$f(x_0)=4.1$，$f(x_1)=4.3$，$f(x_2)=4.1$，$f(x_3)=3.0$，计算得

$$\mu_1=\frac{3}{13},\ \mu_2=\frac{1}{2},\ \mu_3=1,\ \lambda_0=1,\ \lambda_1=\frac{10}{13},\ \lambda_2=\frac{1}{2}$$

$$d_0=\frac{6}{h_0}(f[x_0,\ x_1]-f'_0)=-46.666\ 67,\ d_1=6f[x_0,\ x_1,\ x_2]=-4.000\ 00$$

$$d_2=6f[x_1,\ x_2,\ x_3]=-2.700\ 00,\ d_3=\frac{6}{h_2}(f'_3-f[x_2,\ x_3])=-17.400\ 00$$

由此得到式(2.6.9)三弯矩方程组

$$\begin{bmatrix} 2 & 1 & & \\ \frac{3}{13} & 2 & \frac{10}{13} & \\ & \frac{1}{2} & 2 & \frac{1}{2} \\ & & 1 & 2 \end{bmatrix}\begin{bmatrix} M_0 \\ M_1 \\ M_2 \\ M_3 \end{bmatrix}=\begin{bmatrix} -46.666\ 67 \\ -4.000\ 00 \\ -2.700\ 00 \\ -17.400\ 00 \end{bmatrix}$$

解得 $M_0=-23.531$，$M_1=0.395$，$M_2=0.830$，$M_3=-9.115$。将 M_0，M_1，M_2，M_3 代入表达式(2.6.3)中得到三次样条函数

$$S(x)=\begin{cases} 13.072\ 78(x-28)^3-14.843\ 22(x-28)+0.219\ 44(x-27.7)^3+ \\ 14.313\ 58(x-27.7),\ x\in[27.7,\ 28] \\ 0.065\ 83(29-x)^3+4.234\ 17(29-x)+0.138\ 33(x-28)^3+ \\ 3.961\ 67(x-28),\ x\in[28,\ 29] \\ 0.013\ 833(30-x)^3+3.961\ 67(30-x)-1.519\ 17(x-29)^3+ \\ 4.519\ 417(x-29),\ x\in[29,\ 30] \end{cases}$$

通常求三次样条函数可以根据上述计算步骤直接编程上机计算，或使用相关数学软件。

2.7 二元函数插值方法

前面几节介绍的插值方法可以推广到多元函数，并应用于曲面、体插值和图像超分辨等。本节以二元函数插值为例介绍如何用一元多项式插值构造二元的双线性插值和双二次插值。

2.7.1 二元双线性插值

设已知函数 $f(x,\ y)$在矩形区域 $A_1A_2A_3A_4$ 的顶点 A_i 上的函数值，如图 2.7.1 所示，

构造一个二元插值函数 $p(x, y)$，要求在这四个顶点上满足插值条件：$p(A_i)=f(A_i)$，$i=1, 2, 3, 4$。由于插值条件有四个，故将插值函数类选为

$$p(x, y) = a + bx + cy + dxy$$

上式对 x 和 y 均为线性的，故称为二元**双线性函数**。

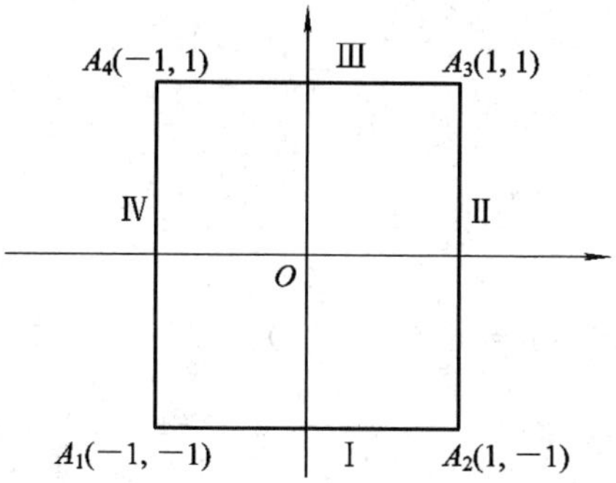

图 2.7.1 平面矩形区域 $A_1A_2A_3A_4$ 上以四个顶点为插值节点

利用 Lagrange 插值基的思想，我们需要构造四个顶点上的二元**双线性插值基函数** $\alpha_i(x, y)$，满足

$$\alpha_i(x_j, y_j) = \begin{cases} 1, & i = j \\ 0, & i \neq j \end{cases}$$

已知矩形的边 A_1A_2 的方程为 $1+y=0$，边 A_3A_4 的方程为 $1-y=0$，边 A_2A_3 的方程为 $1-x=0$，边 A_1A_4 的方程为 $1+x=0$。先来考虑顶点 A_1 的双线性插值基函数 $\alpha_1(x, y)$ 的构造，由于 $\alpha_1(A_2)=\alpha_1(A_3)=\alpha_1(A_4)=0$，所以在Ⅱ边和Ⅲ边上有 $\alpha_1(x, y)$为 0，故 $\alpha_1(x, y)=c(1-x)(1-y)$，再由 $\alpha_1(A_1)=\alpha_1(-1, -1)=1$，得 $c=\frac{1}{4}$。故

$$\alpha_1(x, y) = \frac{(1-x)(1-y)}{4}$$

类似的方法可求得 α_2，α_3，α_4 分别为

$$\alpha_2(x, y) = \frac{(1+x)(1-y)}{4}$$

$$\alpha_3(x, y) = \frac{(1+x)(1+y)}{4}$$

$$\alpha_4(x, y) = \frac{(1-x)(1+y)}{4}$$

有了四个节点上的插值基函数，用相应节点上的函数值对其进行线性组合，得到满足条件的二元双线性插值函数

$$p(x, y) = \sum_{i=1}^{4} f(x_i, y_i)\alpha_i(x, y)$$

上面的二元双线性插值基函数 $\alpha_i(x, y)$ 也可以通过一维线性插值基函数的张量积形式得到。如图 2.7.2 所示，在区间[−1, 1]上，以−1，1 为插值节点的线性 Lagrange 插值基函数分别为

$$\varphi_{-1}(x)=\frac{1-x}{2},\ \varphi_1(x)=\frac{1+x}{2}$$

则

$$\alpha_1(x, y)=\varphi_{-1}(x)\varphi_{-1}(y)=\frac{(1-x)(1-y)}{4}$$

$$\alpha_2(x, y)=\varphi_1(x)\varphi_{-1}(y)=\frac{(1+x)(1-y)}{4}$$

$$\alpha_3(x, y)=\varphi_1(x)\varphi_1(y)=\frac{(1+x)(1+y)}{4}$$

$$\alpha_4(x, y)=\varphi_{-1}(x)\varphi_1(y)=\frac{(1-x)(1+y)}{4}$$

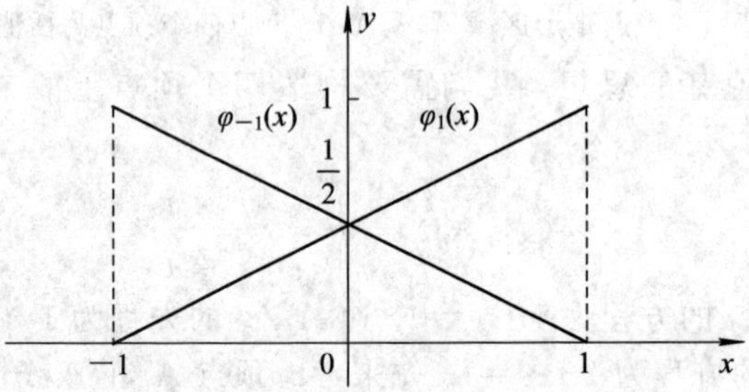

图 2.7.2　直线上[−1, 1]内以−1，1 为节点的线性插值基函数

前面讨论了如何在一个矩形区域上以四个顶点为插值节点构造双线性插值函数。类似于一维情形的分段线性插值，在二维区域上可构造分片双线性插值函数。用图 2.7.3 所示的简单情形来说明其基本思想，图中二维矩形区域有 6 个节点，将矩形区域分成 2 个子矩

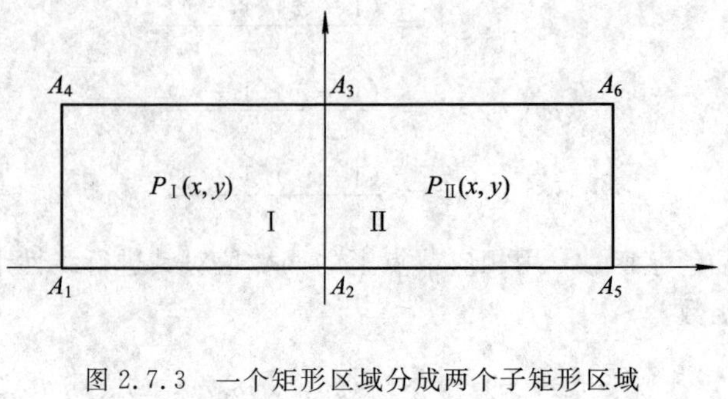

图 2.7.3　一个矩形区域分成两个子矩形区域

形区域，矩形 $A_1A_2A_3A_4$ 记做Ⅰ，$A_2A_3A_6A_5$ 记做Ⅱ，要求以这 6 个点为插值节点构造分片双线性插值函数 $p(x, y)$，使其在每个子矩形区域上是以 4 个顶点为插值节点的双线性插值函数，且在公共边上连续，在整个矩形区域上称为分片双线性插值函数。

实际上，只需要分别在子矩形Ⅰ和子矩形Ⅱ上构造双线性插值函数 $p_{\mathrm{I}}(x, y)$ 和 $p_{\mathrm{II}}(x, y)$，由于两个子矩形区域有公共边 A_2A_3，在 A_2，A_3 两个端点处 $p_{\mathrm{I}}(x, y)$ 和 $p_{\mathrm{II}}(x, y)$ 利用相同的插值条件 $f(A_2)$，$f(A_3)$，所以在公共边 A_2A_3 上 $P_{\mathrm{I}}(x, y)$ 和 $P_{\mathrm{II}}(x, y)$ 沿边界 l 上是完全重合的，即连续。因此有

$$p(x, y) = \begin{cases} p_{\mathrm{I}}(x, y), & (x, y) \in \mathrm{I} \\ p_{\mathrm{II}}(x, y), & (x, y) \in \mathrm{II} \end{cases}$$

2.7.2 双二次插值

如图 2.7.4 所示，在平面矩形区域 $A_1A_2A_3A_4$ 上，给定四个顶点、四个边的中点以及中心点上的函数值 $f(A_i)$，$i=1, 2, \cdots, 9$，并以这 9 个点为插值节点构造插值函数。

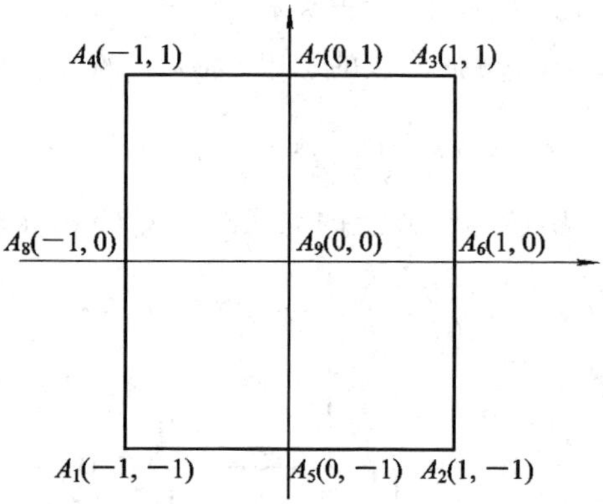

图 2.7.4 平面矩形区域 $A_1A_2A_3A_4$ 上以四个顶点和四个边的中点以及中心点为插值节点

由于有 9 个插值条件，故可构造一个双二次插值函数

$$p(x, y) = a_1 + a_2x + a_3y + a_4x^2 + a_5xy + a_6y^2 + a_7x^2y + a_8xy^2 + a_9x^2y^2$$

按照 Lagrange 插值法的思想，将双二次插值函数写成 Lagrange 型，即

$$p(x, y) = \sum_{i=1}^{9} f(x_i, y_i)\alpha_i(x, y)$$

$\alpha_i(x, y)$，$i=1, 2, \cdots, 9$ 为九个节点上的双二次 Lagrange 插值基函数，应满足

$$\alpha_i(A_k) = \begin{cases} 1, & k = i \\ 0, & k \neq i \end{cases}, \quad k = 1, 2, \cdots, 9$$

我们利用一元二次插值基函数的张量积构造二元双二次插值基函数。设[－1，1]上以－1，0，1为插值节点的一元二次 Lagrange 插值基函数分别为

$$\varphi_{-1}(x)=\frac{1}{2}x(x-1),\ \varphi_0(x)=\frac{1}{2}(1-x^2),\ \varphi_1(x)=\frac{1}{2}x(x+1)$$

则9个节点上的二元双二次 Lagrange 插值基函数分别为

$$\begin{aligned}
&\alpha_1(x,y)=\varphi_{-1}(x)\varphi_{-1}(y), &&\alpha_2(x,y)=\varphi_1(x)\varphi_{-1}(y)\\
&\alpha_3(x,y)=\varphi_1(x)\varphi_1(y), &&\alpha_4(x,y)=\varphi_{-1}(x)\varphi_1(y)\\
&\alpha_5(x,y)=\varphi_0(x)\varphi_{-1}(y), &&\alpha_6(x,y)=\varphi_1(x)\varphi_0(y)\\
&\alpha_7(x,y)=\varphi_0(x)\varphi_1(y), &&\alpha_8(x,y)=\varphi_{-1}(x)\varphi_0(y)\\
&\alpha_9(x,y)=\varphi_0(x)\varphi_0(y)
\end{aligned}$$

同双线性插值类似，在相邻块上的双二次多项式是连续的。

2.7.3　双三次插值

如图 2.7.5 所示，已知平面矩形区域 $A_1A_2A_3A_4$ 上四个顶点和四个边的三分点上的函数值 $f(A_i)$，$i=1, 2, \cdots, 16$，以这 16 个点为插值节点可构造一个双三次函数 $p(x, y)$ 满足 16 个插值条件。按照 Lagrange 插值法的思想，将双三次插值函数写成 Lagrange 型，即

$$p(x,y)=\sum_{i=1}^{16}f(x_i,y_i)\alpha_i(x,y)$$

$\alpha_i(x, y)$，$i=1, 2, \cdots, 16$ 为 16 个节点上的双三次 Lagrange 插值基函数，满足

$$\alpha_i(A_k)=\begin{cases}1, & k=i\\0, & k\neq i\end{cases},\quad k=1,2,\cdots,16$$

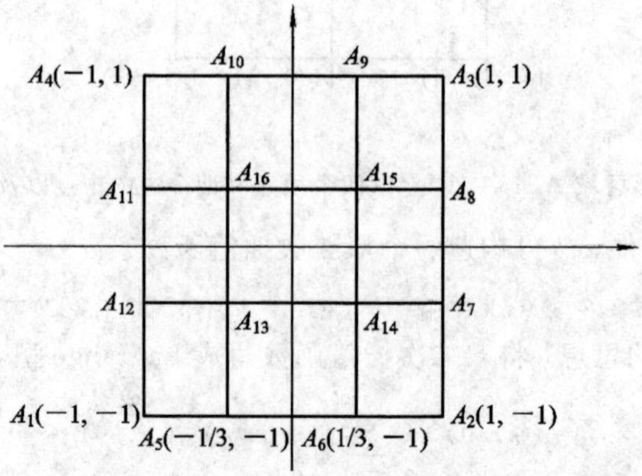

图 2.7.5　平面矩形区域 $A_1A_2A_3A_4$ 上以四个顶点和四个边的三分点为插值节点

我们利用一元三次插值基函数的张量积构造二元双三次插值基函数。设[−1，1]上以−1，−1/3，1/3，1为插值节点的一元三次 Lagrange 插值基函数分别为

$$\varphi_{-1}(x)=-\frac{1}{16}(9x^2-1)(x-1)$$

$$\varphi_{-1/3}(x)=\frac{9}{16}(x^2-1)(3x-1)$$

$$\varphi_{1/3}(x)=-\frac{9}{16}(x^2-1)(3x+1)$$

$$\varphi_{1}(x)=\frac{1}{16}(9x^2-1)(x+1)$$

则 16 个节点上的二元双三次 Lagrange 插值基函数为

$$\alpha_1(x,y)=\varphi_{-1}(x)\varphi_{-1}(y),\quad \alpha_2(x,y)=\varphi_{1}(x)\varphi_{-1}(y)$$

$$\alpha_3(x,y)=\varphi_{1}(x)\varphi_{1}(y),\quad \alpha_4(x,y)=\varphi_{-1}(x)\varphi_{1}(y)$$

$$\alpha_5(x,y)=\varphi_{-1/3}(x)\varphi_{-1}(y),\quad \alpha_6(x,y)=\varphi_{1/3}(x)\varphi_{-1}(y)$$

$$\alpha_7(x,y)=\varphi_{1}(x)\varphi_{-1/3}(y),\quad \alpha_8(x,y)=\varphi_{1}(x)\varphi_{1/3}(y)$$

$$\alpha_9(x,y)=\varphi_{1/3}(x)\varphi_{1}(y),\quad \alpha_{10}(x,y)=\varphi_{-1/3}(x)\varphi_{1}(y)$$

$$\alpha_{11}(x,y)=\varphi_{-1}(x)\varphi_{1/3}(y),\quad \alpha_{12}(x,y)=\varphi_{-1}(x)\varphi_{-1/3}(y)$$

$$\alpha_{13}(x,y)=\varphi_{-1/3}(x)\varphi_{-1/3}(y),\quad \alpha_{14}(x,y)=\varphi_{1/3}(x)\varphi_{-1/3}(y)$$

$$\alpha_{15}(x,y)=\varphi_{1/3}(x)\varphi_{1/3}(y),\quad \alpha_{16}(x,y)=\varphi_{-1/3}(x)\varphi_{1/3}(y)$$

在相邻块上的双三次多项式，由于在四个点上有共同值，故是连续的。

2.7.4 双三次埃尔米特插值

考虑如图 2.7.6 所示的矩形单元 $A_1(0,0)$，$A_2(1,0)$，$A_3(1,1)$，$A_4(0,1)$，已知 $f(x,y)$在顶点处的函数值 $f(A_i)$，导数值 $f_x(A_i)$，$f_y(A_i)$和二阶导数值 $f_{xy}(A_i)$，$i=1$，

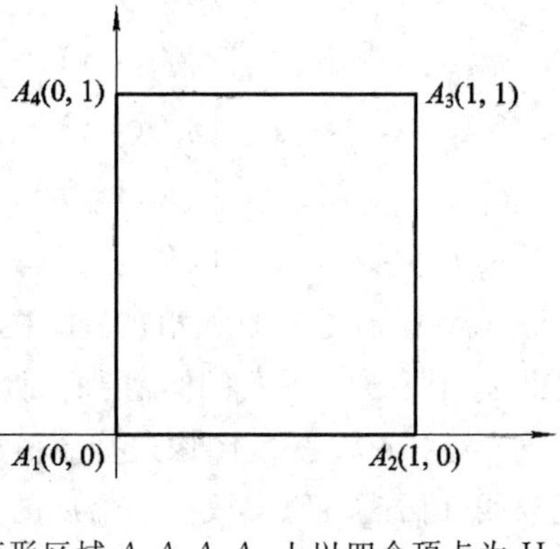

图 2.7.6 平面矩形区域 $A_1A_2A_3A_4$ 上以四个顶点为 Hermite 插值节点

2，3，4，总共 16 个条件，可构造一个完全双三次插值函数。按照 Hermite 插值法的思想，将双三次插值函数写成 Hermite 型，即

$$p(x,\ y) = \sum_{i=1}^{4} f(A_i)\alpha_i(x,\ y) + f_x(A_i)\beta_i(x,\ y) + f_y(A_i)\gamma_i(x,\ y) + f_{xy}(A_i)\eta_i(x,\ y)$$

其中，$\alpha_i(x,\ y)$是关于函数值的插值基，$\beta_i(x,\ y)$，$\gamma_i(x,\ y)$分别是关于 x 和 y 的导数的插值基，$\eta_i(x,\ y)$是关于二阶导数的插值基，$i=1$，2，3，4，它们分别满足：

$$\begin{cases} \alpha_i(A_j) = \delta_{ij},\ \dfrac{\partial \alpha_i}{\partial x}(A_j) = 0,\ \dfrac{\partial \alpha_i}{\partial y}(A_j) = 0,\ \dfrac{\partial^2 \alpha_i}{\partial x \partial y}(A_j) = 0 \\ \beta_i(A_j) = 0,\ \dfrac{\partial \beta_i}{\partial x}(A_j) = \delta_{ij},\ \dfrac{\partial \beta_i}{\partial y}(A_j) = 0,\ \dfrac{\partial^2 \beta_i}{\partial x \partial y}(A_j) = 0 \\ \gamma_i(A_j) = 0,\ \dfrac{\partial \gamma_i}{\partial x}(A_j) = 0,\ \dfrac{\partial \gamma_i}{\partial y}(A_j) = \delta_{ij},\ \dfrac{\partial^2 \gamma_i}{\partial x \partial y}(A_j) = 0 \\ \eta_i(A_j) = 0,\ \dfrac{\partial \eta_i}{\partial x}(A_j) = 0,\ \dfrac{\partial \eta_i}{\partial y}(A_j) = 0,\ \dfrac{\partial^2 \eta_i}{\partial x \partial y}(A_j) = \delta_{ij} \end{cases},\quad i,\ j = 1,\ 2,\ 3,\ 4$$

[0，1]上以 0，1 为节点的一元埃尔米特插值基为

$$\varphi_{00}(x) = (1-x)^2(1+2x),\quad \varphi_{01}(x) = x(1-x)^2$$

$$\varphi_{10}(x) = x^2(3-2x),\quad \varphi_{11}(x) = x^2(x-1)$$

其中，φ_{00} 和 φ_{01} 分别是 0 点的函数值插值基函数和一阶导数值的插值基函数；φ_{10} 和 φ_{11} 分别是 1 点的函数值插值基函数和一阶导数值的插值基函数。利用一元 Hermite 插值基函数的张量积构造二元双三次 Hermite 插值基函数：

$$\begin{cases} \alpha_1(x,\ y) = \varphi_{00}(x)\varphi_{00}(y) \\ \alpha_2(x,\ y) = \varphi_{10}(x)\varphi_{00}(y) \\ \alpha_3(x,\ y) = \varphi_{10}(x)\varphi_{10}(y) \\ \alpha_4(x,\ y) = \varphi_{00}(x)\varphi_{10}(y) \end{cases},\quad \begin{cases} \beta_1(x,\ y) = \varphi_{01}(x)\varphi_{00}(y) \\ \beta_2(x,\ y) = \varphi_{11}(x)\varphi_{00}(y) \\ \beta_3(x,\ y) = \varphi_{11}(x)\varphi_{10}(y) \\ \beta_4(x,\ y) = \varphi_{01}(x)\varphi_{10}(y) \end{cases}$$

$$\begin{cases} \gamma_1(x,\ y) = \varphi_{00}(x)\varphi_{01}(y) \\ \gamma_2(x,\ y) = \varphi_{10}(x)\varphi_{01}(y) \\ \gamma_3(x,\ y) = \varphi_{10}(x)\varphi_{11}(y) \\ \gamma_4(x,\ y) = \varphi_{00}(x)\varphi_{11}(y) \end{cases},\quad \begin{cases} \eta_1(x,\ y) = \varphi_{01}(x)\varphi_{01}(y) \\ \eta_2(x,\ y) = \varphi_{11}(x)\varphi_{01}(y) \\ \eta_3(x,\ y) = \varphi_{11}(x)\varphi_{11}(y) \\ \eta_4(x,\ y) = \varphi_{01}(x)\varphi_{11}(y) \end{cases}$$

不同块之间的双三次埃尔米特插值是一阶光滑的，即在相邻块的公共边上不仅连续，而且两个多项式的法向导数也是相同的，所以总体上的曲面块是一阶光滑的。

图 2.7.7 是利用双线性插值对“Lena”灰度图像进行插值放大的例子。图 2.7.7(a)是原始图像，图 2.7.7(b)是利用双线性插值对原图放大 2 倍后的图像。

(a) 原始图像

(b) 双线性插值放大2倍后的图像

图 2.7.7　双线性插值在图像放大中的应用示例

习　题　2

1. 利用余项证明，如果 $f(x)$是次数不超过 n 次的代数多项式，则通过 $n+1$ 个不同的点构造的代数多项式就是 $f(x)$，并且有 $\sum_{k=0}^{n} l_k(x) = 1$。

2. 设 $f(x)=6.5x^4+47$，用余项定理求以 -1，0，1，2 为插值节点的三次插值多项式。

3. 设 $f(x)=x^8+x^4-2x+1$，求 $f[2^0, 2^1, \cdots, 2^8]$及 $f[2^0, 2^1, \cdots, 2^9]$。

4. 已知 $f(x)$的数值表如下，分别做二次及三次 Lagrange 插值多项式计算 $f(0.4)$的近似值。

x_i	-2	0	1	2
$f(x_i)$	7.00	1.00	2.00	8.00

5. 已知 sin0.32＝0.314 567，sin0.34＝0.333 487，sin0.36＝0.352 274。试用抛物插值法计算 sin0.336 7 的近似值，并估计误差。

6. 利用下表数据计算正弦积分

x	0.3	0.4	0.5	0.6	0.7
$f(x)$	0.298 50	0.396 46	0.493 11	0.588 13	0.681 22

$$f(x)=-\int_x^{\infty}\frac{\sin t}{t}\mathrm{d}t$$

在 $x=0.462$ 的值(考虑线性插值法或二次插值法)。

7. 根据如下数据表，试用 Newton 插值法计算 $f(0.596)$的近似值。

x_i	0.40	0.55	0.65	0.80	0.90	1.05
$f(x_i)$	0.410 75	0.578 15	0.696 75	0.888 11	1.026 52	1.253 82

8. 构造一个三次 Hermite 插值多项式，使其满足：

$$f(0)=1,\ f(1)=2,\ f'(0)=0.5,\ f'(1)=0.5$$

9. (1) 求满足 $P(x_i)=f(x_i)(i=0,1,2)$及 $P'(x_1)=f'(x_1)$的 Hermite 插值多项式及余项。

(2) 若 $f(0)=1$，$f(1)=2$，$f(2)=9$，$f'(1)=3$，计算 $f(1.2)$的近似值，并估计误差。

10. 试用下面的一组数据确定 Hermite 插值多项式，并估求 $x=1.6$ 的函数值。

x_i	1.3	1.5	1.7
$f(x_i)$	0.2624	0.4055	0.5306
$f'(x_i)$	0.7692	0.6667	0.5822

11. 给定函数 $f(x)$的数据表，试求满足第一边界条件的三次样条函数 $S(x)$。

x_i	0	1	2	3
$f(x_i)$	0	0.5	2.0	1.5
$f'(x_i)$	0.2			−1

12. 给定函数 $f(x)$的数据表，试求自然边界条件下的三次样条函数 $S(x)$，并计算 $f(3)$、$f(4.5)$的近似值。

x_i	1	2	4	5
$f(x_i)$	1	3	4	2

13. 给出概率积分 $f(x)=\frac{2}{\sqrt{\pi}}\int_0^x e^{-t^2}\mathrm{d}t$ 的数据表如下，试用二次插值计算当 $x=0.472$ 时，该积分值等于多少？

x	0.46	0.47	0.48	0.49
$f(x)$	0.484 655 5	0.493 745 2	0.502 749 8	0.511 668 3

数值实验题

1. 通过查表得到对数函数 $\ln x$ 的一组数据如下：

x_i	0.4	0.5	0.6	0.7	0.8	0.9
$\ln x_i$	−0.916 291	−0.693 147	−0.510 826	−0.356 675	−0.223 144	−0.105 361

试用 Lagrange 插值法和 Newton 插值法做 4 次插值多项式计算 ln6.5 的近似值，并估计误差。

2. 为试验某种新药的疗效，医生对某人用快速静脉注射方式一次性注入该药 300 毫克后，在一定时间 t(小时)采取血样，测得血药浓度 C(微克/毫升)数据如下：

t/h	0.25	0.5	1	1.5	2	3	4	6	8
$C/(\mu g/mL)$	19.21	18.15	15.36	14.10	12.89	9.32	7.45	5.24	3.01

试用插值法推断血药浓度 C 与时间 t 之间函数关系 $C=f(t)$ 的近似表达式。

3. 用五次多项式构造函数 $f(x)=x^7-1.2x^5+2.3x^4+2.3x^3-5.6x+1.9$ 在$[0, 2]$上的插值多项式，同时画出 $f(x)$ 和插值函数的图形。

4. 据资料记载，某地某年间隔 30 天的日出日落时间如下：

	5 月 1 日	5 月 31 日	6 月 30 日
日出	5:51	5:17	5:10
日落	19:04	19:38	19:50

试计算出表中三天的日照时间长(以分钟计)，构造拉格朗日二次插值函数并求极值点，推算从 5 月 1 日到 6 月 30 日这些天中，哪一天的日照最长？

第3章 函数的最佳逼近和离散数据的最小二乘拟合

3.1 引 言

考虑区间$[a, b]$上的函数 $f(x)$的逼近问题，其目的是找一个简单函数来逼近函数 $f(x)$。插值法要求插值函数 $P(x)$与被插值函数 $f(x)$在插值节点上的函数值相等，即用 $P(x)$近似代替 $f(x)$时，在插值节点 x_i 上，$f(x_i)=P(x_i)$，误差为零，但在非插值点上误差可能会很大。实际上，在科学与工程计算中，测量或实验得到的数据(x_i, y_i)，$i=1, 2, \cdots, m$ 常常带有误差，所以实际中常常要求近似代替 $f(x)$的简单函数不必通过所有已知数据点(x_i, y_i)，只要在所有点上总的误差最小。

例 3.1.1 已知测得铜导线在温度 t_i 时的电阻 R_i 如表 3.1.1 所示，求电阻 R 与温度 t 的关系。

表 3.1.1 温度 t_i 时的电阻 R_i 值

i	1	2	3	4	5	6	7
t_i	19.1	25.0	30.1	36.0	40.0	45.1	50.0
R_i	76.30	77.80	79.25	80.80	82.35	83.90	85.10

解 首先，描绘出测试数据(t_i, R_i)的散点图，如图 3.1.1 所示。显然数据点分布近似一条直线，因此选择一次多项式

$$P(t) = a + bt \tag{3.1.1}$$

作为逼近 $R(t)$的函数，其中，a，b 为待定参数。

由于测量数据有误差，并不严格在一条直线上，所以无论怎样选取 a 和 b，都不可能使式(3.1.1)确定的直线通过所有测试数据点，即 $P(t_i)$不可能恰好等于实测值 R_i，计算值和测量值之间有一定误差。因此，在解决具体问题时，通常找一条直线使其尽可能靠近所有测试数据，即选择参数 a 和 b，使得计算值 $P(t_i)$与实测值 R_i 之间的某种误差达到最小。常用的误差如绝对误差

$$E_1 = \sum_{i=1}^{7} |P(t_i) - R_i| = \sum_{i=1}^{7} |(a + bt_i) - R_i|$$

或平方误差

$$E_2 = \sum_{i=1}^{7} [P(t_i) - R_i]^2 = \sum_{i=1}^{7} [(a + bt_i) - R_i]^2$$

由此求出的一次多项式 $P(t)=a+bt$ 就是近似 $R(t)$ 最好的一次多项式函数。

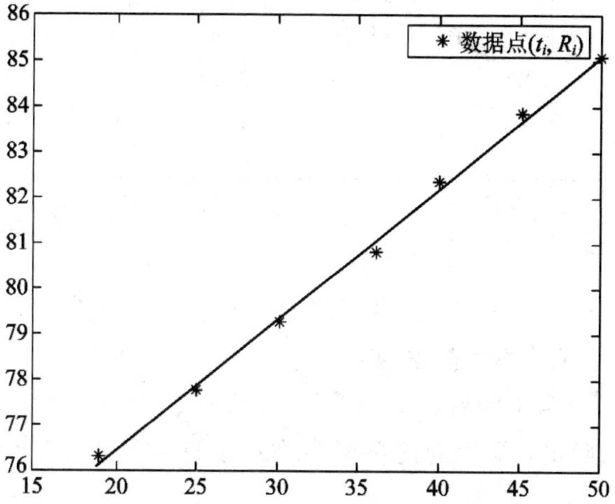

图 3.1.1　表 3.1.1 中数据 (t_i, R_i) 的散点图

例 3.1.2　在区间[0，1]上求函数 $f(x)=e^x$ 的近似一次多项式 $P_1(x)=a+bx$。

解　如图 3.1.2 所示，若用曲线 $y=e^x$ 在 $x=0$ 处的切线来逼近曲线，即用切线函数 $P_1(x)=1+x$ 近似 $f(x)=e^x$，在 $x=1$ 处的误差较大。若用曲线 $y=e^x$ 在点 $x=\frac{1}{2}$ 处的切线来近似曲线，即用切线函数 $P_2(x)=\sqrt{e}/2+\sqrt{e}\,x\approx 0.824\ 36+1.648\ 32x$ 来近似 $f(x)=e^x$，则在两个端点 $x=0$ 或 $x=1$ 处误差都较大。但不难看出，整体上，$x=\frac{1}{2}$ 处的切线比 $x=0$ 处的切线近似曲线 $y=e^x$ 更好。

上述两个例子均属于函数的最佳逼近问题。例 3.1.1 是利用已知测试数据组求最佳一次逼近函数，称为数据拟合或曲线拟合(data fitting)，例 3.1.2 是已知函数的解析表达式，求最佳一次逼近函数，称为函数的最佳逼近。

最佳逼近问题　对于给定的函数 $f(x)$，要求在一个简单函数类 B 中寻找一个函数 $s(x)$ 来近似 $f(x)$，使误差在某种度量下达到最小，这样做将会有效地避免那些在个别点上逼近很好，而整体上逼近很差的情况发生。由此求出的 $s(x)$ 称为 $f(x)$ 的**最佳逼近函数**，求 $s(x)$ 的问题称为**最佳逼近问题**。如果 $f(x)$ 是连续变量的函数，称 $s(x)$ 为**函数逼近**；由

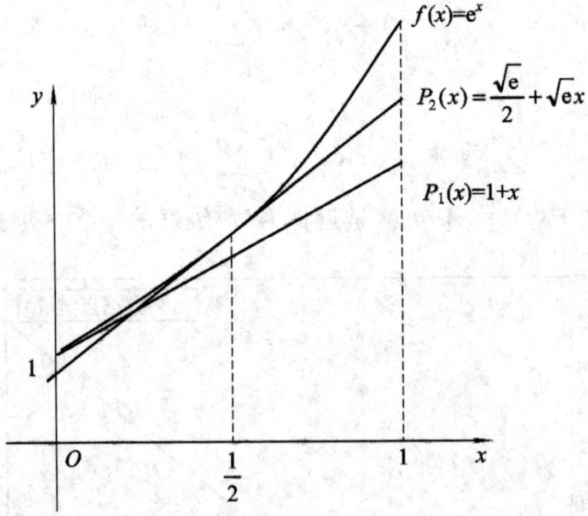

图 3.1.2 区间[0，1]上函数 $f(x)=e^x$ 及其两个线性近似

$f(x)$的离散数据表求出 $s(x)$称为**数据拟合。**

函数的最佳逼近涉及两个问题：

(1) 简单函数类的确定，常用的简单函数类有多项式函数、三角函数类、有限元子空间、边界元子空间等。

(2) 误差度量标准，度量整体误差的标准主要采用范数，不同的范数得到不同的逼近方法和逼近函数。常用标准有下面两种：

$$2\text{-范数：}\|\delta(x)\|_2=\|f(x)-s(x)\|_2=\sqrt{\int|f(x)-s(x)|^2\mathrm{d}x}$$

在这种误差度量意义下的最佳逼近称为**最佳平方逼近或均方逼近；**

$$\infty\text{-范数：}\|\delta(x)\|_\infty=\|f(x)-s(x)\|_\infty=\max_x|f(x)-s(x)|$$

在这种误差度量意义下的最佳逼近称为**最佳一致逼近或均匀逼近。**

子空间的构造不同以及误差度量准则不同就构成不同的数值逼近方法。在最佳逼近问题中，如果度量误差的范数是由内积导出的范数，则对应的最佳逼近问题本质上是内积空间中的正交投影问题，可利用正交基和正交投影很方便地解决。因此，下面先回顾内积空间中的正交投影和最佳逼近，然后利用正交投影来解决最佳平方逼近问题。函数的最佳平方逼近和最小二乘拟合在科学计算和工程应用中有着非常广泛的应用。

3.2 内积空间中的最佳逼近

问题描述：设 x_1，x_2，…，x_n 是内积空间 U 中 n 个线性无关的元素，由 x_1，x_2，…，x_n

张成一个 n 维线性子空间 $M=\mathrm{span}\{x_1, x_2, \cdots, x_n\}=\left\{y \mid y=\sum_{i=1}^{n}\alpha_i x_i\right\}\subset U$。若对 $x\in U$，存在 M 中的元素 $x^*=\sum_{i=1}^{n}\alpha_i^* x_i$，使得

$$\|x-x^*\|=\min_{y\in M}\|x-y\| \tag{3.2.1}$$

则称 x^* 是 x 在 M 中的最佳逼近元，这里 $\|\ \|$ 是由内积 $(,)$ 导出的范数。

定理 3.2.1(正交投影定理)　设 M 是内积空间 U 中完备的线性子空间，则对于任何 $x\in U$，x 在 M 中存在唯一的正交投影 x^*，即 $x^*\in M$，$x-x^*\in M^{\perp}$，并且

$$\|x-x^*\|=\min_{y\in M}\|x-y\| \tag{3.2.2}$$

该定理说明，内积空间中任何元素在完备的线性子空间中存在唯一的正交投影，并且正交投影 x^* 是 x 在 M 中的最佳逼近元，也就是说，在内积空间中的最佳逼近问题等价于正交投影，最佳逼近元可通过求正交投影来解决。

下面讨论如何求正交投影。

由定理 3.2.1 知，x 在 M 中存在唯一的正交投影 x^* 满足：$x^*\in M$，$x-x^*\in M^{\perp}$，$x^*\in M$ 等价于 x^* 能够表示为

$$x^*=\sum_{i=1}^{n}\alpha_i^* x_i$$

$x-x^*\in M^{\perp}$ 等价于

$$(x-x^*, x_j)=0,\quad j=1, 2, \cdots, n$$

于是，有

$$\left(x-\sum_{i=1}^{n}\alpha_i^* x_i, x_j\right)=0$$

即

$$\sum_{i=1}^{n}(x_i, x_j)\alpha_i^*=(x, x_j),\quad j=1, 2, \cdots, n$$

写成向量形式有

$$\begin{bmatrix}(x_1, x_1) & (x_2, x_1) & \cdots & (x_n, x_1)\\(x_1, x_2) & (x_2, x_2) & \cdots & (x_n, x_2)\\ \vdots & \vdots & & \vdots\\(x_1, x_n) & (x_2, x_n) & \cdots & (x_n, x_n)\end{bmatrix}\begin{bmatrix}\alpha_1^*\\ \alpha_2^*\\ \vdots\\ \alpha_n^*\end{bmatrix}=\begin{bmatrix}(x, x_1)\\(x, x_2)\\ \vdots\\(x, x_n)\end{bmatrix} \tag{3.2.3}$$

称此线性方程组为**法方程**(或**正规方程**)，简记为

$$\boldsymbol{A}\boldsymbol{\alpha}^*=\boldsymbol{b}$$

其中

$$\boldsymbol{A}=\begin{bmatrix}(x_1,x_1) & (x_2,x_1) & \cdots & (x_n,x_1)\\(x_1,x_2) & (x_2,x_2) & \cdots & (x_n,x_2)\\\vdots & \vdots & & \vdots\\(x_1,x_n) & (x_2,x_n) & \cdots & (x_n,x_n)\end{bmatrix},\ \boldsymbol{\alpha}^*=\begin{bmatrix}\alpha_1^*\\\alpha_2^*\\\vdots\\\alpha_n^*\end{bmatrix},\ \boldsymbol{b}=\begin{bmatrix}(x,x_1)\\(x,x_2)\\\vdots\\(x,x_n)\end{bmatrix}$$

显然系数矩阵 **A** 为共轭对称矩阵。由于 $x_1, x_2, \cdots, x_n$ 线性无关，矩阵 **A** 非奇异，故方程组(3.2.3)存在唯一解 $\boldsymbol{\alpha}^*$，从而 x 在 M 中有唯一的正交投影或最佳逼近元 $x^*=\sum_{i=1}^{n}\alpha_i^* x_i$。

当 n 较大时，解方程组(3.2.3)比较麻烦，但如果是下面两种情形，则计算就变得简单了。

(1) 当 $x_1, x_2, \cdots, x_n$ 是正交系时，**A** 是对角矩阵，易得 $\alpha_i^*=\dfrac{(x, x_i)}{(x_i, x_i)}$，$i=1, \cdots, n$，则最佳逼近元 $x^*=\sum_{i=1}^{n}\dfrac{(x, x_i)}{(x_i, x_i)}x_i$；

(2) 当 $x_1, x_2, \cdots, x_n$ 是规范正交系时，**A** 是单位矩阵，$\alpha_i^*=(x, x_i)$，$i=1, \cdots, n$，则最佳逼近元 $x^*=\sum_{i=1}^{n}(x, x_i)x_i$。

最佳逼近的误差估计 令 $\delta=x-x^*$，则

$$\begin{aligned}\|\delta\|^2&=\|x-x^*\|^2=(x-x^*, x-x^*)\\&=(x-x^*, x)-(x-x^*, x^*)=(x-x^*, x)\\&=(x, x)-(x^*, x)\\&=(x, x)-\sum_{i=1}^{n}\alpha_i^*(x_i, x)\end{aligned}$$

故均方误差

$$\|\delta\|=\sqrt{(x, x)-\sum_{i=1}^{n}\alpha_i^*(x_i, x)} \tag{3.2.4}$$

另一方面，由 $\delta=x-x^*$ 得

$$\begin{aligned}(x, x)&=(\delta+x^*, \delta+x^*)\\&=(\delta, \delta)+(\delta, x^*)+(x^*, \delta)+(x^*, x^*)\\&=(\delta, \delta)+(x^*, x^*)\end{aligned}$$

即

$$\|x\|^2=\|\delta\|^2+\|x^*\|^2$$

故均方误差也可以写成

$$\|\delta\|=\sqrt{\|x\|^2-\|x^*\|^2} \tag{3.2.5}$$

3.3　函数的最佳平方逼近

3.2 节讨论了内积空间中的最佳逼近问题。本节以实值连续函数为例讨论函数的最佳平方逼近问题。更一般地，我们定义函数的**加权内积**：

$$(f,g)=\int_a^b \rho(x)f(x)g(x)\mathrm{d}x \tag{3.3.1}$$

由此导出函数的加权 2 范数：

$$\| f \|_2=\left(\int_a^b \rho(x)f^2(x)\mathrm{d}x\right)^{\frac{1}{2}} \tag{3.3.2}$$

其中，$\rho(x)$称为**权函数**，通常满足下列条件：

(1) $\rho(x)\geqslant 0$，$x\in[a,b]$；

(2) $\int_a^b x^k\rho(x)\mathrm{d}x<\infty$，$k=0,1,2,\cdots$；

(3) 对于任意的非负连续函数 $h(x)$，若 $\int_a^b h(x)\rho(x)\mathrm{d}x=0$，则 $h(x)\equiv 0$。

我们用更一般的加权范数作为误差度量准则来讨论函数的最佳平方逼近。在下面的讨论中，如果没有给出权函数 $\rho(x)$，则默认为 $\rho(x)\equiv 1$。

定义 3.3.1　设 $\varphi_0(x)$，$\varphi_1(x)$，…，$\varphi_n(x)$是 $C[a,b]$中的 $n+1$ 个线性无关的函数，张成线性子空间 $M=\mathrm{span}\{\varphi_0(x),\varphi_1(x),\cdots,\varphi_n(x)\}\subset C[a,b]$。如果对于 $f(x)\in C[a,b]$，存在 $s^*(x)=\sum_{i=0}^{n}\alpha_i^*\varphi_i\in M$，使得

$$\begin{aligned}\| f(x)-s^*(x)\|_2 &= \min_{s(x)\in M}\| f(x)-s(x)\|_2\\ &=\min_{s(x)\in M}\sqrt{\int_a^b \rho(x)[f(x)-s(x)]^2\mathrm{d}x}\end{aligned}$$

等价于

$$\begin{aligned}\| f(x)-s^*(x)\|_2^2 &= \min_{s(x)\in M}\| f(x)-s(x)\|_2^2\\ &=\min_{s(x)\in M}\int_a^b \rho(x)[f(x)-s(x)]^2\mathrm{d}x\end{aligned} \tag{3.3.3}$$

则称 $s^*(x)$是 $f(x)$在子空间 M 中的带权函数 $\rho(x)$的**最佳平方逼近函数**。

问题(3.3.3)中的误差度量是由式(3.3.1)中的内积导出的，因此最优解是 $f(x)$在子空间 M 中的正交投影，但注意正交投影是在式(3.3.1)中内积意义下的正交投影。

根据 3.2 节的讨论，最优解 $s^*(x)$存在唯一，并且可表示为

$$s^*(x)=\alpha_0^*\varphi_0(x)+\alpha_1^*\varphi_1(x)+\cdots+\alpha_n^*\varphi_n(x)=\sum_{i=0}^{n}\alpha_i^*\varphi_i(x) \tag{3.3.4}$$

其中，系数 α_i^*，$i=0, 1, 2, \cdots, n$ 是如下法方程组的解：

$$\begin{bmatrix} (\varphi_0, \varphi_0) & (\varphi_1, \varphi_0) & \cdots & (\varphi_n, \varphi_0) \\ (\varphi_0, \varphi_1) & (\varphi_1, \varphi_1) & \cdots & (\varphi_n, \varphi_1) \\ \vdots & \vdots & & \vdots \\ (\varphi_0, \varphi_n) & (\varphi_1, \varphi_n) & \cdots & (\varphi_n, \varphi_n) \end{bmatrix} \begin{bmatrix} \alpha_0^* \\ \alpha_1^* \\ \vdots \\ \alpha_n^* \end{bmatrix} = \begin{bmatrix} (f, \varphi_0) \\ (f, \varphi_1) \\ \vdots \\ (f, \varphi_n) \end{bmatrix} \tag{3.3.5}$$

其中内积采用式(3.3.1)中定义的内积。注意，对实值函数，由于内积的对称性，法方程中的系数矩阵是对称矩阵，因此在计算时只需要计算大约一半的内积。

均方误差为

$$\|\delta\|_2 = \|f - s^*\|_2 = \sqrt{(f, f) - \sum_{i=0}^{n} \alpha_i^* (f, \varphi_i)} \tag{3.3.6}$$

由于代数多项式计算简单，在函数的最佳逼近问题中常用代数多项式来构造连续函数的最佳逼近。因此常将线性子空间 M 取为$[a, b]$上定义的次数不超过 n 次的代数多项式的全体，即令 $M=\text{span}\{1, x, x^2, \cdots, x^n\}$，$x\in[a, b]$，这时构造的最佳逼近函数 $s^*(x)$称为 $f(x)$的 n 次**最佳平方逼近多项式**。这一问题可看成是定义 3.3.1 的特例，其中 $\varphi_i(x)=x^i$，$i=0, 1, \cdots, n$。因此最佳平方逼近多项式 $s^*(x)$存在唯一，并且可表示为

$$s^*(x) = \alpha_0^* + \alpha_1^* x + \cdots + \alpha_n^* x^n = \sum_{i=0}^{n} \alpha_i^* x^i \tag{3.3.7}$$

其中，系数 α_i^* 是下面法方程的解

$$\begin{bmatrix} (1, 1) & (x, 1) & \cdots & (x^n, 1) \\ (1, x) & (x, x) & \cdots & (x^n, x) \\ \vdots & \vdots & & \vdots \\ (1, x^n) & (x, x^n) & \cdots & (x^n, x^n) \end{bmatrix} \begin{bmatrix} \alpha_0 \\ \alpha_1 \\ \vdots \\ \alpha_n \end{bmatrix} = \begin{bmatrix} (f, 1) \\ (f, x) \\ \vdots \\ (f, x^n) \end{bmatrix} \tag{3.3.8}$$

均方误差为

$$\|\delta\|_2 = \|f - s^*\|_2 = \sqrt{(f, f) - \sum_{i=0}^{n} \alpha_i^* (f, x^i)} \tag{3.3.9}$$

例 3.3.1 求函数 $f(x)=|x|$，$x\in[-1, 1]$在 $M=\text{span}\{1, x^2, x^4\}$中的最佳平方逼近多项式及误差，$\rho(x)\equiv 1$。

解 记 $\varphi_0(x)=1$，$\varphi_1(x)=x^2$，$\varphi_2(x)=x^4$，计算得

$$(\varphi_0, \varphi_0) = 2, (\varphi_0, \varphi_1) = \frac{2}{3}, (\varphi_0, \varphi_2) = \frac{2}{5}$$

$$(\varphi_1, \varphi_1) = \frac{2}{5}, (\varphi_1, \varphi_2) = \frac{2}{7}, (\varphi_2, \varphi_2) = \frac{2}{9}$$

$$(f, \varphi_0) = 1, (f, \varphi_1) = \frac{1}{2}, (f, \varphi_2) = \frac{1}{3}$$

故法方程为

$$\begin{bmatrix} 2 & \frac{2}{3} & \frac{2}{5} \\ \frac{2}{3} & \frac{2}{5} & \frac{2}{7} \\ \frac{2}{5} & \frac{2}{7} & \frac{2}{9} \end{bmatrix} \begin{bmatrix} \alpha_0^* \\ \alpha_1^* \\ \alpha_2^* \end{bmatrix} = \begin{bmatrix} 1 \\ \frac{1}{2} \\ \frac{1}{3} \end{bmatrix}$$

解得 $\alpha_0^* = \frac{15}{128} \approx 0.117\ 187\ 5$，$\alpha_1^* = \frac{105}{64} \approx 1.640\ 625$，$\alpha_2^* = -\frac{105}{128} \approx -0.820\ 312\ 5$，所以 $f(x) = |x|$ 的最佳平方逼近多项式为

$$s^*(x) = 0.117\ 187\ 5 + 1.640\ 625x^2 - 0.820\ 312\ 5x^4$$

均方误差 $\| \delta \|_2 = \sqrt{(f, f) - \sum_{i=0}^{2} \alpha_i^* (f, \varphi_i)} \approx \sqrt{0.002\ 62} \approx 0.051\ 19$。

例 3.3.2　求函数 $f(x) = \mathrm{e}^x$ 在[0, 1]上的三次最佳平方逼近多项式。

解　取基函数 $\varphi_0(x) = 1$，$\varphi_1(x) = x$，$\varphi_2(x) = x^2$，$\varphi_3(x) = x^3$，则

$$(\varphi_i, \varphi_j) = \int_0^1 x^i x^j \mathrm{d}x = \frac{1}{i+j+1},\ i, j = 0, 1, 2, 3$$

$$(f, \varphi_0) = \int_0^1 \mathrm{e}^x \mathrm{d}x \approx 1.718\ 28,\ (f, \varphi_1) = \int_0^1 x\mathrm{e}^x \mathrm{d}x = 1$$

$$(f, \varphi_2) = \int_0^1 x^2 \mathrm{e}^x \mathrm{d}x \approx 0.718\ 28,\ (f, \varphi_3) = \int_0^1 x^3 \mathrm{e}^x \mathrm{d}x \approx 0.563\ 44$$

故法方程为

$$\begin{bmatrix} 1 & \frac{1}{2} & \frac{1}{3} & \frac{1}{4} \\ \frac{1}{2} & \frac{1}{3} & \frac{1}{4} & \frac{1}{5} \\ \frac{1}{3} & \frac{1}{4} & \frac{1}{5} & \frac{1}{6} \\ \frac{1}{4} & \frac{1}{5} & \frac{1}{6} & \frac{1}{7} \end{bmatrix} \begin{bmatrix} \alpha_0^* \\ \alpha_1^* \\ \alpha_2^* \\ \alpha_3^* \end{bmatrix} = \begin{bmatrix} 1.718\ 28 \\ 1 \\ 0.718\ 28 \\ 0.563\ 44 \end{bmatrix}$$

解得 $\alpha_0^* \approx 0.998\ 08$，$\alpha_1^* \approx 1.029\ 65$，$\alpha_2^* \approx 0.393\ 48$，$\alpha_3^* \approx 0.296\ 88$。所以 $f(x) = \mathrm{e}^x$ 在[0, 1]上的三次最佳平方逼近多项式为

$$S(x) = 0.998\ 08 + 1.029\ 65x + 0.393\ 48x^2 + 0.296\ 88x^3$$

均方误差

$$\| \delta \|_2 = \sqrt{(f, f) - \sum_{i=0}^{3} \alpha_i^* (f, \varphi_i)} \approx 0.0028$$

例 3.3.2 中，法方程的系数矩阵是一个 4 阶 Hilbert 矩阵。在[0, 1]上，当最佳平方逼

近子空间取为 $M=\text{span}\{1, x, x^2, \cdots, x^n\}$时，法方程系数矩阵

$$\boldsymbol{H}=\begin{bmatrix} 1 & \frac{1}{2} & \cdots & \frac{1}{n+1} \\ \frac{1}{2} & \frac{1}{3} & \cdots & \frac{1}{n+2} \\ \vdots & \vdots & & \vdots \\ \frac{1}{n+1} & \frac{1}{n+2} & \cdots & \frac{1}{2n+1} \end{bmatrix}$$

为 n 阶 Hilbert 矩阵。当 n 较大时，Hilbert 矩阵对应的法方程组 $\boldsymbol{Hx}=\boldsymbol{b}$ 通常是病态的，用数值方法求解时数值不稳定。

回顾 3.2 节中法方程组的两个特例，如果在子空间中取一组正交基或规范正交基，而非一般的线性无关基，则可以避免解(病态)方程组的问题。对于函数的最佳平方逼近多项式问题，可以通过找 M 中的一组正交多项式，而非常用的线性无关多项式$\{1, x, x^2, \cdots, x^n\}$来解决。常用的正交多项式有：**勒让德**多项式、**切比雪夫**多项式、**拉盖尔**多项式、**埃尔米特**多项式等。下面讨论前两种常用的正交多项式：勒让德多项式和切比雪夫多项式。

3.4 勒让德多项式和切比雪夫多项式

定义 3.4.1 如果多项式序列$\{p_n(x), n=0, 1, \cdots\}$满足

$$(p_n, p_m)=\int_a^b \rho(x)p_n(x)p_m(x)\mathrm{d}x=\begin{cases}0, & n\neq m \\ A_n\neq 0, & n=m\end{cases}, \quad n, m=0, 1, 2, \cdots$$

则称$\{p_n(x), n=0, 1, 2, \cdots\}$是$[a, b]$上带权 $\rho(x)$的正交多项式序列。

3.4.1 勒让德多项式

定义 3.4.2 在区间$[-1, 1]$上的多项式序列

$$P_n(x)=\frac{1}{2^n n!}\frac{\mathrm{d}^n}{\mathrm{d}x^n}[(x^2-1)^n], \quad n=0, 1, 2, \cdots \tag{3.4.1}$$

称为**勒让德(Legendre)多项式**。

在式(3.4.1)中，对$(x^2-1)^n$ 求 n 阶导数后得

$$P_n(x)=\frac{1}{2^n n!}(2n)(2n-1)\cdots(n+1)x^n+\cdots+a_0$$

故 $P_n(x)$的最高次项 x^n 的系数为$a_n=\dfrac{(2n)!}{2^n(n!)^2}$，从而最高次项系数为 1 的勒让德多项式为

$$\widetilde{P}_n(x)=\frac{n!}{(2n)!}\frac{\mathrm{d}^n}{\mathrm{d}x^n}[(x^2-1)^n], \quad n=0, 1, 2, \cdots$$

勒让德多项式的性质：

(1) $(P_n, P_m)=\begin{cases}\dfrac{2}{2n+1}, & n=m \\ 0, & n\neq m\end{cases}, \quad n, m=0, 1, 2, \cdots$

即$\{P_n(x)\}$在区间$[-1, 1]$上关于权$\rho(x)\equiv 1$正交，而

$$\left\{e_n(x)=\sqrt{\frac{2n+1}{2}}P_n(x), n=0, 1, 2, \cdots\right\}$$

规范正交。

证明　① 若$n\neq m$，不妨设$n>m$，记$\varphi(x)=(x^2-1)^n=(x-1)^n(x+1)^n$，则$P_n(x)=\dfrac{1}{2^n n!}\varphi^{(n)}(x)$，$\varphi^{(k)}(x)\big|_{x=\pm 1}=0$，$k=0, 1, \cdots, n-1$，故有

$$\begin{aligned}(P_n, P_m)&=\int_{-1}^{1}P_n(x)P_m(x)\mathrm{d}x=\int_{-1}^{1}\frac{1}{2^n n!}\varphi^{(n)}(x)P_m(x)\mathrm{d}x\text{（使用分部积分公式）}\\&=\frac{1}{2^n n!}\varphi^{(n-1)}(x)P_m(x)\Big|_{-1}^{1}-\frac{1}{2^n n!}\int_{-1}^{1}\varphi^{(n-1)}(x)P'_m(x)\mathrm{d}x\\&=-\frac{1}{2^n n!}\int_{-1}^{1}\varphi^{(n-1)}(x)P'_m(x)\mathrm{d}x\text{（再使用分部积分公式）}\\&=\cdots=(-1)^n\frac{1}{2^n n!}\int_{-1}^{1}\varphi(x)P_m^{(n)}(x)\mathrm{d}x=0\text{（因为}n>m\text{，故}P_m^{(n)}(x)=0\text{）}\end{aligned}$$

② 若$n=m$，则$P_n^{(n)}(x)=n!a_n$，与①类似使用分部积分公式后，可得

$$\begin{aligned}(P_n, P_n)&=(-1)^n\frac{1}{2^n n!}\int_{-1}^{1}\varphi(x)P_n^{(n)}(x)\mathrm{d}x=\frac{(-1)^n}{2^n n!}\frac{(2n)!}{2^n(n!)^2}n!\int_{-1}^{1}(x^2-1)^n\mathrm{d}x\\&=\frac{(2n)!}{2^{2n}(n!)^2}\int_{-1}^{1}(1-x^2)^n\mathrm{d}x\text{（令}x=\sin t\text{）}\\&=\frac{2(2n)!}{2^{2n}(n!)^2}\int_{0}^{\frac{\pi}{2}}\cos^{2n+1}t\mathrm{d}t=\frac{2(2n)!}{2^{2n}(n!)^2}\cdot\frac{2n}{2n+1}\cdot\frac{2n-2}{2n-1}\cdots\frac{4}{5}\cdot\frac{2}{3}\cdot 1\\&=\frac{2}{2n+1}\end{aligned}$$

即$\{P_n(x)\}$在区间$[-1, 1]$上关于权$\rho(x)\equiv 1$正交，从而

$$\left\{e_n(x)=\sqrt{\frac{2n+1}{2}}P_n(x), n=0, 1, 2, \cdots\right\}$$

规范正交。

(2) $P_n(-x)=(-1)^n P_n(x)$，即当n为奇数时，$P_n(x)$是奇函数；当n为偶数时，$P_n(x)$是偶函数。

证明　因为$\varphi(x)=(x^2-1)^n$是偶次多项式，经过偶数次求导仍为偶次多项式，经过奇数次求导则为奇次多项式，故当n为奇数时，$P_n(x)$是奇函数；当n为偶数时，$P_n(x)$是偶函数。即$P_n(-x)=(-1)^n P_n(x)$成立。

(3) 有如下递推关系：

$$\begin{cases} P_0(x) = 1 \\ P_1(x) = x \\ P_{n+1}(x) = \dfrac{2n+1}{n+1}xP_n(x) - \dfrac{n}{n+1}P_{n-1}(x),\ n = 1,\ 2,\ \cdots \end{cases}$$

证明 根据式(3.4.1)，显然有 $P_0(x)=1$，$P_1(x)=x$。

下面考虑 $n+1$ 次多项式 $xP_n(x)$，可表示为

$$xP_n(x) = b_0P_0(x) + b_1P_1(x) + \cdots + b_{n+1}P_{n+1}(x) \tag{3.4.2}$$

式(3.4.2)两边乘以 $P_k(x)$，并在$[-1,1]$上积分，利用正交性得

$$\int_{-1}^{1} xP_n(x)P_k(x)\mathrm{d}x = b_k\int_{-1}^{1} P_k^2(x)\mathrm{d}x$$

当 $k\leqslant n-2$ 时，$xP_k(x)$次数不超过 $n-1$，故上式左端的积分为 0，故得 $b_k=0$。

当 $k=n$ 时，$xP_n^2(x)$是奇函数，左端积分仍为 0，故得 $b_n=0$，于是式(3.4.2)变为

$$xP_n(x) = b_{n-1}P_{n-1}(x) + b_{n+1}P_{n+1}(x) \tag{3.4.3}$$

由 $P_n(x)=\dfrac{1}{2^n n!}\varphi^{(n)}(x)$得 $P_n(1)=1(n\geqslant 1)$。在式(3.4.3)中代入 $x=1$ 得 $b_{n-1}+b_{n+1}=1$，比较式(3.4.3)两端的最高次项系数，得到

$$\frac{(2n)!}{2^n(n!)^2} = b_{n+1}\frac{[2(n+1)]!}{2^{n+1}[(n+1)!]^2}$$

故 $b_{n+1}=\dfrac{n+1}{2n+1}$，$b_{n-1}=\dfrac{n}{2n+1}$

即有递推公式

$$P_{n+1}(x) = \frac{2n+1}{n+1}xP_n(x) - \frac{n}{n+1}P_{n-1}(x),\ n = 1,\ 2,\ \cdots$$

由此可以方便地写出$\{P_n(x)\}$的几个低次多项式：

$$P_0(x) = 1$$

$$P_1(x) = x$$

$$P_2(x) = \frac{1}{2}(3x^2 - 1)$$

$$P_3(x) = \frac{1}{2}(5x^3 - 3x)$$

$$P_4(x) = \frac{1}{8}(35x^4 - 30x^2 + 3)$$

$$P_5(x) = \frac{1}{8}(63x^5 - 70x^3 + 15x)$$

$$\vdots$$

由于勒让德多项式$\{P_n(x)\}$是定义在$[-1,1]$上的正交多项式，若取次数不超过 n 的

Legendre 多项式张成线性子空间 $M=\mathrm{span}\{P_0(x), P_1(x), \cdots, P_n(x)\}$（$[-1, 1]$上定义的次数不超过 n 次的代数多项式的全体，与$\{1, x, x^2, \cdots, x^n\}$张成的子空间相同，只不过换了一组正交基而已），则对于 $\forall f(x)\in C[-1, 1]$，其 n 次最佳平方逼近多项式为

$$s(x)=\sum_{j=0}^{n}\alpha_j^* P_j(x) \tag{3.4.4}$$

其中

$$\alpha_j^*=\frac{(f, P_j)}{(P_j, P_j)}=\frac{2j+1}{2}\int_{-1}^{1}f(x)P_j(x)\mathrm{d}x \tag{3.4.5}$$

均方误差为

$$\|\delta\|_2=\sqrt{(f, f)-\sum_{j=0}^{n}\alpha_j^*(f, P_j)}=\sqrt{\int_{-1}^{1}f^2(x)\mathrm{d}x-\sum_{j=0}^{n}\frac{2}{2j+1}(\alpha_j^*)^2} \tag{3.4.6}$$

例 3.4.1　求函数 $f(x)=\sin\frac{\pi}{2}x$，$x\in[-1, 1]$的三次最佳平方逼近多项式。

解　由于 $f(x)=\sin\frac{\pi}{2}x\in C[-1, 1]$，故取 Legendre 正交多项式作为基函数，即

$$P_0(x)=1, P_1(x)=x, P_2(x)=\frac{1}{2}(3x^2-1), P_3(x)=\frac{1}{2}(5x^3-3x)$$

$$(P_j, P_j)=\frac{2}{2j+1}, j=0, 1, 2, 3$$

再注意到 $f(x)=\sin\frac{\pi}{2}x$ 在$[-1, 1]$上是奇函数，利用 Legendre 多项式 P_0 和 P_2 是偶函数，易得$(f, P_0)=(f, P_2)=0$，

计算

$$(f, P_1)=\int_{-1}^{1}x\sin\frac{\pi x}{2}\mathrm{d}x=\frac{8}{\pi^2}$$

$$(f, P_3)=\int_{-1}^{1}\frac{1}{2}(5x^3-3x)\sin\frac{\pi x}{2}\mathrm{d}x=\frac{48(\pi^2-10)}{\pi^4}$$

求得 $\alpha_0^*=\alpha_2^*=0$，而

$$\alpha_1^*=\frac{3}{2}(f, P_1)=\frac{12}{\pi^2}$$

$$\alpha_3^*=\frac{7}{2}(f, P_3)=\frac{168(\pi^2-10)}{\pi^4}$$

从而 $f(x)$的三次最佳平方逼近多项式为

$$\begin{aligned}s(x)&=\sum_{j=0}^{3}\alpha_j^* P_j(x)=\frac{12}{\pi^2}x+\frac{168(\pi^2-10)}{\pi^4}\cdot\frac{1}{2}(5x^3-3x)\\&\approx 1.553\ 191x-0.562\ 228x^3\end{aligned}$$

例 3.4.2 求函数 $y=\arctan x$ 在$[0,1]$上的一次最佳平方逼近多项式。

解 由于 $y=\arctan x$ 是定义在$[0,1]$上的连续函数，故作代换

$$x=\frac{1}{2}(t+1)$$

则 $y=\arctan x$ 转换为定义在$[-1,1]$上的函数 $y=\arctan\frac{t+1}{2}$。取 Legendre 正交多项式 $P_0(t)=1$，$P_1(t)=t$，计算得

$$(P_0,P_0)=2,\ (P_1,P_1)=\frac{2}{3}$$

$$(y,P_0)=\int_{-1}^{1}\arctan\frac{t+1}{2}\mathrm{d}t=\frac{\pi}{2}-\ln 2$$

$$(y,P_1)=\int_{-1}^{1}t\cdot\arctan\frac{t+1}{2}\mathrm{d}t=\frac{\pi}{2}-2+\ln 2$$

求出 $\alpha_0=\frac{1}{2}(y,P_0)=\frac{\pi}{4}-\frac{1}{2}\ln 2$，$\alpha_1=\frac{3}{2}(y,P_1)=\frac{3}{2}\left(\frac{\pi}{2}-2+\ln 2\right)$。故 $y=\arctan\frac{t+1}{2}$在$[-1,1]$上的一次最佳平方逼近多项式为

$$\tilde{y}(t)=\left(\frac{\pi}{4}-\frac{1}{2}\ln 2\right)+\frac{3}{2}\left(\frac{\pi}{2}-2+\ln 2\right)t$$

从而 $y=\arctan x$ 在$[0,1]$上的一次最佳平方逼近多项式为

$$y^*(x)=\left(\frac{\pi}{4}-\frac{1}{2}\ln 2\right)+\frac{3}{2}\left[\frac{\pi}{2}-2+\ln 2\right](2x-1)\approx 0.042\,909+0.791\,831x$$

一般地，求函数 $f(x)$在区间$[a,b]$上的 n 次最佳平方逼近时，只要作代换

$$x=\frac{a+b}{2}+\frac{b-a}{2}t$$

将区间$[a,b]$变为$[-1,1]$，就可以取 **Legendre** 正交多项式作为基函数，求出 $g(t)=f\left(\frac{a+b}{2}+\frac{b-a}{2}t\right)$在$[-1,1]$上的最佳平方逼近，然后再令 $t=\frac{2}{b-a}\left(x-\frac{a+b}{2}\right)$，即可得到 $f(x)$在$[a,b]$上的最佳平方逼近函数。

用正交函数系作最佳平方逼近具有计算方便、算法稳定、基函数可以增加、删减的优点，并且避免了类似于 **Hilbert** 矩阵引起的病态方程的发生。

3.4.2 切比雪夫多项式

定义 3.4.3

$$T_n(x)=\cos(n\arccos x),\quad -1\leqslant x\leqslant 1 \tag{3.4.7}$$

称为**切比雪夫**(Tchebichef)多项式。

切比雪夫多项式的性质：

(1) $\{T_n(x)\}$在$[-1, 1]$上带权函数 $\rho(x)=\dfrac{1}{\sqrt{1-x^2}}$正交，实际上，有

$$(T_n(x), T_m(x)) = \int_{-1}^{1} \frac{1}{\sqrt{1-x^2}} \cos(n\arccos x)\cos(m\arccos x)\,\mathrm{d}x = \begin{cases} 0, & n \neq m \\ \dfrac{\pi}{2}, & n = m > 0 \\ \pi, & n = m = 0 \end{cases} \tag{3.4.8}$$

证明　令 $x=\cos\theta$，则 $T_n(x)=\cos(n\theta)$，$0\leqslant\theta\leqslant\pi$，

$$(T_n(x), T_m(x)) = \int_{-1}^{1} \frac{1}{\sqrt{1-x^2}} \cos(n\arccos x)\cos(m\arccos x)\,\mathrm{d}x$$

$$= \int_0^{\pi} \cos n\theta \cos m\theta\,\mathrm{d}\theta = \begin{cases} 0, & n \neq m \\ \dfrac{\pi}{2}, & n = m \neq 0 \\ \pi, & n = m = 0 \end{cases}$$

(2) $T_n(-x)=(-1)^n T_n(x)$，即当 n 为奇数时，$T_n(x)$是奇函数；当 n 为偶数时，$T_n(x)$是偶函数。

证明　因为 $\arccos(-x)=\pi-\arccos x$，所以

$$\begin{aligned} T_n(-x) &= \cos[n\arccos(-x)] = \cos[n(\pi - \arccos x)] \\ &= \cos n\pi \cos(n\arccos x) + \sin n\pi \sin(n\arccos x) \\ &= (-1)^n T_n(x) \end{aligned}$$

即当 n 为奇数时，$T_n(x)$是奇函数；当 n 为偶数时，$T_n(x)$是偶函数。

(3) 有如下递推关系

$$\begin{cases} T_0(x) = 1, \\ T_1(x) = x, \\ T_{n+1}(x) = 2xT_n(x) - T_{n-1}(x), \ n = 1, 2, \cdots \end{cases}$$

证明　显然 $n=0$ 时，$T_0(x)=1$，

当 $n=1$ 时，$T_1(x)=\cos(\arccos x)=x$，

令 $x=\cos\theta$，则 $T_n(x)=\cos n\theta$，由于

$$\cos(n+1)\theta = \cos n\theta\cos\theta - \sin n\theta\sin\theta$$

$$\cos(n-1)\theta = \cos n\theta\cos\theta + \sin n\theta\sin\theta$$

故有

$$\cos(n+1)\theta + \cos(n-1)\theta = 2\cos n\theta\cos\theta$$

即 $T_{n+1}(x)=2xT_n(x)-T_{n-1}(x)$，$n=1, 2, \cdots$。

由上述递推关系容易写出$\{T_n(x)\}$的几个低次多项式：

$$T_0(x)=1$$
$$T_1(x)=x$$
$$T_2(x)=2x^2-1$$
$$T_3(x)=4x^3-3x$$
$$T_4(x)=8x^4-8x^2+1$$
$$T_5(x)=16x^5-20x^3+5x$$
$$T_6(x)=32x^6-48x^4+18x^2-1$$
$$\vdots$$

可见，$T_n(x)$是n次多项式。

若在$C[-1,1]$中定义带权$\rho(x)=\dfrac{1}{\sqrt{1-x^2}}$的内积

$$(f,g)=\int_{-1}^{1}\frac{f(x)g(x)}{\sqrt{1-x^2}}\mathrm{d}x \tag{3.4.9}$$

并导出范数

$$\|f\|^2=\int_{-1}^{1}\frac{f^2(x)}{\sqrt{1-x^2}}\mathrm{d}x \tag{3.4.10}$$

若以此范数作为误差度量准则，求$f(x)\in C[-1,1]$的n次最佳平方逼近多项式，则可取次数不超过n的 **Tchebichef** 多项式张成线性子空间$M=\mathrm{span}\{T_0(x),T_1(x),\cdots,T_n(x)\}$，$f(x)\in C[-1,1]$的$n$次最佳平方逼近多项式可表示为

$$s_n^*(x)=\sum_{j=0}^{n}\alpha_j^*T_j(x) \tag{3.4.11}$$

其中系数为

$$\begin{cases}\alpha_0^*=\dfrac{(f,T_0)}{(T_0,T_0)}=\dfrac{1}{\pi}\displaystyle\int_{-1}^{1}\frac{f(x)T_0(x)}{\sqrt{1-x^2}}\mathrm{d}x\\[2ex]\alpha_j^*=\dfrac{(f,T_j)}{(T_j,T_j)}=\dfrac{2}{\pi}\displaystyle\int_{-1}^{1}\frac{f(x)T_j(x)}{\sqrt{1-x^2}}\mathrm{d}x,\ j=1,2,\cdots\end{cases} \tag{3.4.12}$$

例 3.4.3　确定参数a，b，c，使得

$$I(a,b,c)=\int_{-1}^{1}\left[\sqrt{1-x^2}-(ax^2+bx+c)\right]^2\frac{1}{\sqrt{1-x^2}}\mathrm{d}x$$

取得最小值，并计算最小值。

解　问题本质上是在$[-1,1]$上求$f(x)=\sqrt{1-x^2}$关于权函数$\rho(x)=\dfrac{1}{\sqrt{1-x^2}}$的二次最佳平方逼近多项式。故选取切比雪夫多项式$T_0(x)=1$，$T_1(x)=x$，$T_2(x)=2x^2-1$作

为基函数。由式(3.4.8)得

$$(T_0, T_0) = \pi, (T_1, T_1) = (T_2, T_2) = \frac{\pi}{2}$$

由式(3.4.12)，计算得

$$\alpha_0^* = \frac{(f, T_0)}{(T_0, T_0)} = \frac{1}{\pi}\int_{-1}^{1}\frac{f(x)T_0(x)}{\sqrt{1-x^2}}dx = \frac{2}{\pi}$$

$$\alpha_1^* = \frac{(f, T_1)}{(T_1, T_1)} = 0$$

$$\alpha_2^* = \frac{(f, T_2)}{(T_2, T_2)} = \frac{2}{\pi}\int_{-1}^{1}\frac{f(x)T_2(x)}{\sqrt{1-x^2}}dx = -\frac{4}{3\pi}$$

再由式(3.4.11)得 $f(x)$的二次最佳平方逼近多项式为

$$s_2^*(x) = \sum_{j=0}^{2}\alpha_j^* T_j(x) = \frac{2}{\pi} + 0 - \frac{4}{3\pi}(2x^2-1) = \frac{10}{3\pi} - \frac{8}{3\pi}x^2$$

由此知，当参数 $a=-\frac{8}{3\pi}$，$b=0$，$c=\frac{10}{3\pi}$时，$I(a, b, c)$取得最小值，而最小值 $I(a, b, c)$即是平方误差

$$\begin{aligned} I(a, b, c) &= \|\delta\|_2^2 = (f, f) - (f, S_2^*) \\ &= \int_{-1}^{1}(\sqrt{1-x^2})^2\frac{1}{\sqrt{1-x^2}}dx - \sum_{j=0}^{2}\frac{(T_j, f)^2}{(T_j, T_j)} \\ &= \frac{\pi}{2} - \left(\frac{4}{\pi} + 0 + \frac{8}{9\pi}\right) \approx 0.0146 \end{aligned}$$

3.5　离散数据的最小二乘拟合

本节讨论离散数据的最小二乘拟合问题。定义函数的**离散加权内积**(权重 $\omega_i \geqslant 0$，$i=1, 2, \cdots, m$)：

$$(f, g) = \sum_{i=1}^{m}\omega_i f(x_i)g(x_i) \tag{3.5.1}$$

导出的加权 2 范数为

$$\|f\|_2 = \sqrt{\sum_{i=1}^{m}\omega_i f^2(x_i)} \tag{3.5.2}$$

显然式(3.5.1)和式(3.5.2)分别是式(3.3.1)和式(3.3.2)的离散化。

定义 3.5.1　设 $\varphi_0(x)$，$\varphi_1(x)$，$\cdots$，$\varphi_n(x)$是 $C[a, b]$中的 $n+1$ 个线性无关函数，张成线性子空间 $M=\text{span}\{\varphi_0(x), \varphi_1(x), \cdots, \varphi_n(x)\}$。已知 $f(x)$在 m 个互异点 x_i，$i=1, 2,$

…, m 的测试数据(x_i, y_i), $i=1, 2, \cdots, m$，如果存在 $s^*(x)=\sum_{j=0}^{n}\alpha_j^*\varphi_j(x)\in M$，使

$$\sum_{i=1}^{m}\omega_i[f(x_i)-s^*(x_i)]^2=\min_{s(x)\in M}\sum_{i=1}^{m}\omega_i[f(x_i)-s(x_i)]^2 \tag{3.5.3}$$

则称 $s^*(x)$是 $f(x)$在 M 中的**加权最小二乘拟合函数**，求 $s^*(x)$的方法称为**最小二乘法**。

问题(3.5.3)可看成问题(3.3.3)的离散情形。由于其误差度量标准是由式(3.5.1)中的内积导出的范数，因此最优解仍然是 $f(x)$在 M 中的正交投影。但要注意正交投影是在式(3.5.1)定义的内积意义下的正交投影。

类似于对问题(3.3.3)的讨论，问题(3.5.3)的最优解 $s^*(x)$存在唯一，并且可表示为

$$s^*(x)=\alpha_0^*\varphi_0(x)+\alpha_1^*\varphi_1(x)+\cdots+\alpha_n^*\varphi_n(x)=\sum_{i=0}^{n}\alpha_i^*\varphi_i(x) \tag{3.5.4}$$

其中，系数 α_i^*，$i=0, 1, 2, \cdots, n$ 是如下法方程组的解：

$$\begin{bmatrix}(\varphi_0, \varphi_0) & (\varphi_1, \varphi_0) & \cdots & (\varphi_n, \varphi_0)\\(\varphi_0, \varphi_1) & (\varphi_1, \varphi_1) & \cdots & (\varphi_n, \varphi_1)\\\vdots & \vdots & & \vdots\\(\varphi_0, \varphi_n) & (\varphi_1, \varphi_n) & \cdots & (\varphi_n, \varphi_n)\end{bmatrix}\begin{bmatrix}\alpha_0^*\\\alpha_1^*\\\vdots\\\alpha_n^*\end{bmatrix}=\begin{bmatrix}(f, \varphi_0)\\(f, \varphi_1)\\\vdots\\(f, \varphi_n)\end{bmatrix} \tag{3.5.5}$$

均方误差为

$$\|\delta\|_2=\|f-s^*\|_2=\sqrt{(f, f)-\sum_{i=0}^{n}\alpha_i^*(f, \varphi_i)} \tag{3.5.6}$$

注　虽然式(3.5.4)和式(3.5.5)形式上与式(3.3.4)和式(3.3.5)一样，但式(3.5.4)和式(3.5.5)中的内积应采用式(3.5.1)中定义的离散内积。

例 3.5.1　用最小二乘法求解例 3.1.1。

解　取 $\varphi_0(t)=1$，$\varphi_1(t)=t$，设各点的权 $\omega_i=\frac{1}{7}$，$i=1, 2, \cdots, 7$，则

$$(\varphi_0, \varphi_0)=\frac{1}{7}\sum_{i=1}^{7}1\times 1=1,\quad (\varphi_1, \varphi_0)=\frac{1}{7}\sum_{i=1}^{7}t_i\times 1=\frac{245.3}{7},$$

$$(\varphi_1, \varphi_1)=\frac{1}{7}\sum_{i=1}^{7}t_i\times t_i=\frac{9325.83}{7},$$

$$(R, \varphi_0)=\frac{1}{7}\sum_{i=1}^{7}R_i=\frac{566.5}{7},\ (R, \varphi_1)=\frac{1}{7}\sum_{i=1}^{7}R_i\times t_i=\frac{20\,029.445}{7}$$

故法方程组为

$$\begin{cases}7a+245.3b=566.5\\245.3a+9325.83b=20\,029.445\end{cases}$$

解得 $a=70.572$，$b=0.291$，所以电阻 R 与温度 t 的关系为

$$R \approx 70.572 + 0.291t$$

例 3.5.2　已知一组试验数据，如表 3.5.1 所示。

表 3.5.1　例 3.5.2 的数据表

x_i	0.2	0.5	0.7	0.85	1
y_i	1.221	1.649	2.014	2.340	2.718

试用最小二乘法求 $y=f(x)$的二次多项式拟合函数，并估计误差。

解　设二次多项式拟合函数为

$$s(x) = a_0 + a_1 x + a_2 x^2$$

记 $\varphi_0(x)=1$，$\varphi_1(x)=x$，$\varphi_2(x)=x^2$，并取权 $\omega_i=1(i=1\sim5)$，由式(3.5.1)计算得

$$(\varphi_0, \varphi_0) = \sum_{i=1}^{5} 1 \times 1 = 5, \quad (\varphi_1, \varphi_0) = \sum_{i=1}^{5} x_i \times 1 = 3.250$$

$$(\varphi_2, \varphi_0) = \sum_{i=4}^{5} x_i^2 \times 1 = 2.503, \quad (\varphi_1, \varphi_1) = \sum_{i=1}^{5} x_i \times x_i = 2.503$$

$$(\varphi_2, \varphi_1) = \sum_{i=1}^{5} x_i^2 \times x_i = 2.090, \quad (\varphi_2, \varphi_2) = \sum_{i=1}^{5} x_i^2 \times x_i^2 = 1.826$$

$$(f, \varphi_0) = \sum_{i=1}^{5} y_i \times 1 = 9.942, \quad (f, \varphi_1) = \sum_{i=1}^{5} y_i \times x_i = 7.185$$

$$(f, \varphi_2) = \sum_{i=1}^{5} y_i \times x_i^2 = 5.857$$

故法方程组为

$$\begin{bmatrix} 5 & 3.250 & 2.503 \\ 3.250 & 2.503 & 2.090 \\ 2.503 & 2.090 & 1.826 \end{bmatrix} \begin{bmatrix} a_0 \\ a_1 \\ a_2 \end{bmatrix} = \begin{bmatrix} 9.942 \\ 7.185 \\ 5.857 \end{bmatrix}$$

解得 $a_0=1.036$，$a_1=0.751$，$a_2=0.928$。所以二次拟合多项式为

$$s(x) = 1.036 + 0.751x + 0.928x^2$$

均方误差

$$\| \delta \|_2 = \sum_{i=1}^{5} \sqrt{[f(x_i) - s(x_i)]^2} \approx 0.0086$$

注　在解决具体问题时，首先要选择合适的拟合函数类型，然后在该类型中求出最佳逼近函数。通常可以根据专业知识和经验来确定拟合曲线，也可以经过反复计算比较误差找到拟合较好的曲线，或通过现有的自动选择数学模型的程序来确定。

还应该注意，当样本点 m 较大时，用最小二乘法得到的正规方程(3.5.2)往往是病态的。如果选取的基函数$\{\varphi_0(x), \varphi_1(x), \cdots, \varphi_n(x)\}$关于数据点$(x_i, y_i)$，$i=1, 2, \cdots, m$ 加权 ω_i 正交，即

$$(\varphi_j, \varphi_k) = \sum_{i=0}^{m} \omega_i \varphi_j(x_i)\varphi_k(x_i) = \begin{cases} 0, & j \neq k \\ A_k > 0, & j = k \end{cases}$$

则法方程(3.5.5)的解为

$$a_k^* = \frac{(f, \varphi_k)}{(\varphi_k, \varphi_k)} = \frac{\sum_{i=0}^{m} \omega_i f(x_i)\varphi_k(x_i)}{\sum_{i=0}^{m} \omega_i \varphi_k^2(x_i)}, \ k = 0, 1, \cdots, n$$

而均方误差为

$$\| \delta \|_2 = \| f - s^* \|_2 = \sqrt{\| f \|_2^2 - \sum_{k=0}^{n} A_k (a_k^*)^2}$$

选取正交基的方法 根据给定的 $m+1$ 个节点 $x_0, x_1, x_2, \cdots, x_m$ 及权 $\omega_i > 0$，由下面的递推公式可以得到首项系数为 1 的带权 ω_i 的正交多项式 $P_0(x)$，$P_1(x)$，…，$P_n(x)$ $(n \leqslant m)$。

$$\begin{cases} P_0(x) = 1, \\ P_1(x) = (x - \alpha_1)P_0(x), \\ P_{k+1}(x) = (x - \alpha_{k+1})P_k(x) - \beta_k P_{k-1}(x), \ k = 1, 2, \cdots, n-1 \end{cases} \tag{3.5.7}$$

这里

$$\begin{cases} \alpha_{k+1} = \dfrac{\sum_{i=0}^{m} \omega(x_i) x_i P_k^2(x_i)}{\sum_{i=0}^{m} \omega(x_i) P_k^2(x_i)} = \dfrac{(xP_k, P_k)}{(P_k, P_k)} \\ \beta_k = \dfrac{\sum_{i=0}^{m} \omega(x_i) P_k^2(x_i)}{\sum_{i=0}^{m} \omega(x_i) P_{k-1}^2(x_i)} = \dfrac{(P_k, P_k)}{(P_{k-1}, P_{k-1})} \end{cases}, \ k = 0, 1, \cdots, n-1 \tag{3.5.8}$$

取 $M = \mathrm{span}\{P_0(x), P_1(x), \cdots, P_n(x)\}$，$f(x)$在 M 中的最小二乘拟合函数

$$s^*(x) = \sum_{k=0}^{n} \alpha_k^* P_k(x)$$

其中，$\alpha_k^* = \dfrac{(f, P_k)}{(P_k, P_k)} = \dfrac{\sum_{i=0}^{m} \omega(x_i) f(x_i) P_k(x_i)}{\sum_{i=0}^{m} \omega(x_i) P_k^2(x_i)}$。

由于用这种方法求 $f(x)$的最小二乘函数不需要解方程组，只要反复应用递推公式，所以该算法计算简单、稳定，避免了可能求解病态法方程组。

3.6　连续函数的最佳一致逼近多项式

前几节以 2-范数作为误差度量标准，研究函数的最佳平方逼近及离散情况下的最小二乘法。但由于这种误差是平均误差，可能出现误差在各点的分布不均匀的情况。为了解决这类问题，就需要用∞-范数作为度量标准，也就是最佳一致逼近问题。

3.6.1　最佳一致逼近多项式

定义 3.6.1(最佳一致逼近多项式或切比雪夫逼近多项式)　设 $f(x)$是定义在$[a, b]$上的连续函数，线性子空间 $M_n=\mathrm{span}\{1, x, x^2, \cdots, x^n\}$，若存在多项式函数 $P_n^*(x)\in M_n$，使得

$$\| f(x)-P_n^*(x) \|_\infty = \min_{P_n(x)\in M_n} \| f(x)-P_n(x) \|_\infty$$

即

$$\max_{a\leqslant x\leqslant b} | f(x)-P_n^*(x) | = \min_{P_n(x)\in M_n} \max_{a\leqslant x\leqslant b} | f(x)-P_n(x) | \tag{3.6.1}$$

则称 $P_n^*(x)$是 $f(x)$在$[a, b]$上的**最佳一致逼近多项式或切比雪夫逼近多项式。**

这一概念也可以通过最小偏差来定义。

定义 3.6.2(偏差)　设 $f(x)\in C[a, b]$，$P_n(x)\in M_n$，称

$$\Delta(f, P_n) = \| f-P_n \|_\infty = \max_{a\leqslant x\leqslant b} | f(x)-P_n(x) |$$

为 $f(x)$与 $P_n(x)$在$[a, b]$上的偏差。

几何上，$f(x)$与 $P_n(x)$在$[a, b]$上的偏差是曲线 $y=f(x)$与 $y=P_n(x)$在垂直方向上距离最远的两点之间的距离。

定义 3.6.3(最小偏差)　给定 $f(x)\in C[a, b]$，任给 $P_n(x)\in M_n$，$f(x)$与 $P_n(x)$在$[a, b]$上有偏差 $\Delta(f, P_n)\geqslant 0$，对所有 $P_n(x)\in M_n$，偏差构成的集合$\{\Delta(f, P_n): P_n(x)\in M_n\}$有下界 0，称它的下确界 $E_n=\inf\limits_{P_n\in M_n}\{\Delta(f, P_n)\}$为 $f(x)$在$[a, b]$上(与所有 n 次多项式)的**最小偏差**。

利用上述概念，可重新给出最佳一致逼近多项式的如下定义。

定义 3.6.4(最佳一致逼近或最小偏差逼近多项式)　设 $f(x)\in C[a, b]$，若存在 $P_n^*(x)\in M_n$，满足

$$\Delta(f, P_n^*) = E_n$$

则称 $P_n^*(x)$是 $f(x)$在$[a, b]$上的**最佳一致逼近或最小偏差逼近多项式**，简称**最佳逼近多项式**。

下面定理给出在闭区间上连续函数的最佳一致逼近多项式的存在性。

定理 3.6.1(最佳一致逼近多项式的存在性)　设 $f(x)\in C[a, b]$，则一定存在 $P_n^*(x)\in M_n$，使

$$\Delta(f,\ P_n^*) = \| f(x) - P_n^*(x) \|_\infty = E_n$$

为了讨论最佳一致逼近多项式的唯一性，引入下面偏差点的概念。

定义 3.6.5(偏差点)　设 $f(x)\in C[a,\ b]$，$P_n(x)\in M_n$，若在点 $x=x_0$ 处有

$$|P_n(x_0)-f(x_0)| = \max_{a\leqslant x\leqslant b}|P_n(x)-f(x)| = \mu$$

则称 x_0 是 $P_n(x)$ 的**偏差点**。若 $P_n(x_0)-f(x_0)=\mu$，称 x_0 为"正"**偏差点**；若 $P_n(x_0)-f(x_0)=-\mu$，称 x_0 为"负"**偏差点**。

由于 $P_n(x)-f(x)$ 是 $[a,\ b]$ 上的连续函数，根据闭区间上连续函数理论，偏差点一定存在，即至少存在一点 $x_0\in[a,\ b]$，使 $|P_n(x_0)-f(x_0)|=\mu$。

下面定理说明最佳一致逼近多项式同时存在正、负偏差点。

定理 3.6.2(Chebyshev 定理，最佳一致逼近多项式正、负偏差点的存在性)　设 $P_n(x)\in M_n$ 是 $f(x)\in C[a,\ b]$ 的最佳一致逼近多项式，则 $P_n(x)$ 同时存在正、负偏差点。

证明　因为 $P_n(x)$ 是 $f(x)$ 在 $[a,\ b]$ 上的最佳逼近多项式，故 $\mu=E_n$。用反证法，假设只有正偏差点，没有负偏差点，则对于 $\forall x\in[a,\ b]$ 都有

$$P_n(x) - f(x) > -E_n$$

由于 $f(x)-P_n(x)$ 在 $[a,\ b]$ 上连续，故有最小值大于 $-E_n$，若用 $-E_n+2h(h>0)$ 表示最小值，则对于 $\forall x\in[a,\ b]$ 都有

$$-E_n + 2h \leqslant P_n(x) - f(x) \leqslant E_n$$

故

$$-E_n + h \leqslant [P_n(x) - h] - f(x) \leqslant E_n - h$$

即

$$|[P_n(x) - h] - f(x)| \leqslant E_n - h$$

此式表明 $P_n(x)-h$ 与 $f(x)$ 的偏差小于 E_n，这与 E_n 是最小偏差的定义矛盾。同理可证只有负偏差点没有正偏差点也是不成立的。

下面定理说明最佳一致逼近多项式的正、负偏差点的分布。

定理 3.6.3(最佳一致逼近多项式的正、负偏差点)　$P_n(x)\in M_n$ 是 $f(x)$ 的最佳逼近多项式的充分必要条件是 $P_n(x)$ 在 $[a,\ b]$ 上至少有 $n+2$ 个轮流为正、负的偏差点，即有 $n+2$ 个点 $a\leqslant x_1<x_2<\cdots<x_{n+2}\leqslant b$，使得

$$P_n(x_k) - f(x_k) = (-1)^k\sigma \| P_n(x) - f(x) \|_\infty,\ \sigma=\pm 1,\ k=1,\ 2,\ \cdots,\ n+2 \tag{3.6.2}$$

这样的点组称为**切比雪夫交错点组**。

定理 3.6.3 有如下两个重要推论，推论 3.6.1 表明最佳一致逼近多项式的唯一性，推论 3.6.2 给出最佳一致逼近多项式的解法。

推论 3.6.1(最佳一致逼近多项式的唯一性)　若 $f(x)\in C[a,\ b]$，则在 M_n 中存在唯一的最佳逼近多项式。

推论 3.6.2(最佳一致逼近多项式与插值的关系)　若 $f(x)\in C[a,\ b]$，则其最佳逼近多项式 $P_n^*(x)\in M_n$ 是 $f(x)$ 的一个 Lagrange 插值多项式。

3.6.2　一次最佳一致逼近多项式

定理 3.6.3 给出了最佳一致逼近多项式 $P_n(x)$ 的特性，只要找到切比雪夫交错点组，通过插值即可找到最佳一致逼近多项式。对一般连续函数，要求出最佳一致逼近多项式 $P_n(x)$ 却相当困难，主要困难来自切比雪夫交错点组不易确定；对一般连续函数的一次最佳逼近多项式和高次多项式函数的低次最佳一致逼近多项式，问题比较简单，下面讨论这两种简单情形。

1. 连续函数的一次最佳逼近多项式

设 $f(x)\in C^2[a, b]$，且 $f''(x)$ 在 (a, b) 内不变号，求 $f(x)$ 的一次最佳逼近多项式 $P_1(x)=a_0+a_1x$。由定理 3.6.3 可知，至少需要 3 个切比雪夫交错点 $a\leqslant x_1<x_2<x_3\leqslant b$，使

$$P_1(x_k)-f(x_k)=(-1)^k\sigma\max_{a\leqslant x\leqslant b}\left|P_1(x)-f(x)\right|,\ \sigma=\pm 1,\ k=1,\ 2,\ 3$$

由于 $f''(x)$ 在 (a, b) 内不变号，故 $f'(x)$ 单调，$f'(x)-a_1$ 在 (a, b) 内只有一个零点，记作 x_2，于是 $P_1'(x_2)-f'(x_2)=a_1-f'(x_2)=0$，即 $f'(x_2)=a_1$。而其余偏差点必在区间的两个端点，即 $x_1=a$，$x_3=b$，并且满足

$$P_1(a)-f(a)=P_1(b)-f(b)=-[P_1(x_2)-f(x_2)]$$

从而

$$\begin{cases}a_0+a_1a-f(a)=a_0+a_1b-f(b)\\ a_0+a_1a-f(a)=f(x_2)-(a_0+a_1x_2)\end{cases}\tag{3.6.3}$$

解得

$$a_1=\frac{f(b)-f(a)}{b-a}=f'(x_2)\tag{3.6.4}$$

代入式(3.6.3)，得

$$a_0=\frac{1}{2}[f(a)+f(x_2)]-\frac{f(b)-f(a)}{b-a}\cdot\frac{a+x_2}{2}\tag{3.6.5}$$

由此求出 $f(x)$ 的一次最佳逼近多项式 $P_1(x)=a_0+a_1x$。

例 3.6.1　求函数 $f(x)=\sqrt{x}$ 在区间 $\left[\frac{1}{4},1\right]$ 上的一次最佳一致逼近多项式 $P_1(x)$，并计算误差。

解　由于 $f''(x)=-\frac{1}{4}x^{-\frac{3}{2}}$ 在 $\left[\frac{1}{4},1\right]$ 上不变号，于是 $f(x)$ 在 $\left[\frac{1}{4},1\right]$ 上存在一次最佳逼近多项式

$$P_1(x)=a_0+a_1x$$

其中，$a_1=\dfrac{f(1)-f\left(\frac{1}{4}\right)}{1-\frac{1}{4}}=\dfrac{2}{3}$，又 $a_1=f'(x_2)=\dfrac{1}{2}\dfrac{1}{\sqrt{x_2}}$，求得 $x_2=\dfrac{9}{16}$。

因而

$$a_0 = \frac{1}{2}[f(\frac{1}{4}) + f(\frac{9}{16})] - \frac{f(1) - f(\frac{1}{4})}{1 - \frac{1}{4}} \cdot \frac{\frac{1}{4} + \frac{9}{16}}{2} = \frac{17}{48}$$

所以 $f(x)=\sqrt{x}$ 的最佳一致逼近多项式为

$$P_1(x) = \frac{17}{48} + \frac{2}{3}x$$

故

$$\sqrt{x} \approx \frac{17}{48} + \frac{2}{3}x \approx 0.354\ 17 + 0.666\ 67$$

最大值误差为

$$\| f(x) - P_1(x) \|_\infty = \left| f(\frac{1}{4}) - P_1(\frac{1}{4}) \right| = \frac{1}{48} < 0.021$$

2. 高次多项式的低次最佳一致逼近

定理 3.6.4 在区间[−1, 1]上所有最高项系数为 1 的一切 n 次多项式中，$\omega_n(x)=\frac{1}{2^{n-1}}T_n(x)$ 与 0 的偏差最小，其偏差为 $\frac{1}{2^{n-1}}$。

证明 由于 $\omega_n(x)=\frac{1}{2^{n-1}}T_n(x)=x^n-P_{n-1}^*(x)$

$$\max_{-1\leqslant x\leqslant 1} |\omega_n(x)| = \frac{1}{2^{n-1}} \max_{-1\leqslant x\leqslant 1} |T_n(x)| = \frac{1}{2^{n-1}}$$

且点 $x_k=\cos\left(\frac{k}{n}\pi\right)$，$k=0, \cdots, n$ 是 $T_k(x)$ 的切比雪夫交错点组，故区间[−1, 1]上 x^n 的最佳 $n-1$ 次逼近多项式为 $P_{n-1}^*(x)$，即 $\omega_n(x)=\frac{1}{2^{n-1}}T_n(x)$ 是与 0 的偏差最小的多项式。

例 3.6.2 求 $f(x)=2x^3+x^2+2x-1$ 在区间[−1, 1]上的最佳 2 次逼近多项式。

由定理 3.6.4 知，所求最佳 2 次逼近多项式 P_2^* 应该满足：

$$f(x) - P_2^*(x) = \frac{1}{2}T_2(x)$$

故

$$P_2^*(x) = f(x) - \frac{1}{2}T_3(x) = x^2 + \frac{7}{2}x - 1$$

3.7 曲面逼近

前面几节讨论的是一元函数的最佳平方逼近问题，这些方法可以很容易地推广到多元函数。本节以二元函数为例讨论多元函数的最佳平方逼近问题。由于二元函数的图形对应于三维空间的曲面，因此也称为曲面逼近。

设已知曲面 S：$z=f(x, y)$ 在样本点 $\{x_i, y_i\}_{i=1}^{n}$ 的样本值 $\{z_i\}_{i=1}^{n}$，希望从这些数据出发近似重构曲面 S。假定进一步已知曲面的模型 $z=f(x, y; a_1, a_2, \cdots, a_m)$，其中 a_1，a_2，…，a_m 为待定参数，则曲面重构问题可描述为，在所有这一类型的曲面中，寻求一个到给定数据点最近的曲面，称为最优曲面。实际中，常用平方误差度量曲面到给定数据点的误差，寻找最优曲面就成为最小化平方误差的问题：

$$\chi^2 = \sum_{i=1}^{n} (z_i - f(x_i, y_i; a_1, a_2, \cdots, a_m))^2 \tag{3.7.1}$$

最优曲面 S 由使上式最小的参数 $\{a_i\}_{i=1}^{m}$ 确定。

3.7.1　局部三次曲面逼近

局部曲面逼近方法的基本思想是，对曲面定义域内每一点，以该点为中心取一个邻域，例如 5×5 的邻域或窗(见图 3.7.1)，利用窗内的样本点和样本值建立一个最佳逼近曲面，利用该曲面得出中心点的特征等有用信息。

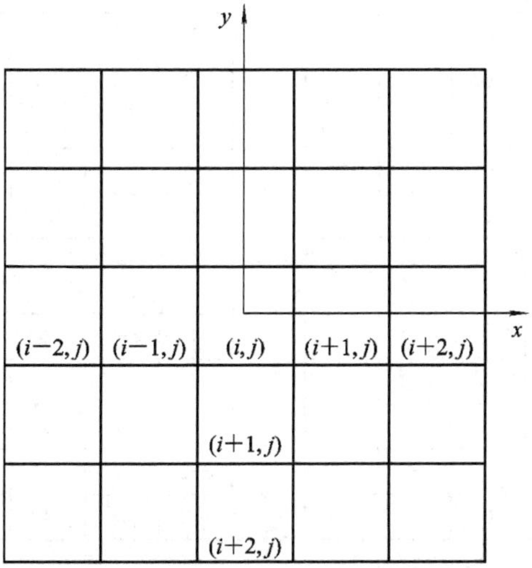

图 3.7.1　以 (i, j) 为中心的 5×5 窗

考虑曲面定义域内以 (i, j) 为中心的 5×5 窗，设已知窗内各点处的测量值，我们希望找到一个形如

$$f(x, y) = K_1 + K_2 x + K_3 y + K_4 x^2 + K_5 xy + K_6 y^2 + K_7 x^3 + K_8 x^2 y + K_9 xy^2 + K_{10} y^3 \tag{3.7.2}$$

的二元完全三次多项式，使其与窗内测试点的平方误差最小。将 25 个已知数据和式(3.7.2)代入式(3.7.1)，利用最小二乘法即可求得参数 $\{K_i\}_{i=1}^{10}$ 的值。这里略去求解过程，直接给出结果。图 3.7.2 给出了 10 个参数对应的 10 个模板，用它们和 5×5 的窗相乘可直接计算出所需的系数。

−13	2	7	2	−13
2	17	22	17	2
7	22	27	22	7
2	17	22	17	2
−13	2	7	2	−13

$\left[\frac{1}{175}\right]$　K_1　1

31	−44	0	44	−31
−5	−62	0	62	5
17	−68	0	68	17
−5	−62	0	62	5
31	−44	0	44	−31

$\left[\frac{1}{420}\right]$　K_2　x

−31	5	17	5	−31
44	62	68	62	44
0	0	0	0	0
−44	−62	−68	−62	−44
31	−5	−17	−5	31

$\left[\frac{1}{420}\right]$　K_3　y

2	−1	−2	−1	2
2	−1	−2	−1	2
2	−1	−2	−1	2
2	−1	−2	−1	2
2	−1	−2	−1	2

$\left[\frac{1}{70}\right]$　K_4　x^2

4	2	0	−2	−4
2	1	0	−1	2
0	0	0	0	0
−2	−1	0	1	2
−4	−2	0	2	4

$\left[\frac{1}{100}\right]$　K_5　xy

2	2	2	2	2
−1	−1	−1	−2	−1
−2	−2	−2	−1	−2
−1	−1	−1	−1	−1
2	2	2	2	2

$\left[\frac{1}{420}\right]$　K_6　y^2

−1	2	0	−2	1
−1	2	0	−2	1
−1	2	0	−2	1
−1	2	0	−2	1
−1	2	0	−2	1

$\left[\frac{1}{60}\right]$　K_7　x^3

4	−2	−4	−2	4
2	−1	−2	−1	2
0	0	0	0	0
−2	1	2	1	−2
−4	2	4	2	4

$\left[\frac{1}{140}\right]$　K_8　x^2y

−4	−2	0	2	4
2	1	0	−1	−2
4	2	0	−2	−4
2	1	0	−1	−2
−4	−2	0	2	4

$\left[\frac{1}{140}\right]$　K_9　xy^2

1	1	1	1	1
−2	−2	−2	−2	−2
0	0	0	0	0
2	2	2	2	2
−1	−1	−1	−1	−1

$\left[\frac{1}{60}\right]$　K_{10}　y^3

图 3.7.2　5×5 窗上计算三次逼近系数的模板

3.7.2　样条曲面逼近

由于样条函数的灵活性能够较好地拟合原始数据，常常限制曲面 S 的表示为张量积形式的样条函数，即

$$f(x, y)=\sum_{i=0}^{n}\sum_{j=0}^{m}a_{ij}B_{ij}(x, y)$$

张量积形式的二维 B-样条 $B_{ij}(x, y)=B_i(x)B_j(y)$，这里 $B_i(x)=B_0(x-x_i)$ 是 $B_0(x)$ 的平移，而 $B_0(x)$ 由四个三次多项式拼接而成，$B_0(x)$ 的支撑集为 $[0, 4]$，在此支撑集之外 $B_0(x)\equiv 0$。

$$B_0(x)=\begin{cases} b_0(x)=\dfrac{x^3}{6}, & 0\leqslant x\leqslant 1\\ b_1(x)=\dfrac{1+3x+3x^2-3x^3}{6}, & 1\leqslant x\leqslant 2\\ b_2(x)=\dfrac{4-6x^2+3x^3}{6}, & 2\leqslant x\leqslant 3\\ b_3(x)=\dfrac{1-3x+3x^2-x^3}{6}, & 3\leqslant x\leqslant 4\end{cases}$$

易知每一个基函数 $B_{ij}(x, y)$ 覆盖着 16 个小矩形块，位于 $[i, i+4)\times[j, j+4)$，因此可分成 16 个多项式表示。另一方面，在给定点 (x, y) 处 B-样条曲面的值由对应的 16 个多项式构成 $\sum_{i=0}^{3}\sum_{j=0}^{3}a_{ij}B_i(x)B_j(y)$，下面给出系数和其对应的多项式。

$$a_{ij}\qquad \frac{x^3y^3}{18}$$

$$a_{i,j-1}\qquad \frac{x^3}{18}+\frac{x^3y+x^3y^2-x^3y^3}{6}$$

$$a_{i,j-2}\qquad \frac{2x^3}{9}-\frac{x^3y^2}{3}+\frac{x^3y^3}{6}$$

$$a_{i,j-3}\qquad \frac{x^3-3x^3y+3x^3y^2-x^3y^3}{18}$$

$$a_{i-1,j}\qquad \frac{(1+3x+3x^2-3x^3)y^3}{18}$$

$$a_{i-1,j-1}\qquad \frac{(1+3x+3x^2-3x^3)}{18}+\frac{(1+3x+3x^2-3x^3)y}{6}+\frac{(1+3x+3x^2-3x^3)y^2}{6}-\frac{(1+3x+3x^2-3x^3)y}{6}$$

$$a_{i-1,\,j-2}\quad \frac{2(1+3x+3x^2-3x^3)}{9}-\frac{(1+3x+3x^2-3x^3)y^2}{3}+\frac{(1+3x+3x^2-3x^3)y^3}{6}$$

$$a_{i-1,\,j-3}\quad \frac{1+3x+3x^2-3x^3}{18}-\frac{(1+3x+3x^2-3x^3)y}{6}+\frac{(1+3x+3x^2-3x^3)y^2}{6}-\frac{(1+3x+3x^2-3x^3)y^3}{18}$$

$$a_{i-2,\,j}\quad \frac{(4-6x^2+3x^3)y^3}{18}$$

$$a_{i-2,\,j-1}\quad \frac{4-6x^2+3x^3}{18}+\frac{(4-6x^2+3x^3)y}{6}+\frac{(4-6x^2+3x^3)y^2}{6}-\frac{(4-6x^2+3x^3)y^3}{6}$$

$$a_{i-2,\,j-2}\quad \frac{2(4-6x^2+3x^3)}{9}-\frac{(4-6x^2+3x^3)y^2}{3}+\frac{(4-6x^2+3x^3)y^3}{6}$$

$$a_{i-2,\,j-3}\quad \frac{4-6x^2+3x^3}{18}-\frac{(4-6x^2+3x^3)y}{6}+\frac{(4-6x^2+3x^3)y^2}{6}-\frac{(4-6x^2+3x^3)y^3}{18}$$

$$a_{i-3,\,j}\quad \frac{(1-3x+3x^2-x^3)y^3}{18}$$

$$a_{i-3,\,j-1}\quad \frac{1-3x+3x^2-x^3}{18}+\frac{(1-3x+3x^2-x^3)y}{6}+\frac{(1-3x+3x^2-x^3)y^2}{6}-\frac{(1-3x+3x^2-x^3)y^3}{6}$$

$$a_{i-3,\,j-2}\quad \frac{2(1-3x+3x^2-x^3)}{9}-\frac{(1-3x+3x^2-x^3)y^2}{3}+\frac{(1-3x+3x^2-x^3)y^3}{6}$$

$$a_{i-3,\,j-3}\quad \frac{1-3x+3x^2-x^3}{18}-\frac{(1-3x+3x^2-x^3)y}{6}+\frac{(1-3x+3x^2-x^3)y^2}{6}-\frac{(1-3x+3x^2-x^3)y^3}{18}$$

假定数据$\{z_k\}_{k=1}^{N}$位于$x-y$平面上(x_k, y_k)处，则对应的代价函数为

$$\chi^2 = \sum_{k=1}^{N} \left(z_k - \sum_{i=0}^{n}\sum_{j=0}^{m} a_{ij}B_{ij}(x_k, y_k)\right)^2$$

用最小二乘法计算拟合系数$\{a_{ij}\}$，使$\chi^2 = \sum_{k=1}^{N}\left(z_k - \sum_{i=0}^{n}\sum_{j=0}^{m} a_{ij}b_j(x_k)b_i(y_k)\right)^2$最小。共有$(n+1)\times(m+1)$个未知系数$\{a_{i,j}\}$。每一对数据$(x_k, y_k, z_k)$产生一项$\left(z_k - \sum_{i=0}^{n}\sum_{j=0}^{m} a_{ij}b_j(x_k)b_i(y_k)\right)^2$，由于在给定点$(x_k, y_k)$处，$\sum_{i=0}^{n}\sum_{j=0}^{m} a_{ij}B_{ij}(x_k, y_k)$中只有16项非零，该项$\left(z_k - \sum_{i=0}^{n}\sum_{j=0}^{m} a_{ij}b_j(x_k)b_i(y_k)\right)^2$包含有16个未知系数。将$\chi^2 = \sum_{k=1}^{N}\left(z_k - \sum_{i=0}^{n}\sum_{j=0}^{m} a_{ij}b_j(x_k)b_i(y_k)\right)^2$对$a_{ij}$求导，并令其导数为0，写成法方程的形式有

$$Ma = z$$

这里a是待求的系数，z是由已知数据生成的右端项。求解该方程，得$\{a_{ij}\}$。

在数字图像处理中B-样条曲面逼近可用来光滑图像。B-样条网格不必和图像网格一致。实际上，如果B-网格取大一些，则会得到更光滑的效果。在B-样条系数确定以后，对于B-曲面按需要采样，则可以计算出光滑后图像的灰度值。张量积B-曲面是光滑的，具有C^2连续性，因此可以用来模拟光滑物体表面等。

习　题　3

1. 在区间$\left[\frac{1}{4}, 1\right]$中，求函数$y=\sqrt{x}$的一次最佳平方逼近多项式。

2. 求出函数$f(x)=\sin x$在$\left[0, \frac{\pi}{2}\right]$上的一次最佳平方逼近多项式，并估计均方误差。

3. 在区间$[-1, 1]$中，分别求$f(x)=|x|$在$M_1=\text{span}\{1, x, x^3\}$和$M_2=\text{span}\{1, x^2, x^4\}$中的最佳平方逼近多项式。

4. 求$f(x)=x^4+3x^2-1$在$[0, 1]$上的三次最佳平方逼近多项式。

5. 求函数$f(x)=\ln x$在区间$[1, 2]$上的二次最佳平方逼近多项式及平方误差。

6. 令$T_n^*(x)=T_n(2x-1)$，$x\in[0, 1]$，求$T_0^*(x)$、$T_1^*(x)$、$T_2^*(x)$、$T_3^*(x)$。

7. 在区间$[-1, 1]$中定义加权内积$(f(x), g(x))=\int_{-1}^{1} f(x)g(x)\frac{1}{\sqrt{1-x^2}}\mathrm{d}x$，给定$f(x)=x^2\sqrt{1-x^2}$，求该函数的二次最佳平方逼近多项式，并估计平方误差。

8. 确定参数a，b，c，使得$I(a, b, c)=\int_{-1}^{1}\left[|x|\sqrt{1-x^2}-(ax^2+bx+c)\right]^2\frac{1}{\sqrt{1-x^2}}\mathrm{d}x$，取得最小值，并计算最小值。

9. 对于权函数 $\rho(x)=1+x^2$，在区间$[-1, 1]$上，试求首项系数为 1 的正交多项式 $\varphi_0(x)$、$\varphi_1(x)$、$\varphi_2(x)$、$\varphi_3(x)$。

10. 求 a, b, 使得 $\int_0^1 [x^2-(ax+b)]^2 \mathrm{d}x$ 达到最小，并求出最小值。

11. 确定参数 a, b, 使得 $I(a, b)=\int_0^{\frac{\pi}{2}} [\sin x-(ax+b)]^2 \mathrm{d}x$ 取得最小值，并与第 2 题中一次逼近多项式作比较。

12. 设由实验测得的数据如下：

x_i	-3	-2	-1	0	1	2	3
y_i	4	2	3	0	-1	-2	-5

试求一条二次曲线(权取 $\omega_i=1$)，对它们进行最小二乘拟合。

13. 用最小二乘法确定经验公式 $y=a+be^x$ 中的参数 a 和 b，使该曲线拟合下面的数据。

x_i	-1	0	1	2
y_i	2	3	5	9

14. 设由实验测得的数据如下：

x_i	1	2	5	7
y_i	9	4	2	1

试求它的最小二乘拟合曲线$\left[\text{取 } \omega(x)\equiv 1, M=\operatorname{span}\left\{1, \frac{1}{x}\right\}\right]$。

数值实验题

1. 求函数 $y=\cos x$ 在$[-1, 1]$上的三次最佳平方逼近多项式。

2. 为试验某种新药的疗效，医生对某人用快速静脉注射方式一次性注入该药 300 毫克后，在一定时间 t(小时)采取血样，测得血药浓度 C(微克/毫升)数据如下：

t/h	0.25	0.5	1	1.5	2	3	4	6	8
C/(μg/mL)	19.21	18.15	15.36	14.10	12.89	9.32	7.45	5.24	3.01

根据此表画出散点图，并用最小二乘法求一个形如 $S(t)=ae^{-bt}$，$a>0$，$b>0$ 的函数拟合表中的数据，从而推断血浓度 C 与时间 t 之间函数关系 $C=f(t)$ 的近似表达式(提示：转换为求线性模型 $\ln S(t)=\ln a-bt$)。

3. 观察物体的直线运动，得数据如下：

时间 t/s	0	0.9	1.9	3.0	3.9	5.0
距离 s/m	0	10	30	50	80	110

求运动方程。

4. 在某化学反应中，由实验得分解浓度与时间关系如下表所示：

时间 t/h	0	5	10	15	20	25	30	35	40	45	50	55
浓度 $y/(\times 10^{-4})$	0	1.27	2.16	2.86	3.44	3.87	4.15	4.37	4.51	4.58	4.62	4.64

用最小二乘法求 $y=f(t)$。

第 4 章　数值积分与数值微分

4.1　引　　言

实际问题中常常需要计算定积分。有些数值方法，如微分方程和积分方程的求解，也都与积分计算有关。

例 4.1.1　地球卫星轨道近似为一个椭圆，其周长的计算公式是

$$C = 4a\int_0^{\frac{\pi}{2}}\sqrt{1-\left(\frac{c}{a}\right)^2\sin^2\theta}\,\mathrm{d}\theta$$

这是一个定积分问题，其中，a 是椭圆的半长轴，c 是地球中心与轨道中心(椭圆中心)的距离。记 h 为近地点距离，H 为远地点距离，$R=6371$ km 为地球半径，则

$$a = \frac{2R+H+h}{2},\quad c = \frac{H-h}{2}$$

我国第一颗人造地球卫星近地点距离 $h=439$ km，远地点距离 $H=2384$ km，则卫星轨道的周长为

$$C = 31\ 130\int_0^{\frac{\pi}{2}}\sqrt{1-\left(\frac{972.5}{7782.5}\right)^2\sin^2\theta}\,\mathrm{d}\theta$$

其中，$a=(2R+H+h)/2=7782.5$ km，$c=(H-h)/2=972.5$ km。

一般地，对于积分

$$I = \int_a^b f(x)\mathrm{d}x$$

只要找到被积函数 $f(x)$的原函数 $F(x)$，并利用牛顿-莱布尼兹(Newton - Leibniz)公式

$$\int_a^b f(x)\mathrm{d}x = F(b)-F(a)$$

即可，但实际使用这种方法求积分时往往有如下困难：大量的被积函数，诸如$\frac{\sin x}{x}$、$\sin x^2$等，找不到用初等函数表示的原函数；即使 $f(x)$用初等函数表示的原函数 $F(x)$存在，但因为 $F(x)$过于复杂，人们不愿将大量的时间与精力花费在求原函数上；另外，当 $f(x)$是由测量或数值计算给出的一张数据表而不知其解析表达式时，牛顿-莱布尼兹公式也不能直接运用。因此有必要研究积分的数值计算问题。

4.1.1　数值求积的基本思想

积分中值定理表明，若 $f(x)$在区间$[a, b]$上连续，则$[a, b]$内存在一点 ξ，使得

$$I = \int_a^b f(x)\mathrm{d}x = (b-a)f(\xi)$$

如图 4.1.1 所示，曲边梯形的面积(定积分 I)等于底为 $b-a$ 而高为 $f(\xi)$的矩形面积，$f(\xi)$称为 $f(x)$在$[a, b]$上的平均高度。因此如果能找到这一平均高度，定积分就很容易计算了。但遗憾的是，对于一般函数，平均高度是很难计算的。尽管如此，这一结论启发我们通过近似计算平均高度来近似计算定积分。比如，用区间左端点的高度 $f(a)$近似取代平均高度 $f(\xi)$，则可导出**左矩形公式**：

$$I \approx (b-a)f(a)$$

若用区间右端点的高度 $f(b)$近似取代平均高度 $f(\xi)$，则可导出**右矩形公式**：

$$I \approx (b-a)f(b)$$

若用中点 $c=\dfrac{a+b}{2}$的高度 $f(c)$近似取代平均高度 $f(\xi)$，则可导出**中矩形公式**：

$$I \approx (b-a)f\left(\frac{a+b}{2}\right) \tag{4.1.1}$$

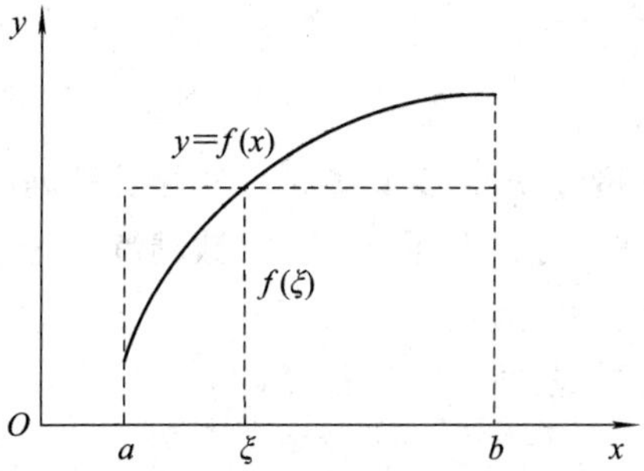

图 4.1.1　积分中值定理的几何解释

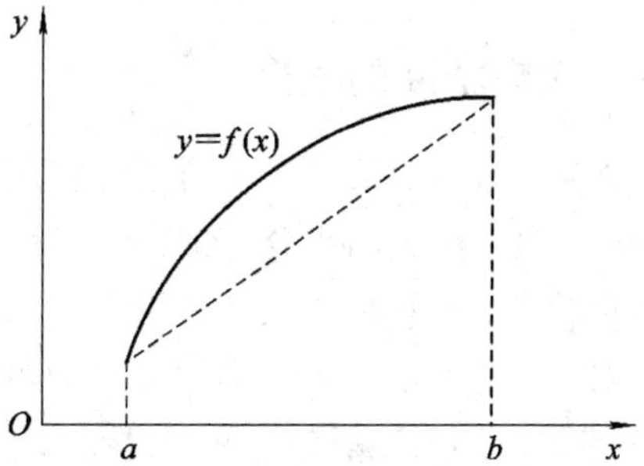

图 4.1.2　梯形公式的几何解释

如果用两端点的“高度”的线性组合作为平均高度 $f(\xi)$的近似值，则可导出求积公式：

$$I \approx (A_0 f(a) + A_1 f(b))(b-a)$$

当 $A_0=A_1=\dfrac{1}{2}$时，上述公式成为

$$I \approx T(f) = \frac{b-a}{2}[f(a)+f(b)] \tag{4.1.2}$$

这就是我们所熟悉的**梯形公式**(几何意义见图 4.1.2)。

上述简单的公式需注意以下两点：

首先，上述公式的特点是仅利用被积函数在一些离散节点上的函数值的线性组合近似

计算定积分，避免了求原函数，是计算积分的离散化方法。

其次，直观上很显然，只有当被积函数 $f(x)$的图形是水平线，即 $f(x)$为常函数时，用左矩形公式和右矩形公式计算定积分是准确的；只有当 $f(x)$的图形是直线(包括水平直线)，即 $f(x)$为线性函数(包括常函数)时，用中矩形公式以及梯形公式计算定积分是准确的。

这两点观察为我们解决积分计算带来一个重要的启发：在积分区间$[a, b]$上选择适当的点上的函数值，并对其做适当的线性组合来构造数值积分公式，可能使得公式对尽可能高阶的代数多项式(以下简称为多项式)是准确的。

一般地，设在区间$[a, b]$上适当地选取节点 x_k，$k=0, 1, \cdots, n$，然后用 $f(x_k)$加权平均得到平均高度 $f(\xi)$的近似值，这样构造出的求积公式具有下列形式：

$$\int_a^b f(x)\mathrm{d}x \approx I_n(f) = \sum_{k=0}^{n} A_k f(x_k) \tag{4.1.3}$$

其中，x_k 称为**求积节点**，A_k 称为**求积系数**，它们与被积函数 $f(x)$无关。

形如式(4.1.3)的数值积分公式通常称为**机械型求积公式**，其特点是将积分求值问题归结为函数值的计算，从而避免了牛顿-莱布尼兹公式需要寻求原函数的困难。

如前所述，我们希望求积公式(4.1.3)对尽可能高阶的多项式精确成立，为此，对数值积分公式定义下面的**代数精度**的概念。

4.1.2 代数精度的概念

定义 4.1.1 如果用求积公式计算所有次数不超过 m 的多项式的积分都是准确的，而对于 $m+1$ 次多项式的积分不准确，则称求积公式具有 m 次(或 m 阶)**代数精度**。

不难验证，中矩形公式和梯形公式均具有 1 次代数精度。

一般地，欲使求积公式(4.1.3)至少有 m 次代数精度，等价于它对 $f(x)=1, x, x^2, \cdots, x^m$ 的积分都是准确的，即

$$\begin{cases} \displaystyle\sum_{k=0}^{n} A_k = b-a \\ \displaystyle\sum_{k=0}^{n} A_k x_k = \frac{1}{2}(b^2 - a^2) \\ \qquad\vdots \\ \displaystyle\sum_{k=0}^{n} A_k x_k^m = \frac{1}{m+1}(b^{m+1} - a^{m+1}) \end{cases} \tag{4.1.4}$$

如果事先选定了求积节点 x_k，$k=0, 1, \cdots, n$，譬如以区间$[a, b]$的等距分点作为节点，这时，方程组(4.1.4)是关于求积系数 A_k 的线性方程组。当 $m=n$ 时，可唯一确定求积系数 A_k，得到的求积公式(4.1.3)至少具有 n 次代数精度。4.2 节将介绍这一类求积公式，

梯形公式是其中的一个特例。

如果方程组(4.1.4)中求积节点 x_k，$k=0, 1, \cdots, n$ 和求积系数 A_k，$k=0, 1, \cdots, n$ 均没有事先给定，则方程组(4.1.4)为含有 $2n+2$ 个待定参数的非线性方程组，4.5 节将介绍如何构造这样的求积公式使其具有 $2n+1$ 次代数精度。

在节点事先确定的情况下，通过方程组(4.1.4)解出求积系数，使得求积公式至少有 n 次代数精度的方法称为**待定系数法**。这种方法在节点较多的情况下需要求解一个高阶线性方程组，比较麻烦。4.2 节将介绍插值型求积法，其基本思想是利用插值多项式近似被积函数，即利用插值多项式的积分近似被积函数的积分，该方法方便简单。

4.2　插值型求积公式及其性质

4.2.1　插值型求积公式

设给定一组节点

$$a \leqslant x_0 < x_1 < x_2 < \cdots < x_n \leqslant b$$

且已知函数 $f(x)$ 在这些节点上的值，构造拉格朗日插值多项式 $L_n(x)$：

$$L_n(x) = \sum_{k=0}^{n} l_k(x) f(x_k)$$

其中，$l_k(x)$ 为 Lagrange 插值基函数，即

$$l_k(x) = \frac{\omega_{n+1}(x)}{(x-x_k)\omega'_{n+1}(x_k)}, \quad k = 0, 1, \cdots, n$$

$$\omega_{n+1}(x) = (x-x_0)(x-x_1)\cdots(x-x_n)$$

则有

$$f(x) = L_n(x) + R_n(x) \tag{4.2.1}$$

其中，

$$R_n(x) = \frac{f^{n+1}(\xi(x))}{(n+1)!}\omega_{n+1}(x) \tag{4.2.2}$$

为插值余项。

因此有

$$\begin{aligned} I(f) &= \int_a^b f(x)\mathrm{d}x = \int_a^b L_n(x)\mathrm{d}x + \int_a^b R_n(x)\mathrm{d}x \\ &= \sum_{k=0}^{n} f(x_k)\int_a^b l_k(x)\mathrm{d}x + E_n(f) = \sum_{k=0}^{n} A_k f(x_k) + E_n(f) \end{aligned}$$

若用该式右端第一项作为积分近似值，则得到求积公式：

$$I_n(f) = \sum_{k=0}^{n} A_k f(x_k) \tag{4.2.3}$$

其中，

$$A_k = \int_a^b l_k(x)\mathrm{d}x \tag{4.2.4}$$

是**插值基函数的积分**，

$$E_n(f) = \int_a^b R_n(x)\mathrm{d}x \tag{4.2.5}$$

称为**积分余项**，它表示了用式(4.2.3)近似计算定积分带来的**误差**。

定义 4.2.1　把求积系数满足式(4.2.4)的积分公式称为**插值型求积公式**。

插值型求积公式的优点是：求积系数是插值基函数的积分，而插值基函数是代数多项式，其积分很容易计算；另外，由插值余项很容易得到插值型求积公式(4.2.3)对所有不超过 n 次的代数多项式都是准确的，因此至少有 n 次代数精度。其实，我们还可以进一步证明，如果求积公式至少有 n 次代数精度，则其求积系数一定满足式(4.2.4)，即至少有 n 次代数精度的求积公式也一定是插值型的。

定理 4.2.1　形如式(4.1.3)的求积公式至少有 n 次代数精度的充分必要条件是，它是插值型的。

证明　充分性　如果求积公式(4.1.3)是插值型的，则有

$$R_n(f) = \int_a^b \frac{f^{(n+1)}(\xi)}{(n+1)!} \prod_{i=0}^{n} (x - x_i)\mathrm{d}x$$

再如果 $f(x)$ 是任意一个次数不超过 n 次的多项式，则 $f^{(n+1)}(\xi) \equiv 0$，显然有 $I_n(f) = I(f)$，从而求积公式(4.1.3)至少有 n 次代数精度。

必要性　如果求积公式(4.1.3) 至少有 n 次代数精度，则它对于插值基函数(n 次多项式) $l_k(x) = \prod_{\substack{j=0 \\ j \neq k}}^{n} \frac{x - x_j}{x_k - x_j}$ 是准确的，即

$$\int_a^b l_k(x)\mathrm{d}x = \sum_{i=0}^{n} A_i l_k(x_i)$$

注意到 $l_k(x_i) = \delta_{ki}$，故

$$\int_a^b l_k(x)\mathrm{d}x = \sum_{i=0}^{n} A_i l_k(x_i) = A_k$$

即

$$A_k = \int_a^b l_k(x)\mathrm{d}x, \quad k = 0, 1, 2, \cdots, n$$

因而求积公式是插值型的。

4.2.2　求积公式的数值稳定性

在使用数值求积公式近似计算积分时，主要有两大误差来源：一个是建立的数值求积公式与积分准确值相比有误差，即积分余项；另一个是数值误差，即利用数值求积公式计算数值积分时，由于函数 f 在节点处的函数值(称为求积公式的原始数据)是计算或测量得到的，在计算或测量过程中可能会产生误差，这些数据存储在计算机中还可能会产生舍入误差，总之，原始数据可能不准确，使得实际计算出的积分近似值与准确原始数据对应的数值积分之间有一定误差。本小节讨论原始数据的误差对实际计算出的积分值的影响，也就是求积公式的数值稳定性问题，以及保证数值求积公式稳定的充分条件。

设实际代入数值求积公式的函数值为 $\overline{f}_k$，与对应的精确函数值 $f(x_k)$的误差为 δ_k，即 $f(x_k)=\overline{f}_k+\delta_k$，并记

$$I_n(f)=\sum_{k=0}^{n}A_kf(x_k),\ I_n(\overline{f})=\sum_{k=0}^{n}A_k\overline{f}_k$$

这里假设数值积分中的运算是精确的，则实际计算出的积分近似值 $I_n(\overline{f})$与 $I_n(f)$之间有一定误差，而且这一误差完全是由原始数据有误差引起的。如果把数值求积公式看成一个系统，函数值看作输入，积分值看作输出，我们就说求积公式是数值稳定的。如果输入数据的误差充分小，输出数据的误差就可以任意小。更严格地有如下定义。

定义 4.2.2　如果对任意给定的小正数 $\varepsilon>0$，只要原始数据的误差 $|\delta_k|$ 充分小，就有

$$|I_n(f)-I_n(\overline{f})|=\left|\sum_{k=0}^{n}A_k(f(x_k)-\overline{f}_k)\right|\leqslant\varepsilon \tag{4.2.6}$$

则称求积公式(4.1.3)是数值稳定的。

下面的定理给出了数值求积公式数值稳定的充分条件。

定理 4.2.2　若求积公式(4.1.3)中的求积系数都为正，即 $A_k>0$，$k=0, 1, \cdots, n$，则此求积公式是数值稳定的。

证明　对任意给定的 $\varepsilon>0$，若取 $\delta=\dfrac{\varepsilon}{b-a}$，且对 $k=0, 1, \cdots, n$ 都有 $|f(x_k)-\overline{f}_k|\leqslant\delta$，则有

$$\begin{aligned}|I_n(f)-I_n(\overline{f})|&=\left|\sum_{k=0}^{n}A_k(f(x_k)-\overline{f}_k)\right|\leqslant\sum_{k=0}^{n}|A_k||f(x_k)-\overline{f}_k|\\&\leqslant\delta\sum_{k=0}^{n}A_k=\delta(b-a)=\varepsilon\end{aligned}$$

由定义 4.2.2 可知求积公式(4.1.3)是数值稳定的。

如前所述，在使用数值求积公式计算积分时，一旦选定了求积公式，产生误差的主要因素是数值误差。定理 4.2.2 表明，若使用的公式是数值稳定的，此时要想将输出数据的误差控制在 $\varepsilon>0$ 范围内，则要尽量把原始数据计算或测量得准确一些。如果数值不稳定，

则可能输入数据的误差相对较小，而输出数据的误差很大，甚至无法使用(见 4.3 节的分析)，因此要避免使用数值不稳定的公式。

4.3 等距节点的牛顿-柯特斯公式及余项估计

在计算数值积分时，通常为了方便，将求积节点取为积分区间的等分点，此时对应的求积公式有其特殊性，称为牛顿-柯特斯(Newton - Cotes)公式。

4.3.1 牛顿-柯特斯公式

设将积分区间$[a, b]$ n 等分，步长 $h=\dfrac{b-a}{n}$，选取等距节点 $x_k=a+kh(k=0, 1, \cdots, n)$，再令 $x=a+th$，$t\in[0, n]$，则对应的求积系数

$$\begin{aligned}A_k&=\int_a^b l_k(x)\mathrm{d}x=\int_a^b\frac{(x-x_0)\cdots(x-x_{k-1})(x-x_{k+1})\cdots(x-x_n)}{(x_k-x_0)\cdots(x_k-x_{k-1})(x_k-x_{k+1})\cdots(x_k-x_n)}\mathrm{d}x\\&=\int_0^n\prod_{\substack{j=0\\j\neq k}}^n\frac{(t-j)h}{(k-j)h}h\,\mathrm{d}t=h\int_0^n\frac{t(t-1)\cdots(t-(k-1))(t-(k+1))\cdots(t-n)}{k(k-1)\cdots(k-(k-1))(k-(k+1))\cdots(k-n)}\mathrm{d}t\\&=h\frac{(-1)^{n-k}}{k!(n-k)!}\int_0^n t(t-1)\cdots(t-k+1)(t-k-1)\cdots(t-n)\mathrm{d}t\\&=(b-a)\frac{(-1)^{n-k}}{nk!(n-k)!}\int_0^n t(t-1)\cdots(t-k+1)(t-k-1)\cdots(t-n)\mathrm{d}t\end{aligned}$$

令

$$\begin{aligned}C_k^{(n)}&=\frac{(-1)^{n-k}}{nk!(n-k)!}\int_0^n t(t-1)\cdots(t-k+1)(t-k-1)\cdots(t-n)\mathrm{d}t\\&=\frac{(-1)^{n-k}}{nk!(n-k)!}\int_0^n\prod_{\substack{j=0\\j\neq k}}^n(t-j)\mathrm{d}t\end{aligned}\tag{4.3.1}$$

则对应求积公式可以写成

$$I_n(f)=(b-a)\sum_{k=0}^n C_k^{(n)}f(x_k)\tag{4.3.2}$$

式(4.3.2)称为**牛顿-柯特斯(Newton - Cotes)**公式，其中，$C_k^{(n)}$ 称为**柯特斯系数**。

在节点均匀分布的情况下，求积系数 $A_k=(b-a)C_k^{(n)}$，其中 $b-a$ 与积分区间有关，剩下的部分与积分区间无关，仅与等分点个数有关，因此 $C_k^{(n)}$ 对任意有限区间的积分是相同的，可以事先计算出来存储在计算机中，在使用时直接调用。

表 4.3.1 给出了 $n=1, 2, \cdots, 8$ 时的柯特斯系数。

表 4.3.1　$n=1, 2, \cdots, 8$ 时的柯特斯系数

n	$C_k^{(n)}$								
1	$\frac{1}{2}$	$\frac{1}{2}$	—	—	—	—	—	—	—
2	$\frac{1}{6}$	$\frac{2}{3}$	$\frac{1}{6}$	—	—	—	—	—	—
3	$\frac{1}{8}$	$\frac{3}{8}$	$\frac{3}{8}$	$\frac{1}{8}$	—	—	—	—	—
4	$\frac{7}{90}$	$\frac{16}{45}$	$\frac{2}{15}$	$\frac{16}{45}$	$\frac{7}{90}$	—	—	—	—
5	$\frac{19}{288}$	$\frac{25}{96}$	$\frac{25}{144}$	$\frac{25}{144}$	$\frac{25}{96}$	$\frac{19}{288}$	—	—	—
6	$\frac{41}{840}$	$\frac{9}{35}$	$\frac{9}{280}$	$\frac{34}{105}$	$\frac{9}{280}$	$\frac{9}{35}$	$\frac{41}{840}$	—	—
7	$\frac{751}{17\ 280}$	$\frac{3577}{17\ 280}$	$\frac{1323}{17\ 280}$	$\frac{2989}{17\ 280}$	$\frac{2989}{17\ 280}$	$\frac{1323}{17\ 280}$	$\frac{3577}{17\ 280}$	$\frac{751}{17\ 280}$	—
8	$\frac{989}{28\ 350}$	$\frac{5888}{28\ 350}$	$\frac{-928}{28\ 350}$	$\frac{104\ 96}{28\ 350}$	$\frac{-4540}{28\ 350}$	$\frac{10\ 496}{28\ 350}$	$\frac{-928}{28\ 350}$	$\frac{5888}{28\ 350}$	$\frac{989}{28\ 350}$

当 $n=1$ 时，$C_0^{(1)}=C_1^{(1)}=\dfrac{1}{2}$，相应的求积公式就是梯形公式(4.1.2)。

当 $n=2$ 时，

$$C_0^{(2)} = \frac{1}{4}\int_0^2 (t-1)(t-2)\mathrm{d}t = \frac{1}{6}$$

$$C_1^{(2)} = -\frac{1}{2}\int_0^2 t(t-2)\mathrm{d}t = \frac{2}{3}$$

$$C_2^{(2)} = \frac{1}{4}\int_0^2 t(t-1)\mathrm{d}t = \frac{1}{6}$$

相应的求积公式是

$$S(f)=\frac{b-a}{6}\left[f(a)+4f\left(\frac{a+b}{2}\right)+f(b)\right] \tag{4.3.3}$$

称为**辛普森(Simpson)公式**。

辛普森公式的几何意义是，S 恰好是经过$(a, f(a))$，$\left(\dfrac{a+b}{2}, f\left(\dfrac{a+b}{2}\right)\right)$、$(b, f(b))$三

点的抛物线所围成的曲边梯形的面积。

当 $n=4$ 时，相应的求积公式称为**柯特斯公式**，即

$$C(f)=\frac{b-a}{90}[7f(x_0)+32f(x_1)+12f(x_2)+32f(x_3)+7f(x_4)] \tag{4.3.4}$$

这里 $x_k=a+kh$，$h=\dfrac{b-a}{4}$。

由表 4.3.1 可以看出，柯特斯系数具有如下性质：

(1) $\forall n$，$\sum\limits_{k=0}^{n}C_k^{(n)}=1$。

(2) 柯特斯系数中心对称，因此计算和存储时只需计算和存储一半的系数。

实际上，性质(1)可通过牛顿-柯特斯公式的代数精度来证明；性质(2)可通过式(4.3.1)来证明。

4.3.2　牛顿-柯特斯公式的数值稳定性

从表 4.3.1 可以看出，当 $n\geqslant 8$ 时，柯特斯系数 $C_k^{(n)}$ 出现负值，于是有

$$\sum_{k=0}^{n}|C_k^{(n)}|>\sum_{k=0}^{n}C_k^{(n)}=1$$

特别地，假定 $C_k^{(n)}(f(x_k)-\bar{f}_k)>0$，且 $|f(x_k)-\bar{f}_k|=\delta$，则有

$$\begin{aligned}|I_n(f)-I_n(\bar{f})|&=\left|\sum_{k=0}^{n}C_k^{(n)}(f(x_k)-\bar{f}_k)\right|\\&=\sum_{k=0}^{n}C_k^{(n)}(f(x_k)-\bar{f}_k)\\&=\sum_{k=0}^{n}|C_k^{(n)}||f(x_k)-\bar{f}_k|\\&=\delta\sum_{k=0}^{n}|C_k^{(n)}|>\delta\end{aligned}$$

它表明初始数据误差将会引起计算结果误差增大，即计算数值不稳定，故 $n\geqslant 8$ 的牛顿-柯特斯公式不宜使用。

4.3.3　偶数阶求积公式的代数精度

定理 4.2.1 表明，n 阶牛顿-柯特斯公式(这里 n 阶指把积分区间 n 等分)至少具有 n 次代数精度。例如，辛普森公式(4.3.3)，它是二阶牛顿-柯特斯公式，因此至少具有 2 次代数精度。进一步地，用 $f(x)=x^3$ 进行检验，按辛普森公式计算可得

$$S(f)=\frac{b-a}{6}\left[a^3+4\left(\frac{a+b}{2}\right)^3+b^3\right]=\frac{b^4-a^4}{4}$$

另一方面，直接求积得

$$I(f)=\int_a^b x^3\mathrm{d}x=\frac{b^4-a^4}{4}$$

这时有 $S(f)=I(f)$，即辛普森公式对三次多项式也能准确成立，又容易验证它对 $f(x)=x^4$ 是不准确的，因此，辛普森公式实际上具有 3 次代数精度。

一般地，我们可以证明下述论断：

定理 4.3.1　当阶 n 为偶数时，牛顿-柯特斯公式(4.3.2)至少具有 $n+1$ 次代数精度。

证明　只需证明，当 n 为偶数时，牛顿-柯特斯公式对 $f(x)=x^{n+1}$ 的余项为零即可。实际上，此时 $f^{(n+1)}(x)=(n+1)!$，从而有

$$R_n(f)=\int_a^b\prod_{j=0}^{n}(x-x_j)\mathrm{d}x$$

令 $x=a+th$，又 $x_j=a+jh$，则有

$$R_n(f)=h^{n+2}\int_0^n\prod_{j=0}^{n}(t-j)\mathrm{d}t$$

若 n 为偶数，则$\frac{n}{2}$为整数，再令 $t=u+\frac{n}{2}$，进一步有

$$R_n(f)=h^{n+2}\int_{-\frac{n}{2}}^{\frac{n}{2}}\prod_{j=0}^{n}\left(u+\frac{n}{2}-j\right)\mathrm{d}u$$

因为被积函数

$$H(u)=\prod_{j=0}^{n}\left(u+\frac{n}{2}-j\right)=\prod_{j=-n/2}^{n/2}(u-j)$$

是奇函数，故 $R_n(f)=0$。

设 n 为偶数，对比 n 阶和 $n+1$ 阶牛顿-柯特斯公式，两者都至少具有 $n+1$ 次代数精度，然而 n 阶公式计算量较少，因此实际计算时，通常选择偶数阶的牛顿-柯特斯公式。再考虑到数值稳定性，通常只选用 $n<8$ 的偶数阶牛顿-柯特斯公式。梯形公式虽然是 1 阶的，但由于简单，也常选用。

4.3.4　牛顿-柯特斯公式的积分余项

本小节首先讨论几个常用的低阶公式的积分余项，然后给出一般结论。

1. 梯形公式的积分余项

根据式(4.2.2)和式(4.2.5)，梯形公式(4.1.2)的积分余项为

$$R_T(f)=I(f)-T(f)=\int_a^b\frac{f''(\xi)}{2}(x-a)(x-b)\mathrm{d}x$$

由于函数$(x-a)(x-b)$在区间$[a,b]$上保号，因此由积分中值定理知，存在 $\eta\in[a,b]$，使

$$R_T(f)=\frac{f''(\eta)}{2}\int_a^b(x-a)(x-b)\mathrm{d}x=-\frac{f''(\eta)}{12}(b-a)^3=-\frac{h^3}{12}f''(\eta)\quad(4.3.5)$$

其中，$h=b-a$ 为梯形公式的步长。

2. 辛普森公式的积分余项

辛普森公式(4.3.3)的积分余项 $R_S(f)=I(f)-S(f)$，构造次数不超过 3 次的多项式 $H(x)$，使其满足：

$$\begin{cases} H(a)=f(a) \\ H(b)=f(b) \\ H(c)=f(c) \\ H'(c)=f'(c) \end{cases} \tag{4.3.6}$$

这里 $c=\dfrac{a+b}{2}$。由于辛普森公式具有 3 次代数精度，它对于 $H(x)$是准确的，即

$$\int_a^b H(x)\mathrm{d}x=\frac{b-a}{6}[H(a)+4H(c)+H(b)]$$

由插值条件(4.3.6)知，上式右端等于按辛普森公式(4.3.3)求得的积分值，因此积分余项

$$R_S(f)=I(f)-S(f)=\int_a^b[f(x)-H(x)]\mathrm{d}x$$

对于满足条件(4.3.6)的多项式 $H(x)$，其插值余项由定理 2.4.2 得

$$f(x)-H(x)=\frac{f^{(4)}(\xi)}{4!}(x-a)(x-c)^2(x-b)$$

故有

$$R_S(f)=\int_a^b\frac{f^{(4)}(\xi)}{4!}(x-a)(x-c)^2(x-b)\mathrm{d}x$$

又函数$(x-a)(x-c)^2(x-b)$在$[a, b]$上保号，因此由积分中值定理有

$$R_S(f)=\frac{f^{(4)}(\eta)}{4!}\int_a^b(x-a)(x-c)^2(x-b)\mathrm{d}x=-\frac{h^5}{90}f^{(4)}(\eta) \tag{4.3.7}$$

其中，$h=\dfrac{b-a}{2}$是辛普森公式的步长。

3. 柯特斯公式的积分余项

类似可得柯特斯公式(4.3.4)的积分余项为

$$R_C(f)=I(f)-C(f)=-\frac{2(b-a)}{945}h^6f^{(6)}(\eta) \tag{4.3.8}$$

其中，$h=\dfrac{b-a}{4}$是柯特斯公式的步长。

4. 一般牛顿-柯特斯公式的积分余项

一般牛顿-柯特斯公式的积分余项有如下结论。

定理 4.3.2 若 n 为偶数，设 $f(x)\in C^{n+2}[a, b]$(设 k 为正整数，$C^k[a, b]$表示定义在

$[a, b]$上，直到 k 阶导数都存在并连续的函数的全体)，则有

$$R_n(f) = \frac{h^{n+3} f^{(n+2)}(\eta)}{(n+2)!} \int_0^n t^2(t-1)\cdots(t-n)\mathrm{d}t, \quad \eta \in [a, b]$$

若 n 为奇数，设 $f(x) \in C^{n+1}[a, b]$，则有

$$R_n(f) = \frac{h^{n+2} f^{(n+1)}(\eta)}{(n+1)!} \int_0^n t(t-1)\cdots(t-n)\mathrm{d}t, \quad \eta \in [a, b]$$

定理 4.3.2 进一步表明，当 n 为偶数时，牛顿-柯特斯公式具有 $n+1$ 次代数精度；当 n 为奇数时，牛顿-柯特斯公式具有 n 次代数精度。另外，由牛顿-柯特斯公式的积分余项可知，积分公式带来的离散误差不仅与 f 有关，还与步长 h 有关。

4.4　复化求积法

应用高阶($n \geqslant 8$)Newton-Cotes 求积公式计算积分 $\int_a^b f(x)\mathrm{d}x$ 会出现数值不稳定，而应用低阶公式又往往因积分步长过大使得离散误差(积分余项)变大。因此，为了降低实际计算结果的误差，通常把积分区间分成若干个小区间(通常是等分)，在每个小区间上使用低阶求积公式，然后将结果加起来，这种方法称为**复化求积法**。

4.4.1　复化梯形公式

将区间$[a, b]$ n 等分，步长 $h = \frac{b-a}{n}$，分点 $x_k = a + kh$，$k = 0, 1, \cdots, n$，在每个子区间$[x_k, x_{k+1}]$，$k = 0, \cdots, n-1$ 上使用梯形公式，有

$$\int_{x_k}^{x_{k+1}} f(x)\mathrm{d}x = \frac{h}{2}[f(x_k) + f(x_{k+1})] - \frac{h^3}{12}f''(\eta_k), \quad x_k < \eta_k < x_{k+1}$$

于是

$$\int_a^b f(x)\mathrm{d}x = \sum_{k=0}^{n-1} \int_{x_k}^{x_{k+1}} f(x)\mathrm{d}x = \frac{h}{2}\sum_{k=0}^{n-1}[f(x_k) + f(x_{k+1})] - \frac{h^3}{12}\sum_{k=0}^{n-1} f''(\eta_k)$$

记

$$T_n(f) = \frac{h}{2}\sum_{k=0}^{n-1}[f(x_k) + f(x_{k+1})] = \frac{h}{2}\left[f(a) + 2\sum_{k=1}^{n-1} f(a+kh) + f(b)\right] \qquad (4.4.1)$$

称为**复化梯形公式**。

假设 $f''(x)$在$[a, b]$上连续，则在(a, b)中必存在一点 η，使得

$$\frac{1}{n}\sum_{k=0}^{n-1} f''(\eta_k) = f''(\eta)$$

于是复化梯形公式的积分余项为

$$R_{T_n}(f)=-\frac{h^3}{12}\sum_{k=0}^{n-1}f''(\eta_k)=-\frac{nh^3}{12}f''(\eta)=-\frac{h^2(b-a)}{12}f''(\eta),\quad \eta\in(a,b) \tag{4.4.2}$$

由积分余项知，复化梯形公式也具有1次代数精度，而且是数值稳定的。实际上，如果计算函数值 $f(x_k)$时有误差 ε_k，且 $\max\limits_{1\leqslant k\leqslant n+1}|\varepsilon_k|=\frac{1}{2}\times10^{-t}$，那么，使用复化梯形公式(4.4.1)计算 $T_n(f)$的误差界为

$$\frac{h}{2}(1+2+\cdots+2+1)\cdot\frac{1}{2}\times10^{-t}=\frac{nh}{2}\times10^{-t}=\frac{1}{2}\times10^{-t}(b-a)$$

因此，复化梯形公式是数值稳定的。

4.4.2 复化辛普森公式

将区间$[a,b]$$n$等分，步长 $h=\frac{b-a}{n}$，得到 n 个子区间$[x_k, x_{k+1}]$，中点记作 $x_{k+1/2}$，$k=0$，1，…，n，$x_k=a+kh$，$x_{k+1/2}=x_k+\frac{h}{2}$，在每个子区间$[x_k, x_{k+1}]$上采用辛普森公式，有

$$\begin{aligned}\int_a^b f(x)\mathrm{d}x&=\sum_{k=0}^{n-1}\int_{x_k}^{x_{k+1}}f(x)\mathrm{d}x\\&=\frac{h}{6}\sum_{k=0}^{n-1}[f(x_k)+4f(x_{k+1/2})+f(x_{k+1})]-\frac{h}{180}\left(\frac{h}{2}\right)^4\sum_{k=0}^{n-1}f^{(4)}(\eta_k),\ \eta_k\in(x_k,x_{k+1})\end{aligned} \tag{4.4.3}$$

记

$$\begin{aligned}S_n(f)&=\frac{h}{6}\sum_{k=0}^{n-1}[f(x_k)+4f(x_{k+1/2})+f(x_{k+1})]\\&=\frac{h}{6}\left[f(a)+4\sum_{k=0}^{n-1}f(x_{k+\frac{1}{2}})+2\sum_{k=1}^{n-1}f(x_k)+f(b)\right]\end{aligned} \tag{4.4.4}$$

称为**复化辛普森公式**。

假设 $f^{(4)}(x)$在$[a,b]$上连续，与复化梯形公式的积分余项类似，可将复化辛普森公式的积分余项表示为

$$R_{S_n}(f)=-\frac{h}{180}\left(\frac{h}{2}\right)^4\sum_{k=0}^{n-1}f^{(4)}(\eta_k)=-\frac{b-a}{180}\left(\frac{h}{2}\right)^4f^{(4)}(\eta),\quad \eta\in(a,b) \tag{4.4.5}$$

由积分余项知，复化辛普森公式具有3次代数精度。类似于复化梯形公式的数值稳定性分析，复化辛普森公式也是数值稳定的。

例 4.4.1　对于函数 $f(x)=\frac{\sin x}{x}$，给出$[0,1]$上 $n=8$ 的函数表(见表4.4.1)，试用复化梯形公式(4.4.1)及复化辛普森公式(4.4.4)计算积分 $I=\int_0^1\frac{\sin x}{x}\mathrm{d}x$ 的近似值，并估计误差。

解　$h=1/8$，使用表中所给节点，应用复化梯形公式求得 $T_8=0.945\ 690\ 9$，应用复化辛普森公式求得 $S_4=0.946\ 083\ 2$。

表 4.4.1　例 4.4.1 所用的函数表

x	$f(x)=\dfrac{\sin x}{x}$
0	1
$\frac{1}{8}$	0.997 397 8
$\frac{1}{4}$	0.989 615 8
$\frac{3}{8}$	0.976 726 7
$\frac{1}{2}$	0.958 851 0
$\frac{5}{8}$	0.936 155 6
$\frac{3}{4}$	0.908 851 6
$\frac{7}{8}$	0.877 192 5
1	0.841 470 9

比较 T_8 和 S_4 两个结果，它们都需要 9 个点上的函数值，计算量基本相同，然而精度却差别很大，同积分的准确值 $I=0.946\ 083\ 1$ 比较，用复化梯形公式求得的结果 $T_8=0.945\ 690\ 9$ 只有 3 位有效数字，而用复化辛普森公式求得的结果 $S_4=0.946\ 083\ 2$ 却有 6 位有效数字。

实际上，利用两种复化求积公式的余项公式也能够估计误差，但要求 $f(x)=\dfrac{\sin x}{x}$ 的高阶导数。由于

$$f(x)=\frac{\sin x}{x}=\int_0^1 \cos(xt)\,\mathrm{d}t$$

因此有

$$f^{(k)}(x)=\int_0^1 \frac{\mathrm{d}^k}{\mathrm{d}x^k}(\cos xt)\,\mathrm{d}t=\int_0^1 t^k\cos\left(xt+\frac{k\pi}{2}\right)\mathrm{d}t$$

于是

$$\max_{0\leqslant x\leqslant 1}|f^{(k)}(x)|\leqslant\int_0^1\left|\cos\left(xt+\frac{k\pi}{2}\right)\right|t^k\,\mathrm{d}t\leqslant\int_0^1 t^k\,\mathrm{d}t=\frac{1}{k+1}$$

由式(4.4.2)得复化梯形公式的误差的上界：

$$|I - T_8| \leqslant \frac{h^2}{12} \max_{0 \leqslant x \leqslant 1} |f''(x)| \leqslant \frac{1}{12} \left(\frac{1}{8}\right)^2 \frac{1}{3} \approx 0.434 \times 10^{-3}$$

由式(4.4.5)得复化辛普森公式的误差的上界：

$$|I - S_4| \leqslant \frac{h^4}{180} \max_{0 \leqslant x \leqslant 1} |f^{(4)}(x)| \leqslant \frac{1}{180} \left(\frac{1}{8}\right)^4 \frac{1}{5} \approx 0.271 \times 10^{-6}$$

例 4.4.2　应用复化梯形公式计算积分

$$I = \int_0^1 6\mathrm{e}^{-x^2}\,\mathrm{d}x$$

并要求离散误差不超过10^{-6}，试确定所需的步长和节点个数。

解　利用复化梯形公式的积分余项来估计所需的步长和节点个数，为此令 $f(x) = 6\mathrm{e}^{-x^2}$，则

$$f'(x) = -12x\mathrm{e}^{-x^2}$$

$$f''(x) = 12\mathrm{e}^{-x^2}(2x^2 - 1)$$

$$f'''(x) = 24x\mathrm{e}^{-x^2}(3 - 2x^2) > 0,\ x \in (0,\ 1)$$

因此 $f''(x)$在$[0, 1]$上为单调函数，于是

$$\max_{x \in [0,1]} |f''(x)| = \max\{|f''(0)|,\ |f''(1)|\} = |f''(0)| = 12$$

要使复化梯形公式的离散误差$|R_{T_n}(f)| \leqslant 10^{-6}$，只要

$$|R_{T_n}(f)| = \frac{h^2(b-a)}{12} |f''(\eta)| \leqslant \frac{h^2}{12} \max|f''(x)| \leqslant h^2 \leqslant 10^{-6}$$

即可，因此应有 $h \leqslant 10^{-3}$，故可取步长 $h = 10^{-3}$。又由 $h = \frac{b-a}{n} = \frac{1}{n}$ 得 $n = 10^3$，故可取节点数为 1001。

4.5　龙贝格积分法

4.5.1　梯形法的递推化

4.4 节介绍的复化求积法通过选择较小的步长可减小离散误差，提高求积精度。实际计算时，若精度不够，可将步长逐次分半。下面以复化梯形公式为例介绍区间逐次二分的计算过程。设将区间$[a, b]$作 n 等分，步长为 $h = \frac{b-a}{n}$，用复化梯形公式计算积分近似值，有

$$T_n(f) = \frac{h}{2} \sum_{k=0}^{n-1} [f(x_k) + f(x_{k+1})]$$

如果将求积区间二分一次，则步长减半。现在将二分前后两个积分值联系起来加以考察。注意到二分后每个子区间$[x_k,\ x_{k+1}]$增加了一个二分点 $x_{k+1/2} = \frac{1}{2}(x_k + x_{k+1})$，用复化梯形

公式求得该子区间上的积分近似值为

$$\frac{h}{4}[f(x_k)+2f(x_{k+1/2})+f(x_{k+1})]$$

注意，这里 $h=\dfrac{b-a}{n}$ 代表二分前的步长。将每个子区间上的积分近似值相加得二分后的积分近似值：

$$T_{2n}=\frac{h}{4}\sum_{k=0}^{n-1}[f(x_k)+f(x_{k+1})]+\frac{h}{2}\sum_{k=0}^{n-1}f(x_{k+1/2})$$

与二分前的结果相比，可导出下列递推公式：

$$T_{2n}=\frac{1}{2}T_n+\frac{h}{2}\sum_{k=0}^{n-1}f(x_{k+1/2}) \tag{4.5.1}$$

也称为**变步长的梯形公式**。

梯形法的递推公式(4.5.1)的意义是，二分后的复化梯形公式可以利用二分前的近似值来计算，只要将二分前的近似值折半，再加上新增节点的函数值之和乘以二分后的步长即可。在区间逐次二分过程中，利用上述递推公式计算积分近似值和直接用复化梯形公式计算相比，可以避免大量重复的计算。

例 4.5.1　利用梯形法的递推公式(4.5.1)计算下面积分的近似值(所有结果小数点后保留 7 位数字)：

$$I=\int_0^1\frac{\sin x}{x}\mathrm{d}x$$

解　在[0, 1]上取初始步长 $h=1$，用两个端点和梯形公式计算一个积分近似值，

$$T_1=\frac{1}{2}[f(0)+f(1)]=0.920\,735\,5$$

然后将区间二等分，利用递推公式(4.5.1)，有

$$T_2=\frac{1}{2}T_1+\frac{1}{2}f\left(\frac{1}{2}\right)=0.939\,793\,3$$

再次二分，并利用递推公式(4.5.1)，有

$$T_4=\frac{1}{2}T_2+\frac{1}{4}\left[f\left(\frac{1}{4}\right)+f\left(\frac{3}{4}\right)\right]=0.944\,513\,5$$

这样不断二分下去，计算结果见表 4.5.1(表中 k 代表二分次数，区间等分数 $n=2^k$)。

表 4.5.1　用梯形法的递推公式(4.5.1)计算例 4.5.1 的积分近似值

k	1	2	3	4	5
T_n	0.939 793 3	0.944 513 5	0.945 690 9	0.945 985 0	0.946 059 6
k	6	7	8	9	10
T_n	0.946 076 9	0.946 081 5	0.946 082 7	0.946 083 0	0.946 083 1

表 4.5.1 说明用复化梯形公式计算积分 I 要达到 7 位有效数字的精度需要二分区间 10 次，即需要分点 1025 个，计算量很大。

4.5.2　龙贝格算法

利用复化梯形公式计算积分，虽然计算简单，但收敛速度很慢，需要对其进行加工以加速收敛。

根据复化梯形公式的积分余项(4.4.2)可知

$$I(f)-T_n(f)=-\frac{b-a}{12}h^2f''(\eta_n),\quad \eta_n\in(a,b)$$

$$I(f)-T_{2n}(f)=-\frac{b-a}{12}\left(\frac{h}{2}\right)^2f''(\eta_{2n}),\quad \eta_{2n}\in(a,b)$$

假定 f 的二阶导函数在$[a,b]$上变化不大，则有 $f''(\eta_n)\approx f''(\eta_{2n})$，从而

$$\frac{I-T_{2n}}{I-T_n}\approx\frac{1}{4}$$

即

$$I-T_{2n}\approx\frac{1}{3}(T_{2n}-T_n) \tag{4.5.2}$$

式(4.5.2)表明，二分后的积分近似值 T_{2n} 与精确值的误差 $I-T_{2n}$ 可用二分前后的两个积分近似值 T_n 与 T_{2n} 的差的三分之一来估计；而且只要二分前后两个近似值的差充分小，二分后近似值与精确值的误差就可能很小。

由式(4.5.2)知，二分后的积分近似值 T_{2n} 与精确值的误差 $I-T_{2n}$ 大约为 $\frac{1}{3}(T_{2n}-T_n)$，利用此误差近似值将 T_{2n} 修正为

$$T_{2n}+\frac{1}{3}(T_{2n}-T_n)=\frac{4}{3}T_{2n}-\frac{1}{3}T_n \tag{4.5.3}$$

容易验证，实际上有

$$\frac{4}{3}T_{2n}-\frac{1}{3}T_n=S_n \tag{4.5.4}$$

这表明式(4.5.3)中的修正值正是步长为 $h/2$ 的复化辛普森积分 S_n，确实具有更高的精度。

对例 4.5.1，将两个梯形值 $T_4=0.944\ 513\ 5$ 和 $T_8=0.945\ 690\ 9$ 按式(4.5.3)作线性组合，得到新的近似值：

$$S_4=\frac{4}{3}T_8-\frac{1}{3}T_4=0.946\ 083\ 3$$

有 6 位有效数字，而 T_8 只有 3 位有效数字。

上面分析表明，在区间逐次二分的过程中，通过二分前后两个近似值进行简单的加工就可以得到精度更好的近似值，而不需要使用代数精度更高(计算也复杂)的公式直接计

算。这启发我们继续对复化辛普森公式进行加工。

考虑复化辛普森公式，类似对复化梯形公式的分析，由积分余项(4.4.5)，有

$$\frac{I-S_{2n}}{I-S_n}\approx\frac{1}{16}$$

由此得到加工公式：

$$I\approx\frac{16}{15}S_{2n}-\frac{1}{15}S_n$$

同样可以验证，上式右端等于复化柯特斯公式 C_n，即

$$C_n=\frac{16}{15}S_{2n}-\frac{1}{15}S_n \tag{4.5.5}$$

再根据柯特斯公式的误差阶为 h^6，进一步可导出下列**龙贝格(Romberg)公式**：

$$R_n=\frac{64}{63}C_{2n}-\frac{1}{63}C_n \tag{4.5.6}$$

运用式(4.5.4)、式(4.5.5)和式(4.5.6)，将梯形值 T_n 逐步加工成精度较高的辛普森值 S_n、柯特斯值 C_n 和龙贝格值 R_n，这一过程称为**龙贝格算法**。

例 4.5.2　用加速式(4.5.4)、式(4.5.5)和式(4.5.6)加工例 4.5.1 得到的梯形值，计算结果见表 4.5.2(k 代表二分次数)。

表 4.5.2　龙贝格算法

k	T_{2^k}	$S_{2^{k-1}}$	$C_{2^{k-2}}$	$R_{2^{k-3}}$
0	0.920 735 5	—	—	—
1	0.939 793 3	0.946 145 9	—	—
2	0.944 515 3	0.946 086 9	0.946 083 0	—
3	0.945 690 9	0.946 083 3	0.946 083 1	0.946 083 1

由此可见，利用三次二分的梯形数据(它们的精度都很差，只有两三位有效数字)，通过三次加速求得 $R_1=0.946\,083\,1$，具有 7 位有效数字。

4.6　高斯型求积公式

前面介绍的数值求积公式 $\int_a^b f(x)\mathrm{d}x\approx\sum_{k=0}^{n}A_kf(x_k)$ 都是用确定的节点作为求积节点，用拉格朗日插值多项式 $L_n(x)$ 近似代替 $f(x)$ 后得到相应的求积系数，这样的插值型求积公式其代数精度至少为 n。如果求积节点 x_k，$k=0, 1, \cdots, n$ 和求积系数 A_k，$k=0, 1, \cdots, n$ 均没有事先给定，那么通过适当选取节点 x_k，$k=0, 1, \cdots, n$，有可能使求积公式具有 $2n+1$ 次代数精度，我们称这类公式为**高斯(Gauss)型求积公式**。

更一般地，我们考虑带权积分 $I=\int_a^b \rho(x)f(x)\mathrm{d}x$ 的插值型求积公式：

$$\int_a^b \rho(x)f(x)\mathrm{d}x \approx \sum_{k=0}^{n} A_k f(x_k) \tag{4.6.1}$$

其中，$\rho(x)$为**权函数**(也称为**积分核函数**)。权函数要满足如下一些条件：

(1) 非负性：$\rho(x)\geqslant 0$；

(2) $\rho(x)$在(a, b)上最多只有有限个零点；

(3) $\int_a^b x^i\rho(x)\mathrm{d}x<\infty(i=0, 1, 2, \cdots)$。

定理 4.6.1 如果以节点 $a\leqslant x_0<x_1<\cdots<x_n\leqslant b$ 为零点的 $n+1$ 次多项式

$$\omega_{n+1}(x)=(x-x_0)(x-x_1)\cdots(x-x_n)$$

与任何次数不超过 n 的多项式 $q(x)$带权正交，即

$$\int_a^b \rho(x)\omega_{n+1}(x)q(x)\mathrm{d}x=0 \tag{4.6.2}$$

则求积公式(4.6.1)对一切次数不超过 $2n+1$ 的多项式都准确成立(至少有 $2n+1$ 次代数精度)，此时求积系数为

$$A_k=\int_a^b \rho(x)l_k(x)\mathrm{d}x=\int_a^b \rho(x)\frac{\omega_{n+1}(x)}{(x-x_k)\omega_{n+1}'(x_k)}\mathrm{d}x \tag{4.6.3}$$

证明 假设 $\omega_{n+1}(x)$满足式(4.6.2)，用 H_{2n+1} 表示所有次数不超过 $2n+1$ 的代数多项式的全体。$\forall f(x)\in H_{2n+1}$，用 $\omega_{n+1}(x)$除 $f(x)$，得商 $q(x)$，余式 $m(x)$，则有

$$f(x)=q(x)\omega_{n+1}(x)+m(x)$$

其中 $q(x)$，$m(x)\in H_n$。由式(4.6.2)可得

$$\int_a^b \rho(x)f(x)\mathrm{d}x=\int_a^b \rho(x)m(x)\mathrm{d}x \tag{4.6.4}$$

由于求积公式(4.6.1)是插值型的，因此它对于 $m(x)\in H_n$ 是准确成立的，即

$$\int_a^b \rho(x)m(x)\mathrm{d}x=\sum_{k=0}^{n} A_k m(x_k)$$

再注意到 $\omega_{n+1}(x_k)=0(k=0, 1, \cdots, n)$，知 $m(x_k)=f(x_k)(k=0, 1, \cdots, n)$，从而由式(4.6.4)有

$$\int_a^b \rho(x)f(x)\mathrm{d}x=\int_a^b \rho(x)m(x)\mathrm{d}x=\sum_{k=0}^{n} A_k f(x_k)$$

可见，求积公式(4.6.1)对一切次数不超过 $2n+1$ 的多项式都准确成立，因此至少有 $2n+1$ 次代数精度。

例 4.6.1 证明高斯型求积公式(4.6.1)的代数精度为 $2n+1$。

证明 定理 4.6.1 表明高斯型求积公式(4.6.1)至少有 $2n+1$ 次代数精度，要证明它只有 $2n+1$ 次代数精度，只要证明它对 $2n+2$ 次多项式不准确即可。实际上，它对 $2n+2$

次多项式 $\omega_{n+1}^2(x)$ 的积分是不准确的。由于权函数 $\rho(x)$ 和 $\omega_{n+1}^2(x)$ 都非负，在 (a, b) 上最多只有有限个零点，故积分 $\int_a^b \rho(x)\omega_{n+1}^2(x)\mathrm{d}x > 0$，但 $\sum_{k=0}^{n} A_k\omega_{n+1}^2(x_k) = 0$。

因此，若求积节点是满足式(4.6.2)的多项式 $\omega_{n+1}(x)$ 的零点，则求积公式(4.6.1)只具有 $2n+1$ 次代数精度。

这种使用 $n+1$ 个节点并具有最高 $2n+1$ 次代数精度的求积公式称为**高斯(Gauss)型求积公式**，其节点称为**高斯型节点**。

例 4.6.2　证明高斯型求积公式的系数都为正数。

证明　由于高斯型求积公式具有 $2n+1$ 次代数精度，它对于 $2n$ 次多项式 $l_k^2(x)$（n 次 Lagrange 插值基函数的平方）的积分是准确的，即 $\int_a^b \rho(x)l_k^2(x)\mathrm{d}x = \sum_{i=0}^{n} A_i l_k^2(x_i)$，又由 Lagrange 插值基函数的性质 $l_k(x_i)=\delta_{ki}$，得

$$A_k = \int_a^b \rho(x)l_k^2(x)\mathrm{d}x > 0$$

这表明**高斯型求积公式是数值稳定的**。

定理 4.6.2　设 $f(x)\in C^{2n+2}[a, b]$，则高斯型求积公式(4.6.1)的余项为

$$R_n(f) = \frac{f^{2n+2}(\eta)}{(2n+2)!}\int_a^b \omega_{n+1}^2(x)\rho(x)\mathrm{d}x$$

证明　利用 $f(x)$ 在节点 x_k，$k=0, 1, \cdots, n$ 的 Hermite 插值 $H_{2n+1}(x)$，即

$$H_{2n+1}(x_k) = f(x_k),\ H'_{2n+1}(x_k) = f'(x_k),\ k = 0, 1, \cdots, n$$

有 $f(x)=H_{2n+1}(x)+\dfrac{f^{2n+2}(\xi)}{(2n+2)!}\omega_{n+1}^2(x)$，两端乘以 $\rho(x)$，并在 $[a, b]$ 上积分，得

$$I = \int_a^b f(x)\rho(x)\mathrm{d}x = \int_a^b H_{2n+1}(x)\rho(x)\mathrm{d}x + R_n(f)$$

其中右端第一项积分对 $2n+1$ 次多项式准确成立，故

$$R_n(f) = I - \sum_{k=0}^{n} A_k f(x_k) = \int_a^b \frac{f^{2n+2}(\xi)}{(2n+2)!}\omega_{n+1}^2(x)\rho(x)\mathrm{d}x$$

由于 $\omega_{n+1}^2(x)\rho(x)\geqslant 0$，因此由积分中值定理得到求积公式(4.6.1)的余项为

$$R_n(f) = \frac{f^{2n+2}(\eta)}{(2n+2)!}\int_a^b \omega_{n+1}^2(x)\rho(x)\mathrm{d}x$$

例 4.6.3　对下面加权 $\rho(x)=1+x^2$ 的定积分构造两点高斯型求积公式：

$$\int_{-1}^{1} f(x)(1+x^2)\mathrm{d}x \approx A_0 f(x_0) + A_1 f(x_1)$$

解　直接利用定理 4.6.1，$\omega_1(x)=(x-x_0)(x-x_1)=x^2-bx+c$ 应与任何次数不超过 1 的多项式 $q(x)$ 带权 $\rho(x)=1+x^2$ 在 $[-1, 1]$ 上正交，这等价于 $\omega_1(x)$ 与 $q(x)=1$ 和 $q(x)=x$ 带权正交，即

$$\int_{-1}^{1}(1+x^2)(x^2-bx+c)\mathrm{d}x=\int_{-1}^{1}(1+x^2)(x^2+c)\mathrm{d}x=\frac{8}{3}c+\frac{16}{15}=0$$

$$\int_{-1}^{1}(1+x^2)(x^2-bx+c)x\mathrm{d}x=\int_{-1}^{1}(1+x^2)(-bx^2)\mathrm{d}x=-\frac{16}{15}b=0$$

由此解得 $b=0$，$c=-2/5$，从而 $\omega_1(x)=x^2-2/5$，解得 $x_0=-\sqrt{2/5}$，$x_1=\sqrt{2/5}$。

再由式(4.6.3)得

$$A_0=\int_{-1}^{1}(1+x^2)\frac{x-\sqrt{2/5}}{-2\sqrt{2/5}}\mathrm{d}x=\int_{-1}^{1}(1+x^2)\frac{1}{2}\mathrm{d}x=\frac{4}{3}$$

$$A_1=\int_{-1}^{1}(1+x^2)\frac{x+\sqrt{2/5}}{2\sqrt{2/5}}\mathrm{d}x=\int_{-1}^{1}(1+x^2)\frac{1}{2}\mathrm{d}x=\frac{4}{3}$$

当然，找到满足精度要求的高斯节点后，也可根据代数精度确定求积系数。由于公式对 $f(x)=1$，x 的积分是准确的，即

$$A_0+A_1=\int_{-1}^{1}(1+x^2)\mathrm{d}x=\frac{8}{3}$$

$$A_0x_0+A_1x_1=\int_{-1}^{1}(1+x^2)x\mathrm{d}x=0$$

因此由高斯节点 $x_0=-x_1$ 易得 $A_0=A_1=\frac{4}{3}$。

高斯型求积公式的构造是比较复杂的。但是，对于一些特定的积分区间和权函数，我们可以利用一些标准的正交多项式给出相应的高斯型求积公式。

高斯-勒让德求积公式 若取权函数 $\rho(x)=1$，区间为$[-1, 1]$，则得到求积公式：

$$\int_{-1}^{1}f(x)\mathrm{d}x\approx\sum_{k=0}^{n}A_kf(x_k) \tag{4.6.5}$$

由于勒让德多项式

$$P_n(x)=\frac{1}{2^n n!}\frac{\mathrm{d}^n}{\mathrm{d}x^n}[(x^2-1)^n],\ n=0, 1, 2, \cdots$$

在区间$[-1, 1]$上是正交的，从而 $n+1$ 次勒让德多项式 $P_{n+1}(x)$与所有次数不超过 n 次的勒让德多项式正交：

$$\int_{-1}^{1}P_m(x)P_{n+1}(x)\mathrm{d}x=0,\quad m=0, 1, 2, \cdots, n$$

记 $P_{n+1}(x)$的首项系数为 a_{n+1}，根据定理 4.6.1，可取

$$\omega_{n+1}(x)=\frac{1}{a_{n+1}}P_{n+1}(x) \tag{4.6.6}$$

$\omega_{n+1}(x)$与 $P_{n+1}(x)$有共同零点，因此 $P_{n+1}(x)$的 $n+1$ 个零点就是求积公式(4.6.5)的高斯点。求积系数为

$$A_k = \int_{-1}^{1} \frac{\omega_{n+1}(x)}{(x-x_k)\omega_{n+1}'(x)(x_k)}\mathrm{d}x = \int_{-1}^{1} \frac{P_{n+1}(x)}{(x-x_k)P_{n+1}'(x_k)}\mathrm{d}x$$

计算得

$$A_k = \frac{2}{(1-x_k^2)[P_{n+1}'(x_k)]^2} \tag{4.6.7}$$

这种利用勒让德多项式的零点为高斯节点的插值型求积公式称为**高斯-勒让德求积公式**，其截断误差为

$$R(f) = \frac{2^{2n+3}[(n+1)!]^4}{(2n+3)[(2n+2)!]^3} f^{(2n+2)}(\eta),\ \eta \in (-1,\ 1)$$

下面给出几个低阶的高斯-勒让德求积公式。

例 4.6.4　$n=0$ 时，求积节点 $x_0=0$ 为 $P_1(x)=x$ 的零点，求积系数 $A_0=2$，求积公式为

$$\int_{-1}^{1} f(x)\mathrm{d}x \approx 2f(0)$$

其截断误差为

$$R(f) = \frac{1}{3}f''(\eta),\ \eta \in (-1,\ 1)$$

例 4.6.5　$n=1$ 时，求积节点 $x_0=-\frac{1}{\sqrt{3}}$，$x_1=\frac{1}{\sqrt{3}}$为 $P_2(x)=\frac{3x^2-1}{2}$的零点，求积系数 $A_0=A_1=1$，对应求积公式为

$$\int_{-1}^{1} f(x)\mathrm{d}x \approx f\left(-\frac{1}{\sqrt{3}}\right) + f\left(\frac{1}{\sqrt{3}}\right) \tag{4.6.8}$$

其截断误差为

$$R(f) = \frac{1}{135}f^{(4)}(\eta),\ \eta \in (-1,\ 1)$$

上面讨论中，我们考虑的积分区间为$[-1,\ 1]$，实际计算时若区间为$[a,\ b]$，需要作变换：

$$x = \frac{a+b}{2} + \frac{b-a}{2}t$$

将$[a,\ b]$上的积分转化为$[-1,\ 1]$上的积分，即

$$\int_a^b f(x)\mathrm{d}x = \frac{b-a}{2}\int_{-1}^{1} f\left(\frac{a+b}{2}+\frac{b-a}{2}t\right)\mathrm{d}t$$

然后对等式右端的积分使用高斯-勒让德求积公式，有

$$\int_a^b f(x)\mathrm{d}x = \frac{b-a}{2}\int_{-1}^{1} f\left(\frac{a+b}{2}+\frac{b-a}{2}t\right)\mathrm{d}t \approx \frac{b-a}{2}\sum_{k=0}^{n} A_k f\left(\frac{a+b}{2}+\frac{b-a}{2}t_k\right)$$

其中，t_k 为$[-1,\ 1]$上的高斯节点；A_k 为高斯系数。对较小的 n，表 4.6.1 给出了 t_k 和 A_k

的值。

表 4.6.1　高斯-勒让德求积公式中 t_k 和 A_k 的值

n	0	1	2		3	
t_k	0	$\pm\frac{1}{\sqrt{3}}$	$\pm\sqrt{\frac{3}{5}}$	0	±0.861 136	±0.339 981
A_k	2	1	$\frac{5}{9}$	$\frac{8}{9}$	0.347 855	0.652 145

例 4.6.6　利用两点高斯-勒让德公式计算：

$$\int_0^1 \sqrt{1+x^2}\,\mathrm{d}x$$

解　作变换

$$x=\frac{1}{2}+\frac{1}{2}t=\frac{1+t}{2}$$

于是

$$I=\int_0^1 \sqrt{1+x^2}\,\mathrm{d}x=\frac{1}{2}\int_{-1}^1 \sqrt{1+\frac{1}{4}\,(1+t)^2}\,\mathrm{d}t$$

由式(4.6.8)得

$$\begin{aligned} I &= \frac{1}{2}\int_{-1}^1 \sqrt{1+\frac{1}{4}\,(1+t)^2}\,\mathrm{d}t \\ &\approx \frac{1}{2}\left[\sqrt{1+\frac{1}{4}\left(1-\frac{1}{\sqrt{3}}\right)^2}+\sqrt{1+\frac{1}{4}\left(1+\frac{1}{\sqrt{3}}\right)^2}\right] \\ &= 1.147\,833\,092 \end{aligned}$$

比较可知，这个数值与精确值的误差为 0.000 039 517。

高斯-切比雪夫求积公式　若取权函数 $\rho(x)=\frac{1}{\sqrt{1-x^2}}$，区间为[−1, 1]，则对应的高斯型求积公式为

$$\int_{-1}^1 \frac{f(x)}{\sqrt{1-x^2}}\mathrm{d}x \approx \sum_{k=0}^n A_k f(x_k) \tag{4.6.9}$$

由于切比雪夫多项式在区间[−1, 1]上关于权函数 $\frac{1}{\sqrt{1-x^2}}$ 是正交的，因此求积公式(4.6.9)的高斯点是 $n+1$ 次切比雪夫多项式的零点，即

$$x_k=\cos\left(\frac{2k+1}{2n+2}\pi\right),\quad k=0,1,\cdots,n$$

相应的求积系数为

$$A_k = \frac{\pi}{n+1}$$

将其代入式(4.6.9)中，得

$$\int_{-1}^{1} \frac{f(x)}{\sqrt{1-x^2}}\mathrm{d}x \approx \frac{\pi}{n+1}\sum_{k=0}^{n} f\left(\cos\left(\frac{2k+1}{2n+2}\pi\right)\right)$$

其截断误差为

$$R(f) = \frac{2\pi}{2^{2n+2}(2n+2)!}f^{(2n+2)}(\eta),\ \eta \in (-1,\ 1)$$

4.7 数值微分

设给定一组节点

$$a \leqslant x_0 < x_1 < x_2 < \cdots < x_n \leqslant b$$

和这组节点上函数 $f(x)$的值 $y_i = f(x_i)$，$i=0$，1，2，…，n，而 $f(x)$的解析表达式并不知道，要求 $f(x)$在节点 x_i 处的导数值 $f'(x_i)$，就需要采用数值微分方法。

本节介绍插值型数值微分法，其基本思想与数值积分法类似，用插值多项式 $L_n(x)$近似 $f(x)$，即 $f(x) \approx L_n(x)$，用 $L_n'(x)$近似 $f'(x)$，从而得到

$$f'(x) \approx L_n'(x) \tag{4.7.1}$$

称为**插值型微分公式**。

注　即使 $f(x)$与 $L_n(x)$的值相差不多，导数的近似值 $L_n'(x)$与导数的真值 $f'(x)$可能差别也很大，因而在使用插值型微分公式(4.7.1)时应特别注意误差的分析。

当用 $L_n(x)$近似 $f(x)$时，所产生的截断误差为

$$f(x) - L_n(x) = \frac{f^{(n+1)}(\xi(x))}{(n+1)!}\omega_{n+1}(x),\ \omega_{n+1}(x) = \prod_{i=0}^{n}(x - x_i)$$

所以插值型微分公式(4.7.1)的截断误差为

$$f'(x) - L_n'(x) = \frac{f^{(n+1)}(\xi(x))}{(n+1)!}\omega_{n+1}'(x) + \frac{\omega_{n+1}(x)}{(n+1)!}\frac{\mathrm{d}}{\mathrm{d}x}f^{(n+1)}(\xi(x)) \tag{4.7.2}$$

在这一余项公式中，由于 ξ 是 x 的未知函数，我们无法对它的第二项 $\frac{\omega_{n+1}(x)}{(n+1)!}\frac{\mathrm{d}}{\mathrm{d}x}f^{(n+1)}(\xi)$ 做出进一步的说明，因此，对于任意给出的点 x，误差 $f'(x) - L_n'(x)$是无法预估的。但是，如果限定 x 为某个节点 x_k，则式(4.7.2)中第二项的因子 $\omega_{n+1}(x_k)$变为零，这时有余项公式：

$$f'(x_k) - L_n'(x_k) = \frac{f^{(n+1)}\xi(x_k)}{(n+1)!}\omega_{n+1}'(x_k) \tag{4.7.3}$$

下面我们仅考察节点处的导数值。为简化讨论，假定所给的节点都是等距的。

1. 两点公式

设已知两个节点 x_0 和 $x_1(x_0<x_1)$ 上的函数值分别为 $f(x_0)$、$f(x_1)$，令 $h=x_1-x_0$，则由这两点确定的线性插值多项式 $L_1(x)$ 的图形是直线，其斜率为 $\frac{1}{h}[f(x_1)-f(x_0)]$，由几何意义得到带余项的两点公式：

$$\begin{cases} f'(x_0)=\dfrac{1}{h}[f(x_1)-f(x_0)]-\dfrac{h}{2}f''(\xi) \\ f'(x_1)=\dfrac{1}{h}[f(x_1)-f(x_0)]+\dfrac{h}{2}f''(\xi) \end{cases} \tag{4.7.4}$$

2. 三点公式

设已知三个节点 x_0、$x_1=x_0+h$、$x_2=x_0+2h(h>0)$ 上的函数值分别为 $f(x_0)$、$f(x_1)$、$f(x_2)$，作二次插值：

$$L_2(x)=\frac{(x-x_1)(x-x_2)}{(x_0-x_1)(x_0-x_2)}f(x_0)+\frac{(x-x_0)(x-x_2)}{(x_1-x_0)(x_1-x_2)}f(x_1)+\frac{(x-x_0)(x-x_1)}{(x_2-x_0)(x_2-x_1)}f(x_2)$$

令 $x=x_0+th$，则上式可表示为

$$L_2(x_0+th)=\frac{1}{2}(t-1)(t-2)f(x_0)-t(t-2)f(x_1)+\frac{1}{2}t(t-1)f(x_2)$$

两端对 t 求导，有

$$L_2'(x_0+th)=\frac{1}{2h}[(2t-3)f(x_0)-(4t-4)f(x_1)+(2t-1)f(x_2)] \tag{4.7.5}$$

分别取 $t=0$，1，2，得到带余项的三点求导公式：

$$f'(x_0)=\frac{1}{2h}[-3f(x_0)+4f(x_1)-f(x_2)]+\frac{h^2}{3}f'''(\xi) \tag{4.7.6a}$$

$$f'(x_1)=\frac{1}{2h}[-f(x_0)+f(x_2)]-\frac{h^2}{6}f'''(\xi) \tag{4.7.6b}$$

$$f'(x_2)=\frac{1}{2h}[f(x_0)-4f(x_1)+3f(x_2)]+\frac{h^2}{3}f'''(\xi) \tag{4.7.6c}$$

其中，公式(4.7.6b)称为**中点公式。**

用插值多项式 $L_n(x)$ 作为 $f(x)$ 的近似函数，还可以建立高阶数值微分公式：

$$f^{(k)}(x)\approx L_n^{(k)}(x),\quad k=1,2,\cdots$$

例如，将式(4.7.5)再对 t 求一次导，有

$$L_2''(x_0+th)=\frac{1}{h^2}[f(x_0)-2f(x_1)+f(x_2)]$$

于是有

$$L_2''(x_1)=\frac{1}{h^2}[f(x_1-h)-2f(x_1)+f(x_1+h)]$$

而带余项的二阶三点公式如下：

$$f''(x_1) = \frac{1}{h^2}[f(x_1 - h) - 2f(x_1) + f(x_1 + h)] - \frac{h^2}{12}f^{(4)}(\xi) \tag{4.7.7}$$

3. 五点公式

设已知五个节点 $x_i = x_0 + ih(i=0, 1, 2, 3, 4; h>0)$ 上的函数值依次为 $f(x_0)$、$f(x_1)$、$f(x_2)$、$f(x_3)$、$f(x_4)$，用与上面同样的方法，可以推导出实用的五点公式。

用 m_i 表示一阶导数 $f'(x_i)$ 的近似值，则有

$$m_0 = \frac{1}{12h}[-25f(x_0) + 48f(x_1) - 36f(x_2) + 16f(x_3) - 3f(x_4)]$$

$$m_1 = \frac{1}{12h}[-3f(x_0) - 10f(x_1) + 18f(x_2) - 6f(x_3) + f(x_4)]$$

$$m_2 = \frac{1}{12h}[f(x_0) - 8f(x_1) + 8f(x_3) - f(x_4)]$$

$$m_3 = \frac{1}{12h}[-f(x_0) + 6f(x_1) - 18f(x_2) + 10f(x_3) + 3f(x_4)]$$

$$m_4 = \frac{1}{12h}[3f(x_0) - 16f(x_1) + 36f(x_2) - 48f(x_3) + 25f(x_4)]$$

用 M_i 表示二阶导数 $f''(x_i)$ 的近似值，则有

$$M_0 = \frac{1}{12h^2}[35f(x_0) - 104f(x_1) + 114f(x_2) - 56f(x_3) + 11f(x_4)]$$

$$M_1 = \frac{1}{12h^2}[11f(x_0) - 20f(x_1) + 6f(x_2) + 4f(x_3) - f(x_4)]$$

$$M_2 = \frac{1}{12h^2}[-f(x_0) + 16f(x_1) - 30f(x_2) + 16f(x_3) - f(x_4)]$$

$$M_3 = \frac{1}{12h^2}[-f(x_0) + 4f(x_1) + 6f(x_2) - 20f(x_3) + 11f(x_4)]$$

$$M_4 = \frac{1}{12h^2}[11f(x_0) - 56f(x_1) + 114f(x_2) - 104f(x_3) + 35f(x_4)]$$

五个相邻节点的选法，一般是在所考察的节点两侧各取两个相邻的节点，如果一侧的节点不是两个(即一侧只有一个节点或没有节点)，则用另一侧的节点补足。

4.8　数字图像的导数与梯度

前面介绍了一元函数的数值微分方法，类似的思想和算法可以推广到多元函数的情形，并在信号处理、图像处理等工程问题中有极为广泛的应用。这一节以图像处理为例，介绍二维数据的导数值计算，这些方法常用来提取图像的边缘或计算梯度场等。

4.8.1 二维数据的一阶导数

设有数字图像 $f(x, y)$，在数字图像中由于假定格点的步长为 1，因此梯度 $\nabla f(x, y)=\begin{bmatrix}\dfrac{\partial f}{\partial x}\\ \dfrac{\partial f}{\partial y}\end{bmatrix}(x, y)$ 的计算往往用差分来近似，常用的有以下几种：

(1) 向前差分(步长为 1)：

$$\frac{\partial f}{\partial x}(x, y)\approx f(x+1, y)-f(x, y)$$

$$\frac{\partial f}{\partial y}(x, y)\approx f(x, y+1)-f(x, y)$$

(2) 向后差分(步长为 1)：

$$\frac{\partial f}{\partial x}(x, y)\approx f(x, y)-f(x-1, y)$$

$$\frac{\partial f}{\partial y}(x, y)\approx f(x, y)-f(x, y-1)$$

(3) 中心差分(步长为 1)：

$$\frac{\partial f}{\partial x}(x, y)\approx \frac{f(x+1, y)-f(x-1, y)}{2}$$

$$\frac{\partial f}{\partial y}(x, y)\approx \frac{f(x, y+1)-f(x, y-1)}{2}$$

4.8.2 二维数据的二阶导数

由二阶导数的定义(一阶导数的导数)，以及一阶导数的离散公式可导出二阶导的离散公式。以 Laplace 算子 $\nabla^2 f=\dfrac{\partial^2 f}{\partial x^2}+\dfrac{\partial^2 f}{\partial y^2}$ 的近似计算为例来讨论。

$$\frac{\partial^2 f}{\partial x^2}(x, y)=\frac{\partial}{\partial x}\frac{\partial f}{\partial x}(x, y)\approx\left[\frac{\partial f}{\partial x}(x+1/2, y)-\frac{\partial f}{\partial x}(x-1/2, y)\right]$$

上式右端是对外层导数用步长为 1/2 的中心差商进行离散，然后对内层导数用步长为 1/2 的中心差商进行离散并整理，得到

$$\begin{aligned}\frac{\partial^2 f}{\partial x^2}(x, y)&\approx[f(x+1, y)-f(x, y)]-[f(x, y)-f(x-1, y)]\\ &=f(x+1, y)-2f(x, y)+f(x-1, y)\end{aligned}$$

类似可得

$$\frac{\partial^2 f}{\partial y^2}(x, y)\approx f(x, y+1)-2f(x, y)+f(x, y-1)$$

在原始图像有噪声的情形下，先用高斯函数 $G(x, y) = \left(\frac{1}{\sqrt{2\pi\sigma}}\right)e^{-\frac{(x^2+y^2)}{2\sigma^2}}$ 对图像 $f(x, y)$ 进行卷积（对图像进行光滑化并抑制噪声），卷积结果记作

$$f_\sigma(x, y) = G(x, y) * f(x, y)$$

然后对光滑后的图像 f_σ 求导。

图 4.8.1 是二元函数的导数在图像边缘检查中的应用，实际上是梯度的模 $|\nabla f|(x, y) = \sqrt{\left(\frac{\partial f}{\partial x}\right)^2 + \left(\frac{\partial f}{\partial y}\right)^2}(x, y)$ 在图像边缘检查中的应用，其中图 4.8.1(a) 是原图，图 4.8.1(b) 是用梯度模检测出的边缘。

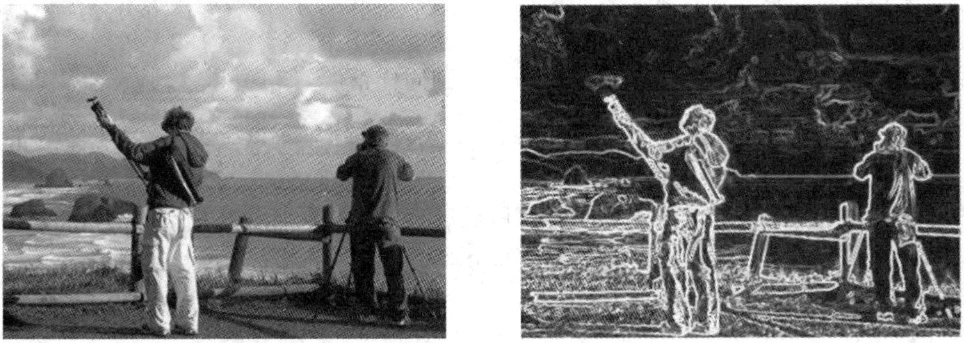

(a) 原图　(b) 边缘

图 4.8.1　二元函数的导数在图像边缘检查中的应用

习　题　4

1. 确定下列求积公式中的待定参数，使其代数精度尽可能高，并指明所构造出的求积公式所具有的代数精度。

(1) $\int_{-h}^{h} f(x)\mathrm{d}x \approx Af(-h) + Bf(0) + Cf(h)$；

(2) $\int_{-2h}^{2h} f(x)\mathrm{d}x \approx Af(-h) + Bf(0) + Cf(h)$；

(3) $\int_{-1}^{1} f(x)\mathrm{d}x \approx [f(-1) + 2f(x_1) + 3f(x_2)]/3$；

(4) $\int_{0}^{h} f(x)\mathrm{d}x \approx h[f(0) + f(h)]/2 + ah^2[f'(0) - f'(h)]$。

2. 如果 $f''(x) > 0$，证明用梯形公式计算积分 $I = \int_a^b f(x)\mathrm{d}x$ 所得结果比准确值 I 大，

并说明其几何意义。

3. 用梯形公式、辛普森公式和柯特斯公式计算定积分$\int_{0.5}^{1}\sqrt{x}\,\mathrm{d}x$，并与真值进行比较。

4. 分别用复化梯形公式和复化辛普森公式计算下列积分：

(1) $\int_0^1 \frac{x}{4+x^2}\mathrm{d}x$，积分区间 8 等分；

(2) $\int_1^9 \sqrt{x}\,\mathrm{d}x$，积分区间 4 等分；

(3) $\int_0^{\pi/6} \sqrt{4-\sin^2 x}\,\mathrm{d}x$，积分区间 6 等分。

5. 若用复化梯形公式计算积分$I=\int_0^1 \mathrm{e}^x\mathrm{d}x$，问区间[0，1]应分多少等分才能使截断误差不超过$\frac{1}{2}\times 10^{-5}$?若用复化辛普森公式，要达到同样精度，区间[0，1]应分多少等分?

6. 用复化梯形公式逐次半分三次计算定积分$I=\int_0^1 \frac{2}{1+x^2}\mathrm{d}x$的近似值，要求写出计算过程(如果计算结果用小数表示，小数点后面保留 4 位有效数字)。

7. 用龙贝格算法计算下列积分，使误差不超过10^{-5}。

(1) $\frac{2}{\sqrt{\pi}}\int_0^1 \mathrm{e}^{-x}\mathrm{d}x$；

(2) $\int_0^{2\pi} x\sin x\mathrm{d}x$；

(3) $\int_0^3 x\sqrt{1+x^2}\,\mathrm{d}x$。

8. 确定 A、B 及 C 的值，使得公式

$$\int_0^2 xf(x)\mathrm{d}x \approx Af(0)+Bf(1)+Cf(2)$$

对于所有次数尽可能高的多项式是准确成立的，试问最大次数是多少?

9. 确定高斯型求积公式$\int_0^1 xf(x)\mathrm{d}x \approx A_0 f(x_0)+A_1 f(x_1)$的节点 x_0、x_1 及系数 A_0、A_1，使其具有 3 次代数精度。

10. 分别取 $n=0, 1, 2, 3$，用高斯-勒让德求积公式近似计算积分$\int_1^3 \mathrm{e}^x\sin x\mathrm{d}x$，并与真值进行比较。

11. 用下列方法计算积分$\int_1^3 \frac{\mathrm{d}y}{y}$，并比较结果。

(1) 龙贝格方法；

(2) 三点及五点高斯公式。

12. 已知 $f(-1)=0.5$，$f(0)=1$，$f(1)=2$，构造一个至少有 2 次代数精度的数值微分公式，并求 $f'(0)$的近似值。

13. 证明数值微分公式

$$f'(x_0)\approx\frac{1}{12h}[f(x_0-2h)-8f(x_0-h)+8f(x_0+h)-f(x_0+2h)]$$

对任意 4 次多项式准确成立，并求出微分公式的余项。

14. 设 $f(x)$在实数集 $\mathbf{R}$ 上二阶连续可导，构造计算 $f''(0)$的近似公式 $f''(0)\approx Af(-1)+Bf(0)+Cf'(1)$，使其代数精度尽可能高。

数值实验题

1. 给定积分 $I(f)=\int_0^1\sqrt{x}\ln x\mathrm{d}x=-\frac{4}{9}$，取初始步长 h 及精度 ε，分别应用复化梯形公式及复化辛普森公式编制计算 $I(f)$ 的程序，计算至两次相似值之差的绝对值不超过 ε 为止。

2. 编写高斯求积法计算积分的程序(高斯点数取 1，2，3，4，5 即可)，并计算积分 $I=\int_0^1\frac{\sin x}{x}\mathrm{d}x$。

3. 编写龙贝格算法程序，并计算例 4.1.1 中的卫星轨道周长，以第一个龙贝格积分作为最终近似值(计算值中小数点后必须保留 7 位有效数字)。

第5章　线性方程组的数值解法

5.1 引　　言

在科学与工程计算中，有大量的问题最后归结为求解线性代数方程组，例如电学中的网络问题，船体数学放样中建立三次样条函数问题，用最小二乘法求实验数据的曲线拟合问题，用差分法或有限元方法解常微分方程、偏微分方程边值问题等都最后归结为求解线性代数方程组。下面是线性方程组在天文学中的一个应用实例，问题涉及求解一个线性方程组。

例 5.1.1　由 Kepler(开普勒)第一定律知，小行星的轨道为椭圆，天文学家要确定一颗小行星绕太阳运行的轨道，可在轨道平面内建立以太阳为原点的直角坐标系，在两坐标轴上取天文测量单位，这样，轨道方程可表示为如下一般形式：

$$a_1x^2 + 2a_2xy + a_3y^2 + 2a_4x + 2a_5y + 1 = 0$$

要确定轨道方程时，可在 5 个不同的时间对小行星作 5 次观察，测得轨道上 5 个点的坐标数据(x_i, y_i)，$i=1, 2, 3, 4, 5$。将这 5 个点的坐标分别代入上面的一般方程得到关于系数 a_1，a_2，a_3，a_4，a_5 的线性方程组

$$a_1x_i^2 + 2a_2x_iy_i + a_3y_i^2 + 2a_4x_i + 2a_5y_i = -1,\ i = 1, 2, 3, 4, 5$$

求解这一线性方程组，可得轨道方程的系数。将轨道方程化为标准方程可知小行星轨道的一些几何参数。

考虑 n 元线性方程组的一般形式

$$\begin{cases} a_{11}x_1 + a_{12}x_2 + \cdots + a_{1n}x_n = b_1 \\ a_{21}x_1 + a_{22}x_2 + \cdots + a_{2n}x_n = b_2 \\ \qquad\qquad\vdots \\ a_{n1}x_1 + a_{n2}x_2 + \cdots + a_{nn}x_n = b_n \end{cases} \tag{5.1.1}$$

或写为

$$\begin{bmatrix} a_{11} & a_{12} & \cdots & a_{1n} \\ a_{21} & a_{22} & \cdots & a_{2n} \\ \vdots & \vdots & & \vdots \\ a_{n1} & a_{n2} & \cdots & a_{nn} \end{bmatrix} \begin{bmatrix} x_1 \\ x_2 \\ \vdots \\ x_n \end{bmatrix} = \begin{bmatrix} b_1 \\ b_2 \\ \vdots \\ b_n \end{bmatrix} \tag{5.1.2}$$

令

$$\boldsymbol{A}=\begin{bmatrix} a_{11} & a_{12} & \cdots & a_{1n} \\ a_{21} & a_{22} & \cdots & a_{2n} \\ \vdots & \vdots & & \vdots \\ a_{n1} & a_{n2} & \cdots & a_{nn} \end{bmatrix},\ \boldsymbol{x}=\begin{bmatrix} x_1 \\ x_2 \\ \vdots \\ x_n \end{bmatrix},\ \boldsymbol{b}=\begin{bmatrix} b_1 \\ b_2 \\ \vdots \\ b_n \end{bmatrix}$$

$\boldsymbol{A}$ 为系数矩阵，$\boldsymbol{x}$ 为未知向量，$\boldsymbol{b}$ 为右端项。

由于科学计算和工程应用中涉及的方程组的阶 n 较大，需要借助于计算机来求解。线性代数中介绍的解析方法克莱默(Cramer)法则由于计算复杂度($n!$)过高而无法使用。在本章中，我们事先假设方程组(5.1.1)或方程组(5.1.2)的系数矩阵 $\boldsymbol{A}$ 可逆或行列式非 0，从而方程组存在唯一解。我们关注的是针对线性方程组介绍计算机上可行的数值解法。

线性方程组的系数矩阵大致分为两种：一种是低阶稠密矩阵，例如阶数不超过 150；另一种是大型稀疏矩阵，即矩阵阶数高且零元素较多。

求解线性方程组的数值解法也分为两类：直接法和迭代法。

(1) 直接法：通过有限步算数运算，在不计舍入误差的情况下可求得线性方程组的精确解。实际计算中由于舍入误差的存在和影响，这种方法也只能求得线性方程组的近似解。直接法常用于解系数矩阵低阶稠密的线性方程组。5.3 节、5.4 节将介绍最基本的高斯消元法及其变形。

(2) 迭代法：利用迭代过程逐步逼近线性方程组精确解的方法。迭代法具有需要计算机的存储单元较少，程序设计简单，原始系数矩阵在计算过程中始终不变等优点，但存在收敛性及收敛速度问题。迭代法常用于解系数矩阵高阶稀疏的线性方程组(见 5.5 节和 5.6 节)。

在直接法中，理论上可以求出精确解，但由于原始数据或中间数据有各种扰动或误差，必然会导致实际求出的解有误差，因此在直接法中特别要重视数据的扰动对解的影响，也就是 5.2 节要讨论的内容。在迭代法中，我们希望迭代过程收敛到方程组的精确解，但实际中迭代过程不可能无穷无尽地进行下去，如果迭代收敛的话，迭代有限步满足精度要求时就停止，这不可避免地导致求出的解有误差。因此在迭代法中特别要重视分析迭代过程产生的误差和收敛性。在迭代法中，虽然也存在原始数据或中间数据的扰动，但迭代过程产生的误差是主要矛盾。

5.2　线性方程组的性态及条件数

由实际问题建立起来的线性方程组 $\boldsymbol{Ax}=\boldsymbol{b}$，其原始数据(系数矩阵和右端项元素)本身存在观测误差或舍入误差，即使某种直接法在求解过程中不产生任何误差，最终的解与精确数据对应的精确解之间必然会有误差。本节假设直接法在计算过程中不会有误差，研究原始数据的扰动是如何影响解的误差。下面先看一个例子。

例 5.2.1　设有线性方程组

$$\begin{cases}2x_1+3x_2=8\\2x_1+3.000\,01x_2=8.000\,02\end{cases}$$

它的精确解为 $x_1=1$，$x_2=2$。

由于某种原因，第二个方程的系数有一个小的扰动，成为

$$\begin{cases}2x_1+3x_2=8\\2x_1+2.999\,99x_2=8.000\,03\end{cases}$$

解此方程得 $x_1=8.5$，$x_2=-3$。

从这个例子可以看出，对某些方程组，当原始数据有小小的扰动时，方程组的解却变化很大，这是怎么引起的？值得我们去深入分析。

设 $\boldsymbol{A}$ 为非奇异矩阵，方程组

$$\boldsymbol{Ax}=\boldsymbol{b} \tag{5.2.1}$$

的准确解为 $\boldsymbol{x}$。当 $\boldsymbol{A}$ 和 $\boldsymbol{b}$ 有小扰动 $\boldsymbol{\delta}_A$、$\boldsymbol{\delta}_b$ 时，方程组有准确解 $\boldsymbol{x}+\boldsymbol{\delta}_x$，即

$$(\boldsymbol{A}+\boldsymbol{\delta}_A)(\boldsymbol{x}+\boldsymbol{\delta}_x)=\boldsymbol{b}+\boldsymbol{\delta}_b \tag{5.2.2}$$

现在研究这两个方程组的准确解之差 $\boldsymbol{\delta}_x$ 与 $\boldsymbol{\delta}_A$、$\boldsymbol{\delta}_b$ 的关系，即系数矩阵 $\boldsymbol{A}$ 和右端向量 $\boldsymbol{b}$ 的微小扰动对解的影响，下面分三种情形讨论。

5.2.1　$\boldsymbol{b}$ 有扰动 $\boldsymbol{\delta}_b$，而 $\boldsymbol{A}$ 无扰动

此时式(5.2.2)为

$$\boldsymbol{A}(\boldsymbol{x}+\boldsymbol{\delta}_x)=\boldsymbol{b}+\boldsymbol{\delta}_b \tag{5.2.3}$$

将式(5.2.3)减去式(5.2.1)得

$$\boldsymbol{A\delta}_x=\boldsymbol{\delta}_b \text{ 或 } \boldsymbol{\delta}_x=\boldsymbol{A}^{-1}\boldsymbol{\delta}_b$$

所以有

$$\|\boldsymbol{\delta}_x\|\leqslant\|\boldsymbol{A}^{-1}\|\,\|\boldsymbol{\delta}_b\| \tag{5.2.4}$$

由方程组(5.2.1)有

$$\|\boldsymbol{b}\|\leqslant\|\boldsymbol{A}\|\,\|\boldsymbol{x}\|$$

从而有

$$\frac{1}{\|\boldsymbol{x}\|}\leqslant\frac{\|\boldsymbol{A}\|}{\|\boldsymbol{b}\|}\quad(\text{设 }\boldsymbol{b}\neq\boldsymbol{0}) \tag{5.2.5}$$

于是由式(5.2.4)及式(5.2.5)得

$$\frac{\|\boldsymbol{\delta}_x\|}{\|\boldsymbol{x}\|}\leqslant\|\boldsymbol{A}^{-1}\|\,\|\boldsymbol{A}\|\,\frac{\|\boldsymbol{\delta}_b\|}{\|\boldsymbol{b}\|}$$

上式说明，当系数矩阵 $\boldsymbol{A}$ 无扰动而常数项 $\boldsymbol{b}$ 有扰动 $\boldsymbol{\delta}_b$ 时，所引起解的相对误差不超过右端

项 $\boldsymbol{b}$ 的相对误差的 $\|\boldsymbol{A}^{-1}\|\ \|\boldsymbol{A}\|$ 倍。

5.2.2　$\boldsymbol{A}$ 有扰动 $\boldsymbol{\delta}_A$，而 $\boldsymbol{b}$ 无扰动

此时式(5.2.2)变为

$$(\boldsymbol{A}+\boldsymbol{\delta}_A)(\boldsymbol{x}+\boldsymbol{\delta}_x)=\boldsymbol{b} \tag{5.2.6}$$

为保证式(5.2.6)有解，假设 $\boldsymbol{A}$ 的扰动 $\boldsymbol{\delta}_A$ 不太大，特别地，设 $\|\boldsymbol{A}^{-1}\|\ \|\boldsymbol{\delta}_A\|<1$。由定理 1.3.7 知，$(\boldsymbol{A}+\boldsymbol{\delta}_A)=\boldsymbol{A}(\boldsymbol{I}+\boldsymbol{A}^{-1}\boldsymbol{\delta}_A)$ 可逆。

将式(5.2.6)减去式(5.2.1)得

$$(\boldsymbol{A}+\boldsymbol{\delta}_A)\boldsymbol{\delta}_x=-\boldsymbol{\delta}_A\boldsymbol{x}$$

或

$$\boldsymbol{A}\boldsymbol{\delta}_x=-\boldsymbol{\delta}_A\boldsymbol{x}-\boldsymbol{\delta}_A\boldsymbol{\delta}_x$$

从而

$$\boldsymbol{\delta}_x=-\boldsymbol{A}^{-1}\boldsymbol{\delta}_A\boldsymbol{x}-\boldsymbol{A}^{-1}\boldsymbol{\delta}_A\boldsymbol{\delta}_x$$

由范数性质得

$$\|\boldsymbol{\delta}_x\|\leqslant\|\boldsymbol{A}^{-1}\|\ \|\boldsymbol{\delta}_A\|\ \|\boldsymbol{x}\|+\|\boldsymbol{A}^{-1}\|\ \|\boldsymbol{\delta}_A\|\ \|\boldsymbol{\delta}_x\|$$

或

$$[1-\|\boldsymbol{A}^{-1}\|\ \|\boldsymbol{\delta}_A\|]\|\boldsymbol{\delta}_x\|\leqslant\|\boldsymbol{A}^{-1}\|\ \|\boldsymbol{\delta}_A\|\ \|\boldsymbol{x}\|$$

由此得

$$\frac{\|\boldsymbol{\delta}_x\|}{\|\boldsymbol{x}\|}\leqslant\frac{\|\boldsymbol{A}^{-1}\|\ \|\boldsymbol{\delta}_A\|}{1-\|\boldsymbol{A}^{-1}\|\ \|\boldsymbol{\delta}_A\|}$$

当 $\|\boldsymbol{\delta}_A\|$ 充分小时，上式右端分母近似为 1，右端近似为 $\|\boldsymbol{A}^{-1}\|\ \|\boldsymbol{A}\|\dfrac{\|\boldsymbol{\delta}_A\|}{\|\boldsymbol{A}\|}$。这说明，当 $\boldsymbol{A}$ 有扰动 $\boldsymbol{\delta}_A$ 时，所引起解的相对误差不超过 $\boldsymbol{A}$ 的相对误差的 $\|\boldsymbol{A}\|\ \|\boldsymbol{A}^{-1}\|$ 倍。

5.2.3　$\boldsymbol{A}$ 有扰动 $\boldsymbol{\delta}_A$，$\boldsymbol{b}$ 有扰动 $\boldsymbol{\delta}_b$

当 $\boldsymbol{A}$ 和 $\boldsymbol{b}$ 都有扰动 $\boldsymbol{\delta}_A$ 和 $\boldsymbol{\delta}_b$ 时，在 $\|\boldsymbol{A}^{-1}\|\ \|\boldsymbol{\delta}_A\|<1$ 的条件下，类似于上述推导，可得

$$\frac{\|\boldsymbol{\delta}_x\|}{\|\boldsymbol{x}\|}\leqslant\|\boldsymbol{A}\|\ \|\boldsymbol{A}^{-1}\|\left(\frac{\|\boldsymbol{\delta}_b\|}{\|\boldsymbol{b}\|}+\frac{\|\boldsymbol{\delta}_A\|}{\|\boldsymbol{A}\|}\right)$$

由上面的分析可以看出，当方程组 $\boldsymbol{Ax}=\boldsymbol{b}$ 的 $\boldsymbol{A}$ 或 $\boldsymbol{b}$ 有扰动时，所引起的解的相对误差的大小与原始数据的相对误差相比的倍数都完全取决于与系数矩阵相关的一个数 $\|\boldsymbol{A}^{-1}\|\ \|\boldsymbol{A}\|$，这个数刻画了线性方程组的解对原始数据的敏感程度，称其为矩阵的**条件数**。

定义 5.2.1　设 $\boldsymbol{A}$ 为非奇异矩阵，数 $\|\boldsymbol{A}\|\ \|\boldsymbol{A}^{-1}\|$ 称为矩阵 $\boldsymbol{A}$ 的**条件数**。记作 $\mathrm{cond}(\boldsymbol{A})$，即

$$\mathrm{cond}(\boldsymbol{A})=\|\boldsymbol{A}\|\ \|\boldsymbol{A}^{-1}\|$$

条件数与所取的矩阵范数有关。

矩阵的条件数是一个十分重要的概念，由前面的讨论知，当 $\boldsymbol{A}$ 的条件数相对较大，即 $\mathrm{cond}(\boldsymbol{A})\gg 1$ 时，原始数据即使有很小的扰动，解的误差可能很大，称方程组 $\boldsymbol{Ax}=\boldsymbol{b}$ 是“病态”方程组，称 $\boldsymbol{A}$ 为“病态”矩阵；反之，当 $\boldsymbol{A}$ 的条件数相对较小，则称方程组是“良态”的，称 $\boldsymbol{A}$ 为“良态”矩阵。

最常用的条件数有以下两种：

(1) $\mathrm{cond}\,(\boldsymbol{A})_\infty=\|\boldsymbol{A}\|_\infty\|\boldsymbol{A}^{-1}\|_\infty$；

(2) $\mathrm{cond}\,(\boldsymbol{A})_2=\|\boldsymbol{A}\|_2\ \|\boldsymbol{A}^{-1}\|_2=\sqrt{\dfrac{\lambda_{\max}(\boldsymbol{A}^{\mathrm{T}}\boldsymbol{A})}{\lambda_{\min}(\boldsymbol{A}^{\mathrm{T}}\boldsymbol{A})}}$。

当 $\boldsymbol{A}$ 为对称矩阵时，

$$\mathrm{cond}\,(\boldsymbol{A})_2=\frac{|\lambda_1|}{|\lambda_n|}$$

其中，λ_1、λ_n 分别为 $\boldsymbol{A}$ 的绝对值最大和绝对值最小的特征值。

条件数的性质如下：

(1) 对任何非奇异矩阵 $\boldsymbol{A}$ 都有 $\mathrm{cond}(\boldsymbol{A})\geqslant 1$。事实上，

$$\mathrm{cond}(\boldsymbol{A})=\|\boldsymbol{A}\|\|\boldsymbol{A}^{-1}\|\geqslant\|\boldsymbol{AA}^{-1}\|=1$$

(2) 设 $\boldsymbol{A}$ 为非奇异矩阵且 $c\neq 0$(常数)，则

$$\mathrm{cond}(c\boldsymbol{A})=\mathrm{cond}(\boldsymbol{A})$$

(3) 如果 $\boldsymbol{A}$ 为正交矩阵，则 $\mathrm{cond}\,(\boldsymbol{A})_2=1$；如果 $\boldsymbol{A}$ 为非奇异矩阵，$\boldsymbol{R}$ 为正交矩阵，则

$$\mathrm{cond}\,(\boldsymbol{RA})_2=\mathrm{cond}\,(\boldsymbol{AR})_2=\mathrm{cond}\,(\boldsymbol{A})_2$$

现在再回到例 5.2.1，记方程组的系数矩阵 $\boldsymbol{A}=\begin{bmatrix}2 & 3\\ 2 & 3.000\,01\end{bmatrix}$，$\boldsymbol{b}=\begin{bmatrix}8\\ 8.000\,02\end{bmatrix}$，则 $\mathrm{cond}\,(\boldsymbol{A})_\infty=1.5\times 10^6$，因此即使原始数据发生很小的误差，解的误差可能会放大到原始数据误差的条件数倍，造成解的误差较大，即所谓“失之毫厘，谬以千里”。

例 5.2.2　已知希尔伯特(Hilbert)矩阵

$$\boldsymbol{H}_n=\begin{bmatrix}1 & \dfrac{1}{2} & \cdots & \dfrac{1}{n}\\ \dfrac{1}{2} & \dfrac{1}{3} & \cdots & \dfrac{1}{n+1}\\ \vdots & \vdots & & \vdots\\ \dfrac{1}{n} & \dfrac{1}{n+1} & \cdots & \dfrac{1}{2n-1}\end{bmatrix}$$

计算 $\mathrm{cond}\,(\boldsymbol{H}_3)_\infty$。

解

$$
\boldsymbol{H}_3=\begin{bmatrix} 1 & \frac{1}{2} & \frac{1}{3} \\ \frac{1}{2} & \frac{1}{3} & \frac{1}{4} \\ \frac{1}{3} & \frac{1}{4} & \frac{1}{5} \end{bmatrix},\ \boldsymbol{H}_3^{\ -1}=\begin{bmatrix} 9 & -36 & 30 \\ -36 & 192 & -180 \\ 30 & -180 & 180 \end{bmatrix}
$$

$\|\boldsymbol{H}_3\|_\infty=\dfrac{11}{6}$，$\|\boldsymbol{H}_3^{\ -1}\|_\infty=408$，所以 $\mathrm{cond}\,(\boldsymbol{H}_3)_\infty=748$。

同样可计算 $\mathrm{cond}\,(\boldsymbol{H}_6)_\infty=2.9\times10^7$，$\mathrm{cond}\,(\boldsymbol{H}_7)_\infty=9.85\times10^8$，由此可以看出，随着 n 的增大，$\boldsymbol{H}_n$ 矩阵的条件数增长很快，病态越严重。

由上面的讨论可知，要判别一个矩阵是否病态需要计算 $\|\boldsymbol{A}^{-1}\|$，而计算 $\boldsymbol{A}^{-1}$ 是比较麻烦的，在实际计算中可用下面的方法判别矩阵是否病态。

(1) 如果在 $\boldsymbol{A}$ 的三角约化时(尤其是用主元素消去法解方程组(5.1.1)时)出现小主元，这个方程组很可能是病态的，但病态方程组未必一定有小主元。

(2) 系数矩阵行列式的绝对值很小，或系数矩阵某些行近似线性相关，这时 $\boldsymbol{A}$ 可能病态。

(3) 系数矩阵 $\boldsymbol{A}$ 的元素间数量级相差很大，并且无一定规则，$\boldsymbol{A}$ 可能病态。

下面各节讨论的方法是针对良态的方程组。

5.3　高斯消元法

对比下面两个线性方程组的例子，方程组(5.3.2)的系数矩阵是一个上三角矩阵，这样的方程组称为上三角方程组，它是非常容易求解的，而方程组(5.3.1)却麻烦一些。

$$
\begin{cases} x_1+x_2+x_3=6 \\ 4x_2-x_3=5 \\ 2x_1-2x_2+x_3=1 \end{cases} \tag{5.3.1}
$$

$$
\begin{cases} x_1+x_2+x_3=6 \\ 4x_2-x_3=5 \\ -2x_3=-6 \end{cases} \tag{5.3.2}
$$

高斯消元法是计算机上常用来求解线性方程组的一种直接解法，其基本思想是通过有限次消元将一般方程组转化成等价的三角方程组来求解。下面举一个简单例子来说明消元过程。

例 5.3.1　用消去法解线性方程组

$$\begin{cases} x_1 + x_2 + x_3 = 6 \\ 4x_2 - x_3 = 5 \\ 2x_1 - 2x_2 + x_3 = 1 \end{cases}$$

解　为了将该方程组转化为式(5.3.2)所示的三角形方程组，需将第三个方程中的 x_1 和 x_2 消掉。为此，先将第一个方程乘上 −2 加到第三个方程上去，消去第三个方程中的未知数 x_1，得到

$$-4x_2 - x_3 = -11 \tag{5.3.3}$$

然后将第二个方程加到方程(5.3.3)上去，消去其中的未知数 x_2，得到与原方程组等价的三角形线性方程组

$$\begin{cases} x_1 + x_2 + x_3 = 6 \\ 4x_2 - x_3 = 5 \\ -2x_3 = -6 \end{cases}$$

该方程组是容易求解的，解为 $\boldsymbol{x}^* = (1, 2, 3)^{\mathrm{T}}$。

上述过程相当于对方程组的系数矩阵和右端项做了如下变换：

$$[\boldsymbol{A} \quad \boldsymbol{b}] = \begin{bmatrix} 1 & 1 & 1 & 6 \\ 0 & 4 & -1 & 5 \\ 2 & -2 & 1 & 1 \end{bmatrix} \to \begin{bmatrix} 1 & 1 & 1 & 6 \\ 0 & 4 & -1 & 5 \\ 0 & -4 & -1 & -11 \end{bmatrix} \to \begin{bmatrix} 1 & 1 & 1 & 6 \\ 0 & 4 & -1 & 5 \\ 0 & 0 & -2 & -6 \end{bmatrix}$$

这里 $(-2) \times r_1 + r_3 \to r_3$，其中，$r_i$ 表示矩阵的第 i 行，箭头表示替换。

例子中展示的高斯消元过程对方程组的增广矩阵来讲，实际上是通过初等行变换将系数矩阵中每列对角线下方的元素变为 0(对方程组来讲就是消去了方程组中以这些元素为系数的变元)，使得系数矩阵变换成一个上三角矩阵，对应方程组转化成一个等价的上三角方程组，而三角方程组易于求解。

5.3.1　基本的高斯消元法

下面我们讨论求解一般线性方程组(5.1.1)或方程组(5.1.2)的高斯消元法。

方程组(5.1.1)或方程组(5.1.2)的增广矩阵为

$$[\boldsymbol{A} \quad \boldsymbol{b}] = \begin{bmatrix} a_{11} & a_{12} & \cdots & a_{1n} & b_1 \\ a_{21} & a_{22} & \cdots & a_{2n} & b_2 \\ \vdots & \vdots & & \vdots & \vdots \\ a_{n1} & a_{n2} & \cdots & a_{nn} & b_n \end{bmatrix} \tag{5.3.4}$$

在利用计算机求解线性方程组时，在计算机中实际上只需要存储系数矩阵和右端项，即增广矩阵，而未知向量 $\boldsymbol{x}$ 是一组符号，无需存储。在例 5.3.1 中，我们看到，消元过程实际上是对增广矩阵进行变换或称为约化，实际计算时，只需开辟一组存储单元存储增广矩阵，

消元过程只对相应元素进行更新即可。因此下面针对增广矩阵$[\boldsymbol{A}\quad \boldsymbol{b}]$叙述高斯消元过程所需要的计算。消元完成后，求解三角方程组，并将解存储在右端项所占的存储单元。

这里叙述时为了展现每步消元过程中元素的变化，在元素中引入右上角标，并令初始增广矩阵为$[\boldsymbol{A}^{(1)}\quad \boldsymbol{b}^{(1)}]$，其中

$$\boldsymbol{A}^{(1)} = (a_{ij}^{(1)})_{n\times n} = (a_{ij})_{n\times n},\ \boldsymbol{b}^{(1)} = \boldsymbol{b}$$

对一般的 n 元方程组(5.1.1)或方程组(5.1.2)，高斯消元的步骤如下：

第 1 步：消掉系数矩阵第一列上对角线下方的元素。为此，设第一列对角元素 $a_{11}^{(1)}\neq 0$，计算

$$l_{i1} = \frac{a_{i1}^{(1)}}{a_{11}^{(1)}}$$

用$(-l_{i1})$乘第一行，加到第 i 行上，$i=2, 3, \cdots, n$。记第一步消元得到的增广矩阵为

$$[\boldsymbol{A}^{(2)}\boldsymbol{b}^{(2)}] = \begin{bmatrix} a_{11}^{(1)} & a_{12}^{(1)} & \cdots & a_{1n}^{(1)} & b_1^{(1)} \\ 0 & a_{22}^{(2)} & \cdots & a_{2n}^{(2)} & b_2^{(2)} \\ \vdots & \vdots & & \vdots & \vdots \\ 0 & a_{n2}^{(2)} & \cdots & a_{nn}^{(2)} & b_n^{(2)} \end{bmatrix}$$

其中

$$a_{ij}^{(2)} = a_{ij}^{(1)} - l_{i1}a_{1j}^{(1)},\quad i, j = 2, 3, \cdots, n$$
$$b_i^{(2)} = b_i^{(1)} - l_{i1}b_1^{(1)},\quad i = 2, 3, \cdots, n$$

显然，实际计算时只需要更新增广矩阵中右下角的元素，l_{i1}可存储在 $a_{i1}^{(1)}$ 所占的存储单元，也可不存。

第 k 步，设已完成前 $k-1$ 步消元，即系数矩阵的前 $k-1$ 列上对角线下方的元素已消，得到如下形状的增广矩阵

$$[\boldsymbol{A}^{(k)}\boldsymbol{b}^{(k)}] = \begin{bmatrix} a_{11}^{(1)} & a_{12}^{(1)} & \cdots & a_{1k}^{(1)} & \cdots & a_{1n}^{(1)} & b_1^{(1)} \\ 0 & a_{22}^{(2)} & \cdots & a_{2k}^{(2)} & \cdots & a_{2n}^{(2)} & b_2^{(2)} \\ \vdots & \vdots & & \vdots & & \vdots & \vdots \\ 0 & 0 & \cdots & a_{kk}^{(k)} & & a_{kn}^{(k)} & b_k^{(k)} \\ \vdots & \vdots & & \vdots & & \vdots & \vdots \\ 0 & 0 & \cdots & a_{nk}^{(k)} & \cdots & a_{nn}^{(k)} & b_n^{(k)} \end{bmatrix}$$

现在要消掉系数矩阵第 k 列上对角线下方的元素。设第 k 列上变换以后的对角元素 $a_{kk}^{(k)}\neq 0$，计算 $l_{ik}=\dfrac{a_{ik}^{(k)}}{a_{kk}^{(k)}}$，用$(-l_{ik})$乘第 k 行，加到第 i 行上，$i=k+1, k+2, \cdots, n$，实际计算时只需更新增广矩阵右下角的元素：

$$a_{ij}^{(k+1)} = a_{ij}^{(k)} - l_{ik}a_{kj}^{(k)},\quad i, j = k+1, k+2, \cdots, n$$

$$b_i^{(k+1)} = b_i^{(k)} - l_{ik} b_k^{(k)}, \quad i = k+1, k+2, \cdots, n$$

反复进行上述过程，且设 $a_{kk}^{(k)} \neq 0$，$k=1, 2, \cdots, n-1$，直到完成第 $n-1$ 步消元，将系数矩阵第 $n-1$ 列对角线下方的元素消去，最后得到与原方程组同解的上三角形方程组 $\boldsymbol{A}^{(n)} \boldsymbol{x} = \boldsymbol{b}^{(n)}$，即

$$\begin{bmatrix} a_{11}^{(1)} & a_{12}^{(1)} & \cdots & a_{1n}^{(1)} \\ 0 & a_{22}^{(2)} & \cdots & a_{2n}^{(2)} \\ \vdots & \vdots & & \vdots \\ 0 & 0 & \cdots & a_{nn}^{(n)} \end{bmatrix} \begin{bmatrix} x_1 \\ x_2 \\ \vdots \\ x_n \end{bmatrix} = \begin{bmatrix} b_1^{(1)} \\ b_2^{(2)} \\ \vdots \\ b_n^{(n)} \end{bmatrix} \tag{5.3.5}$$

由方程组(5.1.1)约化为方程组(5.3.5)的过程称为**消元过程**。

最后求解三角方程组(5.3.5)，得到求解公式

$$\begin{cases} x_n = \dfrac{b^{(n)}}{a_{nn}^{(n)}} \\ x_k = \dfrac{b_k^{(k)} - \sum\limits_{j=k+1}^{n} a_{kj}^{(k)} x_j}{a_{kk}^{(k)}}, k = n-1, n-2, \cdots, 1 \end{cases} \tag{5.3.6}$$

这一过程称为**回代求解过程**。

这种通过逐步消元把原方程组化为上三角形方程组求解的方法称为**高斯(Gauss)消元法**。以上消元和回代过程总的乘除法次数为$\dfrac{n^3}{3}+n^2-\dfrac{n}{3}\approx\dfrac{n^3}{3}$，加减法次数为$\dfrac{n^3}{3}+\dfrac{n^2}{2}-\dfrac{5}{6}n\approx\dfrac{n^3}{3}$。

总结上述讨论过程为如下定理。

定理 5.3.1 设 $\boldsymbol{Ax}=\boldsymbol{b}$，其中 $\boldsymbol{A}\in\mathbf{R}^{n\times n}$。如果 $a_{kk}^{(k)}\neq 0$，$k=1, 2, \cdots, n$，则可通过高斯消元法将 $\boldsymbol{Ax}=\boldsymbol{b}$ 约化为等价三角形方程组(5.3.5)，且计算公式为

(1) 消元计算($k=1, 2, \cdots, n-1$)：

$$\begin{cases} l_{ik} = \dfrac{a_{ik}^{(k)}}{a_{kk}^{(k)}} \\ a_{ij}^{(k+1)} = a_{ij}^{(k)} - l_{ik} a_{kj}^{(k)}, i, j = k+1, \cdots, n \\ b_i^{(k+1)} = b_i^{(k)} - l_{ik} b_k^{(k)}, i = k+1, \cdots, n \end{cases}$$

(2) 回代计算：

$$\begin{cases} x_n = \dfrac{b^{(n)}}{a_{nn}^{(n)}} \\ x_i = \dfrac{b_i^{(i)} - \sum\limits_{j=i+1}^{n} a_{ij}^{(i)} x_j}{a_{ii}^{(i)}}, i = n-1, n-2, \cdots, 1 \end{cases}$$

容易看出，高斯消元法的特点是，按照系数矩阵的主对角线元素的顺序依次消元的，

将主对角元素称为消元的**主元素**。在这种按顺序消元的过程中，可能会出现下述两个问题：

(1) 一旦遇到某个主元素 $a_{kk}^{(k)}=0$，消元过程便无法进行下去；

(2) 即使主元素非零，但当某个主元素 $a_{kk}^{(k)}$ 的绝对值很小时，用它做除数计算 $l_{ik}=\dfrac{a_{ik}^{(k)}}{a_{kk}^{(k)}}$，会导致其他元素数量级的严重增长和舍入误差的扩散，致使最终求出的解与精确解相差甚远。

例如下面的方程组：

$$\begin{cases} 0.000\,01x_1+2x_2=2 \\ x_1+x_2=3 \end{cases}$$

其准确到小数点后第 9 位的解为 $x_1=2.000\,010\,000$，$x_2=0.999\,989\,999$。如果所有数据都用四位十进制浮点数表示(仿机器保存数据字长有限)，并用第一个方程消去第二个方程中的 x_1，得

$$\begin{cases} 10^{-4}\times 0.1000x_1+10\times 0.2000x_2=10\times 0.2000 \\ -10^6\times 0.2000x_2=-10^6\times 0.2000 \end{cases}$$

由此解得 $x_2=1$，$x_1=0$，显然它不是原方程的解。

为了避免使用绝对值小的主元素 $a_{kk}^{(k)}$，下面介绍主元素消去法。

5.3.2　高斯列主元消去法

前面的分析表明，高斯消去法在消元过程中可能出现主元素 $a_{kk}^{(k)}=0$ 的情况，这时消去法将无法进行；即使主元素 $a_{kk}^{(k)}\neq 0$，但很小，用其作除数会导致其他元素数量级的严重增长和舍入误差的扩散，最后使得计算解不可靠。为避免采用绝对值小的主元素 $a_{kk}^{(k)}$，每一步在变换后的系数矩阵中选取 $a_{kk}^{(k)}$ 所在的右下角低阶矩阵中绝对值较大的元素作为主元素，以使高斯消去法具有较好的数值稳定性，称为**主元素消去法**。目前主要使用的是**列主元消去法**，与基本高斯消元法过程类似，差别是每步消元前先选主元素。

设用列主元消去法已完成第 $k-1$ 步消元，增广矩阵约化为

$$[\boldsymbol{A}^{(k)}\quad \boldsymbol{b}^{(k)}]=\begin{bmatrix} a_{11} & a_{12} & \cdots & a_{1,k-1} & a_{1k} & \cdots & a_{1n} & b_1 \\ & a_{22} & \cdots & a_{k-1,2} & a_{2k} & \cdots & a_{2n} & b_2 \\ & & \ddots & \vdots & \vdots & & \vdots & \vdots \\ & & & a_{k-1,k-1} & a_{k-1,k} & \cdots & a_{k-1,n} & b_{k-1} \\ & & & & a_{kk} & \cdots & a_{kn} & b_k \\ & & & & \vdots & & \vdots & \vdots \\ & & & & a_{nk} & \cdots & a_{nn} & b_n \end{bmatrix}$$

这里为了方便，略去元素的右上角标。在第 k 步消元时，先在系数矩阵的第 k 列对角线及对角线下方元素中选取绝对值最大的元素，称为列主元素，设为 $a_{i_k,k}$，满足 $|a_{i_k,k}|=\max\limits_{k\leqslant i\leqslant n}|a_{ik}|\neq 0$。若不在对角线上，交换增广矩阵的第 k 行与 i_k 行(相当于交换方程组中的两个方程)，再进行消元计算。

下面来看一个具体的例子。

例 5.3.2 用高斯列主元素消去法求解线性方程组

$$\begin{cases}2x_1+x_2+2x_3=5\\5x_1-x_2+x_3=8\\x_1-3x_2-4x_3=-4\end{cases}$$

解 方程组的增广矩阵为

$$\begin{bmatrix}2 & 1 & 2 & 5\\5 & -1 & 1 & 8\\1 & -3 & -4 & -4\end{bmatrix}$$

在第 1 列中选取绝对值最大的元素 $a_{21}=5$ 作为主元，将第 2 行与第 1 行交换，得

$$\begin{bmatrix}5 & -1 & 1 & 8\\2 & 1 & 2 & 5\\1 & -3 & -4 & -4\end{bmatrix}$$

第 1 行分别乘 $-2/5$、$-1/5$ 后加到第 2、3 行，得

$$\begin{bmatrix}5 & -1 & 1 & 8\\0 & 1.4 & 1.6 & 1.8\\0 & -2.8 & -4.2 & -5.6\end{bmatrix}$$

再在第 2 列对角线以及对角线下方选取绝对值最大的元素作为主元素 $a_{23}=-2.8$，将第 3 行与第 2 行交换，得

$$\begin{bmatrix}5 & -1 & 1 & 8\\0 & -2.8 & -4.2 & -5.6\\0 & 1.4 & 1.6 & 1.8\end{bmatrix}$$

第 2 行乘以 $1/2$ 后加到第 3 行，得

$$\begin{bmatrix}5 & -1 & 1 & 8\\0 & -2.8 & -4.2 & -5.6\\0 & 0 & -0.5 & -1\end{bmatrix}$$

最后回代求得方程组的解为 $x_3=2$，$x_2=-1$，$x_1=1$。

5.3.3 高斯-若当(Gauss-Jordan)消去法

高斯消去法仅消去每列对角线下方的元素，**高斯-若当(Gauss-Jordan)消去法**同时消去

对角线下方和上方的元素，此外，设已将第 k 列非对角元消为 0，再进一步用第 k 行对角元去除第 k 行，从而将对角元单位化。高斯-若当消去法也可以选主元素，下面给出列主元高斯-若当消去法的具体过程。

设用高斯-若当消去法已完成 $k-1$ 步消元，方程组的增广矩阵约化为

$$[\boldsymbol{A}^{(k)} \quad \boldsymbol{b}^{(k)}] = \begin{bmatrix} 1 & & & 0 & a_{1k} & \cdots & a_{1n} & b_1 \\ & 1 & \cdots & 0 & a_{2k} & \cdots & a_{2n} & b_2 \\ & & \ddots & \vdots & \vdots & & \vdots & \vdots \\ & & & 1 & a_{k-1,k} & \cdots & a_{k-1,n} & b_{k-1} \\ & & & & a_{kk} & \cdots & a_{kn} & b_k \\ & & & & \vdots & & \vdots & \vdots \\ & & & & a_{nk} & \cdots & a_{nn} & b_n \end{bmatrix}$$

在第 k 步消元时，考虑对上述矩阵的第 k 列非对角元都进行消元。

(1) **按列选主元素**，即在第 k 列对角元以及对角线下方元素中选绝对值最大的元素，设为 $a_{i_k,k}$，满足：

$$|a_{i_k,k}| = \max_{k \leqslant i \leqslant n} |a_{ik}|$$

(2) **换行**：(当 $i_k \neq k$ 时)交换增广矩阵的第 k 行与第 i_k 行。

(3) 计算乘数：$m_{ik} = -a_{ik}/a_{kk}$，$i=1, 2, \cdots, n$ 且 $i \neq k$，$m_{kk} = 1/a_{kk}$，m_{ik} 可保存在存放 a_{ik} 的单元中。

(4) **消元**：

$$a_{ij} \leftarrow a_{ij} + m_{ik} a_{kj}, \ i = 1, 2, \cdots, n \text{ 且 } i \neq k, \ j = k+1, \cdots, n$$

$$b_i \leftarrow b_i + m_{ik} b_k, \ i = 1, 2, \cdots, n \text{ 且 } i \neq k$$

(5) **计算主行**：

$$a_{kj} \leftarrow a_{kj} m_{kk}, \quad j = k, k+1, \cdots, n$$

$$b_k \leftarrow b_k m_{kk}$$

重复上述过程，直到系数矩阵被约化为如下对角阵，此时右端项即为方程组的解。

$$(\boldsymbol{A} \mid \boldsymbol{b}) \rightarrow (\boldsymbol{A}^{(n)} \mid \boldsymbol{b}^{(n)}) = \begin{bmatrix} 1 & & & \hat{b}_1 \\ & 1 & & \hat{b}_2 \\ & & \ddots & \vdots \\ & & 1 & \hat{b}_n \end{bmatrix}$$

用高斯-若当方法解方程组计算量大约需要 $n^3/2$ 次乘除法，要比高斯消去法大；高斯-若当方法主要用于求矩阵的逆。

例 5.3.3　用高斯-若当消去法求解线性方程组

$$\begin{cases}2x_1+x_2+2x_3=5\\5x_1-x_2+x_3=8\\x_1-3x_2-4x_3=-4\end{cases}$$

解

$$\begin{bmatrix}2&1&2&5\\5&-1&1&8\\1&-3&-4&-4\end{bmatrix}\rightarrow\begin{bmatrix}5&-1&1&8\\2&1&2&5\\1&-3&-4&-4\end{bmatrix}\rightarrow\begin{bmatrix}5&-1&1&8\\0&1.4&1.6&1.8\\0&-2.8&-4.2&-5.6\end{bmatrix}$$

$$\rightarrow\begin{bmatrix}5&-1&1&8\\0&-2.8&-4.2&-5.6\\0&1.4&1.6&1.8\end{bmatrix}\rightarrow\begin{bmatrix}5&0&2.5&10\\0&-2.8&-4.2&-5.6\\0&0&-0.5&-1\end{bmatrix}$$

$$\rightarrow\begin{bmatrix}5&0&0&5\\0&-2.8&0&2.8\\0&0&-0.5&-1\end{bmatrix}\rightarrow\begin{bmatrix}1&0&0&1\\0&1&0&-1\\0&0&1&2\end{bmatrix}$$

由此直接得到方程组的解为 $x_1=1$，$x_2=-1$，$x_3=2$。

由线性代数知，要求 n 阶可逆方阵 $\boldsymbol{A}$ 的逆阵，只需对分块矩阵 $[\boldsymbol{A}\quad\boldsymbol{I}]$ 作一系列初等行变换，当把分块矩阵 $[\boldsymbol{A}\quad\boldsymbol{I}]$ 中的矩阵 $\boldsymbol{A}$ 化为单位矩阵 $\boldsymbol{I}$ 时，单位矩阵 $\boldsymbol{I}$ 即化为 $\boldsymbol{A}$ 的逆阵 $\boldsymbol{A}^{-1}$。下面我们举一个例子说明如何用列主元高斯-若当消去法求 $\boldsymbol{A}$ 的逆阵。

例 5.3.4　设

$$\boldsymbol{A}=\begin{bmatrix}1&2&3\\2&1&2\\1&3&4\end{bmatrix}$$

用列主元高斯-若当消去法求解 $\boldsymbol{A}$ 的逆矩阵。

解　将 $\boldsymbol{A}$ 与单位矩阵 $\boldsymbol{I}$ 组成分块矩阵 $[\boldsymbol{A}\quad\boldsymbol{I}]$，对 $[\boldsymbol{A}\quad\boldsymbol{I}]$ 作初等行变换，具体作法如下：

$$\left[\begin{array}{ccc:ccc}1&2&3&1&0&0\\2&1&2&0&1&0\\1&3&4&0&0&1\end{array}\right]\rightarrow\left[\begin{array}{ccc:ccc}2&1&2&0&1&0\\1&2&3&1&0&0\\1&3&4&0&0&1\end{array}\right]\rightarrow\left[\begin{array}{ccc:ccc}2&1&2&0&1&0\\0&1.5&2&1&-0.5&0\\0&2.5&3&0&-0.5&1\end{array}\right]$$

$$\rightarrow\left[\begin{array}{ccc:ccc}2&1&2&0&1&0\\0&2.5&3&0&-0.5&1\\0&1.5&2&1&-0.5&0\end{array}\right]\rightarrow\left[\begin{array}{ccc:ccc}2&0&0.8&0&1.2&-0.4\\0&2.5&3&0&-0.5&1\\0&0&0.2&1&-0.2&-0.6\end{array}\right]$$

$$\rightarrow\left[\begin{array}{ccc:ccc}2&0&0&-4&2&2\\0&2.5&0&-15&2.5&10\\0&0&0.2&1&-0.2&-0.6\end{array}\right]\rightarrow\left[\begin{array}{ccc:ccc}1&0&0&-2&1&1\\0&1&0&-6&1&4\\0&0&1&5&-1&-3\end{array}\right]$$

所以

$$\boldsymbol{A}^{-1}=\begin{bmatrix}-2 & 1 & 1\\-6 & 1 & 4\\5 & -1 & 3\end{bmatrix}$$

5.4　基于矩阵三角分解的方法

对线性方程组 $\boldsymbol{Ax}=\boldsymbol{b}$，若能将系数矩阵 $\boldsymbol{A}$ 分解为两个三角矩阵的乘积，即若有

$$\boldsymbol{A}=\boldsymbol{LU}$$

其中，$\boldsymbol{L}$ 和 $\boldsymbol{U}$ 分别为下三角矩阵和上三角矩阵，则方程组 $\boldsymbol{Ax}=\boldsymbol{b}$ 就可以分解为两个简单的三角方程组来求解。实际上，由 $\boldsymbol{A}=\boldsymbol{LU}$，有

$$\boldsymbol{LUx}=\boldsymbol{b}$$

若令

$$\boldsymbol{Ux}=\boldsymbol{y}$$

则有

$$\boldsymbol{Ly}=\boldsymbol{b}$$

先解 $\boldsymbol{Ly}=\boldsymbol{b}$ 求出 $\boldsymbol{y}$，再解 $\boldsymbol{Ux}=\boldsymbol{y}$ 求出 $\boldsymbol{x}$，即得原方程组的解。

要用这种方法解线性方程组，需要讨论两个问题：首先，什么样的矩阵 $\boldsymbol{A}$ 能够存在三角分解，而且是唯一的？其次，如何快速有效地计算分解？下面就来讨论这些问题。

5.4.1　矩阵三角分解的存在唯一性和紧凑算法

我们利用不选主元素的高斯消元过程来讨论矩阵三角分解的存在性。为此，再回顾一下不选主元素的高斯消元法仅对系数矩阵的约化过程。

很容易证明，高斯消元法的第一步对系数矩阵的约化等价于用如下三角阵

$$\boldsymbol{L}_1=\begin{bmatrix}1 & & & & \\-l_{21} & 1 & & & \\-l_{31} & 0 & 1 & & \\\vdots & \vdots & & \ddots & \\-l_{n1} & 0 & \cdots & & 1\end{bmatrix}$$

去左乘系数矩阵 $\boldsymbol{A}$，即

$$\boldsymbol{L}_1\boldsymbol{A}=\begin{bmatrix}a_{11}^{(1)} & a_{12}^{(1)} & \cdots & a_{1n}^{(1)}\\0 & a_{22}^{(2)} & \cdots & a_{2n}^{(2)}\\\vdots & \vdots & & \vdots\\0 & a_{n2}^{(2)} & \cdots & a_{nn}^{(2)}\end{bmatrix}=\boldsymbol{A}^{(2)}$$

同样，高斯消去法的第 2 步是用下三角阵

$$\boldsymbol{L}_2=\begin{bmatrix}1&&&&\\0&1&&&\\0&-l_{32}&1&&\\\vdots&\vdots&&\ddots&\\0&-l_{n2}&\cdots&&1\end{bmatrix}$$

去左乘 $\boldsymbol{A}^{(2)}$，即

$$\boldsymbol{L}_2\boldsymbol{A}^{(2)}=\begin{bmatrix}a_{11}^{(1)}&a_{12}^{(1)}&a_{13}^{(1)}&\cdots&a_{1n}^{(1)}\\0&a_{22}^{(2)}&a_{23}^{(2)}&\cdots&a_{2n}^{(2)}\\0&0&a_{33}^{(3)}&\cdots&a_{3n}^{(3)}\\\vdots&\vdots&\vdots&&\vdots\\0&0&a_{n3}^{(3)}&\cdots&a_{nn}^{(3)}\end{bmatrix}=\boldsymbol{A}^{(3)}$$

一般地，高斯消去法的第 k 步消元是用下三角阵

$$\boldsymbol{L}_k=\begin{bmatrix}1&&&&\\&1&&&\\&-l_{(k+1)k}&1&&\\&\vdots&&\ddots&\\&-l_{nk}&\cdots&&1\end{bmatrix}$$

去左乘 $\boldsymbol{A}^{(k)}$，得到

$$\boldsymbol{A}^{(k+1)}=\begin{bmatrix}a_{11}^{(1)}&a_{12}^{(1)}&\cdots&a_{1k}^{(1)}&\cdots&a_{1n}^{(1)}\\0&a_{22}^{(2)}&\cdots&a_{2k}^{(2)}&\cdots&a_{2n}^{(2)}\\\vdots&\vdots&&\vdots&&\vdots\\0&0&\cdots&a_{kk}^{(k)}&&a_{kn}^{(k)}\\\vdots&\vdots&&\vdots&&\vdots\\0&0&\cdots&0&\cdots&a_{nn}^{(k)}\end{bmatrix},\quad k=1,2,\cdots,n-1$$

$$=\boldsymbol{L}_k\boldsymbol{A}^{(k)}=\boldsymbol{L}_k\boldsymbol{L}_{k-1}\cdots\boldsymbol{L}_1\boldsymbol{A}\tag{5.4.1}$$

经过 $n-1$ 步消元最终得到的系数矩阵

$$\boldsymbol{A}^{(n)}=\begin{bmatrix}a_{11}^{(1)}&a_{12}^{(1)}&\cdots&a_{1n}^{(1)}\\0&a_{22}^{(2)}&\cdots&a_{2n}^{(2)}\\\vdots&\vdots&&\vdots\\0&0&\cdots&a_{nn}^{(n)}\end{bmatrix}=\boldsymbol{L}_{n-1}\cdots\boldsymbol{L}_2\boldsymbol{L}_1\boldsymbol{A}\tag{5.4.2}$$

是上三角阵。

容易验证 $\boldsymbol{L}_k\boldsymbol{L}_{k-1}\cdots\boldsymbol{L}_1$ 是一个单位下三角矩阵，

$$\boldsymbol{L}_k\boldsymbol{L}_{k-1}\cdots\boldsymbol{L}_1=\begin{bmatrix}1 &&&&&& \\ -l_{21} & \ddots &&&&& \\ \vdots & \ddots & 1 &&&& \\ -l_{k1} & \cdots & -l_{k(k-1)} & 1 &&& \\ &&& -l_{(k+1)k} & 1 && \\ \vdots && \vdots & \vdots && \ddots & \\ -l_{n1} & \cdots & -l_{n(k-1)} & -l_{nk} &&& 1\end{bmatrix}$$

再由式(5.4.1)，对 $k=1,2,\cdots,n-1$，有 $\boldsymbol{A}^{(k+1)}=\boldsymbol{L}_k\boldsymbol{L}_{k-1}\cdots\boldsymbol{L}_1\boldsymbol{A}$，即

$$\begin{bmatrix}a_{11}^{(1)} & a_{12}^{(1)} & \cdots & a_{1k}^{(1)} & \cdots & a_{1n}^{(1)} \\ 0 & a_{22}^{(2)} & \cdots & a_{2k}^{(2)} & \cdots & a_{2n}^{(2)} \\ \vdots & \vdots & \ddots & \vdots && \vdots \\ 0 & 0 & \cdots & a_{kk}^{(k)} && a_{kn}^{(k)} \\ \vdots & \vdots && \vdots && \vdots \\ 0 & 0 & \cdots & 0 & \cdots & a_{nn}^{(k)}\end{bmatrix}$$

$$=\boldsymbol{L}_k\boldsymbol{L}_{k-1}\cdots\boldsymbol{L}_1\begin{bmatrix}a_{11} & a_{12} & \cdots & a_{1k} & \cdots & a_{1n} \\ a_{21} & a_{22} & \cdots & a_{2k} & \cdots & a_{2n} \\ \vdots & \vdots & \ddots & \vdots && \vdots \\ a_{k1} & a_{k2} & \cdots & a_{kk} & \cdots & a_{kn} \\ \vdots & \vdots & \ddots & \vdots && \vdots \\ a_{n1} & a_{n2} & \cdots & a_{nk} & \cdots & a_{nn}\end{bmatrix}$$

由该等式以及矩阵分块乘法可得，$\boldsymbol{A}^{(k+1)}$ 左上角 $k\times k$ 的子块等于 $\boldsymbol{L}_k\boldsymbol{L}_{k-1}\cdots\boldsymbol{L}_1\boldsymbol{L}_1$ 左上角的子块乘以 $\boldsymbol{A}$ 的左上角子块，对这些子块再取行列式，有

$$a_{11}^{(1)}a_{22}^{(2)}\cdots a_{kk}^{(k)}=\boldsymbol{D}_k,\quad k=1,2,\cdots,n \tag{5.4.3}$$

其中，$\boldsymbol{D}_k$ 是 $\boldsymbol{A}$ 的第 k 阶顺序主子式。由式(5.4.3)也可以得到

$$a_{kk}^{(k)}=\frac{\boldsymbol{D}_k}{\boldsymbol{D}_{k-1}},\quad k=1,2,\cdots,n \tag{5.4.4}$$

其中，$\boldsymbol{D}_0=1$。

式(5.4.3)或式(5.4.4)表明，对不选主元素的高斯消去法来讲，约化后的对角元素非零等价于 $\boldsymbol{A}$ 的各阶顺序主子式非 0，由此得高斯消元法能够进行下去的充分条件。

定理 5.4.1　不选主元素的高斯消去法约化后的对角元素与矩阵 $\boldsymbol{A}$ 的各阶顺序主子式有关系式(5.4.3)或式(5.4.4)，且若矩阵 $\boldsymbol{A}$ 的各阶顺序主子式都非 0，则高斯消元法能够

进行下去。

证明见上面讨论。

若矩阵 $\boldsymbol{A}$ 的各阶顺序主子式都非 0，高斯消元法能够进行下去，式(5.4.1)、式(5.4.2)就都有意义。又 $\boldsymbol{L}_k$，$k=1, 2, \cdots, n-1$ 是主对角线元素为 1 的下三角阵，其行列式 $\det(\boldsymbol{L}_k)=1$，所以 $\boldsymbol{L}_k^{-1}$ 存在。容易验证

$$\boldsymbol{L}_k^{-1} = \begin{bmatrix} 1 & & & & \\ & 1 & & & \\ & l_{k+1,k} & 1 & & \\ & \vdots & & \ddots & \\ & l_{n,k} & \cdots & & 1 \end{bmatrix}$$

从而由式(5.4.2)得

$$\boldsymbol{A} = \boldsymbol{L}_1^{-1}\boldsymbol{L}_2^{-1}\cdots\boldsymbol{L}_{n-1}^{-1}\boldsymbol{A}^{(n)}$$

记 $\boldsymbol{L}=\boldsymbol{L}_1^{-1}\boldsymbol{L}_2^{-1}\cdots\boldsymbol{L}_{n-1}^{-1}$，易证

$$\boldsymbol{L} = \begin{bmatrix} 1 & & & & & & \\ l_{21} & 1 & & & & & \\ l_{31} & l_{32} & \ddots & & & & \\ & & \ddots & 1 & & & \\ \vdots & \vdots & & l_{k+1,k} & \ddots & & \\ & & & \vdots & \ddots & 1 & \\ l_{n1} & l_{n2} & \cdots & l_{nk} & \cdots & l_{n,n-1} & 1 \end{bmatrix}$$

是一个主对角线元素为 1 的下三角矩阵，称为**单位下三角阵**。记 $\boldsymbol{U}=\boldsymbol{A}^{(n)}$，是一个上三角阵，从而有

$$\boldsymbol{A} = \boldsymbol{L}\boldsymbol{U} \tag{5.4.5}$$

上述的分析说明，若矩阵 $\boldsymbol{A}$ 的各阶顺序主子式都非 0，则矩阵 $\boldsymbol{A}$ 可分解为单位下三角矩阵 $\boldsymbol{L}$ 与上三角矩阵 $\boldsymbol{U}$ 的乘积，这种分解称为矩阵 $\boldsymbol{A}$ 的 $\boldsymbol{LU}$ 分解。下面定理给出矩阵 $\boldsymbol{LU}$ 分解的存在唯一性。

定理 5.4.2(矩阵 $\boldsymbol{LU}$ 分解的存在唯一性) 对 n 阶矩阵 $\boldsymbol{A}$，如果它的各阶顺序主子式 $\boldsymbol{D}_i\neq 0$，$i=1, 2, \cdots, n$，则 $\boldsymbol{A}$ 可分解为一个单位下三角矩阵 $\boldsymbol{L}$ 和一个上三角矩阵 $\boldsymbol{U}$ 的乘积，且这种分解是唯一的。

证明 由前面的分析知，在定理条件下，分解是存在的，只需证明唯一性。如果 $\boldsymbol{A}$ 有两种分解：

$$\boldsymbol{A} = \boldsymbol{L}_1\boldsymbol{U}_1 = \boldsymbol{L}_2\boldsymbol{U}_2$$

其中，$\boldsymbol{L}_1$、$\boldsymbol{L}_2$ 为单位下三角矩阵，$\boldsymbol{U}_1$、$\boldsymbol{U}_2$ 为上三角矩阵。

因为 $\det(\boldsymbol{A})\neq 0$，所以 $\boldsymbol{L}_1$、$\boldsymbol{U}_1$、$\boldsymbol{L}_2$、$\boldsymbol{U}_2$ 均为非奇异矩阵，从而有

$$\boldsymbol{L}_2^{-1}\boldsymbol{L}_1 = \boldsymbol{U}_2\boldsymbol{U}_1^{-1}$$

上式左端为单位下三角矩阵，右端为上三角矩阵，根据矩阵相等得知，上式两端都必须等于 n 阶单位矩阵，即

$$\boldsymbol{L}_2^{-1}\boldsymbol{L}_1 = \boldsymbol{I},\ \boldsymbol{U}_2\boldsymbol{U}_1^{-1} = \boldsymbol{I}$$

再有逆矩阵的唯一性，$\boldsymbol{L}_1=\boldsymbol{L}_2$，$\boldsymbol{U}_1=\boldsymbol{U}_2$。证毕。

定理 5.4.2 回答了本节开头提出的第一个问题，若矩阵 $\boldsymbol{A}$ 的各阶顺序主子式不为零，则 $\boldsymbol{A}$ 存在唯一的 $\boldsymbol{LU}$ 分解。现在来讨论第二个问题，如何快速有效地实现分解？虽然定理 5.4.2 的证明中我们看到 $\boldsymbol{L}$ 的元素就是不选主元的高斯消元法中的乘数，而 $\boldsymbol{U}$ 就是消元得到的上三角阵。但实际中并不用高斯消元来实现 $\boldsymbol{LU}$ 分解，下面介绍一个更有效的紧凑算法。

设

$$\boldsymbol{A} = \begin{bmatrix} 1 & & & \\ l_{21} & 1 & & \\ \vdots & \vdots & \ddots & \\ l_{n1} & l_{n2} & \cdots & 1 \end{bmatrix} \begin{bmatrix} u_{11} & u_{12} & \cdots & u_{1n} \\ & u_{22} & \cdots & u_{2n} \\ & & \ddots & \vdots \\ & & & u_{nn} \end{bmatrix} \tag{5.4.6}$$

由矩阵乘法法则，$\boldsymbol{L}$ 的单位下三角结构和 $\boldsymbol{U}$ 的上三角结构易知

$$u_{ij} = a_{ij} - \sum_{k=1}^{i-1} l_{ik}u_{kj},\quad j = i,\ i+1,\ \cdots,\ n \tag{5.4.7}$$

$$l_{ij} = \frac{a_{ij} - \sum_{k=1}^{j-1} l_{ik}u_{kj}}{u_{jj}},\quad i = j+1,\ j+2,\ \cdots,\ n \tag{5.4.8}$$

矩阵 $\boldsymbol{A}$ 的分解公式(5.4.7)和公式(5.4.8)称为**杜立特尔(Doolittle)分解**。

由上面两式交替使用可逐步求出 $\boldsymbol{U}$ 与 $\boldsymbol{L}$ 的元素，所以矩阵 $\boldsymbol{A}$ 的 $\boldsymbol{LU}$ 分解的计算步骤如图 5.4.1 所示。

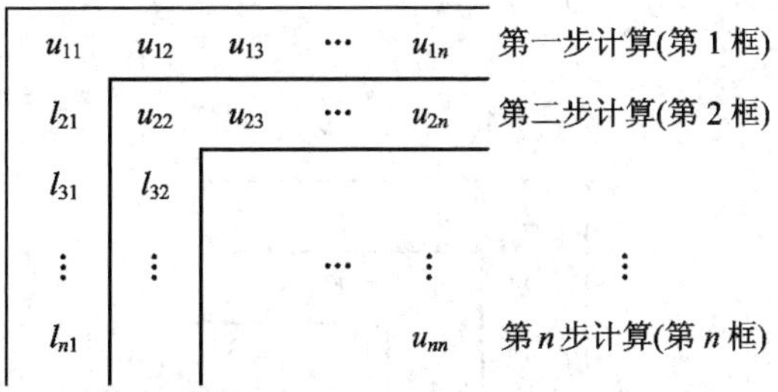

图 5.4.1　矩阵 $\boldsymbol{LU}$ 分解计算步骤

由此可以看出，计算是按一框一框地做下去的(这里一框包括 $\boldsymbol{U}$ 的一行和 $\boldsymbol{L}$ 的一列)：即先算 $\boldsymbol{U}$ 的第一行，$\boldsymbol{L}$ 的第一列；然后 $\boldsymbol{U}$ 的第二行，$\boldsymbol{L}$ 的第二列；以此类推。再注意到，上

面的计算是通过已知的 $\boldsymbol{A}$ 的元素和已经求出的 $\boldsymbol{U}$ 和 $\boldsymbol{L}$ 的元素来求得 u_{ij} 和 l_{ij}，而且一旦计算出 u_{ij} 和 l_{ij}，a_{ij} 便不再使用，因此计算过程中不需记录中间结果，而且 $\boldsymbol{U}$ 可以存放在 $\boldsymbol{A}$ 的上三角，$\boldsymbol{L}$ 可以存放在 $\boldsymbol{A}$ 的下三角，因此这种算法称为**紧凑格式**。

最后，再回到线性方程组的求解问题。

若矩阵 $\boldsymbol{A}$ 存在唯一的 $\boldsymbol{LU}$ 分解，并用上述算法进行分解后，将线性方程组 $\boldsymbol{Ax}=\boldsymbol{b}$ 等价地分解为下面两个三角形方程组：

$$\left.\begin{aligned}\boldsymbol{Ly} &= \boldsymbol{b}\\ \boldsymbol{Ux} &= \boldsymbol{y}\end{aligned}\right\}$$

求 $\boldsymbol{Ly}=\boldsymbol{b}$ 的递推公式为

$$y_i = b_i - \sum_{k=1}^{i-1} l_{ik} y_k, \quad i = 1, 2, \cdots, n \tag{5.4.9}$$

求 $\boldsymbol{Ux}=\boldsymbol{y}$ 的递推公式为

$$x_i = \frac{y_i - \sum\limits_{k=i+1}^{n} u_{ik} y_k}{u_{ii}}, \quad i = n, n-1, \cdots, 2, 1 \tag{5.4.10}$$

例 5.4.1　用紧凑格式解线性方程组 $\boldsymbol{Ax}=\boldsymbol{b}$，其中

$$\boldsymbol{A} = \begin{bmatrix} 2 & 2 & 1 & -2\\ 4 & 5 & 3 & -2\\ -4 & -2 & 3 & 5\\ 2 & 3 & 2 & 3 \end{bmatrix}, \quad \boldsymbol{b} = \begin{bmatrix} 4\\ 7\\ -1\\ 0 \end{bmatrix}$$

解　先对系数矩阵 $\boldsymbol{A}$ 用紧凑格式进行三角分解，得各框元素如图 5.4.2 所示，从而有

$$\boldsymbol{L} = \begin{bmatrix} 1 & & & \\ 2 & 1 & & \\ -2 & 2 & 1 & \\ 1 & 1 & 0 & 1 \end{bmatrix}, \boldsymbol{U} = \begin{bmatrix} 2 & 2 & 1 & -2\\ & 1 & 1 & 2\\ & & 3 & -3\\ & & & 3 \end{bmatrix}$$

由 $\boldsymbol{Ly}=\boldsymbol{b}$ 解得

$$\boldsymbol{y} = [4 \quad -1 \quad 9 \quad -3]^{\mathrm{T}}$$

2	2	1	−2
2	1	1	2
−2	2	3	−3
1	1	0	3

图 5.4.2　计算得到的各框元素

由 $\boldsymbol{Ux}=\boldsymbol{y}$ 得方程组的解为

$$\boldsymbol{x}=[1 \quad -1 \quad 2 \quad -1]^{\mathrm{T}}$$

直接三角分解法解一个 n 阶线性方程组大约需要 $n^3/3$ 次乘除法，和高斯消去法计算量基本相同。如果已经实现了 $\boldsymbol{A}=\boldsymbol{LU}$ 的分解计算，且 $\boldsymbol{L}$、$\boldsymbol{U}$ 保存在 $\boldsymbol{A}$ 的相应位置，则用直接三角分解法解具有相同系数的方程组 $\boldsymbol{Ax}=(b_1 \quad b_2 \quad \cdots \quad b_m)$ 是相当方便的，每解一个方程组 $\boldsymbol{Ax}=\boldsymbol{b}_j$ 仅需要增加 n^2 次乘除法运算。

5.4.2 平方根法和改进的平方根法

在科学计算和工程应用中，系数矩阵对称或对称正定的线性方程组是很常见的，下面我们先讨论对称阵和对称正定阵的三角分解，然后在此基础上给出求解对称正定方程组的平方根法和求解对称方程组(包括对称正定方程组)的改进平方根法。

如果 $\boldsymbol{A}$ 是 n 阶对称矩阵，且所有顺序主子式均不为零，则 $\boldsymbol{A}$ 存在唯一的三角分解，并且可以利用 $\boldsymbol{A}$ 的对称性进一步简化其三角分解的计算，如下面定理 5.4.3 所述。

定理 5.4.3(对称阵的三角分解定理)　设 $\boldsymbol{A}$ 是 n 阶对称矩阵，且所有顺序主子式均不为零，则 $\boldsymbol{A}$ 可唯一分解为

$$\boldsymbol{A}=\boldsymbol{LDL}^{\mathrm{T}} \tag{5.4.11}$$

其中，$\boldsymbol{L}$ 为单位下三角矩阵，$\boldsymbol{D}$ 为对角矩阵。

证明　因为 $\boldsymbol{A}$ 的各阶顺序主子式都不等于零，由定理 5.4.2 知，$\boldsymbol{A}$ 可唯一分解为

$$\boldsymbol{A}=\begin{bmatrix} 1 & & & \\ l_{21} & 1 & & \\ \vdots & \vdots & \ddots & \\ l_{n1} & l_{n2} & \cdots & 1 \end{bmatrix}\begin{bmatrix} u_{11} & u_{12} & \cdots & u_{1n} \\ & u_{22} & \cdots & u_{2n} \\ & & \ddots & \vdots \\ & & & u_{nn} \end{bmatrix}$$

由定理 5.4.1 知 $u_{ii}\neq 0$，$i=1, 2, \cdots, n$，所以可将 $\boldsymbol{U}$ 分解为

$$\boldsymbol{U}=\begin{bmatrix} u_{11} & & & \\ & u_{22} & & \\ & & \ddots & \\ & & & u_{nn} \end{bmatrix}\begin{bmatrix} 1 & \dfrac{u_{12}}{u_{11}} & \cdots & \dfrac{u_{1n}}{u_{11}} \\ & 1 & \cdots & \dfrac{u_{2n}}{u_{22}} \\ & & \ddots & \vdots \\ & & & 1 \end{bmatrix}=\boldsymbol{DU}_1 \tag{5.4.12}$$

其中

$$\boldsymbol{D}=\begin{bmatrix} u_{11} & & & \\ & u_{22} & & \\ & & \ddots & \\ & & & u_{nn} \end{bmatrix} \tag{5.4.13}$$

为对角矩阵，

$$U_1 = \begin{bmatrix} 1 & \frac{u_{12}}{u_{11}} & \cdots & \frac{u_{1n}}{u_{11}} \\ & 1 & \cdots & \frac{u_{2n}}{u_{22}} \\ & & \ddots & \vdots \\ & & & 1 \end{bmatrix}$$

为单位上三角阵。于是

$$A = LDU_1 = L(DU_1)$$

由 A 的对称性，

$$A = A^{\mathrm{T}} = U_1^{\mathrm{T}} D^{\mathrm{T}} L^{\mathrm{T}} = U_1^{\mathrm{T}} DL^{\mathrm{T}} = U_1^{\mathrm{T}}(DL^{\mathrm{T}})$$

再由 A 的 LU 分解的唯一性，即得

$$U_1 = L^{\mathrm{T}}$$

从而得

$$A = LDL^{\mathrm{T}}$$

证毕。

定理 5.4.3 表明，若 A 是对称矩阵，且所有顺序主子式均不为零，则 A 可唯一分解为一个单位下三角矩阵 L，对角阵 D 和 L 的转置的乘积。因此在分解时，只需计算单位下三角矩阵 L 和对角阵 D，总共需要计算 $n(n+1)/2$ 个元素，而一般矩阵的三角分解需要计算 n^2 个元素。对于对称阵的三角分解，利用对称性可将计算量减少大约一半。

下面再来分析更特殊的对称正定阵的三角分解。

定理 5.4.4(对称正定阵的三角分解，也称为 Cholesky 分解) 若 A 为 n 阶对称正定矩阵，则存在唯一的主对角线元素都是正数的下三角矩阵 L，使得

$$A = LL^{\mathrm{T}} \tag{5.4.14}$$

证明 若 A 为对称正定矩阵，则 A 的所有顺序主子式都是正数，由定理 5.3.3，存在唯一的单位下三角矩阵 L_1 和对角阵 D，使得

$$A = L_1 DL_1^{\mathrm{T}}$$

再由定理 5.4.1 知，D 的对角元素 d_{ii}，$i=1, 2, \cdots, n$ 都是正数。用 $D^{\frac{1}{2}}$ 表示对角元素为 $\sqrt{d_{ii}}$，$i=1, 2, \cdots, n$ 的对角阵，则有

$$A = L_1 DL_1^{\mathrm{T}} = L_1 D^{\frac{1}{2}} \cdot D^{\frac{1}{2}} L_1^{\mathrm{T}} = (L_1 D^{\frac{1}{2}}) \cdot (L_1 D^{\frac{1}{2}})^{\mathrm{T}}$$

令 $L=L_1 D^{\frac{1}{2}}$，则得

$$A = LL^{\mathrm{T}}$$

其中，L 为主对角线元素都是正数的下三角矩阵。证毕。

对称正定矩阵的三角分解式 $\boldsymbol{A}=\boldsymbol{L}\boldsymbol{L}^{\mathrm{T}}$ 称为**乔列斯基(Cholesky)分解**。

定理 5.4.4 表明，在计算对称正定矩阵的三角分解时，只需要计算和存储下三角阵 $\boldsymbol{L}$，计算量与对称阵的三角分解相同。下面来讨论对称正定阵的乔列斯基分解的具体计算公式。

令 $\boldsymbol{A}=\boldsymbol{L}\boldsymbol{L}^{\mathrm{T}}$，即

$$\boldsymbol{A}=\begin{bmatrix} l_{11} & & & \\ l_{21} & l_{22} & & \\ \vdots & \vdots & \ddots & \\ l_{n1} & l_{n2} & \cdots & l_{nn} \end{bmatrix}\begin{bmatrix} l_{11} & l_{21} & \cdots & l_{n1} \\ & l_{22} & \cdots & l_{n2} \\ & & \ddots & \vdots \\ & & & l_{nn} \end{bmatrix}$$

其中，对角元 $l_{ii}>0$，$i=1, 2, \cdots, n$。由矩阵乘法及 $\boldsymbol{L}$ 的下三角结构：$l_{ij}=0$，当 $i<j$ 时，得

$$a_{ij}=\sum_{k=1}^{j-1} l_{ik}l_{jk}+l_{jj}l_{ij}$$

于是得到分解公式：

$$\begin{aligned} l_{jj} &= \left(a_{jj}-\sum_{k=1}^{j-1} l_{jk}^2\right)^{\frac{1}{2}}, \quad j=1, 2, \cdots, n \\ l_{ij} &= \frac{a_{ij}-\sum\limits_{k=1}^{j-1} l_{ik}l_{jk}}{l_{jj}}, \quad i=j+1, \cdots, n \end{aligned} \tag{5.4.15}$$

对 $j=1, 2, \cdots, n$，即从第一列到最后一列，使用式(5.4.15)中的第一式计算每列对角元素，第二式计算每列对角线下方元素，即可完成分解，将 $\boldsymbol{L}$ 存储在 $\boldsymbol{A}$ 的下三角。

由上述分解可得求解对称正定线性方程组 $\boldsymbol{A}\boldsymbol{x}=\boldsymbol{b}$ 的如下**平方根法**。

求解对称正定线性方程组 $\boldsymbol{A}\boldsymbol{x}=\boldsymbol{b}$ 等价于求解下面两个三角形方程组：

$\boldsymbol{L}\boldsymbol{y}=\boldsymbol{b}$，求 $\boldsymbol{y}$，求解公式为

$$y_i=\frac{b_i-\sum\limits_{k=1}^{i-1} l_{ik}y_k}{l_{ii}}, \quad i=1, 2, \cdots, n$$

以及 $\boldsymbol{L}^{\mathrm{T}}\boldsymbol{x}=\boldsymbol{y}$，求 $\boldsymbol{x}$，求解公式为

$$x_i=\frac{y_i-\sum\limits_{k=i+1}^{n} l_{ki}x_k}{l_{ii}}, \quad i=n, n-1, \cdots, 1$$

由计算公式(5.4.15)知 $a_{jj}=\sum\limits_{k=1}^{j-1} l_{jk}^2$，$j=1, 2, \cdots, n$

所以

$$l_{jk}^2 \leqslant a_{jj} \leqslant \max_{1\leqslant j\leqslant n}\{a_{jj}\}$$

于是

$$\max_{j,\,k}\{l_{jk}^2\}\leqslant \max_{1\leqslant j\leqslant n}\{a_{jj}\}$$

这表明，分解过程中元素 l_{jk} 的数量级不会增长且对角元素 l_{jj} 恒为正数，因此分解过程可以不必选主元。

例 5.4.2 用平方根法解线性方程组 $\boldsymbol{Ax}=\boldsymbol{b}$，其中系数矩阵 $\boldsymbol{A}$ 是对称正定的，

$$\boldsymbol{A}=\begin{bmatrix}1&0&1&2\\0&4&4&2\\1&4&6&4\\2&2&4&6\end{bmatrix},\quad \boldsymbol{b}=\begin{bmatrix}3\\-2\\0\\6\end{bmatrix}$$

解 由式(5.4.15)计算矩阵 $\boldsymbol{A}$ 的乔列斯基分解 $\boldsymbol{A}=\boldsymbol{LL}^{\mathrm{T}}$，得

$$\boldsymbol{L}=\begin{bmatrix}1&&&\\0&2&&\\1&2&1&\\2&1&0&1\end{bmatrix}$$

解 $\boldsymbol{Ly}=\boldsymbol{b}$，得 $\boldsymbol{y}=[3\quad -1\quad -1\quad 1]^{\mathrm{T}}$；再解 $\boldsymbol{L}^{\mathrm{T}}\boldsymbol{x}=\boldsymbol{y}$，得 $\boldsymbol{x}=[2\quad 0\quad -1\quad 1]^{\mathrm{T}}$。

由式(5.4.15)的第一式看出，对称正定阵在进行乔列斯基分解时，对角元素的计算需要开方运算，这导致了所谓的“平方根”法。为了避免开方，对 $\boldsymbol{D}$ 不再分解，用定理 5.4.3 的分解式 $\boldsymbol{A}=\boldsymbol{LDL}^{\mathrm{T}}$，即

$$\boldsymbol{A}=\begin{bmatrix}1&&&\\l_{21}&1&&\\\vdots&\vdots&\ddots&\\l_{n1}&l_{n2}&\cdots&1\end{bmatrix}\begin{bmatrix}d_1&&&\\&d_2&&\\&&\ddots&\\&&&d_n\end{bmatrix}\begin{bmatrix}1&l_{21}&\cdots&l_{n1}\\&1&\cdots&l_{n2}\\&&\ddots&\vdots\\&&&1\end{bmatrix}$$

$$=\begin{bmatrix}d_1&&&\\d_1l_{21}&d_2&&\\\vdots&\vdots&\ddots&\\d_1l_{n1}&d_2l_{n2}&\cdots&d_n\end{bmatrix}\begin{bmatrix}1&l_{21}&\cdots&l_{n1}\\&1&\cdots&l_{n2}\\&&\ddots&\vdots\\&&&1\end{bmatrix}$$

由矩阵乘法以及 $\boldsymbol{L}$ 的单位下三角结构：$l_{jj}=1$，$l_{ij}=0$，$i<j$，得

$$a_{ij}=\sum_{k=1}^{n}(\boldsymbol{LD})_{ik}(\boldsymbol{L}^{\mathrm{T}})_{kj}=\sum_{k=1}^{n}l_{ik}d_kl_{jk}=\sum_{k=1}^{j-1}l_{ik}d_kl_{jk}+l_{ij}d_j$$

由此得到计算 $\boldsymbol{D}$ 和 $\boldsymbol{L}$ 的公式：

$$\begin{cases}d_j=a_{jj}-\displaystyle\sum_{k=1}^{j-1}l_{jk}^2d_k,\ j=1,\,2,\,\cdots,\,n\\[2ex] l_{ij}=\dfrac{a_{ij}-\displaystyle\sum_{k=1}^{j-1}l_{ik}d_kl_{jk}}{d_j},\ i=j+1,\,j+2,\,\cdots,\,n\end{cases}\tag{5.4.16}$$

从第一列到最后一列，使用式(5.4.16)中的第一式计算每列对角元素，第二式计算每列对角线下方元素，即可完成分解，将 $\boldsymbol{L}$ 存储在 $\boldsymbol{A}$ 的下三角，$\boldsymbol{D}$ 存储在 $\boldsymbol{A}$ 的对角线上。

求解对称线性方程组 $\boldsymbol{Ax}=\boldsymbol{b}$ 等价于求解两个三角形方程组：$\boldsymbol{Ly}=\boldsymbol{b}$ 和 $\boldsymbol{DL}^{\mathrm{T}}\boldsymbol{x}=\boldsymbol{y}$，求解这两个三角方程组的公式如下：

$$\begin{cases} y_1 = b_1 \\ y_i = b_i - \sum\limits_{k=1}^{i-1} l_{ik} y_k,\ i = 2,3,\cdots,n \end{cases} \tag{5.4.17}$$

$$\begin{cases} x_n = \dfrac{y_n}{d_n} \\ x_i = \dfrac{y_i}{d_i} - \sum\limits_{k=i+1}^{n} l_{ki} x_k,\ i = n-1,\cdots,2,1 \end{cases} \tag{5.4.18}$$

求解对称方程组或对称正定方程组的上述方法称为**改进的平方根法**。

例 5.4.3　用改进的平方根法解例 5.4.2 中的对称正定方程组。

解　由式(5.4.16)计算矩阵 $\boldsymbol{A}$ 的三角分解 $\boldsymbol{A}=\boldsymbol{LDL}^{\mathrm{T}}$，求得

$$\boldsymbol{L} = \begin{bmatrix} 1 & & & \\ 0 & 1 & & \\ 1 & 1 & 1 & \\ 2 & 0.5 & 0 & 1 \end{bmatrix},\quad \boldsymbol{D} = \begin{bmatrix} 1 & & & \\ & 4 & & \\ & & 1 & \\ & & & 1 \end{bmatrix}$$

解 $\boldsymbol{Ly}=\boldsymbol{b}$，得 $\boldsymbol{y}=[3\quad -2\quad -1\quad 1]^{\mathrm{T}}$；再解 $\boldsymbol{DL}^{\mathrm{T}}\boldsymbol{x}=\boldsymbol{y}$，得 $\boldsymbol{x}=[2\quad 0\quad -1\quad 1]^{\mathrm{T}}$。

5.4.3　追赶法

在解常微分方程的边值问题，如热传导方程以及船体数学放样中建立的三次样条函数等工程技术问题时，经常遇到下面形式的线性方程组：

$$\begin{bmatrix} b_1 & c_1 & & & & \\ a_2 & b_2 & c_2 & & & \\ & a_3 & b_3 & c_3 & & \\ & & \ddots & \ddots & \ddots & \\ & & & a_{n-1} & b_{n-1} & c_{n-1} \\ & & & & a_n & b_n \end{bmatrix} \begin{bmatrix} x_1 \\ x_2 \\ x_3 \\ \vdots \\ x_{n-1} \\ x_n \end{bmatrix} = \begin{bmatrix} f_1 \\ f_2 \\ f_3 \\ \vdots \\ f_{n-1} \\ f_n \end{bmatrix} \tag{5.4.19}$$

其中，系数矩阵 $\boldsymbol{A}$ 为三对角矩阵，这样的方程组称为**三对角线性方程组**。

为了求解三对角线性方程组，我们先研究三对角矩阵的 $\boldsymbol{LU}$ 分解。三对角矩阵的特殊结构会给其 $\boldsymbol{LU}$ 分解带来特殊性，见下面定理。

定理 5.4.5 设 $\boldsymbol{A}$ 为 n 阶($n\geqslant 2$)三对角矩阵，如果 $\boldsymbol{A}$ 的元素满足：

(1) $|b_1|>|c_1|>0$；

(2) $|b_i|\geqslant|a_i|+|c_i|$，$a_i$，$c_i\neq 0$，$i=2, 3, \cdots, n-1$；

(3) $|b_n|>|a_n|>0$，

则三对角阵 $\boldsymbol{A}$ 可唯一分解为一个单位下二对角阵和一个上三角阵的乘积，即

$$\boldsymbol{A}=\begin{bmatrix}1 & & & & \\ l_2 & 1 & & & \\ & l_3 & 1 & & \\ & & \ddots & \ddots & \\ & & & l_n & 1\end{bmatrix}\begin{bmatrix}u_1 & c_1 & & & \\ & u_2 & c_2 & & \\ & & \ddots & \ddots & \\ & & & u_{n-1} & c_{n-1} \\ & & & & u_n\end{bmatrix} \tag{5.4.20}$$

其中

$$\begin{cases}u_1=b_1 \\ l_i=\dfrac{a_i}{u_{i-1}} \\ u_i=b_i-l_i c_{i-1}\end{cases}, \quad i=2, 3, \cdots, n \tag{5.4.21}$$

证明 (1) 三对角阵 $\boldsymbol{A}$ 三角分解的存在性。

根据矩阵乘法及

$$\begin{bmatrix}b_1 & c_1 & & & & \\ a_2 & b_2 & c_2 & & & \\ & a_3 & b_3 & c_3 & & \\ & & \ddots & \ddots & \ddots & \\ & & & a_{n-1} & b_{n-1} & c_{n-1} \\ & & & & a_n & b_n\end{bmatrix}=\begin{bmatrix}1 & & & & \\ l_2 & 1 & & & \\ & l_3 & 1 & & \\ & & \ddots & \ddots & \\ & & & l_n & 1\end{bmatrix}\begin{bmatrix}u_1 & c_1 & & & \\ & u_2 & c_2 & & \\ & & \ddots & \ddots & \\ & & & u_{n-1} & c_{n-1} \\ & & & & u_n\end{bmatrix}$$

易得到式(5.4.21)成立。

(2) 三对角阵 $\boldsymbol{A}$ 三角分解的唯一性。

先用归纳法证明满足定理条件的三对角阵 $\boldsymbol{A}$ 是非奇异矩阵。

事实上，对 $i=1$，有 $|u_1|=|b_1|>|c_1|\neq 0$，所以 $|u_1|\neq 0$，$\left|\dfrac{c_1}{u_1}\right|<1$。现设 $|u_{i-1}|\neq 0$，$\left|\dfrac{c_{i-1}}{u_{i-1}}\right|<1$，则有 $|u_i|=|b_i-l_i c_{i-1}|\geqslant|b_i|-\left|\dfrac{a_i c_{i-1}}{u_{i-1}}\right|>|b_i|-|a_i|\geqslant|c_i|\neq 0$。故 $|u_i|\neq 0$，$\left|\dfrac{c_i}{u_i}\right|<1$，从而 $\det\boldsymbol{A}=u_1 u_2\cdots u_n\neq 0$，即 $\boldsymbol{A}$ 是非奇异矩阵。

类似于定理 5.4.2 可证得分解的唯一性。

事实上，如果 $\boldsymbol{A}$ 有两种分解 $\boldsymbol{A}=\boldsymbol{L}_1\boldsymbol{U}_1=\boldsymbol{L}_2\boldsymbol{U}_2$，其中 $\boldsymbol{L}_1$、$\boldsymbol{L}_2$ 为单位下三角矩阵，$\boldsymbol{U}_1$、$\boldsymbol{U}_2$

为上三角矩阵，则 $\boldsymbol{L}_1$、$\boldsymbol{U}_1$、$\boldsymbol{L}_2$、$\boldsymbol{U}_2$ 均为非奇异矩阵，从而有

$$\boldsymbol{L}_2^{-1}\boldsymbol{L}_1 = \boldsymbol{U}_2\boldsymbol{U}_1^{-1}$$

上式左端为单位下三角矩阵，右端为上三角矩阵，根据矩阵相等得知，上式两端都必须等于 n 阶单位矩阵，即

$$\boldsymbol{L}_2^{-1}\boldsymbol{L}_1 = \boldsymbol{I}, \quad \boldsymbol{U}_2\boldsymbol{U}_1^{-1} = \boldsymbol{I}$$

再有逆矩阵的唯一性，$\boldsymbol{L}_1=\boldsymbol{L}_2$，$\boldsymbol{U}_1=\boldsymbol{U}_2$，即三对角阵 $\boldsymbol{A}$ 可唯一分解为一个单位下二对角阵和一个上三角阵的乘积。证毕。

设有三对角线性方程组

$$\boldsymbol{A}\boldsymbol{x} = \boldsymbol{f}$$

假设 $\boldsymbol{A}$ 满足定理 5.4.5 的三个条件，于是有式(5.4.21)的分解 $\boldsymbol{A}=\boldsymbol{L}\boldsymbol{U}$，从而方程组 $\boldsymbol{A}\boldsymbol{x}=\boldsymbol{f}$ 的求解等价为下述方程组：

$$\begin{cases} \boldsymbol{L}\boldsymbol{y} = \boldsymbol{f} \\ \boldsymbol{U}\boldsymbol{x} = \boldsymbol{y} \end{cases}$$

由 $\boldsymbol{L}\boldsymbol{y}=\boldsymbol{f}$，即

$$\begin{bmatrix} 1 & & & & \\ l_2 & 1 & & & \\ & l_3 & 1 & & \\ & & \ddots & \ddots & \\ & & & l_n & 1 \end{bmatrix} \begin{bmatrix} y_1 \\ y_2 \\ y_3 \\ \vdots \\ y_n \end{bmatrix} = \begin{bmatrix} f_1 \\ f_2 \\ f_3 \\ \vdots \\ f_n \end{bmatrix}$$

得

$$\begin{cases} y_1 = f_1 \\ y_i = f_i - l_i y_{i-1}, \ i = 2, 3, \cdots, n \end{cases} \tag{5.4.22}$$

又由 $\boldsymbol{U}\boldsymbol{x}=\boldsymbol{y}$，即

$$\begin{bmatrix} u_1 & c_1 & & & \\ & u_2 & c_2 & & \\ & & \ddots & \ddots & \\ & & & u_{n-1} & c_{n-1} \\ & & & & u_n \end{bmatrix} \begin{bmatrix} x_1 \\ x_2 \\ \vdots \\ x_{n-1} \\ x_n \end{bmatrix} = \begin{bmatrix} y_1 \\ y_2 \\ \vdots \\ y_{n-1} \\ y_n \end{bmatrix}$$

得

$$\begin{cases} x_n = \dfrac{y_n}{u_n} \\ x_i = \dfrac{y_i - c_i x_{i+1}}{u_i}, \ i = n-1, n-2, \cdots, 2, 1 \end{cases} \tag{5.4.23}$$

式(5.4.20)、式(5.4.22)和式(5.4.23)就是解三对角线性方程组的追赶法公式。通常把由式(5.4.22)计算 y_1, y_2, …, y_n 的过程称为"追"的过程，把由式(5.4.23)计算 x_1, x_2, …, x_n 的过程称为"赶"的过程。因此上述所给的解法通常称为**追赶法**。

追赶法公式实际上就是把 $\boldsymbol{LU}$ 分解法用到求解三对角线性方程组上去的结果。这时由于 $\boldsymbol{A}$ 的特殊结构使得求解的计算公式非常简单，其计算量仅为 $5n-4$ 次乘除法。

例 5.4.4 用追赶法解三对角方程组 $\boldsymbol{Ax}=\boldsymbol{f}$，其中系数矩阵

$$\boldsymbol{A}=\begin{bmatrix}2&1&0&0\\2&3&1&0\\0&2&5&1\\0&0&4&5\end{bmatrix},\quad \boldsymbol{f}=\begin{bmatrix}-1\\1\\4\\10\end{bmatrix}$$

解 容易验证系数矩阵满足定理 5.4.5 的条件。用式(5.4.21)进行分解，得

$$\boldsymbol{A}=\boldsymbol{LU}=\begin{bmatrix}1&&&\\1&1&&\\&1&1&\\&&1&1\end{bmatrix}\begin{bmatrix}2&1&&\\&2&1&\\&&4&1\\&&&4\end{bmatrix}$$

解 $\boldsymbol{Ly}=\boldsymbol{f}$，得 $\boldsymbol{y}=[-1\quad 2\quad 2\quad 8]^{\mathrm{T}}$；解 $\boldsymbol{Ux}=\boldsymbol{y}$，得 $\boldsymbol{x}=[-1\quad 1\quad 0\quad 2]^{\mathrm{T}}$。

5.5 雅可比迭代法和高斯-塞德尔迭代法

设有 n 元线性方程组

$$\begin{cases}a_{11}x_1+a_{12}x_2+\cdots+a_{1n}x_n=b_1\\a_{21}x_1+a_{22}x_2+\cdots+a_{2n}x_n=b_2\\\qquad\vdots\\a_{n1}x_1+a_{n2}x_2+\cdots+a_{nn}x_n=b_n\end{cases}\tag{5.5.1}$$

简记为

$$\boldsymbol{Ax}=\boldsymbol{b}\tag{5.5.2}$$

其中

$$\boldsymbol{A}=\begin{bmatrix}a_{11}&a_{12}&\cdots&a_{1n}\\a_{21}&a_{22}&\cdots&a_{2n}\\\vdots&\vdots&&\vdots\\a_{n1}&a_{n2}&\cdots&a_{nn}\end{bmatrix},\quad \boldsymbol{x}=\begin{bmatrix}x_1\\x_2\\\vdots\\x_n\end{bmatrix},\quad \boldsymbol{b}=\begin{bmatrix}b_1\\b_2\\\vdots\\b_n\end{bmatrix}$$

求解线性方程组的迭代解法的基本思想来源于不动点原理。首先将给定的方程组 $\boldsymbol{Ax}=\boldsymbol{b}$

变形为同解(或等价)的不动点方程 $\boldsymbol{x}=\boldsymbol{H}\boldsymbol{x}+\boldsymbol{g}$，据此设计迭代公式 $\boldsymbol{x}^{(k+1)}=\boldsymbol{H}\boldsymbol{x}^{(k)}+\boldsymbol{g}$，$\boldsymbol{H}$ 称为**迭代矩阵**(注意与系数矩阵的差别)。任意选取一**初始向量** $\boldsymbol{x}^{(0)}$ 进行迭代，得到一个向量序列：$\boldsymbol{x}^{(0)}$，$\boldsymbol{x}^{(1)}$，…，$\boldsymbol{x}^{(k)}$，…，若这个向量序列收敛(定义 5.5.1)，设其极限为 $\boldsymbol{x}^*$，则有 $\boldsymbol{x}^*=\boldsymbol{H}\boldsymbol{x}^*+\boldsymbol{g}$，即 $\boldsymbol{x}^*$ 是 $\boldsymbol{x}=\boldsymbol{H}\boldsymbol{x}+\boldsymbol{g}$ 的解，也是原线性方程组的解。

下面给出向量序列的收敛定义。

定义 5.5.1　设 $\{\boldsymbol{x}^{(k)}\}$ 为一个 n 维向量序列，如果向量 $\boldsymbol{x}^{(k)}=(x_1^{(k)}, x_2^{(k)}, \cdots, x_n^{(k)})^{\mathrm{T}}$ 中的每一个分量 $\boldsymbol{x}_i^{(k)}$，当 $k\to\infty$ 时都有极限 $\boldsymbol{x}_i^*$，即

$$\lim_{k\to\infty}\boldsymbol{x}_i^{(k)}=\boldsymbol{x}_i^*,\ i=1, 2, \cdots, n$$

记 $\boldsymbol{x}^*=(x_1^*, x_2^*, \cdots, x_n^*)^{\mathrm{T}}$，则称 $\boldsymbol{x}^*$ 为向量序列 $\{\boldsymbol{x}^{(k)}\}$ 的极限，或称 $\{\boldsymbol{x}^{(k)}\}$ 收敛到 $\boldsymbol{x}^*$，记为 $\lim\limits_{k\to\infty}\boldsymbol{x}^{(k)}=\boldsymbol{x}^*$。

定义 5.5.2　设 $\|\ \|$ 是一种向量范数，若 $\lim\limits_{k\to\infty}\|\boldsymbol{x}^{(k)}-\boldsymbol{x}^*\|=\boldsymbol{0}$，则称 $\{\boldsymbol{x}^{(k)}\}$ 依范数 $\|\ \|$ 收敛到 $\boldsymbol{x}^*$。

容易验证定义 5.5.1 中的向量序列收敛性等价于向量序列依 $\|\ \|_\infty$ 收敛，再由向量范数的等价性知，定义 5.5.1 中的向量序列收敛性等价于向量序列依任意范数 $\|\ \|$ 收敛。

5.5.1　雅可比迭代法

设方程组(5.5.1)或式(5.5.2)的系数矩阵 $\boldsymbol{A}$ 的对角元 $a_{ii}\neq0$，$i=1, 2, \cdots, n$，将方程组(5.5.1)中第一个方程中的 x_1 分离出来，第二个方程中的 x_2 分离出来，以此类推，即将方程组(5.5.1)写成如下形式：

$$\begin{cases} x_1=\dfrac{1}{a_{11}}(-a_{12}x_2-a_{13}x_3-\cdots-a_{1n}x_n+b_1) \\ x_2=\dfrac{1}{a_{22}}(-a_{21}x_1-a_{23}x_3-\cdots-a_{2n}x_n+b_2) \\ \quad\vdots \\ x_n=\dfrac{1}{a_{nn}}(-a_{n1}x_1-a_{n2}x_2-\cdots-a_{n,n-1}x_{n-1}+b_n) \end{cases} \tag{5.5.3}$$

显然方程组(5.5.3)和方程组(5.5.1)是同解的，由此建立如下迭代公式：

$$\begin{cases} x_1^{(k+1)}=\dfrac{1}{a_{11}}(-a_{12}x_2^{(k)}-a_{13}x_3^{(k)}-\cdots-a_{1n}x_n^{(k)}+b_1) \\ x_2^{(k+1)}=\dfrac{1}{a_{22}}(-a_{21}x_1^{(k)}-a_{23}x_3^{(k)}-\cdots-a_{2n}x_n^{(k)}+b_2) \\ \quad\vdots \\ x_n^{(k+1)}=\dfrac{1}{a_{nn}}(-a_{n1}x_1^{(k)}-a_{n2}x_2^{(k)}-\cdots-a_{n,n-1}x_{n-1}^{(k)}+b_n) \end{cases} \tag{5.5.4}$$

或

$$x_i^{(k+1)} = \frac{1}{a_{ii}}(b_i - \sum_{j=1,\ j\neq i}^{n} a_{ij}x_j^{(k)}),\ i = 1,\ 2,\ \cdots,\ n \tag{5.5.5}$$

这就是**雅可比(Jacobi)迭代公式**(分量形式)。

对 $\boldsymbol{A}$ 做加性分解，即令

$$\boldsymbol{A} = \boldsymbol{L} + \boldsymbol{D} + \boldsymbol{U}$$

其中

$$\boldsymbol{L} = \begin{bmatrix} 0 & & & & \\ a_{21} & 0 & & & \\ a_{31} & a_{32} & 0 & & \\ \vdots & \vdots & \vdots & \ddots & \\ a_{n1} & a_{n2} & a_{n3} & \cdots & 0 \end{bmatrix}$$

$$\boldsymbol{D} = \begin{bmatrix} a_{11} & & & \\ & a_{22} & & \\ & & \ddots & \\ & & & a_{nn} \end{bmatrix}$$

$$\boldsymbol{U} = \begin{bmatrix} 0 & a_{12} & a_{13} & \cdots & a_{1n} \\ & 0 & a_{23} & \cdots & a_{2n} \\ & & \ddots & & \vdots \\ & & & 0 & a_{n-1,\ n} \\ & & & & 0 \end{bmatrix}$$

由假设 $a_{ii} \neq 0(i=1,\ 2,\ \cdots,\ n)$知

$$\boldsymbol{D}^{-1} = \begin{bmatrix} \frac{1}{a_{11}} & & & \\ & \frac{1}{a_{22}} & & \\ & & \ddots & \\ & & & \frac{1}{a_{nn}} \end{bmatrix}$$

存在，则雅可比迭代公式(5.5.4)可写成如下向量形式：

$$\boldsymbol{x}^{(k+1)} = -\boldsymbol{D}^{-1}(\boldsymbol{L} + \boldsymbol{U})\boldsymbol{x}^{(k)} + \boldsymbol{D}^{-1}\boldsymbol{b} \tag{5.5.6}$$

式(5.5.6)称为**雅可比迭代的向量形式**。

再回到分量形式(5.5.4)，我们看到每个方程右端都有“洞”，这对编程带来一些不方便。若将式(5.5.4)再写成下面等价的形式(将“洞”填上)：

$$\begin{cases} x_1^{(k+1)} = x_1^{(k)} + \dfrac{1}{a_{11}}(-a_{11}x_1^{(k)} - a_{12}x_2^{(k)} - a_{13}x_3^{(k)} - \cdots - a_{1n}x_n^{(k)} + b_1) \\ x_2^{(k+1)} = x_2^{(k)} + \dfrac{1}{a_{22}}(-a_{21}x_1^{(k)} - a_{22}x_2^{(k)} - a_{23}x_3^{(k)} - \cdots - a_{2n}x_n^{(k)} + b_2) \\ \quad\vdots \\ x_n^{(k+1)} = x_n^{(k)} + \dfrac{1}{a_{nn}}(-a_{n1}x_1^{(k)} - a_{n2}x_2^{(k)} - \cdots - a_{n,n-1}x_{n-1}^{(k)} - a_{nn}x_n^{(k)} + b_n) \end{cases} \tag{5.5.7}$$

或

$$x_i^{(k+1)} = x_i^{(k)} + \frac{1}{a_{ii}}(b_i - \sum_{j=1}^{n} a_{ij}x_j^{(k)}),\ i = 1, 2, \cdots, n \tag{5.5.8}$$

则编程时就无需挖“洞”了。

显然，对应于迭代公式(5.5.7)的向量形式为

$$\boldsymbol{x}^{(k+1)} = \boldsymbol{x}^{(k)} + \boldsymbol{D}^{-1}(\boldsymbol{b} - \boldsymbol{A}\boldsymbol{x}^{(k)}) \tag{5.5.9}$$

或

$$\boldsymbol{x}^{(k+1)} = (\boldsymbol{I} - \boldsymbol{D}^{-1}\boldsymbol{A})\boldsymbol{x}^{(k)} + \boldsymbol{D}^{-1}\boldsymbol{b} \tag{5.5.10}$$

容易验证 $\boldsymbol{I}-\boldsymbol{D}^{-1}\boldsymbol{A}=-\boldsymbol{D}^{-1}(\boldsymbol{L}+\boldsymbol{U})$，因此式(5.5.6)和式(5.5.10)其实是一样的，$\boldsymbol{I}-\boldsymbol{D}^{-1}\boldsymbol{A}$ 或 $-\boldsymbol{D}^{-1}(\boldsymbol{L}+\boldsymbol{U})$ 称为**雅可比迭代的迭代矩阵**。

对某个向量 $\boldsymbol{x}^*$，称 $\boldsymbol{r}=\boldsymbol{b}-\boldsymbol{A}\boldsymbol{x}^*$ 为余量，若余量 $\boldsymbol{r}=\boldsymbol{b}-\boldsymbol{A}\boldsymbol{x}^*=\boldsymbol{0}$($\boldsymbol{0}$ 表示 n 维零向量)，则 $\boldsymbol{x}^*$ 是方程组 $\boldsymbol{A}\boldsymbol{x}=\boldsymbol{b}$ 的精确解。也就是说，求方程组 $\boldsymbol{A}\boldsymbol{x}=\boldsymbol{b}$ 的精确解就是找余量为 $\boldsymbol{0}$ 的向量。

式(5.5.7)或式(5.5.9)形式的雅可比迭代公式可以解释为，对近似解 $\boldsymbol{x}^{(k)}$，其余量为 $\boldsymbol{r}^{(k)}=\boldsymbol{b}-\boldsymbol{A}\boldsymbol{x}^{(k)}$，若不为 $\boldsymbol{0}$，则用伸缩后的余量 $\boldsymbol{D}^{-1}(\boldsymbol{b}-\boldsymbol{A}\boldsymbol{x}^{(k)})$ 对近似解 $\boldsymbol{x}^{(k)}$ 进行修正，直到余量为 $\boldsymbol{0}$，当余量为 $\boldsymbol{0}$ 时，亦有 $\boldsymbol{x}^{(k+1)}=\boldsymbol{x}^{(k)}$，说明迭代收敛了，$\boldsymbol{x}^{(k)}=\boldsymbol{x}^*$ 就是精确解。

5.5.2　高斯-塞德尔迭代法

利用雅可比迭代法，在迭代的每一步计算过程中是用 $\boldsymbol{x}^{(k)}$ 的全部分量来计算 $\boldsymbol{x}^{(k+1)}$，但是在计算 $\boldsymbol{x}^{(k+1)}$ 的第 i 个分量时，已经算出的最新分量 $x_1^{(k+1)}$，$x_2^{(k+1)}$，…，$x_{i-1}^{(k+1)}$ 没有被利用，如果利用这些最新分量代替旧的分量 $x_1^{(k)}$，$x_2^{(k)}$，…，$x_{i-1}^{(k)}$ 去计算 $x_i^{(k+1)}$，效果可能会好一些，由此就得到所谓的**高斯-塞德尔迭代法**：

$$\begin{cases} x_1^{(k+1)} = x_1^{(k)} + \dfrac{1}{a_{11}}(-a_{11}x_1^{(k)} - a_{12}x_2^{(k)} - a_{13}x_3^{(k)} - \cdots - a_{1n}x_n^{(k)} + b_1) \\ x_2^{(k+1)} = x_2^{(k)} + \dfrac{1}{a_{22}}(-a_{21}x_1^{(k+1)} - a_{22}x_2^{(k)} - a_{23}x_3^{(k)} - \cdots - a_{2n}x_n^{(k)} + b_2) \\ \qquad\vdots \\ x_n^{(k+1)} = x_n^{(k)} + \dfrac{1}{a_{nn}}(-a_{n1}x_1^{(k+1)} - a_{n2}x_2^{(k+1)} - \cdots - a_{n,n-1}x_{n-1}^{(k+1)} - a_{nn}x_n^{(k)} + b_n) \end{cases} \tag{5.5.11}$$

或

$$x_i^{(k+1)} = x_i^{(k)} + \frac{1}{a_{ii}}\left(b_i - \sum_{j=1}^{i-1} a_{ij}x_j^{(k+1)} - \sum_{j=i}^{n} a_{ij}x_j^{(k)}\right),\ i = 1, 2, \cdots, n \tag{5.5.12}$$

这是**高斯-塞德尔迭代的分量形式**。

比较高斯-塞德尔迭代公式(5.5.11)和雅可比迭代公式(5.5.7)，不难发现，两种公式的唯一差别仅在于，雅可比迭代每次都用前一步的全部分量作为输入数据，而高斯-塞德尔迭代总是使用最新计算出来的分量作为输入数据，而算法的内部计算完全是一样的，因此代码完全可以共享(但注意输入数据不同)。

像雅可比迭代那样，迭代的每一步都用前一步的结果作为输入，称为同步迭代；而像高斯-塞德尔迭代那样，迭代的每一步输入数据中既有最新的分量也有前一步的分量，称为异步迭代。

雅可比迭代法在整个迭代过程中需要开辟两组存储单元来分别存放前一次的结果和当前的结果；另外，在计算 $\boldsymbol{x}^{(k+1)}$ 的所有分量时，各个分量可以独立并行地计算。而高斯-塞德尔迭代只需开辟一组存储单元来存储最新的计算结果，但是，在计算 $\boldsymbol{x}^{(k+1)}$ 的所有分量时，各个分量不独立，因此无法并行计算。

高斯-塞德尔迭代公式(5.5.11)或公式(5.5.12)可写成如下向量形式：

$$\boldsymbol{x}^{(k+1)} = \boldsymbol{x}^{(k)} + \boldsymbol{D}^{-1}[\boldsymbol{b} - \boldsymbol{L}\boldsymbol{x}^{(k+1)} - (\boldsymbol{D}+\boldsymbol{U})\boldsymbol{x}^{(k)}]$$

进一步整理，得

$$\boldsymbol{x}^{(k+1)} = -(\boldsymbol{D}+\boldsymbol{L})^{-1}\boldsymbol{U}\boldsymbol{x}^{(k)} + (\boldsymbol{D}+\boldsymbol{L})^{-1}\boldsymbol{b} \tag{5.5.13}$$

其中矩阵 $-(\boldsymbol{D}+\boldsymbol{L})^{-1}\boldsymbol{U}$ 称为**高斯-塞德尔迭代的迭代矩阵**。

值得注意的是，雅可比迭代公式(5.5.7)和高斯-塞德尔迭代公式(5.5.11)右端第二项括号中的部分都是计算余量，只是前者的余量计算是同步的，后者是异步的。如果系数矩阵 $\boldsymbol{A}$ 是稀疏的，则迭代过程中这部分计算仍然是稀疏的。

5.5.3 迭代法的收敛性

从任意选取的初始向量 $\boldsymbol{x}^{(0)}$ 出发，由雅可比迭代或高斯-塞德尔迭代法得到的向量序列

$\{\boldsymbol{x}^{(k)}\}$是否一定收敛呢？回答是不一定的。例如下面方程组

$$\begin{cases} x_1 - 10x_2 + 20x_3 = 11 \\ -10x_1 + x_2 - 5x_3 = -14 \\ 5x_1 - x_2 - x_3 = 3 \end{cases}$$

其精确解 $\boldsymbol{x}^* = (1, 1, 1)^{\mathrm{T}}$。

若用雅可比迭代法，其迭代格式为

$$\begin{cases} x_1^{(k+1)} = 10x_2^{(k)} - 20x_3^{(k)} + 11 \\ x_2^{(k+1)} = 10x_1^{(k)} + 5x_3^{(k)} - 14 \\ x_3^{(k+1)} = 5x_1^{(k)} - x_2^{(k)} - 3 \end{cases}$$

选取 $\boldsymbol{x}^{(0)} = (0, 0, 0)^{\mathrm{T}}$，计算结果如表 5.5.1 所示。

表 5.5.1　雅可比法迭代结果

k	$x_1^{(k)}$	$x_2^{(k)}$	$x_3^{(k)}$
0	0	0	0
1	11	−14	−3
2	−69	81	66
3	−931	−374	−267

由计算结果可以看出，向量序列$\{\boldsymbol{x}^{(k)}\}$是不会收敛到方程组的精确解的。因此在使用迭代法求解线性方程组时，分析收敛性是非常重要的。

雅可比迭代的向量形式(5.5.10)和高斯-塞德尔迭代的向量形式(5.5.13)都可以统一写成如下一般形式：

$$\boldsymbol{x}^{(k+1)} = \boldsymbol{H}\boldsymbol{x}^{(k)} + \boldsymbol{g} \tag{5.5.14}$$

其中，$\boldsymbol{H}$ 称为迭代矩阵。

下面我们先分析一般迭代公式(5.5.14)对任意初始向量 $\boldsymbol{x}^{(0)}$ 的收敛性。

定理 5.5.1　若 $\|\boldsymbol{H}\| < 1$（$\|\boldsymbol{H}\|$ 是 $\boldsymbol{H}$ 的某种算子范数），则一般迭代法(5.5.14)对任意初始向量 $\boldsymbol{x}^{(0)}$ 和 $\boldsymbol{g}$ 都收敛于方程组 $\boldsymbol{x} = \boldsymbol{H}\boldsymbol{x} + \boldsymbol{g}$ 的精确解 $\boldsymbol{x}^*$，且有下述误差估计式：

$$\|\boldsymbol{x}^{(k)} - \boldsymbol{x}^*\| \leqslant \frac{\|\boldsymbol{H}\|}{1 - \|\boldsymbol{H}\|} \|\boldsymbol{x}^{(k)} - \boldsymbol{x}^{(k-1)}\| \tag{5.5.15}$$

$$\|\boldsymbol{x}^{(k)} - \boldsymbol{x}^*\| \leqslant \frac{\|\boldsymbol{H}\|^k}{1 - \|H\|} \|\boldsymbol{x}^{(1)} - \boldsymbol{x}^{(0)}\| \tag{5.5.16}$$

证明　因为 $\|\boldsymbol{H}\| < 1$，由定理 1.3.7，$\boldsymbol{I} - \boldsymbol{H}$ 可逆，方程组

$$(\boldsymbol{I} - \boldsymbol{H})\boldsymbol{x} = \boldsymbol{g}$$

有唯一解 $\boldsymbol{x}^*$，满足 $\boldsymbol{x}^*=\boldsymbol{H}\boldsymbol{x}^*+\boldsymbol{g}$，于是

$$\boldsymbol{x}^{(k+1)}-\boldsymbol{x}^*=\boldsymbol{H}(\boldsymbol{x}^{(k)}-\boldsymbol{x}^*)=\boldsymbol{H}^2(\boldsymbol{x}^{(k-1)}-\boldsymbol{x}^*)=\cdots=\boldsymbol{H}^k(\boldsymbol{x}^{(1)}-\boldsymbol{x}^*) \tag{5.5.17}$$

上式两边取范数，得

$$\|\boldsymbol{x}^{(k+1)}-\boldsymbol{x}^*\|\leqslant\|\boldsymbol{H}\|\,\|\boldsymbol{x}^{(k)}-\boldsymbol{x}^*\|$$

$$\|\boldsymbol{x}^{(k+1)}-\boldsymbol{x}^*\|\leqslant\|\boldsymbol{H}\|^k\,\|\boldsymbol{x}^{(1)}-\boldsymbol{x}^*\| \tag{5.5.18}$$

由于 $\|\boldsymbol{H}\|<1$，因而 $\lim\limits_{k\to\infty}\|\boldsymbol{x}^{(k+1)}-\boldsymbol{x}^*\|=0$，即

$$\lim_{k\to\infty}\boldsymbol{x}^{(k)}=\boldsymbol{x}^*$$

这就证明了，若 $\|\boldsymbol{H}\|<1$，则一般迭代式(5.5.14)收敛于方程组 $\boldsymbol{x}=\boldsymbol{H}\boldsymbol{x}+\boldsymbol{g}$ 的解 $\boldsymbol{x}^*$。

由 $\boldsymbol{x}^{(k+1)}=\boldsymbol{H}\boldsymbol{x}^{(k)}+\boldsymbol{g}$ 减去 $\boldsymbol{x}^{(k)}=\boldsymbol{H}\boldsymbol{x}^{(k-1)}+\boldsymbol{g}$，得

$$\boldsymbol{x}^{(k+1)}-\boldsymbol{x}^{(k)}=\boldsymbol{H}(\boldsymbol{x}^{(k)}-\boldsymbol{x}^{(k-1)})$$

所以

$$\|\boldsymbol{x}^{(k+1)}-\boldsymbol{x}^{(k)}\|\leqslant\|\boldsymbol{H}\|\,\|\boldsymbol{x}^{(k)}-\boldsymbol{x}^{(k-1)}\| \tag{5.5.19}$$

另一方面

$$\begin{aligned}\|\boldsymbol{x}^{(k+1)}-\boldsymbol{x}^{(k)}\|&=\|(\boldsymbol{x}^*-\boldsymbol{x}^{(k)})-(\boldsymbol{x}^*-\boldsymbol{x}^{(k+1)})\|\\&\geqslant\|\boldsymbol{x}^*-\boldsymbol{x}^{(k)}\|-\|\boldsymbol{x}^*-\boldsymbol{x}^{(k+1)}\|\end{aligned}$$

由式(5.5.18)得

$$\begin{aligned}\|\boldsymbol{x}^{(k+1)}-\boldsymbol{x}^{(k)}\|&\geqslant\|\boldsymbol{x}^*-\boldsymbol{x}^{(k)}\|-\|\boldsymbol{H}\|\,\|\boldsymbol{x}^*-\boldsymbol{x}^{(k)}\|\\&=(1-\|\boldsymbol{H}\|)\,\|\boldsymbol{x}^{(k)}-\boldsymbol{x}^*\|\end{aligned}$$

因为 $\|\boldsymbol{H}\|<1$，所以有

$$\|\boldsymbol{x}^{(k)}-\boldsymbol{x}^*\|\leqslant\frac{1}{1-\|\boldsymbol{H}\|}\|\boldsymbol{x}^{(k+1)}-\boldsymbol{x}^{(k)}\|$$

由式(5.5.19)得

$$\|\boldsymbol{x}^{(k)}-\boldsymbol{x}^*\|\leqslant\frac{\|\boldsymbol{H}\|}{1-\|\boldsymbol{H}\|}\|\boldsymbol{x}^{(k)}-\boldsymbol{x}^{(k-1)}\|$$

此即误差估计式(5.5.15)。

反复利用上述的递推过程得

$$\begin{aligned}\|\boldsymbol{x}^{(k)}-\boldsymbol{x}^*\|&\leqslant\frac{\|\boldsymbol{H}\|}{1-\|\boldsymbol{H}\|}\|\boldsymbol{x}^{(k)}-\boldsymbol{x}^{(k-1)}\|\\&\leqslant\frac{\|\boldsymbol{H}\|^2}{1-\|\boldsymbol{H}\|}\|\boldsymbol{x}^{(k-1)}-\boldsymbol{x}^{(k-2)}\|\\&\leqslant\cdots\leqslant\frac{\|\boldsymbol{H}\|^k}{1-\|\boldsymbol{H}\|}\|\boldsymbol{x}^{(1)}-\boldsymbol{x}^{(0)}\|\end{aligned}$$

误差估计式(5.5.16)得证。

关于定理 5.5.1，值得注意以下几点：

(1) 由式(5.5.17)知，$\|\boldsymbol{H}\|$ 小于 1 且其值越小，一般迭代法(5.5.14)在迭代过程中的误差下降得越快，$\{\boldsymbol{x}^{(k)}\}$收敛到 $\boldsymbol{x}^*$ 的速度也越快。

(2) 如果事先给出误差精度 ε，由误差估计式(5.5.16)可以得到迭代次数的估计

$$K > \frac{\ln \dfrac{\varepsilon(1-\|\boldsymbol{H}\|)}{\|\boldsymbol{x}^{(1)}-\boldsymbol{x}^{(0)}\|}}{\ln\|\boldsymbol{H}\|}$$

(3) 在实际计算时，当 $\|\boldsymbol{H}\|$ 不太接近于 1 的情况下，利用第一个误差估计式可以作为终止迭代条件，即当

$$\|\boldsymbol{x}^{(k)}-\boldsymbol{x}^{(k-1)}\| < \varepsilon$$

时，迭代终止，并取 $\boldsymbol{x}^{(k)}$ 作为方程组的近似解。

(4) 如果雅可比迭代法和高斯-塞德尔迭代法的迭代矩阵的任何一种算子范数小于 1，则这两种迭代法必定收敛。

由于 $\rho(\boldsymbol{H})\leqslant\|\boldsymbol{H}\|$，即矩阵的算子范数 $\|\boldsymbol{H}\|$ 是它的谱半径的上界。因此，定理 5.5.1 是用谱半径的上界小于 1 作为判别一般迭代法收敛的一个**充分而非必要条件**。我们还可以进一步证明一般迭代法收敛的一个充要条件。

定理 5.5.2　一般迭代法 $\boldsymbol{x}^{(k+1)}=\boldsymbol{H}\boldsymbol{x}^{(k)}+\boldsymbol{g}$ 对任意的初始向量 $\boldsymbol{x}^{(0)}$ 及 $\boldsymbol{g}$ 都收敛的充要条件是

$$\rho(\boldsymbol{H}) < 1$$

证明　对任意的初始向量 $\boldsymbol{x}^{(0)}$ 及 $\boldsymbol{g}$，由式(5.5.17)知，$\boldsymbol{x}^{(k)}-\boldsymbol{x}^*=\boldsymbol{H}^k(\boldsymbol{x}^{(0)}-\boldsymbol{x}^*)$，因此 $\boldsymbol{x}^{(k)}$ 收敛到 $\boldsymbol{x}^*$ 等价于 $\boldsymbol{H}^k$ 收敛到零矩阵 $\boldsymbol{0}$。

由 $\boldsymbol{H}$ 的 Jordan 标准形知，存在可逆阵 $\boldsymbol{P}$，使得 $\boldsymbol{H}=\boldsymbol{PJP}^{-1}$，其中

$$\boldsymbol{J}=\begin{bmatrix} J_1 & & & \\ & J_2 & & \\ & & \ddots & \\ & & & J_r \end{bmatrix},\quad \boldsymbol{J}_i=\begin{bmatrix} \lambda_i & 1 & & \\ & \lambda_i & 1 & \\ & & \ddots & 1 \\ & & & \lambda_i \end{bmatrix}_{n_i\times n_i},\quad \sum_{i=1}^{r} n_i = n$$

这里假设 $\boldsymbol{H}$ 有 r 个互异的特征值 λ_i，$i=1, 2, \cdots, r$，λ_i 的重数为 n_i，于是

$$\boldsymbol{H}^k=(\boldsymbol{PJP}^{-1})^k=(\boldsymbol{PJP}^{-1})(\boldsymbol{PJP}^{-1})\cdots(\boldsymbol{PJP}^{-1})=\boldsymbol{PJ}^k\boldsymbol{P}^{-1}$$

从而

$$\boldsymbol{H}^k\to 0\Leftrightarrow \boldsymbol{J}^k\to 0\Leftrightarrow \boldsymbol{J}_i^k\to 0,\ i=1, 2, \cdots, n$$

其中，“⇔”表示命题等价。

又

$$
\boldsymbol{J}_i^k = \begin{bmatrix} \lambda_i^k & \binom{k}{1}\lambda_i^{k-1} & \cdots & \binom{k}{n_i-1}\lambda_i^{k-(n_i-1)} \\ & \lambda_i^k & & \\ & & \ddots & \binom{k}{1}\lambda_i^{k-1} \\ & & & \lambda_i^k \end{bmatrix}
$$

其中，$\binom{k}{j}$表示 k 个事物中取 j 个的组合数，因此

$$
\boldsymbol{J}_i^k \to 0 \Leftrightarrow |\lambda_i| < 1,\ i = 1, 2, \cdots, r
$$

从而有 $\boldsymbol{H}^k \to 0 \Leftrightarrow \rho(\boldsymbol{H}) = \max_{1 \leqslant i \leqslant r} |\lambda_i| < 1$。

注　定理 5.5.2 的证明表明，$\boldsymbol{x}^{(k)}$ 收敛到 $\boldsymbol{x}^*$ 的速度实际上取决于 $\rho(\boldsymbol{H})$的大小，$\rho(\boldsymbol{H})$越小，收敛速度越快。

例 5.5.1　设有线性方程组

$$
\begin{bmatrix} 1 & -2 & 2 \\ -1 & 1 & -1 \\ -2 & -2 & 1 \end{bmatrix} \begin{bmatrix} x_1 \\ x_2 \\ x_3 \end{bmatrix} = \begin{bmatrix} 1 \\ 0 \\ -2 \end{bmatrix}
$$

试讨论用雅可比迭代法和高斯-塞德尔迭代法解此方程组的收敛性。

解　(1) 雅可比迭代矩阵为

$$
\boldsymbol{H}_J = (\boldsymbol{I} - \boldsymbol{D}^{-1}\boldsymbol{A}) = \begin{bmatrix} 0 & -\frac{a_{12}}{a_{11}} & -\frac{a_{13}}{a_{11}} \\ -\frac{a_{21}}{a_{22}} & 0 & -\frac{a_{23}}{a_{22}} \\ -\frac{a_{31}}{a_{33}} & -\frac{a_{32}}{a_{33}} & 0 \end{bmatrix} = \begin{bmatrix} 0 & 2 & -2 \\ 1 & 0 & 1 \\ 2 & 2 & 0 \end{bmatrix}
$$

令 $\det(\boldsymbol{H}_J - \lambda\boldsymbol{I}) = -\lambda^3 = 0$，这里 det 表示矩阵的行列式，得 $\rho(\boldsymbol{H}_J) = 0 < 1$，故雅可比迭代法收敛。

(2) 高斯-塞德尔迭代矩阵为

$$
\boldsymbol{H}_{\mathrm{GS}} = -(\boldsymbol{D} + \boldsymbol{L})^{-1}\boldsymbol{U} = \begin{bmatrix} 0 & 2 & -2 \\ 0 & 2 & -1 \\ 0 & 8 & -6 \end{bmatrix}
$$

令 $\det(\boldsymbol{H}_{\mathrm{GS}} - \lambda\boldsymbol{I}) = -\lambda(\lambda^2 + 4\lambda - 4) = 0$，得 $\lambda_1 = 0$，$\lambda_2 = -2 + 2\sqrt{2}$，$\lambda_3 = -2 - 2\sqrt{2}$，从而 $\rho(\boldsymbol{H}_{\mathrm{GS}}) = \max\limits_{1 \leqslant i \leqslant 3} |\lambda_i| = 2 + 2\sqrt{2} > 1$，故高斯-塞德尔迭代法不收敛。

例 5.5.2　设有线性方程组

$$\begin{bmatrix} 1 & \frac{1}{2} & \frac{1}{2} \\ \frac{1}{2} & 1 & \frac{1}{2} \\ \frac{1}{2} & \frac{1}{2} & 1 \end{bmatrix} \begin{bmatrix} x_1 \\ x_2 \\ x_3 \end{bmatrix} = \begin{bmatrix} 2 \\ 1 \\ 0 \end{bmatrix}$$

试讨论用雅可比迭代法和高斯-塞德尔迭代法解此方程组的收敛性。

解　(1) 雅可比迭代矩阵为

$$\boldsymbol{H}_J = (\boldsymbol{I} - \boldsymbol{D}^{-1}\boldsymbol{A}) = \begin{bmatrix} 0 & -\frac{a_{12}}{a_{11}} & -\frac{a_{13}}{a_{11}} \\ -\frac{a_{21}}{a_{22}} & 0 & -\frac{a_{23}}{a_{22}} \\ -\frac{a_{31}}{a_{33}} & -\frac{a_{32}}{a_{33}} & 0 \end{bmatrix} = \begin{bmatrix} 0 & -\frac{1}{2} & -\frac{1}{2} \\ -\frac{1}{2} & 0 & -\frac{1}{2} \\ -\frac{1}{2} & -\frac{1}{2} & 0 \end{bmatrix}$$

令 $\det(\boldsymbol{H}_J - \lambda \boldsymbol{I}) = -(\lambda - 1/2)^2(\lambda + 1) = 0$，得 $\lambda_1 = -1$，$\lambda_2 = \lambda_3 = \frac{1}{2}$，从而 $\rho(\boldsymbol{B}) = 1$，故雅可比迭代法不收敛。

(2) 高斯-塞德尔迭代矩阵为

$$\boldsymbol{H}_{GS} = -(\boldsymbol{D} + \boldsymbol{L})^{-1}\boldsymbol{U} = \begin{bmatrix} 0 & -\frac{1}{2} & -\frac{1}{2} \\ 0 & \frac{1}{4} & -\frac{1}{4} \\ 0 & \frac{1}{8} & \frac{3}{8} \end{bmatrix}$$

令 $\det(\boldsymbol{H}_{GS} - \lambda \boldsymbol{I}) = -\frac{1}{8}\lambda(8\lambda^2 - 5\lambda + 1) = 0$，有 $\lambda_1 = 0$，$\lambda_{2,3} = \frac{5 \pm \mathrm{i}\sqrt{7}}{16}$，这里 i 表示虚数单位，因此 $\rho(\boldsymbol{G}) = \sqrt{2}/4 < 1$，故高斯-塞德尔迭代法收敛。

例 5.5.3　对线性方程组 $\boldsymbol{Ax} = \boldsymbol{b}$，其中

$$\boldsymbol{A} = \begin{bmatrix} 3 & 0 & -2 \\ 0 & 2 & 1 \\ -2 & 1 & 2 \end{bmatrix}$$

讨论用雅可比法和高斯-塞德尔法解上述方程组的收敛性；如果收敛，比较哪种方法收敛较快。

解　雅可比迭代矩阵为

$$\boldsymbol{H}_J=\begin{bmatrix}0 & 0 & \dfrac{2}{3}\\ 0 & 0 & -\dfrac{1}{2}\\ 1 & -\dfrac{1}{2} & 0\end{bmatrix}$$

令 $\det(\boldsymbol{H}_J-\lambda\boldsymbol{I})=\lambda(11/12-\lambda^2)=0$，得 $\lambda_1=0$，$\lambda_{2,3}=\pm\sqrt{11/12}$，从而

$$\rho(\boldsymbol{H}_J)=\sqrt{\frac{11}{12}}<1$$

高斯-塞德尔迭代矩阵

$$\boldsymbol{H}_{\mathrm{GS}}=\begin{bmatrix}3 & 0 & 0\\ 0 & 2 & 0\\ -2 & 1 & 2\end{bmatrix}^{-1}\begin{bmatrix}0 & 0 & 2\\ 0 & 0 & -1\\ 0 & 0 & 0\end{bmatrix}=\begin{bmatrix}0 & 0 & 2/3\\ 0 & 0 & -1/2\\ 0 & 0 & \dfrac{11}{12}\end{bmatrix}$$

令 $\det(\boldsymbol{H}_{\mathrm{GS}}-\lambda\boldsymbol{I})=\lambda^2(11/12-\lambda)=0$，有 $\lambda_1=11/12$，$\lambda_{2,3}=0$，从而

$$\rho(\boldsymbol{H}_{\mathrm{GS}})=\frac{11}{12}<1$$

故雅可比迭代和高斯-塞德尔迭代都收敛，且由于

$$\rho(\boldsymbol{H}_{\mathrm{GS}})=\frac{11}{12}<\sqrt{\frac{11}{12}}=\rho(\boldsymbol{H}_J)$$

故高斯-塞德尔方法较雅可比方法收敛快。

注意到，雅可比迭代法收敛，但 $\|\boldsymbol{H}_J\|_\infty=3/2>1$，$\|\boldsymbol{H}_J\|_1=7/6>1$，这说明 $\|\boldsymbol{H}\|<1$ 只是迭代收敛的充分条件，而非必要条件。但对于高斯-塞德尔迭代，可以通过判断 $\|\boldsymbol{H}_{\mathrm{GS}}\|_\infty=11/12<1$ 得到高斯-塞德尔迭代收敛。

上面的例子说明，对某个线性方程组，可能用雅可比迭代法收敛，而用高斯-塞德尔方法不收敛；也可能用雅可比方法不收敛，而用高斯-塞德尔方法收敛。当然也会出现这两种迭代方法都收敛或都不收敛的情形。应当指出，在两者都收敛的情况下，有时高斯-塞德尔方法收敛得快，而有时雅可比迭代法收敛得快，这取决于迭代矩阵的谱半径的大小。

上例也说明，虽然迭代矩阵的谱半径小于 1 是迭代收敛的充要条件，但求迭代矩阵的谱半径需要计算迭代矩阵的特征值，当矩阵的阶数比较大时，这是比较麻烦的，利用定理 5.5.1 中的充分条件会方便一点。

在实际应用中，经常遇到一些线性方程组，其**系数矩阵是对称正定矩阵**或者**按行严格对角占优阵**等，这时根据系数矩阵的性质可以方便地判别雅可比迭代和高斯-塞德尔迭代的收敛性。

定义 5.5.3 设 $\boldsymbol{A}=(a_{ij})_{n\times n}$，如果矩阵 $\boldsymbol{A}$ 的元素满足条件

$$|a_{ii}| > \sum_{\substack{j=1 \\ j \neq i}}^{n} |a_{ij}|, \quad i = 1, 2, \cdots, n$$

即矩阵 $\boldsymbol{A}$ 的每一行对角元素的绝对值都严格大于该行非对角元素绝对值之和，则称 $\boldsymbol{A}$ 为**按行严格对角占优矩阵**。

例如矩阵

$$\boldsymbol{A} = \begin{bmatrix} 3 & -1 & -1 \\ 2 & 5 & 1 \\ 1 & 0 & 2 \end{bmatrix}$$

就是按行严格对角占优矩阵。

下面我们先证明按行严格对角占优矩阵是非奇异矩阵，再来证明如果线性方程组的系数矩阵是按行严格对角占优矩阵，则用雅可比迭代和高斯-塞德尔迭代都收敛。

定理 5.5.3　如果 $\boldsymbol{A}=(a_{ij})_{n\times n}$ 为按行严格对角占优矩阵，则 $\boldsymbol{A}$ 为非奇异矩阵。

证明　若 $\boldsymbol{A}$ 奇异，则齐次线性方程组 $\boldsymbol{Ax}=\boldsymbol{0}$ 必有非零解 $\boldsymbol{x}=(x_1, x_2, \cdots, x_n)^{\mathrm{T}}$，设 $x_k = \max\limits_{1\leqslant i\leqslant n}|x_i| \neq 0$。于是由 $\boldsymbol{Ax}=\boldsymbol{0}$ 的第 k 个方程

$$\sum_{j=1}^{n} a_{kj} x_j = 0$$

得

$$|a_{kk} x_k| = \left|\sum_{\substack{j=1 \\ j \neq k}}^{n} a_{kj} x_j\right| \leqslant \sum_{\substack{j=1 \\ j \neq k}}^{n} |a_{kj}|\,|x_j| \leqslant |x_k| \sum_{\substack{j=1 \\ j \neq k}}^{n} |a_{kj}|$$

从而

$$|a_{kk}| \leqslant \sum_{\substack{j=1 \\ j \neq k}}^{n} |a_{kj}|$$

与假设矛盾，故 $\boldsymbol{A}$ 为非奇异矩阵。

定理 5.5.4　若线性方程组 $\boldsymbol{Ax}=\boldsymbol{b}$ 的系数矩阵 $\boldsymbol{A}$ 为按行严格对角占优矩阵，则解此方程组的雅可比迭代法和高斯-塞德尔迭代法都收敛。

证明　首先注意到，由定理 5.5.4 知 $\boldsymbol{A}$ 为非奇异矩阵，以及 $\boldsymbol{A}$ 为按行严格对角占优矩阵，知 $a_{ii}\neq 0$（因为若 $a_{ii}=0$，则由 $\sum\limits_{\substack{j=1 \\ j \neq i}}^{n} |a_{ij}| < |a_{ii}| = 0$ 知该行元素全为 0，从而矩阵奇异，与非奇异矛盾），$i = 1, 2, \cdots, n$，从而可建立雅可比迭代和高斯-塞德尔迭代。

现在来证明雅可比迭代法的收敛性。由于 $\boldsymbol{A}$ 为按行严格对角占优矩阵，所以

$$|a_{ii}| > \sum_{\substack{j=1 \\ j \neq i}}^{n} |a_{ij}|, \quad i = 1, 2, \cdots, n$$

即

$$\sum_{\substack{j=1\\j\neq i}}^{n}\left|\frac{a_{ij}}{a_{ii}}\right|<1, \quad i=1, 2, \cdots, n$$

令

$$\mu=\max_{1\leqslant i\leqslant n}\sum_{\substack{j=1\\j\neq i}}^{n}\left|\frac{a_{ij}}{a_{ii}}\right|$$

则 $\mu<1$。

将原方程组写成

$$\begin{cases}x_1=\dfrac{1}{a_{11}}(-a_{12}x_2-a_{13}x_3-\cdots-a_{1n}x_n+b_1)\\ x_2=\dfrac{1}{a_{22}}(-a_{21}x_1-a_{23}x_3-\cdots-a_{2n}x_n+b_2)\\ \quad\vdots\\ x_n=\dfrac{1}{a_{nn}}(-a_{n1}x_1-a_{n2}x_2-\cdots-a_{n,n-1}x_{n-1}+b_n)\end{cases}$$

雅可比迭代公式为

$$\begin{cases}x_1^{(k+1)}=\dfrac{1}{a_{11}}(-a_{12}x_2^{(k)}-a_{13}x_3^{(k)}-\cdots-a_{1n}x_n^{(k)}+b_1)\\ x_2^{(k+1)}=\dfrac{1}{a_{22}}(-a_{21}x_1^{(k)}-a_{23}x_3^{(k)}-\cdots-a_{2n}x_n^{(k)}+b_2)\\ \quad\vdots\\ x_n^{(k+1)}=\dfrac{1}{a_{nn}}(-a_{n1}x_1^{(k)}-a_{n2}x_2^{(k)}-\cdots-a_{n,n-1}x_{n-1}^{(k)}+b_n)\end{cases}$$

将上面两个方程组的第 i 个方程相减得

$$x_i^{(k+1)}-x_i=\sum_{\substack{j=1\\j\neq i}}^{n}\frac{a_{ij}}{a_{ii}}(x_j^{(k)}-x_j), i=1, 2, \cdots, n$$

令 $q_k=\max\limits_{1\leqslant j\leqslant n}|x_j^{(k)}-x_j|$，则有

$$|x_i^{(k+1)}-x_i|\leqslant\left(\sum_{\substack{j=1\\j\neq i}}^{n}\left|\frac{a_{ij}}{a_{ii}}\right|\right)\max_{1\leqslant j\leqslant n}|x_j^{(k)}-x_j|=q_k\sum_{\substack{j=1\\j\neq i}}^{n}\left|\frac{a_{ij}}{a_{ii}}\right|\leqslant q_k\max_{1\leqslant i\leqslant n}\sum_{\substack{j=1\\j\neq i}}^{n}\left|\frac{a_{ij}}{a_{ii}}\right|=\mu q_k$$

从而，对一切 i，成立不等式

$$|x_i^{(k+1)}-x_i|\leqslant\mu q_k$$

所以

$$q_{k+1}\leqslant\mu q_k$$

由此递推关系式可得

$$q_{k+1}\leqslant\mu q_k\leqslant\mu^2 q_{k-1}\leqslant\cdots\leqslant\mu^{k+1}q_0$$

由 $\mu<1$，有

$$\lim_{k\to\infty} q_k = 0$$

即

$$\lim_{k\to\infty} x_i^{(k)} = x_i, \quad i = 1, 2, \cdots, n$$

这就说明迭代向量序列 $\{\boldsymbol{x}^{(k)}\}$ 收敛于方程组 $\boldsymbol{Ax}=\boldsymbol{b}$ 的解。

再来证明高斯-塞德尔迭代法收敛。高斯-塞德尔迭代矩阵为

$$\boldsymbol{H}_{\mathrm{GS}} = -(\boldsymbol{D}+\boldsymbol{L})^{-1}\boldsymbol{U}$$

于是

$$\det(\lambda\boldsymbol{I}-\boldsymbol{H}_{\mathrm{GS}}) = \det(\lambda\boldsymbol{I}+(\boldsymbol{D}+\boldsymbol{L})^{-1}\boldsymbol{U}) = \det((\boldsymbol{D}+\boldsymbol{L})^{-1})\det(\lambda(\boldsymbol{D}+\boldsymbol{L})+\boldsymbol{U}) = 0$$

等价于

$$\det(\lambda(\boldsymbol{D}+\boldsymbol{L})+\boldsymbol{U}) = \det(\boldsymbol{C}) = 0$$

其中

$$\boldsymbol{C} = \lambda(\boldsymbol{D}+\boldsymbol{L})+\boldsymbol{U} = \begin{bmatrix} \lambda a_{11} & a_{12} & \cdots & a_{1n} \\ \lambda a_{21} & \lambda a_{22} & \cdots & a_{2n} \\ \vdots & \vdots & & \vdots \\ \lambda a_{1n} & \lambda a_{2n} & \cdots & \lambda a_{nn} \end{bmatrix}$$

若 $|\lambda|\geqslant 1$，则

$$|c_{ii}| = |\lambda a_{ii}| > \sum_{j=1}^{i-1}|\lambda a_{ij}| + \sum_{j=i+1}^{n}|\lambda a_{ij}| \geqslant \sum_{j=1}^{i-1}|\lambda a_{ij}| + \sum_{j=i+1}^{n}|a_{ij}| = \sum_{j=1,\, j\neq i}^{n}|c_{ij}|$$

即 $\boldsymbol{C}$ 为严格对角占优阵，$\det(\boldsymbol{C})$不可能为 0。这说明使 $\det(\boldsymbol{C})=0$ 的 λ，即 $\boldsymbol{H}_{\mathrm{GS}}$的特征值一定满足$|\lambda|<1$，从而 $\rho(\boldsymbol{H}_{\mathrm{GS}})<1$ ，因此 G－S 迭代收敛。

例如线性方程组

$$\begin{bmatrix} 3 & -1 & -1 \\ 2 & 5 & 1 \\ 1 & 0 & 2 \end{bmatrix}\begin{bmatrix} x_1 \\ x_2 \\ x_3 \end{bmatrix} = \begin{bmatrix} 1 \\ 2 \\ -1 \end{bmatrix}$$

的系数矩阵 $\boldsymbol{A}$ 是按行严格对角占优的，所以用雅可比迭代法和高斯-塞德尔迭代法都收敛。

定理 5.5.5　对线性方程组 $\boldsymbol{Ax}=\boldsymbol{b}$，

(1) 若系数矩阵 $\boldsymbol{A}$ 为对称正定矩阵，则高斯-塞德尔迭代法收敛。

(2) Jacobi 迭代法收敛的充要条件是 $\boldsymbol{A}$ 和 $2\boldsymbol{D}-\boldsymbol{A}$($\boldsymbol{D}$ 是 $\boldsymbol{A}$ 的对角元素构成的对角阵)都对称正定。

结论(1)是定理 5.6.2 的特例，证明包含在定理 5.6.2 的证明中。这里仅给出(2)的证明。

结论(2)的证明：先证充分性，注意对称正定矩阵 $\boldsymbol{A}$ 的对角元都是正数，将其开方得到

的对角阵记作 $D^{1/2}$，有 $D=D^{1/2}D^{1/2}$，Jacobi 迭代矩阵为

$$H_J = D^{-1}(L+U) = I - D^{-1}A = D^{-\frac{1}{2}}(I - D^{-\frac{1}{2}}AD^{-\frac{1}{2}})D^{\frac{1}{2}}$$

上式说明 H_J 与矩阵 $I-D^{-\frac{1}{2}}AD^{-\frac{1}{2}}$ 相似，有相同的特征值。由于 A 是实对称正定矩阵，$D^{-\frac{1}{2}}AD^{-\frac{1}{2}}$ 也是实对称正定矩阵，其特征值均为正实数，因此 $I-D^{-\frac{1}{2}}AD^{-\frac{1}{2}}$ 的特征值都小于 1。由相似性知，H_J 的特征值都小于 1。

另一方面，$H_J=D^{-1}(D-A)=D^{-1}(2D-A-D)=D^{-\frac{1}{2}}[D^{-\frac{1}{2}}(2D-A)D^{-\frac{1}{2}}-I]D^{\frac{1}{2}}$。类似地，由于 $2D-A$ 是实对称正定矩阵，$D^{-\frac{1}{2}}(2D-A)D^{-\frac{1}{2}}$ 也是实对称正定矩阵，其特征值均为正实数，因此 $D^{-\frac{1}{2}}(2D-A)D^{-\frac{1}{2}}-I$ 的特征值都大于 -1。由相似性知，H_J 的特征值都大于 -1。

综合两方面，H_J 的谱半径 $\rho(H_J)<1$，从而 Jacobi 迭代收敛。

必要性：充分性证明倒推回去即可。

5.6 超松弛迭代法

用雅可比迭代法或高斯-塞德尔迭代法解线性方程组时，即使收敛，有可能收敛速度很慢。比如例 5.5.3 中系数矩阵，对应高斯-塞德尔迭代矩阵的谱半径为 $\rho(H_{GS})=11/12$，非常接近于 1，用高斯-塞德尔迭代求解对应的方程组会收敛得很慢。超松弛（Successive Over Relaxation，SOR）迭代法是在高斯-塞德尔迭代法基础上建立起来的一种加速方法。

下面先介绍改善迭代法收敛速度的基本思想。

设给定线性方程组

$$Ax = b \tag{5.6.1}$$

将矩阵 A 分解为 $A=I-B$，则方程组(5.5.1)等价于

$$x = Bx + d,\ d = b$$

由此得到迭代公式

$$x^{(k+1)} = Bx^{(k)} + d \tag{5.6.2}$$

由于第 k 次近似解 $x^{(k)}$ 并不一定是 $Ax=b$ 的解，即余量 $r^{(k)}=b-Ax^{(k)}\neq 0$，于是式(5.6.2)可改写为

$$x^{(k+1)} = (I-A)x^{(k)} + b = x^{(k)} + b - Ax^{(k)} = x^{(k)} + r^{(k)}$$

上式说明，应用迭代法(5.6.2)解方程组，实际上是用余量 $r^{(k)}$ 来改进解的第 k 次近似 $x^{(k)}$，得到第 $k+1$ 次近似 $x^{(k+1)}$。为了加快 $x^{(k+1)}$ 的收敛速度，可考虑对余量 $r^{(k)}$ 乘上一个适当因子 ω，称为松弛因子，目的是希望 $x^{(k+1)}$ 更接近方程组的精确解，即 $x^{(k+1)}$ 收敛更快。这样就得到一个加速迭代公式：

$$x^{(k+1)} = x^{(k)} + \omega(b - Ax^{(k)}) \tag{5.6.3}$$

或

$$x_i^{(k+1)} = x_i^{(k)} + \omega(b_i - \sum_{j-1}^{n} a_{ij} x_j^{(k)}),\ i = 1,\ 2,\ \cdots,\ n$$

上面加速公式中，对余量的所有分量乘了同一个数。更一般的形式是

$$\boldsymbol{x}^{(k+1)} = \boldsymbol{x}^{(k)} + \omega \boldsymbol{P}(\boldsymbol{b} - \boldsymbol{A}\boldsymbol{x}^{(k)}) \tag{5.6.4}$$

显然，式(5.6.3)是式(5.6.4)当 $\boldsymbol{P}=\boldsymbol{I}$ 的特例，而雅可比迭代是式(5.6.4)当 $\boldsymbol{P}=\boldsymbol{D}^{-1}$，$\omega=1$ 的特例。

注意，式(5.6.3)和式(5.6.4)都是同步迭代。实际上，如何选择 $\boldsymbol{P}$ 和 ω，使得式(5.6.4)收敛并收敛得更快是一个非常困难的问题，实际中并不常用。

若在式(5.6.4)中，改用异步法，即用最新的分量计算余量：$\boldsymbol{b}-\boldsymbol{L}\boldsymbol{x}^{(k+1)}-(\boldsymbol{D}+\boldsymbol{U})\boldsymbol{x}^{(k)}$，则有

$$\boldsymbol{x}^{(k+1)} = \boldsymbol{x}^{(k)} + \omega \boldsymbol{P}(\boldsymbol{b} - \boldsymbol{L}\boldsymbol{x}^{(k+1)} - (\boldsymbol{D} + \boldsymbol{U})\boldsymbol{x}^{(k)}) \tag{5.6.5}$$

当 $\boldsymbol{P}=\boldsymbol{D}^{-1}$，$\omega=1$，式(5.6.5)就退化为高斯-塞德尔迭代。若只固定 $\boldsymbol{P}=\boldsymbol{D}^{-1}$，则可得到下面的逐次超松弛迭代法(Successive Over Relaxation Method)，简称 SOR 法：

$$\boldsymbol{x}^{(k+1)} = \boldsymbol{x}^{(k)} + \omega \boldsymbol{D}^{-1}(\boldsymbol{b} - \boldsymbol{L}\boldsymbol{x}^{(k+1)} - (\boldsymbol{D} + \boldsymbol{U})\boldsymbol{x}^{(k)}) \tag{5.6.6}$$

或

$$x_i^{(k+1)} = x_i^{(k)} + \frac{\omega}{a_{ii}}(b_i - \sum_{j=1}^{i-1} a_{ij} x_j^{(k+1)} - \sum_{j=i}^{n} a_{ij} x_j^{(k)}),\ i = 1,\ 2,\ \cdots,\ n \tag{5.6.7}$$

当松弛因子 $\omega<1$ 时，式(5.6.6)称为**欠松弛法**，当 $\omega>1$ 时，式(5.6.6)称为**超松弛法**。

超松弛法是解大型方程组，特别是大型稀疏方程组的有效方法之一。它具有计算公式简单，程序设计容易，占用计算机内贮单元较少等优点，但要选择好松弛因子 ω。

再次对比雅可比迭代(5.5.8)，高斯-塞德尔迭代(5.5.12)和超松弛迭代(5.6.7)，容易看出，高斯-塞德尔迭代是超松弛迭代当松弛因子 $\omega=1$ 的特例，而雅可比迭代是超松弛迭代当松弛因子 $\omega=1$，且用同步法计算余量的特例。若将松弛因子 ω 看成算法的参数，同步或异步看成计算余量的选择项，则三种方法的内部计算相同，代码可以共享。

下面讨论超松弛迭代法的收敛性。为此，需要将超松弛迭代公式(5.6.6)改写为一般形式的样子。首先由式(5.6.6)可得

$$\boldsymbol{D}\boldsymbol{x}^{(k+1)} = (1 - \omega)\boldsymbol{D}\boldsymbol{x}^{(k)} + \omega(\boldsymbol{b} - \boldsymbol{L}\boldsymbol{x}^{(k+1)} - \boldsymbol{U}\boldsymbol{x}^{(k)})$$

或

$$(\boldsymbol{D} + \omega \boldsymbol{L})\boldsymbol{x}^{(k+1)} = [(1 - \omega)\boldsymbol{D} - \omega \boldsymbol{U}]\boldsymbol{x}^{(k)} + \omega \boldsymbol{b}$$

设 $a_{ii}\neq 0$，$i=1,\ 2,\ \cdots,\ n$，则 $\det(\boldsymbol{D}+\omega\boldsymbol{L})\neq 0$，于是有

$$\boldsymbol{x}^{(k+1)} = (\boldsymbol{D} + \omega \boldsymbol{L})^{-1}[(1 - \omega)\boldsymbol{D} - \omega \boldsymbol{U}]\boldsymbol{x}^{(k)} + (\boldsymbol{D} + \omega \boldsymbol{L})^{-1}\omega \boldsymbol{b} \tag{5.6.8}$$

其迭代矩阵为

$$\boldsymbol{L}_{\omega} = (\boldsymbol{D} + \omega \boldsymbol{L})^{-1}((1 - \omega)\boldsymbol{D} - \omega \boldsymbol{U})$$

由定理 5.5.2 知，超松弛迭代法收敛的充要条件是

$$\rho(\boldsymbol{L}_\omega) < 1$$

定理 5.6.1(SOR 方法收敛的必要条件) 如果解线性方程组 $\boldsymbol{Ax}=\boldsymbol{b}$，$a_{ii}\neq 0$，$i=1, 2, \cdots, n$ 的 SOR 方法收敛，则必有

$$0 < \omega < 2$$

证明 因为 SOR 方法收敛，所以 $\rho(\boldsymbol{L}_\omega)<1$。

设 $\lambda_1, \lambda_2, \cdots, \lambda_n$ 为 $\boldsymbol{L}_\omega$ 的全体特征值，由 $\boldsymbol{L}_\omega$ 的特征值与 $\boldsymbol{L}_\omega$ 的行列式的关系知

$$|\det(\boldsymbol{L}_\omega)| = |\lambda_1\lambda_2\cdots\lambda_n| \leqslant (\rho(\boldsymbol{L}_\omega))^n$$

从而

$$|\det(\boldsymbol{L}_\omega)|^{1/n} \leqslant \rho(\boldsymbol{L}_\omega) < 1$$

又

$$\begin{aligned}\det(\boldsymbol{L}_\omega) &= \det((\boldsymbol{D}+\omega\boldsymbol{L})^{-1})\det((1-\omega)\boldsymbol{D}-\omega\boldsymbol{U}) \\ &= (a_{11}a_{22}\cdots a_{nn})^{-1}\ (1-\omega)^n(a_{11}a_{22}\cdots a_{nn}) = (1-\omega)^n\end{aligned}$$

因此

$$|(1-\omega)^n| < 1$$

这等价于

$$|1-\omega| < 1$$

从而

$$0 < \omega < 2$$

证毕。

定理 5.6.1 给出了超松弛迭代法(SOR 法)收敛的必要条件。就是说，只有松弛因子 ω 在(0, 2)内取值时，超松弛迭代法才可能收敛。

若线性方程组 $\boldsymbol{Ax}=\boldsymbol{b}$ 的系数矩阵 $\boldsymbol{A}$ 为对称正定矩阵或按行严格对角占优阵，超松弛迭代法的收敛性见定理 5.6.2 和定理 5.6.3。

定理 5.6.2 线性方程组 $\boldsymbol{Ax}=\boldsymbol{b}$ 的系数矩阵 $\boldsymbol{A}$ 为对称正定矩阵，且 $0<\omega<2$，则解此方程组的 SOR 方法收敛。

证明 只需证明在定理条件下 SOR 迭代矩阵的所有特征值的模都小于 1。

设 λ 是 $\boldsymbol{L}_\omega$ 的任一特征值，对应特征向量 $\boldsymbol{y}$，即

$$\boldsymbol{L}_\omega\boldsymbol{y} = \lambda\boldsymbol{y},\ \boldsymbol{y} = (y_1, y_2, \cdots, y_n)^{\mathrm{T}} \neq 0$$

或

$$(\boldsymbol{D}+\omega\boldsymbol{L})^{-1}((1-\omega)\boldsymbol{D}-\omega\boldsymbol{U})\boldsymbol{y} = \lambda\boldsymbol{y}$$

于是

$$[(1-\omega)\boldsymbol{D}-\omega\boldsymbol{U}]\boldsymbol{y} = \lambda(\boldsymbol{D}+\omega\boldsymbol{L})\boldsymbol{y}$$

从而

$$(((1-\omega)\boldsymbol{D}-\omega\boldsymbol{U})\boldsymbol{y},\ \boldsymbol{y})=\lambda((\boldsymbol{D}+\omega\boldsymbol{L})\boldsymbol{y},\ \boldsymbol{y})$$

其中，(,)表示向量内积，因此

$$\lambda=\frac{(((1-\omega)\boldsymbol{D}-\omega\boldsymbol{U})\boldsymbol{y},\ \boldsymbol{y})}{((\boldsymbol{D}+\omega\boldsymbol{L})\boldsymbol{y},\ \boldsymbol{y})}=\frac{(\boldsymbol{Dy},\ \boldsymbol{y})-\omega(\boldsymbol{Dy},\ \boldsymbol{y})-\omega(\boldsymbol{Uy},\ \boldsymbol{y})}{(\boldsymbol{Dy},\ \boldsymbol{y})+\omega(\boldsymbol{Ly},\ \boldsymbol{y})}$$

由 $\boldsymbol{A}$ 的正定性知 $\boldsymbol{D}$ 也正定，从而

$$(\boldsymbol{Dy},\ \boldsymbol{y})=\sum_{i=1}^{n}a_{ii}\ |y_i|^2\equiv\sigma>0$$

令 $(\boldsymbol{Ly},\ \boldsymbol{y})=\alpha+\mathrm{i}\beta$，由 $\boldsymbol{A}$ 的对称性，$\boldsymbol{U}=\boldsymbol{L}^t$，因此

$$(\boldsymbol{Uy},\ \boldsymbol{y})=\boldsymbol{y}^t\boldsymbol{Uy}=\boldsymbol{y}^t\boldsymbol{L}^t\boldsymbol{y}=(\boldsymbol{y},\ \boldsymbol{Ly})=\overline{(\boldsymbol{Ly},\ \boldsymbol{y})}=\alpha-i\beta$$

再由 $\boldsymbol{A}$ 的正定性，有

$$\begin{aligned}\boldsymbol{y}^t\boldsymbol{Ay}&=(\boldsymbol{Ay},\ \boldsymbol{y})=((\boldsymbol{L}+\boldsymbol{D}+\boldsymbol{U})\boldsymbol{y},\ \boldsymbol{y})\\&=(\boldsymbol{Ly},\ \boldsymbol{y})+(\boldsymbol{Dy},\ \boldsymbol{y})+(\boldsymbol{Uy},\ \boldsymbol{y})=\sigma+2\alpha>0\end{aligned}$$

再考虑到

$$\lambda=\frac{\sigma-\omega\sigma-\omega(\alpha-\mathrm{i}\beta)}{\sigma+\omega(\alpha+\mathrm{i}\beta)}=\frac{(\sigma-\omega\sigma-\omega\alpha)+\mathrm{i}\omega\beta}{(\sigma+\omega\alpha)+\mathrm{i}\omega\beta}$$

因此

$$|\lambda|^2=\frac{(\sigma-\omega\sigma-\omega\alpha)^2+\omega^2\beta^2}{(\sigma+\omega\alpha)^2+\omega^2\beta^2}$$

由于

$$(\sigma-\omega\sigma-\omega\alpha)^2-(\sigma+\omega\alpha)^2=\omega\sigma(\sigma+2\alpha)(\omega-2)<0$$

所以

$$|\lambda|<1$$

证毕。

当 $\omega=1$ 时，SOR 就是 Gauss-Seidel 迭代，因此若**方程组 $\boldsymbol{Ax}=\boldsymbol{b}$ 的系数矩阵 $\boldsymbol{A}$** 为对称正定矩阵，则 Gauss-Seidel 迭代一定收敛，这是定理 5.5.5 的结论(1)。

若方程组 $\boldsymbol{Ax}=\boldsymbol{b}$ 的系数矩阵 $\boldsymbol{A}$ 是严格对角占优阵，SOR 迭代的收敛性有如下结论。

定理 5.6.3　若线性方程组 $\boldsymbol{Ax}=\boldsymbol{b}$ 的系数矩阵 $\boldsymbol{A}$ 是按行严格对角占优阵，则当松弛因子 ω 满足 $0<\omega\leqslant1$ 时，对任意初始向量，SOR 迭代法收敛。

定理的证明需要如下定理。

定理 5.6.4　设 λ 是常数，$0<\omega\leqslant1$，则当 $|\lambda|\geqslant1$ 时，总有

$$|\lambda-1+\omega|\geqslant|\lambda|\omega\geqslant\omega$$

证明　首先证明不等式的左端成立。

当 $\lambda=1$ 时，不等式显然成立；当 $\lambda>1$ 时，$\lambda-1>0$，又 $0<\omega\leqslant1$，故有 $\lambda-1\geqslant(\lambda-1)\omega$，即 $|\lambda-1+\omega|\geqslant|\lambda|\omega$。

当 $\lambda\leqslant-1$ 时，$1-\lambda>0$，同理由 $0<\omega\leqslant1$ 得，$1-\lambda\geqslant\omega(1-\lambda)$，即 $1-\lambda-\omega\geqslant-\lambda\omega$。又由于 $1-\lambda-\omega>0$ 和 $-\lambda\omega>0$，所以 $|1-\lambda-\omega|\geqslant|-\lambda\omega|$，即 $|1-\lambda-\omega|\geqslant|\lambda|\omega$。

其次，由 $|\lambda|\geqslant1$，$0<\omega\leqslant1$，不等式右端显然成立。

定理 5.6.3 的证明　首先注意，按行严格对角占优阵 $\boldsymbol{A}$ 的对角元素 $a_{ii}\neq0$，$i=1,\cdots,n$，否则，若某个对角元素 $a_{ii}=0$，则由严格对角占优性知，该行元素全为 0，从而 $\boldsymbol{A}$ 不可逆，这与严格对角占优阵可逆矛盾。

设 λ 为 SOR 迭代矩阵 $\boldsymbol{L}_\omega=(\boldsymbol{D}+\omega\boldsymbol{L})^{-1}[(1-\omega)\boldsymbol{D}-\omega\boldsymbol{U}]$ 的任一特征值，则

$$\begin{aligned}\det(\lambda\boldsymbol{I}-\boldsymbol{L}_\omega)&=\det\{\lambda\boldsymbol{I}-(\boldsymbol{D}+\omega\boldsymbol{L})^{-1}[(1-\omega)\boldsymbol{D}-\omega\boldsymbol{U}]\}\\&=\det(\boldsymbol{D}+\omega\boldsymbol{L})^{-1}\det\{\lambda(\boldsymbol{D}+\omega\boldsymbol{L})-[(1-\omega)\boldsymbol{D}-\omega\boldsymbol{U}]\}\\&=0\end{aligned}$$

由于 $\det(\boldsymbol{D}+\omega\boldsymbol{L})^{-1}=\dfrac{1}{a_{11}a_{22}\cdots a_{nn}}\neq0$，故有

$$\det\{(\lambda-1+\omega)\boldsymbol{D}+\lambda\omega\boldsymbol{L}+\omega\boldsymbol{U}\}=0$$

由 $\boldsymbol{A}$ 按行对角占优，有 $|a_{ii}|>\sum\limits_{j\neq i}|a_{ij}|$，$\forall i=1,2,\cdots,n$ 成立，记 $\boldsymbol{R}_i(\boldsymbol{A})=\sum\limits_{j\neq i}|a_{ij}|$，则有

$$|a_{ii}|>\boldsymbol{R}_i(\boldsymbol{A})=\boldsymbol{R}_i(\boldsymbol{L})+\boldsymbol{R}_i(\boldsymbol{U})\qquad(5.6.9)$$

设 $\boldsymbol{L}_\omega$ 至少有一个特征值 $|\lambda|>1$，则由定理 5.6.4，有 $|\lambda-1+\omega|\geqslant|\lambda|\omega$，对式(5.6.9)左端乘以 $|\lambda-1+\omega|$，右端乘以 $|\lambda|\omega$，有

$$\begin{aligned}&|\lambda-1+\omega||a_{ii}|>|\lambda|\omega[\boldsymbol{R}_i(\boldsymbol{L})+\boldsymbol{R}_i(\boldsymbol{U})]>|\lambda|\omega\boldsymbol{R}_i(\boldsymbol{L})+\omega\boldsymbol{R}_i(\boldsymbol{U})\\&=\boldsymbol{R}_i(|\lambda|\omega\boldsymbol{L})+\boldsymbol{R}_i(\omega\boldsymbol{U})\\&=\boldsymbol{R}_i(|\lambda|\omega\boldsymbol{L}+\omega\boldsymbol{U})\end{aligned}$$

这说明 $(\lambda-1+\omega)\boldsymbol{D}+\lambda\omega\boldsymbol{L}+\omega\boldsymbol{U}$ 是按行严格对角占优阵，从而非奇异，这与 $\det\{(\lambda-1+\omega)\boldsymbol{D}+\lambda\omega\boldsymbol{L}+\omega\boldsymbol{U}\}=0$ 矛盾。因此，$\boldsymbol{L}_\omega$ 的特征值都满足 $\rho(\boldsymbol{L}_\omega)<1$，从而 SOR 收敛。

例 5.6.1　试分别用雅可比迭代法，高斯-塞德尔迭代法和超松弛迭代法(取 $\omega=1.15$)解线性方程组

$$\begin{cases}5x_1+x_2-x_3-2x_4=-2\\2x_1+8x_2+x_3+3x_4=-6\\x_1-2x_2-4x_3-x_4=6\\-x_1+3x_2+2x_3+7x_4=12\end{cases}$$

当 $\max\limits_{1\leqslant i\leqslant4}|x_i^{(k+1)}-x_i^{(k)}|<10^{-5}$ 时迭代终止，方程组的精确解为 $\boldsymbol{x}^*=(1,-2,-1,3)^{\mathrm{T}}$。

解　取 $\boldsymbol{x}^{(0)}=(0,0,0,0)^{\mathrm{T}}$。雅可比迭代公式为

$$\begin{cases} x_1^{(k+1)}=x_1^{(k)}+\dfrac{1}{5}(-2-5x_1^{(k)}-x_2^{(k)}+x_3^{(k)}+2x_4^{(k)}) \\ x_2^{(k+1)}=x_2^{(k)}+\dfrac{1}{8}(-6-2x_1^{(k)}-8x_2^{(k)}-x_3^{(k)}-3x_4^{(k)}) \\ x_3^{(k+1)}=x_3^{(k)}-\dfrac{1}{4}(6-x_1^{(k)}+2x_2^{(k)}+4x_3^{(k)}+x_4^{(k)}) \\ x_4^{(k+1)}=x_4^{(k)}+\dfrac{1}{7}(12+x_1^{(k+1)}-3x_2^{(k+1)}-2x_3^{(k+1)}-7x_4^{(k)}) \end{cases}$$

迭代 24 次，得近似解

$$\boldsymbol{x}^{(24)}=(0.999\,994\,1,-1.999\,995\,0,-1.000\,004\,0,2.999\,999\,0)^{\mathrm{T}}$$

高斯-塞德尔迭代公式为

$$\begin{cases} x_1^{(k+1)}=x_1^{(k)}+\dfrac{1}{5}(-2-5x_1^{(k)}-x_2^{(k)}+x_3^{(k)}+2x_4^{(k)}) \\ x_2^{(k+1)}=x_2^{(k)}+\dfrac{1}{8}(-6-2x_1^{(k+1)}-8x_2^{(k)}-x_3^{(k)}-3x_4^{(k)}) \\ x_3^{(k+1)}=x_3^{(k)}-\dfrac{1}{4}(6-x_1^{(k+1)}+2x_2^{(k+1)}+4x_3^{(k)}+x_4^{(k)}) \\ x_4^{(k+1)}=x_4^{(k)}+\dfrac{1}{7}(12+x_1^{(k+1)}-3x_2^{(k+1)}-2x_3^{(k+1)}-7x_4^{(k)}) \end{cases}$$

迭代 14 次，得近似解

$$\boldsymbol{x}^{(14)}=(0.999\,996\,6,-1.999\,997\,0,-1.000\,001\,0,2.999\,999\,0)^{\mathrm{T}}$$

超松弛迭代法的迭代公式为

$$\begin{cases} x_1^{(k+1)}=x_1^{(k)}+\dfrac{\omega}{5}(-2-5x_1^{(k)}-x_2^{(k)}+x_3^{(k)}+2x_4^{(k)}) \\ x_2^{(k+1)}=x_2^{(k)}+\dfrac{\omega}{8}(-6-2x_1^{(k+1)}-8x_2^{(k)}-x_3^{(k)}-3x_4^{(k)}) \\ x_3^{(k+1)}=x_3^{(k)}-\dfrac{\omega}{4}(6-x_1^{(k+1)}+2x_2^{(k+1)}+4x_3^{(k)}+x_4^{(k)}) \\ x_4^{(k+1)}=x_4^{(k)}+\dfrac{\omega}{7}(12+x_1^{(k+1)}-3x_2^{(k+1)}-2x_3^{(k+1)}-7x_4^{(k)}) \end{cases}$$

取 $\omega=1.15$，迭代 8 次得近似解

$$\boldsymbol{x}^{(8)}=(0.999\,996\,5,-1.999\,997\,0,-1.000\,001\,0,2.999\,999\,0)^{\mathrm{T}}$$

由此例可以看出，只要松弛因子 ω 选择得好，超松弛迭代法的收敛速度是比较快的。

例 5.6.2　用 SOR 方法解方程组

$$\begin{bmatrix} -4 & 1 & 1 & 1 \\ 1 & -4 & 1 & 1 \\ 1 & 1 & -4 & 1 \\ 1 & 1 & 1 & -4 \end{bmatrix} \begin{bmatrix} x_1 \\ x_2 \\ x_3 \\ x_4 \end{bmatrix} = \begin{bmatrix} 1 \\ 1 \\ 1 \\ 1 \end{bmatrix}$$

它的精确解为 $\boldsymbol{x}^* = (-1, -1, -1, -1)^{\mathrm{T}}$。

解　取 $\boldsymbol{x}^{(0)}=0$，迭代公式为

$$\begin{cases} x_1^{(k+1)} = x_1^{(k)} - \omega(1 + 4x_1^{(k)} - x_2^{(k)} - x_3^{(k)} - x_4^{(k)})/4 \\ x_2^{(k+1)} = x_2^{(k)} - \omega(1 - x_1^{(k+1)} + 4x_2^{(k)} - x_3^{(k)} - x_4^{(k)})/4 \\ x_3^{(k+1)} = x_3^{(k)} - \omega(1 - x_1^{(k+1)} - x_2^{(k+1)} + 4x_3^{(k)} - x_4^{(k)})/4 \\ x_4^{(k+1)} = x_4^{(k)} - \omega(1 - x_1^{(k+1)} - x_2^{(k+1)} - x_3^{(k+1)} + 4x_4^{(k)})/4 \end{cases}$$

取 $\omega=1.3$，迭代 11 次的结果为

$$\boldsymbol{x}^{(11)} = (-0.999\,996\,46, -1.000\,003\,0, -0.999\,999\,53, -0.999\,999\,12)^{\mathrm{T}}$$

$$\| \boldsymbol{x}^{(11)} - \boldsymbol{x}^* \|_2 \leqslant 0.46 \times 10^{-5}$$

ω 取其他值，迭代结果的误差 $\| \boldsymbol{x}^{(k)} - \boldsymbol{x}^* \|_2 < 10^{-5}$ 的迭代次数见表 5.6.1。

从此例可以看到，松弛因子选择得好，会使 SOR 方法的收敛大大加速。表 5.6.1 中 $\omega=1.3$ 是最佳松弛因子。

表 5.6.1　例 5.6.2 的迭代次数

松弛因子 ω	满足误差 $\| \boldsymbol{x}^{(k)} - \boldsymbol{x}^* \|_2 < 10^{-5}$ 的迭代次数
1.0	22
1.1	17
1.2	12
1.3	11(最少迭代次数)
1.4	14
1.5	17
1.6	23
1.7	33
1.8	53
1.9	109

5.7　广　义　逆

对于一个 $n\times n$ 的方阵 $\boldsymbol{A}$，如果 $\det\boldsymbol{A}\neq 0$，则存在逆矩阵 $\boldsymbol{A}^{-1}$，满足 $\boldsymbol{A}\boldsymbol{A}^{-1}=\boldsymbol{A}^{-1}\boldsymbol{A}=\boldsymbol{I}$。当矩阵不是方阵时，可以把逆矩阵的概念推广到广义逆。

定义 5.7.1(广义逆)　设 $\boldsymbol{A}$ 是一个 $m\times n$ 矩阵，若 $\boldsymbol{A}^+$ 是一个 $n\times m$ 矩阵，且满足

(1) $\boldsymbol{AA}^+\boldsymbol{A}=\boldsymbol{A}$；

(2) $\boldsymbol{A}^+\boldsymbol{AA}^+=\boldsymbol{A}^+$；

(3) $\boldsymbol{AA}^+=(\boldsymbol{AA}^+)^{\mathrm{T}}$；

(4) $\boldsymbol{A}^+\boldsymbol{A}=(\boldsymbol{A}^+\boldsymbol{A})^{\mathrm{T}}$，

则称 $\boldsymbol{A}^+$ 为 $\boldsymbol{A}$ 的 Moore-Penrosc 逆，简称广义逆。

定理 5.7.1(广义逆的存在唯一性)　任意矩阵存在唯一的广义逆。

证明　对任意的 $m\times n$ 矩阵 $\boldsymbol{A}$，都有奇异值分解 $\boldsymbol{A}=\boldsymbol{U}\begin{pmatrix}\boldsymbol{\Sigma} & \boldsymbol{0}\\ \boldsymbol{0} & \boldsymbol{0}\end{pmatrix}\boldsymbol{V}$，其中 $\boldsymbol{U}$、$\boldsymbol{V}$ 是两个正交阵。令 $\boldsymbol{A}^+=\boldsymbol{V}\begin{pmatrix}\boldsymbol{\Sigma}^{-1} & \boldsymbol{0}\\ \boldsymbol{0} & \boldsymbol{0}\end{pmatrix}\boldsymbol{U}^{\mathrm{T}}$，可直接验证 $\boldsymbol{A}^+$ 满足条件(1)～(4)，因此广义逆存在。

唯一性。假设 $\boldsymbol{X}$、$\boldsymbol{Y}$ 都是 $\boldsymbol{A}$ 的广义逆，则

$$\begin{aligned}\boldsymbol{X}&\overset{2}{=}\boldsymbol{XAX}\overset{3}{=}\boldsymbol{X}(\boldsymbol{AX})^{\mathrm{T}}=\boldsymbol{XX}^{\mathrm{T}}\boldsymbol{A}^{\mathrm{T}}\overset{1}{=}\boldsymbol{XX}^{\mathrm{T}}(\boldsymbol{AYA})^{\mathrm{T}}\\&=\boldsymbol{XX}^{\mathrm{T}}\boldsymbol{A}^{\mathrm{T}}(\boldsymbol{AY})^{\mathrm{T}}\overset{3}{=}\boldsymbol{X}(\boldsymbol{AX})^{\mathrm{T}}(\boldsymbol{AY})\overset{2,3}{=}\boldsymbol{XAX}(\boldsymbol{AYA})\boldsymbol{Y}\\&=\boldsymbol{X}(\boldsymbol{AXA})\boldsymbol{YAY}\overset{1,4}{=}\boldsymbol{XA}(\boldsymbol{YA})^{\mathrm{T}}\boldsymbol{Y}=\boldsymbol{XAA}^{\mathrm{T}}\boldsymbol{Y}^{\mathrm{T}}\boldsymbol{Y}\\&\overset{4}{=}(\boldsymbol{XA})^{\mathrm{T}}\boldsymbol{A}^{\mathrm{T}}\boldsymbol{Y}^{\mathrm{T}}\boldsymbol{Y}=\boldsymbol{A}^{\mathrm{T}}\boldsymbol{X}^{\mathrm{T}}\boldsymbol{A}^{\mathrm{T}}\boldsymbol{Y}^{\mathrm{T}}\boldsymbol{Y}\overset{1}{=}\boldsymbol{A}^{\mathrm{T}}\boldsymbol{Y}^{\mathrm{T}}\boldsymbol{Y}\overset{4}{=}\boldsymbol{YAY}\overset{2}{=}\boldsymbol{Y}\end{aligned}$$

广义逆常用于求超定方程和欠定方程的最小二乘解。

对超定方程 $\boldsymbol{Ax}=\boldsymbol{b}$，$\boldsymbol{A}\in\mathbf{R}^{m\times n}$，$m>n$，且 $\boldsymbol{A}$ 列满秩，$\mathrm{rank}(\boldsymbol{A})=n$，这时方程的个数大于未知量的个数，方程可能无解。一般求其最小二乘解 $\boldsymbol{x}^*$，满足

$$\|\boldsymbol{Ax}^*-\boldsymbol{b}\|_2=\min_{x\in\mathbf{R}^n}\|\boldsymbol{Ax}-\boldsymbol{b}\|_2$$

由最小二乘法知，此时法方程为 $\boldsymbol{A}^{\mathrm{T}}\boldsymbol{Ax}^*=\boldsymbol{A}^{\mathrm{T}}\boldsymbol{b}$，从而 $\boldsymbol{x}^*=(\boldsymbol{A}^{\mathrm{T}}\boldsymbol{A})^{-1}\boldsymbol{A}^{\mathrm{T}}\boldsymbol{b}$。记 $\boldsymbol{A}^+=(\boldsymbol{A}^{\mathrm{T}}\boldsymbol{A})^{-1}\boldsymbol{A}^{\mathrm{T}}$，直接验证可得 $\boldsymbol{A}^+$ 满足条件(1)～(4)，故 $\boldsymbol{x}^*=\boldsymbol{A}^+\boldsymbol{b}$。

对欠定方程 $\boldsymbol{Ax}=\boldsymbol{b}$，$\boldsymbol{A}\in\mathbf{R}^{m\times n}$，$m<n$，且设 $\boldsymbol{A}$ 列满秩，$\mathrm{rank}(\boldsymbol{A})=m$，这时方程的个数小于未知量的个数，有无穷多解。对应的最小二乘问题是在所有可能的解中寻找 2 范数最小的，称为能量最小化最小二乘解，即

$$\|\boldsymbol{x}^*\|_2=\min_{\boldsymbol{x}\in\boldsymbol{S}}\|\boldsymbol{x}\|_2,\ \boldsymbol{S}=\{\boldsymbol{x}\mid\boldsymbol{Ax}=\boldsymbol{b}\}\tag{5.7.1}$$

可以证明式(5.7.1)的解为 $\boldsymbol{x}^*=\boldsymbol{A}^+\boldsymbol{b}$，其中 $\boldsymbol{A}^+=\boldsymbol{A}^{\mathrm{T}}(\boldsymbol{AA}^{\mathrm{T}})^{-1}$。

证明　$\boldsymbol{A}\in\mathbf{R}^{m\times n}$，$m<n$，$\mathrm{rank}(\boldsymbol{A})=m$，设 $\boldsymbol{A}$ 的奇异值分解为

$$\boldsymbol{A}=\boldsymbol{U}\begin{bmatrix}\boldsymbol{\Sigma} & \boldsymbol{0}\\ \boldsymbol{0} & \boldsymbol{0}\end{bmatrix}\boldsymbol{V}^{\mathrm{T}}$$

则

$$\|Ax-b\|_2^2 = \|AVV^{\mathrm{T}}x-b\|_2^2 = \|U^{\mathrm{T}}AVV^{\mathrm{T}}x-U^{\mathrm{T}}b\|_2^2$$

令 $V^{\mathrm{T}}x=\alpha=(\alpha_1, \cdots, \alpha_n)^{\mathrm{T}}$，则

$$\|Ax-b\|_2^2 = \left\|\begin{bmatrix}\Sigma & 0\\ 0 & 0\end{bmatrix}\alpha-U^{\mathrm{T}}b\right\|_2^2 = \sum_{i=1}^{m}(\sigma_i\alpha_i-u_i^{\mathrm{T}}b)^2$$

因为 $Ax-b=0$，所以 $\sigma_i\alpha_i=u_i^{\mathrm{T}}b$，$i=1\sim m$，即 $\alpha_i=u_i^{\mathrm{T}}b/\sigma_i$，$i=1\sim m$，而其余 α_i，$i=m+1$，…，n 可以任意取值。注意到 $\|x\|_2^2=\|V^{\mathrm{T}}x\|_2^2=\|\alpha\|_2^2$，故为使 $\|x\|_2^2$ 极小，必须取 $\alpha_{m+1}=\cdots=\alpha_n=0$。所以最终的解为

$$x^* = V\alpha = (v_1 \quad v_2 \quad \cdots \quad v_n)\begin{pmatrix}\dfrac{u_1^{\mathrm{T}}b}{\sigma_1}\\ \vdots\\ \dfrac{u_m^{\mathrm{T}}b}{\sigma_1}\\ 0\\ \vdots\\ 0\end{pmatrix} = \sum_{i=1}^{m}\frac{1}{\sigma_i}(u_i, b)v_i$$

由于 $A^+=V\begin{bmatrix}\Sigma^{-1} & 0\\ 0 & 0\end{bmatrix}U^{\mathrm{T}}$，即 $x^*=A^+b$，直接验证 $A^{\mathrm{T}}(AA^{\mathrm{T}})^{-1}$ 可知其满足条件(1)～(4)，故 $x^*=A^{\mathrm{T}}(AA^{\mathrm{T}})^{-1}b$。

当矩阵 A 的秩 $\mathrm{rank}(A)=r<\min(m, n)$，即 A 为非满秩矩阵时，最小二乘问题为：求 x^*，同时使 $\|x\|_2$ 和 $\|Ax-b\|_2$ 最小化，类似地可以证明，其解仍然为 $x^*=A^+b$。

习 题 5

1. 设 A，$B\in\mathbf{R}^{n\times n}$ 为非奇异矩阵，证明：

(1) $\mathrm{cond}(A)=\mathrm{cond}(A^{-1})$；

(2) $\mathrm{cond}(AB)\leqslant\mathrm{cond}(A)\mathrm{cond}(B)$。

2. 设

$$A=\begin{bmatrix}2 & -1 & 0\\ -1 & 2 & -1\\ 0 & -1 & 2\end{bmatrix}$$

计算 $\mathrm{cond}(A)_v$ $(v=2, \infty)$。

3. 用列主元消去法解线性方程组：

$$\begin{bmatrix} 0 & 2 & 0 & 1 \\ 2 & 2 & 3 & 2 \\ 4 & -3 & 0 & 1 \\ 6 & 1 & -6 & -5 \end{bmatrix} \begin{bmatrix} x_1 \\ x_2 \\ x_3 \\ x_4 \end{bmatrix} = \begin{bmatrix} 0 \\ -2 \\ -7 \\ 6 \end{bmatrix}$$

4. 设 $\boldsymbol{A}=(a_{ij})_n$ 是对称正定矩阵，经过高斯消去法一步后，$\boldsymbol{A}$ 约化为

$$\begin{bmatrix} a_{11} & \boldsymbol{a}_1^{\mathrm{T}} \\ 0 & \boldsymbol{A}_2 \end{bmatrix}$$

其中，$\boldsymbol{A}_2=(a_{ij}^{(2)})_{n-1}$。证明：

(1) $\boldsymbol{A}$ 的对角元素 $a_{ii}>0$，$i=1, 2, \cdots, n$；

(2) $\boldsymbol{A}_2$ 是对称正定矩阵。

5. 证明 $\boldsymbol{A}=\begin{bmatrix} 0 & 1 \\ 1 & 1 \end{bmatrix}$没有 $\boldsymbol{LU}$ 分解。

6. 用矩阵的直接三角分解法(Doolittle 分解)解方程组：

$$\begin{bmatrix} 1 & 0 & 2 & 0 \\ 0 & 1 & 0 & 1 \\ 1 & 2 & 4 & 3 \\ 0 & 1 & 0 & 3 \end{bmatrix} \begin{bmatrix} x_1 \\ x_2 \\ x_3 \\ x_4 \end{bmatrix} = \begin{bmatrix} 5 \\ 3 \\ 17 \\ 7 \end{bmatrix}$$

7. 设四阶方阵 $\boldsymbol{A}=\begin{bmatrix} 4 & 2 & 1 & 5 \\ 8 & 7 & 2 & 10 \\ 4 & 8 & 3 & 6 \\ 12 & 6 & 11 & 20 \end{bmatrix}$。

(1) 用紧凑格式求单位下三角阵 $\boldsymbol{L}$ 和上三角阵 $\boldsymbol{U}$，使 $\boldsymbol{A}=\boldsymbol{LU}$；

(2) 用以上 $\boldsymbol{LU}$ 分解求解方程组 $\boldsymbol{Ax}=\boldsymbol{b}$，其中 $\boldsymbol{b}=(1, 5, 5, 3)^{\mathrm{T}}$；

(3) 若 $\boldsymbol{b}$ 有扰动 $\|\boldsymbol{\delta}_b\|_\infty=\frac{1}{2}\times 10^{-7}$，试估计由此引起的解的相对误差限。

8. 用平方根法(Cholesky 分解)解方程组：

$$\begin{bmatrix} 3 & 2 & 3 \\ 2 & 2 & 0 \\ 3 & 0 & 12 \end{bmatrix} \begin{bmatrix} x_1 \\ x_2 \\ x_3 \end{bmatrix} = \begin{bmatrix} 5 \\ 3 \\ 7 \end{bmatrix}$$

9. 用追赶法求解方程组：

$$\begin{bmatrix} 8 & -1 & & & \\ 2 & 8 & 1 & & \\ & 1 & 8 & -1 & \\ & & 2 & 8 & 1 \\ & & & 1 & 8 \end{bmatrix}\begin{bmatrix} x_1 \\ x_2 \\ x_3 \\ x_4 \\ x_5 \end{bmatrix}=\begin{bmatrix} 2.2 \\ -2.54 \\ 8.26 \\ 8.32 \\ -4.3 \end{bmatrix}$$

10. 给定方程组

$$\begin{bmatrix} 8 & -3 & 2 \\ 4 & 11 & -1 \\ 6 & 3 & 12 \end{bmatrix}\begin{bmatrix} x_1 \\ x_2 \\ x_3 \end{bmatrix}=\begin{bmatrix} 20 \\ 33 \\ 36 \end{bmatrix}$$

(1) 证明用雅可比法及高斯-塞德尔法求解时迭代收敛；

(2) 用雅可比法与高斯-塞德尔法求解，要求 $\| \boldsymbol{x}^{(k+1)}-\boldsymbol{x}^{(k)} \|_\infty \leqslant 10^{-3}$。

11. 设 a 为实数，

$$\boldsymbol{A}=\begin{bmatrix} 1 & a & a \\ a & 1 & a \\ a & a & 1 \end{bmatrix}$$

(1) a 取何值时，用 Jacobi 迭代法求解 $\boldsymbol{Ax}=\boldsymbol{b}$ 收敛？

(2) a 取何值时，用 Gauss - Seidel 迭代法求解 $\boldsymbol{Ax}=\boldsymbol{b}$ 收敛？

12. 给定方程组

$$\begin{bmatrix} 1 & a & 0 \\ a & 2 & 0 \\ 1 & 0 & 1 \end{bmatrix}\begin{bmatrix} x_1 \\ x_2 \\ x_3 \end{bmatrix}=\begin{bmatrix} 1 \\ 0 \\ 1 \end{bmatrix}$$

(1) 确定 a 的取值范围，使方程组对应的 Jacobi 迭代法和 Gauss-Seidel 迭代法分别收敛，并比较两种方法的收敛快慢；

(2) 当 $a=2$ 时，用直接三角分解法求该方程组的解。

13. 用 SOR 方法解方程组(取 $\omega=0.9$)：

$$\begin{cases} 5x_1+2x_2+x_3=-12 \\ -x_1+4x_2+2x_3=20 \\ 2x_1-3x_2+10x_3=3 \end{cases}$$

要求当 $\| \boldsymbol{x}^{(k+1)}-\boldsymbol{x}^{(k)} \|_\infty < 10^{-4}$ 时迭代终止。

14. 给定方程组 $\begin{cases} x_1+ax_2=2 \\ ax_1+2x_2=1 \end{cases}$，分别写出该方程组的 Jacobi 迭代矩阵和 Gauss-Seidel 迭代矩阵，并给出这两种迭代法收敛的充分必要条件。

15. 已知方程组

$$\begin{bmatrix}64 & -3 & -1\\ 1 & 1 & 40\\ 2 & -90 & 1\end{bmatrix}\begin{bmatrix}x_1\\ x_2\\ x_3\end{bmatrix}=\begin{bmatrix}14\\ 20\\ -5\end{bmatrix}$$

对方程组作简单调整，使得 Jacobi 迭代和 Gauss-Seidel 迭代方法均收敛(说明理由)；并写出调整后方程组的两种算法的迭代公式和迭代矩阵。

16. 已知线性方程组$\begin{bmatrix}3 & 2\\ 1 & 2\end{bmatrix}\begin{bmatrix}x_1\\ x_2\end{bmatrix}=\begin{bmatrix}3\\ -1\end{bmatrix}$，若用迭代法 $\boldsymbol{x}^{(k+1)}=\boldsymbol{x}^{(k)}+\alpha(\boldsymbol{A}\boldsymbol{x}^{(k)}-\boldsymbol{b})$求解，问 α 在什么范围内取值可使迭代收敛，又 α 取何值可使迭代收敛最快？

17. 给定线性方程组$\begin{bmatrix}3 & a\\ b & -3\end{bmatrix}\begin{bmatrix}x\\ y\end{bmatrix}=\begin{bmatrix}c\\ d\end{bmatrix}$，其中 a，b，c，d 为实数，且 $ab+9\neq0$，证明：用 Jacobi 迭代法和 Gauss-Seidel 迭代法求解该方程组时，两种迭代法具有相同的敛散性。

数值实验题

1. 对于某电路的分析，归结为求解线性方程组 $\boldsymbol{RI}=\boldsymbol{V}$，其中

$$\boldsymbol{R}=\begin{bmatrix}31 & -13 & 0 & 0 & 0 & -10 & 0 & 0 & 0\\ -13 & 35 & -9 & 0 & -11 & 0 & 0 & 0 & 0\\ 0 & -9 & 31 & -10 & 0 & 0 & 0 & 0 & 0\\ 0 & 0 & -10 & 79 & -30 & 0 & 0 & 0 & -9\\ 0 & 0 & 0 & -30 & 57 & -7 & 0 & -5 & 0\\ 0 & 0 & 0 & 0 & -7 & 47 & -30 & 0 & 0\\ 0 & 0 & 0 & 0 & 0 & -30 & 41 & 0 & 0\\ 0 & 0 & 0 & 0 & -5 & 0 & 0 & 27 & -2\\ 0 & 0 & 0 & -9 & 0 & 0 & 0 & -2 & 29\end{bmatrix}$$

$$\boldsymbol{V}=(-15\quad 27\quad -23\quad 0\quad -20\quad 12\quad -7\quad 7\quad 10)^{\mathrm{T}}$$

(1) 编制解 n 阶线性方程组 $\boldsymbol{Ax}=\boldsymbol{b}$ 的列主元 Gauss 消去法的通用程序；

(2) 用所编程序解线性方程组 $\boldsymbol{RI}=\boldsymbol{V}$，并打印出解向量，保留 5 位有效数字。

2. 编制程序用平方根法求解方程组，并打印出解向量。

$$\begin{bmatrix}1 & 1 & 1 & 1 & 1\\ 1 & 2 & 2 & 2 & 2\\ 1 & 2 & 3 & 3 & 3\\ 1 & 2 & 3 & 4 & 4\\ 1 & 2 & 3 & 4 & 5\end{bmatrix}\begin{bmatrix}x_1\\ x_2\\ x_3\\ x_4\\ x_5\end{bmatrix}=\begin{bmatrix}5\\ 9\\ 12\\ 14\\ 15\end{bmatrix}$$

3. 已知方程组

$$\begin{bmatrix} 10 & -1 & 2 & 0 \\ -1 & 11 & -1 & 3 \\ 2 & -1 & 10 & -1 \\ 0 & 3 & -1 & 8 \end{bmatrix} \begin{bmatrix} x_1 \\ x_2 \\ x_3 \\ x_4 \end{bmatrix} = \begin{bmatrix} 6 \\ 25 \\ -11 \\ 15 \end{bmatrix}$$

(1) 证明用雅可比迭代法和高斯-塞德尔迭代法求解均收敛。

(2) 写出 Jacobi 法迭代的计算公式，取 $\boldsymbol{x}^{(0)}=[0, 0, 0, 0]^{\mathrm{T}}$，迭代到 $\dfrac{\|\boldsymbol{x}^{(k+1)}-\boldsymbol{x}^{(k)}\|_\infty}{\|\boldsymbol{x}^{(k+1)}\|_\infty}<10^{-3}$ 为止。

(3) 写出 Gauss-Seidel 法迭代的计算公式，同样取 $\boldsymbol{x}^{(0)}=[0, 0, 0, 0]^{\mathrm{T}}$，计算到同一精度为止。

4. 用 SOR 方法解方程组(取 $\omega=1.46$)：

$$\begin{bmatrix} 2 & -1 & & \\ -1 & 2 & -1 & \\ & -1 & 2 & -1 \\ & & -1 & 2 \end{bmatrix} \begin{bmatrix} x_1 \\ x_2 \\ x_3 \\ x_4 \end{bmatrix} = \begin{bmatrix} 1 \\ 0 \\ 1 \\ 0 \end{bmatrix}$$

要求当 $\|\boldsymbol{x}^{(k+1)}-\boldsymbol{x}^{(k)}\|_\infty<10^{-4}$ 时迭代终止。

第 6 章　非线性方程(组)求根

6.1　问 题 描 述

先从一个例子开始说明非线性方程(组)在实际中的应用。考虑一个与利息相关的问题：假设每个月存 P 元，且年利率为 I，存了 N 次后，钱的总数是

$$A = P + P\left(1+\frac{I}{12}\right) + P\left(1+\frac{I}{12}\right)^2 + \cdots + P\left(1+\frac{I}{12}\right)^{N-1} \tag{6.1.1}$$

等式右边的第一项 P 是第 N 次存的钱数，第二项 $P\left(1+\frac{I}{12}\right)$是第 $N-1$ 次存的钱数加所得利息，第三项 $P\left(1+\frac{I}{12}\right)^2$ 是第 $N-2$ 次存的钱数加所得利息，依次类推，第 N 项 $P\left(1+\frac{I}{12}\right)^{N-1}$ 是第 1 次存的钱数加所得利息。求解 N 项几何级数和的公式为

$$1 + q + q^2 + \cdots + q^{N-1} = \frac{1-q^N}{1-q},\quad q \neq 1$$

从而可将式(6.1.1)简化得到存 N 次后所得总钱数的方程：

$$A = \frac{P}{I/12}\left[\left(1+\frac{I}{12}\right)^N - 1\right] \tag{6.1.2}$$

下面的例子使用了方程(6.1.2)，请大家想想该如何求解。

例 6.1.1　每个月存 250 元，并持续 20 年，希望在 20 年后报酬和利息的总值达到 250 000 元，试问利率 I 应为多少时可满足要求？

分析　要求得利率 I，我们可使用方程(6.1.2)来求解如下方程：

$$\frac{250}{I/12}\left[\left(1+\frac{I}{12}\right)^{240} - 1\right] = 250\,000$$

显然这是个非线性方程，没有解析求解公式，只能借助于计算机进行数值求解。这一章我们将介绍几种经典的求解非线性方程(组)的数值方法。

实际上，数学物理中的许多问题常归结为求解非线性方程或非线性方程组。例如在最优化问题 $\min\limits_{x\in I} F(x)$ 中，设函数 $F(x)$ 在区间 I 上严格上凸并可微，且 $F'(x)=f(x)$，则求其极小点等价于求解方程 $f(x)=0$；若 $f(x)$ 是一个非线性函数，则方程 $f(x)=0$ 是一个非线

性方程。若 $\boldsymbol{F}(\boldsymbol{x})$是定义于 n 维实向量空间 $\mathbf{R}^n$ 中某个区域 I 上的 n 元函数，则 $\boldsymbol{f}(\boldsymbol{x})$（即 $\boldsymbol{F}'(\boldsymbol{x})$）是$\boldsymbol{F}(\boldsymbol{x})$的 Jacobi 矩阵，$\boldsymbol{f}(\boldsymbol{x})=\boldsymbol{0}$ 是一个方程组。若 $\boldsymbol{f}(\boldsymbol{x})=0$ 中至少存在一个方程是非线性的，则称方程组是非线性方程组。

对非线性方程 $f(x)=\boldsymbol{0}$，其实数解记作 x^*，也称为方程的实根，或 $f(x)$的零点。若函数 $f(x)$可因式分解为 $f(x)=(x-x^*)^m g(x)$，且 $g(x^*)\neq 0$，则称 x^* 为 $f(x)$的 m 重零点，也称为方程 $f(x)=0$ 的 m 重根。特别地，当 $m=1$ 时，x^* 称为单零点或单实根。若函数 $f(x)$是 n 次代数多项式，则称方程 $f(x)=0$ 为 n 次代数多项式方程或代数方程。理论上已经证明，次数小于或等于 4 的代数多项式方程有求根公式，而次数大于或等于 5 的代数方程的根一般不可能用根式表示，也没有解析表达式。对于复杂的非线性方程 $f(x)=0$，一般不存在解析表达式。因此在实际应用中，通常只需要求出满足精度要求的近似根即可。

本章主要讨论求解非线性方程的常用方法，如搜索非线性方程近似根的简单方法——二分法，非线性方程的一般迭代法和加速收敛的埃特金(Aitken)方法，非线性方程的牛顿法，一类重要的非线性方程——代数方程的求解方法，非线性方程组的迭代法。一般地，非线性方程的数值方法都可以推广到非线性方程组的求解。

6.2 根的搜索

迭代方法在开始时需要选择一个初始近似根，初始近似根通常通过简单的搜索方法来解决。本节主要介绍搜索根的二分法，其算法简单，并且收敛，是计算机上常用的一种方法。

假设 $f(x)$在$[a, b]$上连续，且 $f(a)f(b)<0$，则方程 $f(x)=0$ 在区间(a, b)内一定有实根，称$[a, b]$为方程 $f(x)=0$ 的**有根区间**。

二分法的基本思想是，将有根区间$[a, b]$用其中点 $x_0=(a+b)/2$ 分为两半，检查 $f(x_0)$与$f(a)$是否同号，如同号，则根 x^* 在 x_0 的右侧，这时令 $a_1=x_0$，$b_1=b$；否则 x^* 必在 x_0 的左侧，令 $a_1=a$，$b_1=x_0$（见图 6.2.1）。不管出现哪种情况，新的有根区间$[a_1, b_1]$的长度仅为$[a, b]$的一半。对压缩了的有根区间$[a_1, b_1]$施行同样的方法，并反复二分下去，得到一系列有根区间：

$$[a, b], [a_1, b_1], [a_2, b_2], \cdots, [a_k, b_k], \cdots$$

它们的关系为

$$[a, b]\supset [a_1, b_1]\supset [a_2, b_2]\supset \cdots \supset [a_k, b_k]\supset \cdots$$

其中$[a_k, b_k]$的长度

$$b_k-a_k=\frac{(b-a)}{2^k}$$

趋于零(当 $k\to\infty$)。这表明，如果二分过程无限地继续下去，这些区间最终必将收敛于一点 x^*，该点就是所求的根。

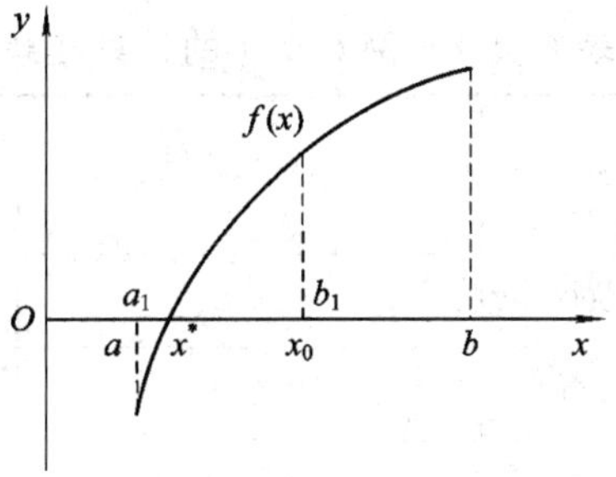

图 6.2.1　二分法示意图

实际计算时，每次二分后，取有根区间$[a_k, b_k]$的中点

$$x_k=\frac{a_k+b_k}{2}$$

作为近似根，在二分过程中得到一个近似根序列：

$$x_0,\ x_1,\ x_2,\ \cdots,\ x_k,\ \cdots$$

显然，有

$$|x^*-x_k|\leqslant\frac{b_k-a_k}{2}=\frac{b-a}{2^{k+1}} \tag{6.2.1}$$

这表明，序列 x_k 必收敛到根 x^*，同时，只要二分足够多次(即 k 充分大)，则有

$$|x^*-x_k|\leqslant\varepsilon$$

也就是说，若以 x_k 为最终的近似根，误差满足预定的精度 ε。

式(6.2.1)给出了第 k 次二分得到的近似根与精确根之间误差的一个上限，利用此式，在二分进行之前即可判断二分到哪一步，或二分多少次可以得到满足给定精度的近似根。显然，x_k 要满足精度要求，k 应满足：

$$k\geqslant\frac{\ln\dfrac{b-a}{\varepsilon}}{\ln 2}-1 \tag{6.2.2}$$

例 6.2.1　证明方程 $f(x)=x^3-2x-5=0$ 在区间(2, 3)内有唯一根 x^*，并用区间分半法计算 x^* 的近似值，要求误差不超过 0.5×10^{-3}。

证明　由于

$$f(2)=2^3-2\cdot2-5=-1<0,\ f(3)=3^3-2\cdot3-5=16>0$$

$f(x)=x^3-2x-5$ 在区间[2, 3]上连续，因此在(2, 3)内至少有一根。又在(2, 3)上 $f'(x)=3x^2-2>0$，说明 $f(x)$在(2, 3)上单调递增，因此 $f(x)$在(2, 3)内仅有一根。

用二分法求近似根的结果见表 6.2.1。由式(6.2.2)知，要满足精度要求，迭代次数应

满足 $k \geqslant \dfrac{3\ln 10+\ln 2}{\ln 2}-1 \approx 10$，迭代 10 次得到的近似解为 $x_{10}=2.0942$。如果继续迭代下去，当 $k=16$ 时，$f(x_{16})$ 几乎为 0，可近似认为 $x_{16}=2.0946$ 是方程的解。

表 6.2.1　例 6.2.1 的计算结果

k	a_k	b_k	$x_k=\dfrac{a_k+b_k}{2}$	$f(x_k)$
0	2.0000	3.0000	2.5000	5.6250
1	2.0000	2.5000	2.2500	1.8906
2	2.0000	2.2500	2.1250	0.3457
3	2.0000	2.1250	2.0625	−0.3513
4	2.0625	2.1250	2.0938	−0.0089
5	2.0938	2.1250	2.1094	0.1668
6	2.0938	2.1094	2.1016	0.0786
7	2.0938	2.1016	2.0977	0.0347
8	2.0938	2.0977	2.0957	0.0129
9	2.0938	2.0957	2.0947	0.0020
10	2.0938	2.0947	2.0942	−0.0035
11	2.0942	2.0947	2.0945	−0.0008
12	2.0945	2.0947	2.0946	0.0006
13	2.0945	2.0946	2.0945	−0.0001
14	2.0945	2.0946	2.0946	0.0003
15	2.0945	2.0946	2.0946	0.0001
16	2.0945	2.0946	2.0946	−0.0000
17	2.0946	2.0946	2.0946	0.0000
18	2.0946	2.0946	2.0946	0.0000
19	2.0946	2.0946	2.0946	0.0000

6.3　迭代法及其收敛性

6.3.1　一般迭代法及其收敛性

不动点迭代为求解非线性方程提供了一类非常重要的方法，其基本思想是，将方程 $f(x)=0$ 等价变形为如下不动点方程：

$$x = \varphi(x) \tag{6.3.1}$$

然后选取一个初始近似解 x_0，并作不动点迭代 $x_{k+1}=\varphi(x_k)$，得到序列 $\{x_k\}$，希望其收敛，且极限点是 $\varphi(x)$的不动点，即满足 $x^*=\varphi(x^*)$，也是 $f(x)=0$ 的根 x^*。

几何上，上述迭代过程有如下直观解释。如图 6.3.1 所示，求方程 $x=\varphi(x)$的根，等价于在 xy 平面上确定曲线 $y=\varphi(x)$与直线 $y=x$ 的交点 P^*。对于 x^* 的某个近似值 x_0，在曲线 $y=\varphi(x)$上可确定以 x_0 为横坐标的点 P_0，其纵坐标为 $\varphi(x_0)=x_1$。过点 P_0 引平行于 x 轴的直线，设交直线 $y=x$ 于点 Q_1，然后过点 Q_1 再作平行于 y 轴的直线，它与曲线 $y=\varphi(x)$的交点记作 P_1，则点 P_1 的横坐标为 x_1，纵坐标为 $\varphi(x_1)=x_2$。按图 6.3.1 中箭头所示的路径继续做下去，在曲线 $y=\varphi(x)$上得到点列 P_1，P_2，…。其横坐标分别为依公式 $x_{k+1}=\varphi(x_k)$求得的迭代值 x_1，x_2，…。如果点列 $\{P_k\}$趋向于点 P^*，则相应的迭代值 x_k 收敛到所求的根 x^*。

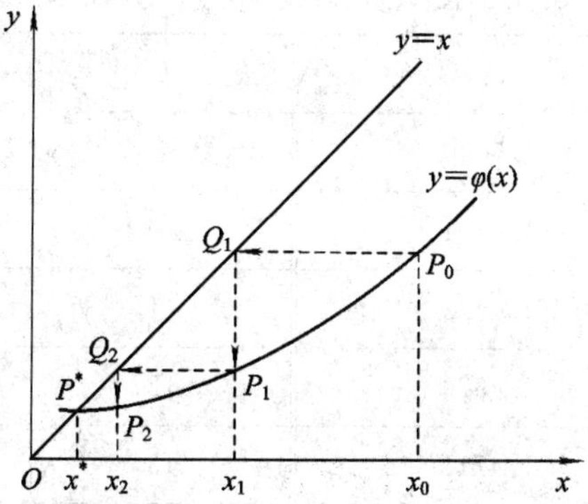

图 6.3.1　不动点迭代示意图

例 6.3.1　求方程 $f(x)=x^3-x^2-1=0$ 在 $x_0=1.5$ 附近的一个根。

若将方程改写成等价形式 $x=\sqrt[3]{1+x^2}$，并建立相应的迭代公式 $x_{k+1}=\sqrt[3]{1+x_k^2}$，则迭代结果见表 6.3.1。可以看到，$x_8$、$x_9$ 与 x_{10} 完全相同，这时可近似认为迭代序列已经收敛到了极限点，并将 x_8 作为方程的近似解。

若将方程改写成等价形式 $x=1+1/x^2$，并建立相应的迭代公式 $x_{k+1}=1+1/x_k^2$，则迭代结果见表 6.3.2。可以看到，x_{16} 与 x_{17} 完全相同，这时可近似认为迭代序列已经收敛到了极限点，并将 x_{16} 作为方程的近似解。

可见，这两种迭代均收敛，但前一种迭代收敛稍快。

若将方程改写成等价形式 $x=\dfrac{1}{\sqrt{x-1}}$，并建立相应的迭代公式 $x_{k+1}=1/\sqrt{x_k-1}$，则迭代结果见表 6.3.3。显然，迭代是不收敛的。这种不收敛的迭代过程称作是发散的。一个发散的迭代过程，其结果是毫无价值的。

表 6.3.1　例 6.3.1 按迭代公式 $x_{k+1}=\sqrt[3]{1+x_k^2}$ 迭代得到的解

k	x_k	k	x_k
0	1.5000	6	1.4659
1	1.4812	7	1.4657
2	1.4727	8	1.4656
3	1.4688	9	1.4656
4	1.4670	10	1.4656
5	1.4662	—	—

表 6.3.2　例 6.3.1 按迭代公式 $x_{k+1}=1+1/x_k^2$ 迭代得到的解

k	x_k	k	x_k
0	1.5000	9	1.4650
1	1.4444	10	1.4659
2	1.4793	11	1.4653
3	1.4570	12	1.4657
4	1.4711	13	1.4655
5	1.4621	14	1.4656
6	1.4678	15	1.4655
7	1.4642	16	1.4656
8	1.4665	17	1.4656

表 6.3.3　例 6.3.1 按迭代公式 $x_{k+1}=1/\sqrt{x_k-1}$ 迭代得到的解

k	x_k	k	x_k
0	1.5000	5	1.1906
1	1.4142	6	2.2907
2	1.5538	7	0.8802
3	1.3438	8	−2.8892i
4	1.7055	9	0.3317 + 0.4659i

例 6.3.1 表明，迭代法的收敛性是一个至关重要的问题。现在考察一般情形下，迭代过程 $x_{k+1}=\varphi(x_k)$ 收敛的条件。

设方程 $x=\varphi(x)$ 在区间 $[a, b]$ 内有根 x^*，且函数 $\varphi(x)$ 在区间 $[a, b]$ 内可导，则由微分中值定理有

$$x_{k+1}-x^* = \varphi(x_k)-\varphi(x^*) = \varphi'(\zeta)(x_k-x^*)$$

其中，ζ 是 x^* 与 x_k 之间某一点，只要 $x_k\in[a, b]$，则 $\zeta\in[a, b]$。若存在常数 L，且 $0<L<1$，使得 $\forall x\in[a, b]$，有

$$|\varphi'(x)|\leqslant L \tag{6.3.2}$$

则

$$|x_{k+1}-x^*| = |\varphi(x_k)-\varphi(x^*)|\leqslant L|x_k-x^*|$$

反复递推，有

$$|x_k-x^*|\leqslant L^k|x_0-x^*|$$

从而有 $\lim\limits_{k\to\infty}x_k=x^*$。

注　上述分析实际上要求 $\varphi(x)$ 是 $[a, b]$ 上的压缩映像，总结为下述定理。

定理 6.3.1　若函数 $\varphi(x)$ 满足：

(1) $\forall x\in[a, b]$，有

$$a\leqslant\varphi(x)\leqslant b \tag{6.3.3}$$

(2) 存在正数 $L<1$，$\forall x\in[a, b]$，有

$$|\varphi'(x)|\leqslant L<1 \tag{6.3.4}$$

则迭代过程 $x_{k+1}=\varphi(x_k)$ 对于任意初值 $x_0\in[a, b]$ 均收敛于方程 $x=\varphi(x)$ 的根 x^*，且有如下的误差估计式：

$$|x_k-x^*|\leqslant\frac{L^k}{1-L}|x_1-x_0| \tag{6.3.5}$$

证明　收敛性由压缩映像原理可得，只需证明误差估计式(6.3.5)。

$$|x_{k+1}-x_k| = |\varphi(x_k)-\varphi(x_{k-1})|\leqslant L|x_k-x_{k-1}| \tag{6.3.6}$$

据此反复递推，得

$$|x_{k+1}-x_k|\leqslant L^k|x_1-x_0|$$

从而对任意正整数 p，有

$$\begin{aligned}|x_{k+p}-x_k| &\leqslant |x_{k+p}-x_{k+p-1}|+|x_{k+p-1}-x_{k+p-2}|+\cdots+|x_{k+1}-x_k|\\ &\leqslant (L^{k+p-1}+L^{k+p-2}+\cdots+L^k)|x_1-x_0|\\ &\leqslant \frac{L^k}{1-L}|x_1-x_0|\end{aligned}$$

上式中令 $p\to\infty$，注意到 $\lim\limits_{p\to\infty}x_{k+p}=x^*$，即得式（6.3.5）。

在用迭代法进行实际计算时，需要按精度要求控制迭代次数或是否停止。式(6.3.5)原则上给出了用 x_k 近似 x^* 的先验误差估计式，但由于 L 往往不易得到而不便于实际应用。

根据式(6.3.6)，对任意正整数 p，有

$$\begin{aligned}|x_{k+p}-x_k| &\leqslant (L^{p-1}+L^{p-2}+\cdots+1)|x_{k+1}-x_k|\\ &\leqslant \frac{1}{1-L}|x_{k+1}-x_k|\end{aligned}$$

上式中令 $p\to\infty$，知

$$|x^*-x_k|\leqslant\frac{1}{1-L}|x_{k+1}-x_k| \tag{6.3.7}$$

此式可看作是用 x_k 近似 x^* 的后验误差估计。由此可见，只要相邻两次计算结果的偏差 $|x_{k+1}-x_k|$ 足够小，即可保证近似值 x_k 具有足够的精度，因此可以通过检查 $|x_{k+1}-x_k|$ 来判断迭代过程是否终止。

下面列出迭代法的计算步骤：

(1) 选取初值 x_0。

(2) 计算迭代值 $x_1=\varphi(x_0)$。

(3) 检查 $|x_1-x_0|$：若 $|x_1-x_0|>\varepsilon$（ε 为预先指定的精度），则以 x_1 替换 x_0 后转到第(2)步继续迭代；当 $|x_1-x_0|\leqslant\varepsilon$ 时终止计算，取 x_1 作为所求的结果。

实际应用迭代法时，通常在所求的根 x^* 的邻近进行考察，研究所谓局部收敛性。

定义 6.3.1 若存在 x^* 的某个邻域 R：$|x-x^*|\leqslant\delta$，使迭代过程 $x_{k+1}=\varphi(x_k)$ 对于任意初值 $x_0\in R$ 均收敛，则称迭代过程 $x_{k+1}=\varphi(x_k)$ 在根 x^* 的邻近具有局部收敛性。

下面给出迭代过程局部收敛的一个充分条件。

定理 6.3.2 设 x^* 为方程 $x=\varphi(x)$ 的根，$\varphi'(x)$ 在 x^* 的邻近连续，且

$$|\varphi'(x^*)|<1$$

则迭代过程 $x_{k+1}=\varphi(x_k)$ 在 x^* 的邻近具有局部收敛性。

证明 由连续函数的性质知，存在 x^* 的某个邻域 R：$|x-x^*|\leqslant\delta$，使得 $\forall\, x\in R$，有

$$|\varphi'(x)| \leqslant L < 1$$

并且 $\forall x \in R$，有 $\varphi(x) \in R$，又因为

$$|\varphi(x) - x^*| = |\varphi(x) - \varphi(x^*)| = |\varphi'(\eta)||x - x^*| \leqslant L|x - x^*| \leqslant |x - x^*|$$

其中，η 是介于 x^* 和 x 之间的数，故由定理 6.3.1 知，迭代过程 $x_{k+1} = \varphi(x_k)$ 对于任意初值 $x_0 \in R$ 均收敛。

例 6.3.2　求方程 $f(x) = x - \mathrm{e}^{-x} = 0$ 在[0，1]内的根，要求精度 $\varepsilon = 10^{-5}$。

解　因为 $f(0) < 0$，$f(1) > 0$，且 $f'(x) = 1 + \mathrm{e}^{-x} > 0$，所以方程在(0，1)内仅有一根。为了进一步缩小求根区间，可用二分法进行简单的搜索，将求根区间缩小为(0.5，0.6)。

将方程等价变形为不动点方程：$x = \mathrm{e}^{-x}$，构造迭代公式 $x_{k+1} = \mathrm{e}^{-x_k}$，并选初始点 $x_0 = 0.5$。显然，在根的邻近，$|(\mathrm{e}^{-x})'| \approx 0.6 < 1$，因此迭代公式对于初值是收敛的。迭代结果见表 6.3.4，比较相邻两次迭代值，迭代 18 次满足精度要求，得近似根 0.567 14。

表 6.3.4　例 6.3.2 的迭代结果

k	x_k	k	x_k	k	x_k
0	0.5	7	0.568 438 0	14	0.567 118 8
1	0.606 530 6	8	0.566 409 4	15	0.567 157 1
2	0.545 239 2	9	0.567 559 6	16	0.567 135 4
3	0.579 703 1	10	0.566 907 2	17	0.567 147 7
4	0.560 064 6	11	0.567 277 2	18	0.567 140 7
5	0.571 172 1	12	0.567 067 3		
6	0.564 862 9	13	0.567 186 3		

一种迭代过程是有效的，不仅要保证收敛性，还要考察其收敛速度。所谓迭代过程的收敛速度，是指在接近收敛的过程中迭代误差的下降速度。

定义 6.3.2　设迭代过程 $x_{k+1} = \varphi(x_k)$ 收敛于方程 $x = \varphi(x)$ 的根 x^*，如果迭代误差 $e_k = x_k - x^*$，当 $k \to \infty$ 时，有

$$\frac{e_{k+1}}{e_k^p} \to C \ (C \neq 0 \text{ 为常数})$$

则称该迭代过程是 p 阶收敛的。特别地，$p=1$ 时称为线性收敛，$p>1$ 时称为超线性收敛。$p=2$ 时称为平方收敛。显然，p 越大，收敛越快。

下面给出一个迭代过程是 p 阶收敛的充分条件。

定理 6.3.3　对于迭代过程 $x_{k+1} = \varphi(x_k)$，如果 $\varphi^{(p)}(x)$ 在所求根 x^* 的邻近连续，并且

$$\varphi'(x^*) = \varphi''(x^*) = \cdots = \varphi^{(p-1)}(x^*) = 0 \tag{6.3.8}$$

$$\varphi^{(p)}(x^*) \neq 0$$

则该迭代过程在点 x^* 邻近是 p 阶收敛的。

证明 由于 $\varphi'(x^*)=0$，根据定理 6.3.2 可以断定迭代过程 $x_{k+1}=\varphi(x_k)$ 具有局部收敛性。再将 $\varphi(x_k)$ 在根 x^* 处泰勒展开，利用条件(6.3.8)，则有

$$\varphi(x_k) = \varphi(x^*) + \frac{\varphi^{(p)}(\zeta)}{p!}(x_k - x^*)^p$$

由于 $\varphi(x_k)=x_{k+1}$，$\varphi(x^*)=x^*$，将其代入上式，得

$$x_{k+1} - x^* = \frac{\varphi^{(p)}(\zeta)}{p!}(x_k - x^*)^p$$

因此，对于迭代误差，有

$$\frac{e_{k+1}}{e_k^p} \to \frac{\varphi^{(p)}(x^*)}{p!}$$

这表明迭代过程 $x_{k+1}=\varphi(x_k)$ 为 p 阶收敛的。

定理 6.3.3 表明，迭代过程的收敛速度取决于迭代函数 $\varphi(x)$ 的选取。如果当 $x\in[a, b]$ 时 $\varphi'(x)\neq 0$，则该迭代过程至多是线性收敛的。

6.3.2 迭代公式的加速

对于收敛的迭代过程，只要迭代次数足够多，就可以使结果达到任意的精度，但有时迭代过程收敛缓慢，要求大量的计算，因此需要研究迭代过程的加速。

设 x_0 是根 x^* 的某个预测值，用迭代公式计算一次，得

$$x_1 = \varphi(x_0)$$

由微分中值定理，有

$$x^* - x_1 = \varphi(x^*) - \varphi(x_0) = \varphi'(\xi)(x^* - x_0)$$

其中，ξ 介于 x^* 与 x_0 之间。假设 $\varphi'(x)$ 改变不大，近似地取某个近似值 L，则由

$$x^* - x_1 \approx L(x^* - x_0) \tag{6.3.9}$$

可得

$$x^* \approx \frac{1}{1-L}x_1 - \frac{L}{1-L}x_0$$

将其代入式(6.3.9)的右端，得到

$$x^* - x_1 \approx \frac{L}{1-L}(x_1 - x_0)$$

类似于式(6.3.7)，此式可看作是用 x_1 近似 x^* 的后验误差估计。利用此误差对 x_1 进行校正，将校正值记作 x_2，即

$$x_2 = x_1 + \frac{L}{1-L}(x_1 - x_0) = \frac{1}{1-L}x_1 - \frac{L}{1-L}x_0 \tag{6.3.10}$$

更一般地，将每次利用迭代公式计算的值利用后验误差进行一次校正，则有下述加速迭代方案：

$$\begin{cases}\text{迭代：}\bar{x}_{k+1}=\varphi(x_k)\\ \text{校正：}x_{k+1}=\bar{x}_{k+1}+\dfrac{L}{1-L}(\bar{x}_{k+1}-x_k)\end{cases}\tag{6.3.11}$$

例 6.3.3　利用加速迭代方案(6.3.11)求解方程 $x=e^{-x}$。

解　选初始点 $x_0=0.5$，由例 6.3.2 知，在根的邻近，$|(e^{-x})'|\approx 0.6=L$，对应加速迭代系统如下：

$$\begin{cases}\bar{x}_{k+1}=e^{-x_k}\\ x_{k+1}=\bar{x}_{k+1}+\dfrac{0.6}{0.4}(\bar{x}_{k+1}-x_k)\end{cases}$$

计算结果见表 6.3.5。

表 6.3.5　例 6.3.3 的计算结果

k	$\bar{x}_k$	x_k
0	—	0.5
1	0.606 53	0.566 58
2	0.567 46	0.567 13
3	0.567 15	0.567 14

与例 6.3.2 相比，这里只要迭代 3 次即可得到相同精度的结果，加速的效果是相当显著的。

但加速迭代方案(6.3.11)需要知道关于迭代函数导数的信息 L，而在实际中往往难以得到这一信息，从而造成实际使用不便，因此需要消除 L。

仍设 x_0 是根 x^* 的某个预测值，用迭代公式计算一次，得 $x_1=\varphi(x_0)$，校正一次，得 $x_2=\varphi(x_1)$，又

$$x^*-x_2=\varphi(x^*)-\varphi(x_1)\approx L(x^*-x_1)$$

将它与式 (6.3.9)联立，消去未知的 L，有

$$\frac{x^*-x_1}{x^*-x_2}\approx\frac{x^*-x_0}{x^*-x_1}$$

由此推知

$$x^*\approx\frac{x_0x_2-x_1^2}{x_0-2x_1+x_2}=x_2-\frac{(x_2-x_1)^2}{x_0-2x_1+x_2}$$

类似于前述推导，构造出如下校正-改进系统：

$$\begin{cases} \text{迭代：} \tilde{x}_{k+1} = \varphi(x_k) \\ \text{校正：} \bar{x}_{k+1} = \varphi(\tilde{x}_{k+1}) \\ \text{改进：} x_{k+1} = \bar{x}_{k+1} - \dfrac{(\bar{x}_{k+1} - \tilde{x}_{k+1})^2}{\bar{x}_{k+1} - 2\tilde{x}_{k+1} + x_k} \end{cases} \tag{6.3.12}$$

上述处理过程称为**埃特金(Aitken)方法**。该方法除了能够加快收敛速度，有时还能将不收敛的迭代公式改进为收敛的公式。

例 6.3.4　用埃特金方法求解方程 $f(x)=x^3-x^2-1=0$。

解　例 6.3.1 中曾经指出，求解该方程的迭代公式 $x_{k+1}=1/\sqrt{x_k-1}$ 是发散的，现在以这种迭代公式为基础形成埃特金算法：

$$\begin{cases} \tilde{x}_{k+1} = 1/\sqrt{x_k - 1} \\ \bar{x}_{k+1} = 1/\sqrt{\tilde{x}_{k+1} - 1} \\ x_{k+1} = \bar{x}_{k+1} - \dfrac{(\bar{x}_{k+1} - \tilde{x}_{k+1})^2}{\bar{x}_{k+1} - 2\tilde{x}_{k+1} + x_k} \end{cases}$$

仍取 $x_0=1.5$，计算结果见表 6.3.6。可见，迭代到第(2)步就收敛了，$x_2=1.4656$ 为最终的近似解，显然比例 6.3.1 中前两种收敛迭代收敛速度还要快，当然前两种收敛迭代通过加速后也会收敛得更快。

表 6.3.6　例 6.3.4 的迭代结果

k	$\tilde{x}_k$	$\bar{x}_k$	x_k
0	—	—	1.5
1	1.4142	1.5538	1.4673
2	1.4628	1.4700	1.4656
3	1.4656	1.4656	1.4656

如图 6.3.2 所示，设 x^* 为方程 $x=\varphi(x)$ 的一个近似根，依据迭代值 $x_1=\varphi(x_0)$，$x_2=\varphi(x_1)$ 在曲线 $y=\varphi(x)$ 上定出两点 $P_0(x_0, x_1)$ 和 $P_1(x_1, x_2)$，引弦线 $\overline{P_0P_1}$，设与直线 $y=x$ 交于一点 P_3，则点 P_3 的坐标 x_3(其横坐标与纵坐标相等)满足：

$$x_3 = x_1 + \frac{x_2 - x_1}{x_1 - x_0}(x_3 - x_0)$$

由此解出

$$x_3 = \frac{x_0 x_2 - x_1^2}{x_0 - 2x_1 + x_2}$$

此即埃特金加速公式。由图 6.3.2 可以看出，所求的根 x^* 是曲线 $y=\varphi(x)$ 与 $y=x$ 交点 P^* 的横坐标，尽管迭代值 x_2 比 x_0 和 x_1 更远地偏离了 x^*，但按上式定出的 x_3 却明显地扭转了这种发散的趋势。

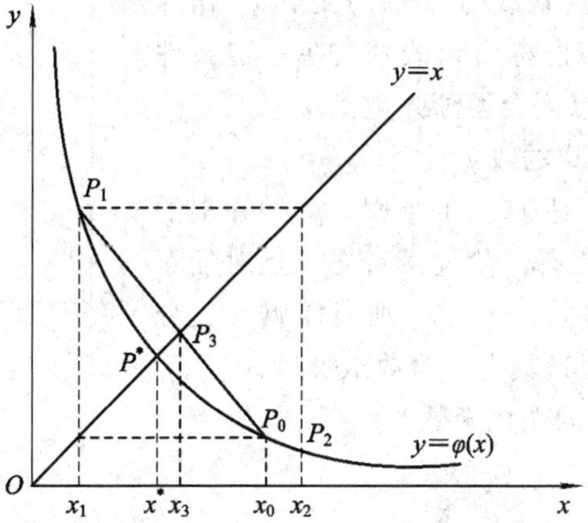

图 6.3.2　埃特金算法的几何解释

6.4　方程求根的牛顿法

6.4.1　牛顿迭代公式及其收敛性

线性方程易于求解，例如 $ax-b=0$，若 $a\neq 0$，则方程有唯一解 $x=b/a$；对非线性方程，若能用某个线性方程来近似，求出该线性方程的解，则可得到原非线性方程的一个近似解。设已知非线性函数 $f(x)$的一个近似零点 x_0，用 $f(x)$在该点的 Taylor 展开式的线性部分来近似 $f(x)$，即

$$f(x)\approx f(x_0)+f'(x_0)(x-x_0)$$

将线性近似函数的零点记作 x_1，并作为 $f(x)$的一个新零点，有

$$x_1=x_0-\frac{f(x_0)}{f'(x_0)}$$

如此反复，得到求解非线性方程 $f(x)=0$ 的迭代公式：

$$x_{k+1}=x_k-\frac{f(x_k)}{f'(x_k)} \tag{6.4.1}$$

公式(6.4.1)称为牛顿迭代公式。显然，牛顿迭代公式要求在根 x^* 的某个邻域内，函数 $f(x)$的一阶导数 $f'(x)\neq 0$。

几何上，牛顿迭代公式有一个简单的直观解释。如图 6.4.1 所示，求方程 $f(x)=0$ 的根 x^* 相当于找曲线 $y=f(x)$与 x 轴的交点的横坐标。为了简化问题，设 x_0 是根附近一点，

过曲线 $y=f(x)$ 上的点 $P_0(x_0, f(x_0))$ 作切线，用切线近似曲线 $y=f(x)$，同时用切线与 x 轴的交点 x_1 作为新的近似根，因此牛顿法也称为切线法。在一定条件下，这样做下去，得到的点列会逐渐收敛到 x^*。

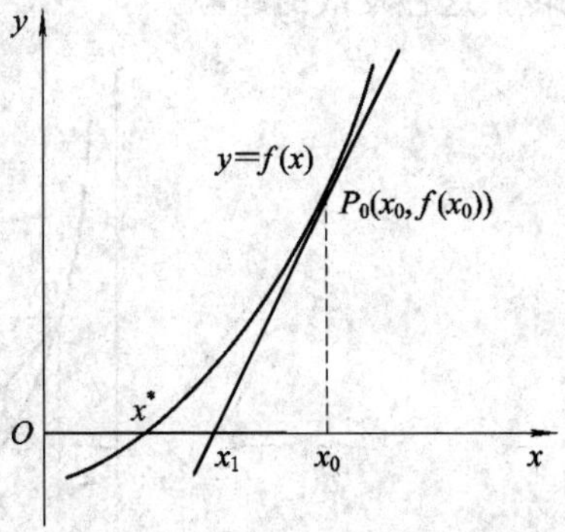

图 6.4.1　牛顿迭代公式的几何意义

下面讨论牛顿迭代公式的收敛性。

定理 6.4.1　假设 x^* 是 $f(x)$ 的单根，$f(x)$ 在根的邻域 Δ：$|x-x^*|\leqslant\delta$ 内具有二阶连续导数，且对任意 $x\in\Delta$ 有 $f'(x)\neq0$，又因初值 $x_0\in\Delta$，则当邻域 Δ 充分小时，牛顿迭代公式(6.4.1)具有 2 阶收敛速度。

证明　牛顿迭代公式的迭代函数为

$$\varphi(x)=x-\frac{f(x)}{f'(x)}$$

从而

$$\varphi'(x)=\frac{f(x)f''(x)}{[f'(x)]^2}$$

又 x^* 是 $f(x)$ 的一个单根，则有 $f(x^*)=0$，$f'(x^*)\neq0$，将其代入上式得 $\varphi'(x^*)=0$，由定理 6.3.3 知，牛顿迭代公式在根 x^* 的邻近是 2 阶收敛的。

例 6.4.1　用牛顿法解方程：

$$xe^x-1=0$$

解　该方程的牛顿迭代公式为

$$x_{k+1}=x_k-\frac{x_k-e^{-x_k}}{1+x_k}$$

取迭代初值 $x_0=0.5$，迭代结果列于表 6.4.1 中。

表 6.4.1　例 6.4.1 的迭代结果

k	x_k
0	0.5
1	0.571 02
2	0.567 16
3	0.567 14

实际上，本例所给方程是例 6.3.2 中方程 $x=e^{-x}$ 的等价形式，与例 6.3.2 的计算结果相比可以看出，牛顿法的收敛速度是相当快的。

下面列出牛顿法的计算步骤：

(1) 选定初始近似值 x_0，计算 $f_0=f(x_0)$，$f'_0=f'(x_0)$。

(2) 按公式

$$x_1 = x_0 - \frac{f_0}{f'_0}$$

迭代一次，得新的近似值 x_1，计算 $f_1 = f(x_1)$，$f'_1 = f'(x_1)$。

(3) 如果 $|\delta| < \varepsilon_1$ 或 $|f_1| < \varepsilon_2$，则终止迭代，以 x_1 作为所求的根；否则转到第(4)步。此处的 ε_1、ε_2 是允许误差，而

$$\delta = \begin{cases} |x_1 - x_0|, & |x_1| < C \\ \dfrac{|x_1 - x_0|}{|x_1|}, & |x_1| \geqslant C \end{cases}$$

其中，C 是取绝对误差或相对误差的控制常数，一般可取 $C=1$。

(4) 如果迭代次数达到预先指定的次数 N，或者 $f'_1 = 0$，则方法失败；否则以 (x_1, f_1, f'_1) 代替 (x_0, f_0, f'_0) 转到第(2)步继续迭代。

例 6.4.2　对于给定的正数 C，应用牛顿法解二次方程：

$$x^2 - C = 0$$

解　可导出求开方值 $\sqrt{C}$ 的计算公式：

$$x_{k+1} = \frac{1}{2}\left(x_k + \frac{C}{x_k}\right) \tag{6.4.2}$$

而且可以证明，这种迭代公式对于任意初值 $x_0 > 0$ 都是收敛的。

对式(6.4.2)进行配方，易知

$$x_{k+1} - \sqrt{C} = \frac{1}{2x_k}(x_k - \sqrt{C})^2$$

$$x_{k+1} + \sqrt{C} = \frac{1}{2x_k}(x_k + \sqrt{C})^2$$

以上两式相除，得

$$\frac{x_{k+1} - \sqrt{C}}{x_{k+1} + \sqrt{C}} = \left(\frac{x_k - \sqrt{C}}{x_k + \sqrt{C}}\right)^2$$

据此反复递推，有

$$\frac{x_k - \sqrt{C}}{x_k + \sqrt{C}} = \left(\frac{x_0 - \sqrt{C}}{x_0 + \sqrt{C}}\right)^{2^k} \tag{6.4.3}$$

记

$$q = \frac{x_0 - \sqrt{C}}{x_0 + \sqrt{C}}$$

整理式(6.4.3)，得

$$x_k - \sqrt{C} = 2\sqrt{C}\,\frac{q^{2^k}}{1 - q^{2^k}}$$

对任意 $x_0>0$，总有 $|q|<1$，故当 $k\to\infty$ 时，$x_k\to\sqrt{C}$，即迭代过程恒收敛。

例如，对 $\sqrt{115}$，取初值 $x_0=10$，对 $C=115$ 按式(6.4.2)迭代 3 次便得到精度为10^{-6}的结果(见表 6.4.2)。

表 6.4.2　例 6.4.2 的迭代结果

k	x_k
0	10
1	10.750 000
2	10.723 837
3	10.723 805
4	10.723 805

由于式(6.4.2)对任意初值 $x_0>0$ 均收敛，并且收敛的速度很快，因此我们可取确定的初值如 $x_0=1$ 来编制通用程序。用这个通用程序求 $\sqrt{115}$，只需迭代 7 次便可得到上面的结果 10.723 805。

例 6.4.3　对于给定的正数 C，应用牛顿法解方程：

$$\frac{1}{x}-C=0$$

可导出求$\frac{1}{C}$而不用除法的计算公式：

$$x_{k+1}=x_k(2-Cx_k)$$

解　可以证明，这一算法当初值 x_0 满足

$$0<x_0<\frac{2}{C}$$

时是收敛的。事实上，由于

$$x_{k+1}-\frac{1}{C}=x_k(2-Cx_k)-\frac{1}{C}=-C\left(x_k-\frac{1}{C}\right)^2$$

因而，对 $r_k=1-Cx_k$ 有递推公式：

$$r_{k+1}=r_k^2$$

据此反复递推，有

$$r_k=r_0^{2^k}$$

如果初值满足 $0<x_0<\frac{2}{C}$，则对 $r_0=1-Cx_0$，有

$$|r_0|<1$$

这时有 $r_k\to 0$，即迭代收敛。

6.4.2　下山法

牛顿法是局部收敛的，其收敛性依赖于初值 x_0 的选取。如果 x_0 偏离所求的根 x^* 较远，则牛顿法可能发散。例如，用牛顿法求方程

$$x^3 - x - 1 = 0$$

在 $x=1.5$ 附近的根 x^*。设取初值 $x_0=1.5$，用牛顿迭代公式

$$x_{k+1} = x_k - \frac{x_k^3 - x_k - 1}{3x_k^2 - 1}$$

计算得

$$x_1 = 1.347\ 83,\ x_2 = 1.325\ 20,\ x_3 = 1.324\ 72$$

迭代 3 次得到的结果 x_3 有 6 位有效数字。但是，如果改用 $x_0=0.6$ 作为迭代初值，用牛顿迭代公式计算一次，得

$$x_1 = 17.9$$

这个结果反而比 $x_0=0.6$ 更偏离了所求的根 $x^*=1.324\ 72$。

为了防止迭代发散，对迭代过程附加单调性要求：

$$|f(x_{k+1})| < |f(x_k)| \tag{6.4.4}$$

满足这项要求的算法称为下山法。

将牛顿法与下山法结合起来使用，即可在下山法保证函数值稳定下降的前提下，用牛顿法加快收敛速度。为此，将牛顿法的计算结果

$$\bar{x}_{k+1} = x_k - \frac{f(x_k)}{f'(x_k)}$$

与前一步的近似值 x_k 适当加权平均作为新的改进值：

$$x_{k+1} = \lambda \bar{x}_{k+1} + (1-\lambda)x_k \tag{6.4.5}$$

其中，$\lambda(0<\lambda\leqslant 1)$称为下山因子，下山因子应保证单调性(6.4.4)成立。

下山因子的选择是个逐步探索的过程。设从 $\lambda=1$ 开始反复将 λ 减半进行试算，如果能定出值 λ 使单调性条件(6.4.4)成立，则称“下山成功”。与此相反，如果在上述过程中找不到使条件(6.4.4)成立的下山因子 λ，则称“下山失败”，这时需另选初值 x_0 重算。

6.4.3　简化牛顿法、弦截法与抛物线法

利用牛顿法在求 x_{k+1} 时不但要求给出函数值 $f(x_k)$，而且要提供导数值 $f'(x_k)$。当函数 f 比较复杂时，提供它的导数值往往是有困难的。下面介绍一些避免求导数的方法。

1. 简化牛顿法

简化牛顿法的基本思想是利用一个固定常数 $M\neq 0$ 代替迭代过程中每点的导数值，公式为

$$x_{k+1}=x_k-\frac{f(x_k)}{M}$$

通常取 $M=f'(x_0)$。

2. 弦截法和抛物线法

设 x_k，x_{k-1}，…，x_{k-r} 是 $f(x)=0$ 的一组近似根，利用函数值 $f(x_k)$，$f(x_{k-1})$，…，$f(x_{k-r})$ 构造插值多项式 $p_r(x)$，并适当选取 $p_r(x)=0$ 的一个根作为 $f(x)=0$ 的新的近似根 x_{k+1}，这就确定了一个迭代过程：$x_{k+1}=\varphi(x_k, x_{k-1}, \cdots, x_{k-r})$。

下面具体考察 $r=1$(弦截法)和 $r=2$(抛物线法)两种情形。

1) 弦截法

设 x_k，x_{k-1} 是 $f(x)=0$ 的近似根，利用 $f(x_k)$，$f(x_{k-1})$ 构造一次插值多项式 $p_1(x)$，并用 $p_1(x)=0$ 的根作为 $f(x)=0$ 的新的近似根 x_{k+1}。由于

$$p_1(x)=f(x_k)+\frac{f(x_k)-f(x_{k-1})}{x_k-x_{k-1}}(x-x_k)$$

因此有

$$x_{k+1}=x_k-\frac{f(x_k)}{\dfrac{f(x_k)-f(x_{k-1})}{x_k-x_{k-1}}} \tag{6.4.6}$$

这样导出的迭代公式(6.4.6)可以看作牛顿迭代公式

$$x_{k+1}=x_k-\frac{f(x_k)}{f'(x_k)}$$

中的导数 $f'(x)$ 用差商 $\dfrac{f(x_k)-f(x_{k-1})}{x_k-x_{k-1}}$ 取代的结果。

这种迭代过程的几何意义如图 6.4.2 所示，曲线 $y=f(x)$ 上横坐标为 x_k、x_{k-1} 的点分别记为 P_k、P_{k-1}，则弦线 $\overline{P_kP_{k-1}}$ 的斜率等于差商值 $\dfrac{f(x_k)-f(x_{k-1})}{x_k-x_{k-1}}$，其方程是

$$f(x_k)+\frac{f(x_k)-f(x_{k-1})}{x_k-x_{k-1}}(x-x_k)=0$$

因此，按式(6.4.6)求得的 x_{k+1} 实际上是弦线 $\overline{P_kP_{k-1}}$ 与 x 轴交点的横坐标。

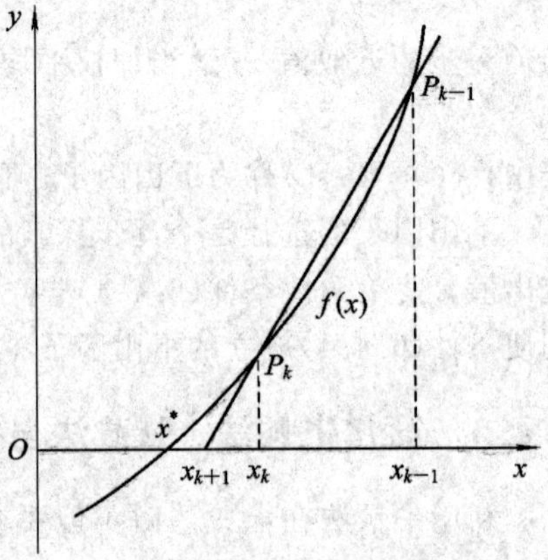

图 6.4.2 弦截法迭代过程的几何意义

弦截法与切线法(牛顿法)都是线性化方法，但二者有本质的区别。切线法在计算 x_{k+1} 时只用到前一步的值 x_k，而弦截法在求 x_{k+1} 时要用到前面两步的结果 x_k、x_{k-1}，因此使用弦截法必须

先给出两个开始值 x_0、x_1。

例 6.4.4　用弦截法解方程：

$$f(x) = xe^x - 1 = 0$$

解　设取 $x_0=0.5$，$x_1=0.6$ 作为初值，用弦截法求得的结果如表 6.4.3 所示，比较例 6.4.1 牛顿法的计算结果可以看出，弦截法的收敛速度也是相当快的。

表 6.4.3　例 6.4.4 用弦截法求得的结果

k	x_k
0	0.5
1	0.6
2	0.5632
3	0.567 09
4	0.567 14

下述定理表明弦截法具有超线性的收敛性。

定理 6.4.2　假设 $f(x)$ 在根 x^* 的邻域 Δ：$|x-x^*|\leqslant\delta$ 内具有二阶连续导数，且对任意 $x\in\Delta$ 有 $f'(x)\neq 0$，又初值 x_0，$x_1\in\Delta$，那么当邻域 Δ 充分小时，弦截法(式(6.4.6))将按阶 $p=\dfrac{1+\sqrt{5}}{2}\approx 1.618$ 收敛到根 x^*。

下面列出弦截法的计算步骤。

(1) 选取初始近似值 x_0、x_1，计算相应的函数值 $f_0=f(x_0)$、$f_1=f(x_1)$。

(2) 按公式

$$x_2 = x_1 - \frac{f_1}{\dfrac{f_1 - f_0}{x_1 - x_0}}$$

迭代一次得新的近似值 x_2，计算 $f_2=f(x_2)$。

(3) 如果 x_2 满足 $|\delta|\leqslant\varepsilon_1$ 或 $|f_2|\leqslant\varepsilon_2$，则认为过程收敛，终止迭代而以 x_2 作为所求的根；否则执行第(4)步。此处，ε_1、ε_2 是允许误差，而

$$\delta = \begin{cases} |x_2 - x_1|, & |x_2| < C \\ \dfrac{|x_2 - x_1|}{|x_2|}, & |x_2| \geqslant C \end{cases}$$

其中，C 是预先指定的控制数。

(4) 如果迭代次数达到预先指定的次数 N，则认为过程不收敛，计算失败；否则以 (x_1, f_1)、(x_2, f_2) 分别代替 (x_0, f_0)、(x_1, f_1)，而后转到第(2)步继续迭代。

2）抛物线法

设已知方程 $f(x)=0$ 的三个近似根 x_k、x_{k-1}、x_{k-2}，以这三点为节点构造二次插值多项式 $p_2(x)$，并适当选取 $p_2(x)$的一个零点 x_{k+1} 作为新的近似根，这样确定的迭代过程称为**抛物线法**，亦称**密勒(Müller)法**。在几何图形上，这种方法的基本思想是用抛物线 $y=p_2(x)$与x 轴的交点 x_{k+1} 作为所求根 x^* 的近似位置，如图 6.4.3 所示。

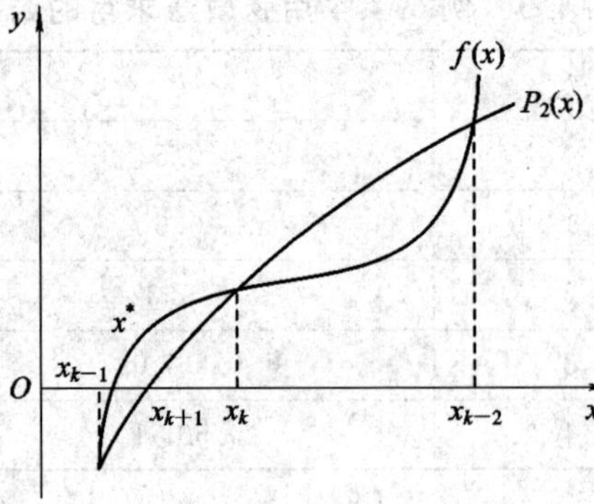

图 6.4.3 抛物线法的几何意义

现在推导抛物线法的计算公式。插值多项式

$$p_2(x)=f(x_k)+f(x_k,x_{k-1})(x-x_k)+f(x_k,x_{k-1},x_{k-2})(x-x_k)(x-x_{k-1})$$

有两个零点：

$$x_{k+1}=x_k-\frac{2f(x_k)}{\omega\pm\sqrt{\omega^2-4f(x_k)f(x_k,x_{k-1},x_{k-2})}} \tag{6.4.7}$$

式中，

$$\omega=f(x_k,x_{k-1})+f(x_k,x_{k-1},x_{k-2})(x_k-x_{k-1})$$

为了从式(6.4.7)定出一个值 x_{k+1}，需要讨论根式前正负号的取舍问题。在 x_k、x_{k-1}、x_{k-2}三个近似根中，自然假定以 x_k 更接近所求的根 x^*，这时，为了保证精度，选式(6.4.7)中较接近 x_k 的一个值作为新的近似根 x_{k+1}，为此，只要令根式前的符号与 ω 的符号相同即可。

例 6.4.5 用抛物线法求解方程 $f(x)=xe^x-1=0$。

解 设用表 6.4.3 中的前三个值

$$x_0=0.5,\ x_1=0.6,\ x_2=0.5632$$

作为初值，计算得

$$f(x_0)=-0.175\,639,\ f(x_1)=-0.093\,271$$

$$f(x_2)=-0.005\,031,\ f(x_1,x_0)=2.689\,10$$

$$f(x_2,x_1)=2.833\,73,\ f(x_2,x_1,x_0)=2.214\,18$$

故

$$\omega = f(x_2, x_1) + f(x_2, x_1, x_0)(x_2 - x_1) = 2.756\ 94$$

将其代入式(6.4.7)，求得

$$x_3 = x_2 - \frac{2f(x_2)}{\omega + \sqrt{\omega^2 - 4f(x_2)f(x_2, x_1, x_0)}} = 0.567\ 14$$

以上计算表明，抛物线法比弦截法收敛得更快。

事实上，在一定条件下可以证明，对于抛物线法，迭代误差有下列渐近关系式：

$$\frac{|e_{k+1}|}{|e_k|^{1.840}} \to \left|\frac{f'''(x^*)}{6f'(x^*)}\right|^{0.42}$$

可见抛物线法也是超线性收敛的，其收敛的阶 $p=1.840$，收敛速度比弦截法更接近于牛顿法。

下面列出抛物线法的计算步骤。

(1) 选定初始近似值 x_0、x_1、x_2，并计算 $f(x)$ 相应的值 f_0、f_1、f_2，以及

$$\lambda_2 = \frac{x_2 - x_1}{x_1 - x_0}$$

(2) 计算：

$$\delta_2 = 1 + \lambda_2$$

$$a = f_0\lambda_2^2 - f_1\lambda_2\delta_2 + f_2\lambda_2$$

$$b = f_0\lambda_2^2 - f_1\delta_2^2 + f_2(\lambda_2 + \delta_2)$$

$$c = f_2\delta_2$$

$$\lambda_3 = \frac{-2c}{b \pm \sqrt{b^2 - 4ac}}$$

上式分母中的“±”号，是取分母的模较大的一个。于是得到新的近似值：

$$x_3 = x_2 + \lambda_3(x_2 - x_1)$$

再计算 $f_3 = f(x_3)$。

(3) 如果 x_3 满足 $|\delta| \leqslant \varepsilon_1$ 或 $|f_3| \leqslant \varepsilon_2$($\varepsilon_1$、$\varepsilon_2$ 和 δ 的意义同弦截法的计算步骤)，则终止迭代，以 x_3 作为所求的根；否则执行第(4)步。

(4) 如果迭代次数达到预先指定的次数 N，则认为过程不收敛，输出计算失效标志；否则以(x_1, x_2, x_3, f_1, f_2, f_3, λ_3)分别代替并转到第(2)步继续迭代。

6.5　代数方程求根

如果 $f(x)$ 是多项式，则 $f(x)=0$ 特别地称作代数方程。前面介绍的求根方法原则上也适用于解代数方程，但由于多项式的特殊性，我们可以针对其特点提供更有效的

算法。

6.5.1　多项式求值的秦九韶算法

多项式的一个重要特点是求值、求导都比较简单方便。例如，对多项式

$$f(x) = a_0 x^n + a_1 x^{n-1} + \cdots + a_{n-1} x + a_n$$

式中，系数 $a_i(0 \leqslant i \leqslant n)$ 均为实数，用一次式 $x - x_0$ 除 $f(x)$，设商为 $p(x)$，余数显然等于 $f(x_0)$，即有

$$f(x) = f(x_0) + (x - x_0) p(x) \tag{6.5.1}$$

为了确定 $p(x)$ 与 $f(x_0)$，设

$$p(x) = b_0 x^{n-1} + b_1 x^{n-2} + \cdots + b_{n-2} x + b_{n-1}$$

将其代入式(6.5.1)，并比较两端同次幂的系数，得

$$\begin{cases} a_0 = b_0 \\ a_i = b_i - x_0 b_{i-1}, \quad 1 \leqslant i \leqslant n-1 \\ a_n = f(x_0) - x_0 b_{n-1} \end{cases}$$

从而有

$$\begin{cases} b_0 = a_0 \\ b_i = a_i + x_0 b_{i-1}, \quad 1 \leqslant i \leqslant n \\ f(x_0) = b_n \end{cases} \tag{6.5.2}$$

式(6.5.2)提供了一种计算函数值 $f(x_0)$ 的快速算法，称为秦九韶算法，在欧洲称为 Horner 算法，但欧洲人发现这个算法比秦九韶晚了几个世纪。这种算法的优点是计算量小，结构紧凑，容易编制程序。

由式(6.5.1)易知，$f'(x) = p(x) + (x - x_0) p'(x)$，从而 $f'(x_0) = p(x_0)$，即 $f'(x_0)$ 是多项式 $p(x)$ 在点 x_0 的值。对 $p(x)$ 进行上述讨论，导数 $f'(x_0) = p(x_0)$ 可看作 $p(x)$ 用因式 $x - x_0$ 相除所得的余数，即有

$$p(x) = f'(x_0) + (x - x_0) q(x)$$

式中，$q(x)$ 是 $n-2$ 次多项式。设

$$q(x) = c_0 x^{n-2} + c_1 x^{n-3} + \cdots + c_{n-3} x + c_{n-2}$$

再用秦九韶算法又可求出值 $f'(x_0)$，对应于式(6.5.2)，计算 $f'(x_0)$ 的公式为

$$\begin{cases} c_0 = b_0 \\ c_i = b_i + x_0 c_{i-1}, \quad 1 \leqslant i \leqslant n-1 \\ f'(x_0) = c_{n-1} \end{cases} \tag{6.5.3}$$

继续这一过程，可以依次求出 $f(x)$ 在点 x_0 的各阶导数。

6.5.2　代数方程的牛顿法

对多项式方程

$$f(x)=a_0x^n+a_1x^{n-1}+\cdots+a_{n-1}x+a_n=0$$

采用牛顿迭代公式：

$$x_{k+1}=x_k-\frac{f(x_k)}{f'(x_k)} \tag{6.5.4}$$

其中函数值 $f(x_k)$和导数值 $f'(x_k)$可分别用式(6.5.2)和式(6.5.3)方便地求出：

$$\begin{cases}b_0=a_0\\ b_i=a_i+x_kb_{i-1}, & 1\leqslant i\leqslant n\\ f(x_k)=b_n\end{cases} \tag{6.5.5}$$

$$\begin{cases}c_0=b_0\\ c_i=b_i+x_kc_{i-1}, & 1\leqslant i\leqslant n-1\\ f'(x_k)=c_{n-1}\end{cases} \tag{6.5.6}$$

6.5.3　代数方程的劈因子法

对代数方程，若能从多项式

$$f(x)=a_0x^n+a_1x^{n-1}+\cdots+a_{n-1}x+a_n$$

中分离出一个二次因式：

$$\omega^*(x)=x^2+u^*x+v^*$$

解此二次因式的零点即可得到一对共轭复根。劈因子法的基本思想是，从某个近似的二次因式

$$\omega(x)=x^2+ux+v$$

出发，通过适当的迭代过程使之逐步精确。

用二次因式 $\omega(x)$除 $f(x)$，记商为 $p(x)$，它是个 $n-2$ 次多项式，余式为一次因式，记为 r_0x+r_1，即

$$f(x)=(x^2+ux+v)p(x)+r_0x+r_1 \tag{6.5.7}$$

显然，r_0、r_1 均为 u、v 的函数：

$$\begin{cases}r_0=r_0(u,v)\\ r_1=r_1(u,v)\end{cases}$$

劈因子法的目的就是逐步修改 u、v 的值，使余数 r_0、r_1 变得很小。

考察方程

$$\begin{cases}r_0(u,v)=0\\ r_1(u,v)=0\end{cases} \tag{6.5.8}$$

这是关于 u、v 的非线性方程，设它有解(u^*, v^*)，将 $r_0(u^*, v^*)=0$，$r_1(u^*, v^*)=0$ 的左端在(u, v)展开到一阶项，则有

$$\begin{cases} r_0 + \dfrac{\partial r_0}{\partial u}\Delta u + \dfrac{\partial r_0}{\partial v}\Delta v = 0 \\ r_1 + \dfrac{\partial r_1}{\partial u}\Delta u + \dfrac{\partial r_1}{\partial v}\Delta v = 0 \end{cases} \tag{6.5.9}$$

从方程组(6.5.9)解出增量 Δu、Δv，即可得到改进的二次因式：

$$\omega(x) = x^2 + (u + \Delta u)x + v + \Delta v$$

以下具体说明如何计算方程组(6.5.9)的各个系数。

1. 计算 r_0 和 r_1

首先将

$$p(x) = b_0 x^{n-2} + b_1 x^{n-3} + \cdots + b_{n-3}x + b_{n-2}$$

代入式(6.5.7)，并比较各次幂的系数，易知

$$\begin{cases} a_0 = b_0 \\ a_1 = b_1 + ub_0 \\ a_i = b_i + ub_{i-1} + vb_{i-2}, \quad 2 \leqslant i \leqslant n-2 \\ a_{n-1} = ub_{n-2} + vb_{n-3} + r_0 \\ a_n = vb_{n-2} + r_1 \end{cases}$$

于是 r_0、r_1 的计算公式为

$$\begin{cases} b_0 = a_0 \\ b_1 = a_1 - ub_0 \\ b_i = a_i - ub_{i-1} - vb_{i-2}, \quad 2 \leqslant i \leqslant n \\ r_0 = b_{n-1} \\ r_1 = b_n + ub_{n-1} \end{cases} \tag{6.5.10}$$

2. 计算$\dfrac{\partial r_0}{\partial v}$和$\dfrac{\partial r_1}{\partial v}$

将式(6.5.7)关于 v 求导，得

$$p(x) = -(x^2 + ux + v)\frac{\partial p}{\partial v} + s_0 x + s_1 \tag{6.5.11}$$

式中，

$$s_0 = -\frac{\partial r_0}{\partial v}, \ s_1 = -\frac{\partial r_1}{\partial v} \tag{6.5.12}$$

可见，用 x^2+ux+v 除 $p(x)$，作为余式可以得到 s_0x+s_1。由于 $p(x)$是 $n-2$ 次多项式，这里商$\dfrac{\partial p}{\partial v}$是 $n-4$ 次多项式，记

$$\frac{\partial p}{\partial v}=c_0x^{n-4}+c_1x^{n-5}+\cdots+c_{n-5}x+c_{n-4}$$

则相当于式(6.5.10)，这里

$$\begin{cases}c_0=b_0\\ c_1=b_1-ub_0\\ c_i=b_i-uc_{i-1}-vc_{i-2}, \quad 2\leqslant i\leqslant n-2\\ s_0=c_{n-3}\\ s_1=c_{n-2}+uc_{n-3}\end{cases}$$

而按式(6.5.12)得

$$\frac{\partial r_0}{\partial v}=-s_0,\ \frac{\partial r_1}{\partial v}=-s_1$$

3. 计算$\dfrac{\partial r_0}{\partial u}$和$\dfrac{\partial r_1}{\partial u}$

将式(6.5.7)关于 u 求导，得

$$xp(x)=-(x^2+ux+v)\frac{\partial p}{\partial u}-\frac{\partial r_0}{\partial u}x-\frac{\partial r_1}{\partial u}$$

另外，由式(6.5.11)有

$$\begin{aligned}xp(x)&=-(x^2+ux+v)x\frac{\partial p}{\partial v}+(s_0x+s_1)x\\&=-(x^2+ux+v)(x\frac{\partial p}{\partial v}-s_0)-(us_0-s_1)x-vs_0\end{aligned}$$

比较上面两个式子知

$$\frac{\partial r_0}{\partial u}=us_0-s_1,\ \frac{\partial r_1}{\partial u}=vs_0$$

6.6　非线性方程组的迭代法

6.6.1　一般迭代法及其收敛条件

一般地，一元非线性方程的迭代解法都可以推广到多元非线性方程组。设有非线性方程组

$$\begin{cases} f_1(x_1, x_2, \cdots, x_n) = 0 \\ f_2(x_1, x_2, \cdots, x_n) = 0 \\ \vdots \\ f_n(x_1, x_2, \cdots, x_n) = 0 \end{cases} \tag{6.6.1}$$

将方程组变形为等价形式：

$$\begin{cases} x_1 = \varphi_1(x_1, x_2, \cdots, x_n) \\ x_2 = \varphi_2(x_1, x_2, \cdots, x_n) \\ \vdots \\ x_n = \varphi_n(x_1, x_2, \cdots, x_n) \end{cases} \tag{6.6.2}$$

由此建立迭代公式：

$$\begin{cases} x_1^{(k+1)} = \varphi_1(x_1^{(k)}, x_2^{(k)}, \cdots, x_n^{(k)}) \\ x_2^{(k+1)} = \varphi_2(x_1^{(k)}, x_2^{(k)}, \cdots, x_n^{(k)}) \\ \vdots \\ x_n^{(k+1)} = \varphi_n(x_1^{(k)}, x_2^{(k)}, \cdots, x_n^{(k)}) \end{cases}, \quad k = 0, 1, 2, \cdots \tag{6.6.3}$$

选取一组初值 $x_1^{(0)}, x_2^{(0)}, \cdots, x_n^{(0)}$ 后，按迭代公式(6.6.3)计算，可得一向量序列$\{\boldsymbol{x}^{(k)}\}$。在一定条件下向量序列收敛到原方程组的解。

设 D 为含有根 $\boldsymbol{x}^* = (x_1^*, x_2^*, \cdots, x_n^*)^{\mathrm{T}}$ 的闭域，一般情况下，D 是以根 $\boldsymbol{x}^*$ 为中心的超长方体：$|x_i - x_i^*| \leqslant d_i (i=1, 2, \cdots, n)$，或超球体：$\sqrt{\sum_{j=1}^{n}(x_j - x_j^*)^2} \leqslant r$。记

$$\boldsymbol{x} = (x_1, x_2, \cdots, x_n)^{\mathrm{T}}$$

$$a_{ij} = \max_{x \in D}\left|\frac{\partial \varphi_i(x_1, x_2, \cdots, x_n)}{\partial x_j}\right|, \quad i, j = 1, 2, \cdots, n$$

则有下述三个使迭代法收敛的充分条件：

(1) $\alpha = \max\limits_{1 \leqslant i \leqslant n}\sum\limits_{j=1}^{n} a_{ij} < 1$；

(2) $\beta = \max\limits_{1 \leqslant j \leqslant n}\sum\limits_{i=1}^{n} a_{ij} < 1$；

(3) $\gamma = \sum\limits_{i=1}^{n}\sum\limits_{j=1}^{n} a_{ij}^2 < 1$。

例 6.6.1　求解非线性方程组：

$$\begin{cases} 2x_1^3 - x_2^2 - 1 = 0 \\ x_1 x_2^3 - x_2 - 4 = 0 \end{cases}$$

取初值$(x_1^{(0)}, x_2^{(0)})^{\mathrm{T}} = (1.2, 1.7)^{\mathrm{T}}$。

解　将原方程组改写为

$$\begin{cases} x_1 = \sqrt[3]{\dfrac{1}{2}(x_2^2+1)} = \varphi_1(x_1, x_2) \\ x_2 = \sqrt[3]{\dfrac{x_2+4}{x_1}} = \varphi_2(x_1, x_2) \end{cases}$$

则

$$\frac{\partial\varphi_1}{\partial x_1} = 0, \qquad \frac{\partial\varphi_1}{\partial x_2} = \frac{x_2}{3}\sqrt[3]{\frac{4}{(x_2^2+1)^2}}$$

$$\frac{\partial\varphi_2}{\partial x_1} = -\frac{1}{3}\sqrt[3]{\frac{x_2+4}{x_1^4}}, \quad \frac{\partial\varphi_2}{\partial x_2} = \frac{1}{3}\frac{1}{\sqrt[3]{x_1(x_2+4)^2}}$$

它们在$(x_1^{(0)}, x_2^{(0)})$处的值分别为

$$\left.\frac{\partial\varphi_1}{\partial x_1}\right|_{(1.2, 1.7)} = 0, \qquad \left.\frac{\partial\varphi_1}{\partial x_2}\right|_{(1.2, 1.7)} = 0.3637$$

$$\left.\frac{\partial\varphi_2}{\partial x_1}\right|_{(1.2, 1.7)} = -0.4669, \quad \left.\frac{\partial\varphi_2}{\partial x_2}\right|_{(1.2, 1.7)} = 0.0983$$

于是

$$a_{11} = 0, a_{12} = 0.3637, a_{21} = 0.4669, a_{22} = 0.0983$$

因为

$$\begin{aligned} a &= \max\{a_{11}+a_{12}, a_{21}+a_{22}\} \\ &= \max\{0.3637, 0.5652\} = 0.5652 < 1 \end{aligned}$$

所以按下述迭代公式：

$$\begin{cases} x_1^{(k+1)} = \sqrt[3]{0.5[(x_2^{(k)})^2+1]} \\ x_2^{(k+1)} = \sqrt[3]{\dfrac{x_2^{(k)}+4}{x_1^{(k)}}} \end{cases}$$

进行迭代一定收敛。经过 17 次迭代，得到 7 位有效数字的近似解为

$$\boldsymbol{x}^{(17)} = (1.234\,275, 1.661\,526)^{\mathrm{T}}$$

6.6.2　牛顿迭代法

将一元非线性方程的牛顿法推广到高维情形，即得非线性方程组的牛顿迭代公式。令

$$\boldsymbol{F}(\boldsymbol{x}) = \begin{bmatrix} f_1(x) \\ f_2(x) \\ \vdots \\ f_n(x) \end{bmatrix}, \boldsymbol{x} = \begin{bmatrix} x_1 \\ x_2 \\ \vdots \\ x_n \end{bmatrix}, \boldsymbol{0} = \begin{bmatrix} 0 \\ 0 \\ \vdots \\ 0 \end{bmatrix}$$

则方程组(6.6.1)可写为向量形式：

$$\boldsymbol{F}(\boldsymbol{x}) = \boldsymbol{0} \tag{6.6.4}$$

$\boldsymbol{F}(\boldsymbol{x})$称为向量值函数。

设$(x_1^{(k)}, x_2^{(k)}, \cdots, x_n^{(k)})$是方程组(6.6.1)的一组近似解，把它的左端在$(x_1^{(k)}, x_2^{(k)}, \cdots, x_n^{(k)})$处用多元函数的泰勒级数展开，然后取线性部分，便得方程组(6.6.1)的近似方程组：

$$\begin{cases} f_1(x_1^{(k)}, x_2^{(k)}, \cdots, x_n^{(k)}) + \sum\limits_{j=1}^{n} \dfrac{\partial f_1(x_1^{(k)}, x_2^{(k)}, \cdots, x_n^{(k)})}{\partial x_j}\Delta x_j^{(k)} = 0 \\ f_2(x_1^{(k)}, x_2^{(k)}, \cdots, x_n^{(k)}) + \sum\limits_{j=1}^{n} \dfrac{\partial f_2(x_1^{(k)}, x_2^{(k)}, \cdots, x_n^{(k)})}{\partial x_j}\Delta x_j^{(k)} = 0 \\ \qquad\vdots \\ f_n(x_1^{(k)}, x_2^{(k)}, \cdots, x_n^{(k)}) + \sum\limits_{j=1}^{n} \dfrac{\partial f_n(x_1^{(k)}, x_2^{(k)}, \cdots, x_n^{(k)})}{\partial x_j}\Delta x_j^{(k)} = 0 \end{cases} \tag{6.6.5}$$

这是关于 $\Delta x_i^{(k)} = x_i - x_i^{(k)}$，$i=1, 2, \cdots, n$ 的线性方程组，如果它的系数矩阵

$$\begin{bmatrix} \dfrac{\partial f_1}{\partial x_1} & \dfrac{\partial f_1}{\partial x_2} & \cdots & \dfrac{\partial f_1}{\partial x_n} \\ \dfrac{\partial f_2}{\partial x_1} & \dfrac{\partial f_2}{\partial x_2} & \cdots & \dfrac{\partial f_2}{\partial x_n} \\ \vdots & \vdots & & \vdots \\ \dfrac{\partial f_n}{\partial x_1} & \dfrac{\partial f_n}{\partial x_2} & \cdots & \dfrac{\partial f_n}{\partial x_n} \end{bmatrix} \tag{6.6.6}$$

非奇异，则可解得

$$\begin{bmatrix} \Delta x_1^{(k)} \\ \Delta x_2^{(k)} \\ \vdots \\ \Delta x_n^{(k)} \end{bmatrix} = \begin{bmatrix} \dfrac{\partial f_1}{\partial x_1} & \dfrac{\partial f_1}{\partial x_2} & \cdots & \dfrac{\partial f_1}{\partial x_n} \\ \dfrac{\partial f_2}{\partial x_1} & \dfrac{\partial f_2}{\partial x_2} & \cdots & \dfrac{\partial f_2}{\partial x_n} \\ \vdots & \vdots & & \vdots \\ \dfrac{\partial f_n}{\partial x_1} & \dfrac{\partial f_n}{\partial x_2} & \cdots & \dfrac{\partial f_n}{\partial x_n} \end{bmatrix}^{-1} \begin{bmatrix} -f_1 \\ -f_2 \\ \vdots \\ -f_n \end{bmatrix} \tag{6.6.7}$$

矩阵(6.6.6)称为向量函数 $\boldsymbol{F}(\boldsymbol{x})$的 Jacobi 矩阵，记作 $\boldsymbol{F}'(\boldsymbol{x})$。又记 $x_i^{(k+1)} = x_i^{(k)} + \Delta x_i^{(k)}$，$i=1, 2, \cdots, n$，则式(6.6.7)可写为

$$\Delta \boldsymbol{x}^{(k)} = -\boldsymbol{F}'(\boldsymbol{x}^{(k)})^{-1}\boldsymbol{F}(\boldsymbol{x}^{(k)})$$

或

$$\boldsymbol{x}^{(k+1)} = \boldsymbol{x}^{(k)} - \boldsymbol{F}'(\boldsymbol{x}^{(k)})^{-1}\boldsymbol{F}(\boldsymbol{x}^{(k)}) \tag{6.6.8}$$

式(6.6.8)称为求解非线性方程组(6.6.1)的**牛顿迭代法**。

可以证明，如果 $\boldsymbol{F}(\boldsymbol{x})$ 在开凸集 D 内是连续可微的，即在 D 内函数 $f_i(x_1, x_2, \cdots, x_n)$，$i=1, 2, \cdots, n$ 连续且有连续的一阶偏导数；又如果 D 内存在 $\boldsymbol{x}^*$，使 $\boldsymbol{F}(\boldsymbol{x}^*)=\boldsymbol{0}$ 且 $\boldsymbol{F}(\boldsymbol{x}^*)$ 非奇异，那么必存在一个闭球 $\overline{\boldsymbol{S}(\boldsymbol{x}^*, \delta)}\subset D$，对任何 $\boldsymbol{x}_0\in\overline{S(\boldsymbol{x}^*, \delta)}$，由式(6.6.8)所得的迭代序列 $\{\boldsymbol{x}^{(k)}\}$ 超线性收敛于 $\boldsymbol{x}^*$。如果 $\boldsymbol{F}'(\boldsymbol{x})$ 在点 $\boldsymbol{x}^*$ 满足 Lipschitz 条件，即存在一正常数 k，使

$$\|\boldsymbol{F}'(\boldsymbol{x})-\boldsymbol{F}'(\boldsymbol{x}^*)\|\leqslant k\|\boldsymbol{x}-\boldsymbol{x}^*\|, \ \forall \boldsymbol{x}\in D$$

成立，那么迭代序列 $\{\boldsymbol{x}^{(k)}\}$ 至少是平方收敛的。

由上面的讨论知，牛顿迭代法的优点是收敛速度快，但每次迭代都要求导、求逆，计算量相当大。为了减少计算量，把系数矩阵(6.6.6)取为固定的 $\boldsymbol{F}'(\boldsymbol{x}^{(0)})$，则式(6.6.8)变为

$$\boldsymbol{x}^{(k+1)}=\boldsymbol{x}^{(k)}-\boldsymbol{F}'(x^{(0)})^{-1}\boldsymbol{F}(\boldsymbol{x}^{(k)}) \tag{6.6.9}$$

上式称为**简化牛顿迭代法**。显然，简化牛顿迭代法的计算量减少了很多，但收敛速度也随之降低为线性收敛，但仍不失为一种实用的方法。

例 6.6.2　用牛顿迭代法解方程组 $\begin{cases}x_1^2+x_2^2-x_1=0\\x_1^2-x_2^2-x_2=0\end{cases}$，取初始向量 $(0.8, 0.4)^{\mathrm{T}}$。

解　令

$$f_1(x_1, x_2)=x_1^2+x_2^2-x_1$$
$$f_2(x_1, x_2)=x_1^2-x_2^2-x_2$$

因为

$$\frac{\partial f_1}{\partial x_1}=2x_1-1, \quad \frac{\partial f_1}{\partial x_2}=2x_2$$
$$\frac{\partial f_2}{\partial x_1}=2x_1, \quad \frac{\partial f_2}{\partial x_2}=-2x_2-1$$

所以

$$\boldsymbol{F}'[\boldsymbol{x}^{(0)})=\begin{bmatrix}0.6000 & 0.8000\\1.6000 & -1.8000\end{bmatrix}, \quad \boldsymbol{F}(\boldsymbol{x}^{(0)})=\begin{bmatrix}0.0000\\0.0800\end{bmatrix}$$

于是

$$\boldsymbol{x}^{(1)}=\boldsymbol{x}^{(0)}-\boldsymbol{F}'(\boldsymbol{x}^{(0)})^{-1}\boldsymbol{F}(\boldsymbol{x}^{(0)})=\begin{bmatrix}0.7729\\0.4203\end{bmatrix}$$

继续迭代，得

$$\boldsymbol{x}^{(2)}=\begin{bmatrix}1.0474\\0.7702\end{bmatrix}, \boldsymbol{x}^{(3)}=\begin{bmatrix}1.0472\\0.7841\end{bmatrix}, \boldsymbol{x}^{(4)}=\begin{bmatrix}1.0440\\0.7747\end{bmatrix}$$
$$\boldsymbol{x}^{(5)}=\begin{bmatrix}1.0445\\0.7804\end{bmatrix}, \boldsymbol{x}^{(6)}=\begin{bmatrix}1.0435\\0.7767\end{bmatrix}$$

可取 $x_1=1.0435$，$x_2=0.7767$ 作为该方程组的一个近似解。

在非线性方程组 $\boldsymbol{F}(\boldsymbol{x})=0$ 的线性近似公式(6.6.5)中，为了避免求导运算，用差商近似偏导数，就得到离散牛顿公式。例如，$\dfrac{\partial f_i(x_1^{(k)}, x_2^{(k)}, \cdots, x_n^{(k)})}{\partial x_j}$可近似为

$$\frac{\partial f_i(x_1^{(k)}, \cdots, x_j^{(k)}, \cdots, x_n^{(k)})}{\partial x_j} \approx \frac{f_i(x_1^{(k)}, \cdots, x_j^{(k)}, \cdots, x_n^{(k)})-f_i(x_1^{(k)}, \cdots, x_j^{(k)}-h, \cdots, x_n^{(k)})}{h} \tag{6.6.10}$$

习　题　6

1. 求方程 $f(x)=x^3-x-1=0$ 在 $x_0=1.5$ 附近的根 x^*，设将方程改写成下列等价形式，并建立相应的迭代公式。

(1) $x=\sqrt[3]{x+1}$，迭代公式为 $x_{k+1}=\sqrt[3]{x_k+1}$；

(2) $x=x^3-1$，迭代公式为 $x_{k+1}=x_k^3-1$。

试分析每种迭代公式的收敛性，并选取一种公式求出具有 4 位有效数字的近似根。

2. 比较以下两种求 $e^x+10x-2=0$ 的根到 3 位小数所需的计算量：

(1) 在区间(0，1)内用二分法；

(2) 用迭代法 $x_k=(2-e^{x_k})/10$，取初值 $x_0=0$。

3. 给定函数 $f(x)$，设对一切 x，$f'(x)$存在且 $0<m\leqslant f'(x)\leqslant M$，证明对于范围 $0<\lambda<2/M$ 内的任意定数 λ，迭代过程 $x_{k+1}=x_k-\lambda f(x_k)$均收敛于 $f(x)$的根 x^*。

4. 已知 $x=\varphi(x)$在区间$[a, b]$内只有一个根，且当 $a<x<b$ 时，$|\varphi'(x)|\geqslant k>1$，试问如何将 $x=\varphi(x)$化为适于迭代的形式？

5. 将 $x=\tan x$ 化为适于迭代的形式，并求 $x=4.5$(弧度)附近的根。

6. 利用适当的迭代法，证明$\lim\limits_{n\to\infty}\underbrace{\sqrt{2+\sqrt{2+\cdots+\sqrt{2}}}}_{n\text{个}}=2$。

7. 用下列方法求 $f(x)=x^3-3x-1=0$ 在 $x_0=2$ 附近的根。根的准确值 $x^*=1.879\ 385\ 24\cdots$，要求计算结果精确到 4 位有效数字。

(1) 用牛顿法；

(2) 用弦截法，取 $x_0=2$，$x_1=1.9$；

(3) 用抛物线法，取 $x_0=1$，$x_1=3$，$x_2=2$。

8. 分别用二分法和牛顿法求 $x-\tan x=0$ 的最小正根。

9. 研究求$\sqrt{a}$的牛顿迭代公式：

$$x_{k+1}=\frac{1}{2}\left(x_k+\frac{a}{x_k}\right),\ x_0>0$$

证明对于一切 $k=1, 2, \cdots, x_k \geqslant \sqrt{a}$ 且序列 $x_1, x_2, \cdots$ 是单调递减的。

10. 试就下列函数讨论牛顿法的收敛性和收敛速度：

(1) $f(x)=\begin{cases} \sqrt{x}, & x\geqslant 0 \\ -\sqrt{-x}, & x<0 \end{cases}$；　(2) $f(x)=\begin{cases} \sqrt[3]{x^2}, & x\geqslant 0 \\ -\sqrt[3]{x^2}, & x<0 \end{cases}$。

11. 应用牛顿法解方程 $x^3-a=0$，导出求 $\sqrt[3]{a}$ 的迭代公式，并讨论其收敛性。

12. 应用牛顿法解方程 $f(x)=1-\dfrac{a}{x^2}=0$，导出求 $\sqrt{a}$ 的迭代公式，并求 $\sqrt{115}$ 的值。

13. 应用牛顿法解方程 $f(x)=x^n-a=0$ 和 $f(x)=1-\dfrac{a}{x^n}=0$，分别导出求 $\sqrt[n]{a}$ 的迭代公式，并求 $\lim\limits_{k\to\infty}\dfrac{\sqrt[n]{a}-x_{k+1}}{(\sqrt[n]{a}-x_k)^2}$。

14. 证明迭代公式

$$x_{k+1}=\frac{x_k(x_k^2+3a)}{3x_k^2+a}$$

是计算 $\sqrt{a}$ 的三阶方法。假定初值 x_0 充分靠近根 x^*，求 $\lim\limits_{k\to\infty}\dfrac{\sqrt{a}-x_{k+1}}{(\sqrt{a}-x_k)^3}$。

15. 对于 $f(x)=0$ 的牛顿迭代公式 $x_{k+1}=x_k-\dfrac{f(x_k)}{f'(x_k)}$，证明：

$$R_k=\frac{x_k-x_{k-1}}{(x_{k-1}-x_{k-2})^2}$$

收敛到 $-\dfrac{f''(x^*)}{2f'(x^*)}$，这里 x^* 为 $f(x)=0$ 的根。

16. 试用牛顿法解非线性方程组：

$$\begin{cases} x_1+2x_2-3=0 \\ 2x_1^2+x_2^2-5=0 \end{cases}$$

取初始向量 $(1.5, 1.0)^{\mathrm{T}}$，迭代 2 次，结果取 3 位小数。

数值实验题

以下作业请先完成数学建模，然后上机计算，最后写出报告。

1. 考虑一个涉及球体的物理问题：球体的半径为 r，并浸入水中，深度为 d。假设这个球由一种密度为 $\rho=0.638\ \mathrm{g/cm^3}$ 的松木构成，且它的半径为 $r=10$ cm。问：当球浸入水中时，它浸入水中的质量是多少？

2. 设一投射体从某点发射，仰角为 b_0，初速度为 v_0，考虑空气阻力，求当投射体撞击地面后的飞行时间和飞行水平行程。

3. 悬链线由悬挂的绳索构成，设最低点为(0, 0)，求经过点($\pm a$, b)的悬链线方程。

第 7 章 矩阵的特征值与特征向量

7.1 引 言

例 7.1.1 机器学习中的主成分分析方法（Principal Component Analysis，PCA）是一种使用广泛的线性降维算法。设已知 n 个 m 维数据 $\{x_1, x_2, \cdots, x_n\}$，将其排成一个矩阵 $\boldsymbol{X}=[x_1, x_2, \cdots, x_n]\in\mathbf{R}^{m\times n}$，PCA 的目的是寻找一个矩阵 $\boldsymbol{P}=[p_1, p_2, \cdots, p_k]\in\mathbf{R}^{m\times k}$ $(k\ll m)$，将一组 n 维数据映射到 $k(k\ll n)$ 维空间中，使得降维后的 k 维样本之间的方差最大或重构误差最小。设数据 $\boldsymbol{X}$ 是去中心（均值）化的数据，其协方差矩阵为 $\boldsymbol{C}=\dfrac{1}{n}\boldsymbol{X}\boldsymbol{X}^{\mathrm{T}}$，则 PCA 投影矩阵 $\boldsymbol{P}$ 的列 p_i，$i=1, 2, \cdots, k$ 是协方差矩阵 $\boldsymbol{C}$ 的第 i，$i=1, 2, \cdots, k$ 个最大特征值对应的特征向量。其中计算协方差矩阵的特征值和特征向量有两种方法：对协方差矩阵进行特征值分解，或对协方差矩阵进行奇异值分解（SVD）。

实际上，在数学、物理、通信、信号处理、计算机以及工程的其他领域都需要计算矩阵的特征值和特征向量，统称为矩阵的特征问题。本章介绍一些适合利用计算机实现的数值解法，可分为两类：一类是求解矩阵部分特征值和特征向量的方法，包括求一般实矩阵部分特征值的幂法和反幂法，求实对称矩阵部分特征值的二分法；另一类是求解矩阵全部特征值和特征向量的方法，包括求一般实矩阵全部特征值的 QR 方法，求实对称矩阵全部特征值的 Jacobi 方法。

下面给出有关矩阵特征问题的基本结论。

定理 7.1.1 设 λ_i，$i=1, 2, \cdots, n$ 是矩阵 $\boldsymbol{A}$ 的特征值，则有

(1) $\sum\limits_{i=1}^{n}\lambda_i = \sum\limits_{i=1}^{n}a_{ii} = \mathrm{tr}(\boldsymbol{A})$；

(2) $\det(\boldsymbol{A})=\lambda_1\lambda_2\cdots\lambda_n$。

定理 7.1.2 设 $\boldsymbol{A}$ 与 $\boldsymbol{B}$ 为相似矩阵，即存在非奇异阵 $\boldsymbol{T}$ 使 $\boldsymbol{B}=\boldsymbol{T}^{-1}\boldsymbol{A}\boldsymbol{T}$，则

(1) $\boldsymbol{A}$ 与 $\boldsymbol{B}$ 有相同的特征值；

(2) 若 $\boldsymbol{x}$ 是 $\boldsymbol{B}$ 的一个特征向量，则 $\boldsymbol{T}\boldsymbol{x}$ 是 $\boldsymbol{A}$ 的特征向量。

前两个定理的证明可参考线性代数中相关的定理。定理 7.1.2 表明相似矩阵有相同的特征值，且特征向量相差一个可逆变换。该定理为通过变换解决特征问题奠定基础。

定理 7.1.3(Gerschgorin **定理**)　设 $\boldsymbol{A}=(a_{ij})_{n\times n}$，则 $\boldsymbol{A}$ 的每一个特征值必属于下述某个圆盘之中：

$$|\lambda - a_{ii}| \leqslant \sum_{\substack{j=1\\ j\neq i}}^{n} |a_{ij}|,\ i=1,\ 2,\ \cdots,\ n$$

证明　设 λ 为 $\boldsymbol{A}$ 的任一特征值，$\boldsymbol{x}$ 为对应的特征向量，即

$$(\lambda \boldsymbol{I} - \boldsymbol{A})\boldsymbol{x} = 0 \tag{7.1.1}$$

记 $\boldsymbol{x}=(x_1,\ x_2,\ \cdots,\ x_n)^{\mathrm{T}}\neq 0$ 及 $|x_i|=\max\limits_{k}|x_k|$，$x_i\neq 0$，式(7.1.1)的第 i 个方程可写成

$$(\lambda - a_{ii})x_i = \sum_{\substack{j=1\\ j\neq i}}^{n} a_{ij}x_j$$

由 $|x_j/x_i|\leqslant 1(j\neq i)$，有

$$|\lambda - a_{ii}| \leqslant \sum_{j\neq i} |a_{ij}| \left|\frac{x_j}{x_i}\right| \leqslant \sum_{j\neq i} |a_{ij}|$$

即 λ 属于复平面上以 a_{ii} 为圆心，$\sum\limits_{j\neq i}|a_{ij}|$ 为半径的一个圆盘。

定理 7.1.3 指出不仅 $\boldsymbol{A}$ 的每一个特征值必属于 $\boldsymbol{A}$ 的一个圆盘中，而且如果一个特征向量的第 i 个分量最大，则对应的特征值一定属于第 i 个圆盘。该定理的意义在于，它给出了每个特征值的大致范围，这对于特征的数值计算是非常有帮助的。

定义 7.1.1　设 $\boldsymbol{A}$ 为 n 阶实对称矩阵，对于任一非零向量 $\boldsymbol{x}$，称

$$R(\boldsymbol{x}) = \frac{(\boldsymbol{Ax},\ \boldsymbol{x})}{(\boldsymbol{x},\ \boldsymbol{x})}$$

为关于向量 $\boldsymbol{x}$ 的 Rayleigh 商。

定理 7.1.4　设 $\boldsymbol{A}\in\mathbf{R}^{n\times n}$ 为实对称矩阵(其特征值次序记为 $\lambda_1\geqslant\lambda_2\geqslant\cdots\geqslant\lambda_n$，对应的特征向量 $\boldsymbol{x}_1,\ \boldsymbol{x}_2,\ \cdots,\ \boldsymbol{x}_n$ 组成规范化正交组，即 $(\boldsymbol{x}_i,\ \boldsymbol{x}_j)=\delta_{ij}$)，则

(1) $\lambda_n \leqslant \dfrac{(\boldsymbol{Ax},\ \boldsymbol{x})}{(\boldsymbol{x},\ \boldsymbol{x})} \leqslant \lambda_1$(对任何非零向量 $\boldsymbol{x}\in\mathbf{R}^n$)；

(2) $\lambda_1 = \max\limits_{\substack{\boldsymbol{x}\in\mathbf{R}^n\\ \boldsymbol{x}\neq 0}} \dfrac{(\boldsymbol{Ax},\ \boldsymbol{x})}{(\boldsymbol{x},\ \boldsymbol{x})}$；

(3) $\lambda_n = \min\limits_{\substack{\boldsymbol{x}\in\mathbf{R}^n\\ \boldsymbol{x}\neq 0}} \dfrac{(\boldsymbol{Ax},\ \boldsymbol{x})}{(\boldsymbol{x},\ \boldsymbol{x})}$。

证明　(1) 设 $\boldsymbol{x}\neq \boldsymbol{0}$ 为任一 n 维实向量，则有

$$\boldsymbol{x} = \sum_{i=1}^{n} a_i \boldsymbol{x}_i \text{ 且 } \|\boldsymbol{x}\|_2^2 = \sum_{i=1}^{n} a_i^2 \neq 0$$

从而

$$\frac{(\boldsymbol{Ax},\boldsymbol{x})}{(\boldsymbol{x},\boldsymbol{x})}=\frac{\sum_{i=1}^{n}a_i^2\lambda_i}{\sum_{i=1}^{n}a_i^2}\leqslant\frac{\lambda_1\sum_{i=1}^{n}a_i^2}{\sum_{i=1}^{n}a_i^2}=\lambda_1$$

同理

$$\frac{(\boldsymbol{Ax},\boldsymbol{x})}{(\boldsymbol{x},\boldsymbol{x})}\geqslant\lambda_n$$

(2) 显然有$\frac{(\boldsymbol{Ax}_1,\boldsymbol{x}_1)}{(\boldsymbol{x}_1,\boldsymbol{x}_1)}=\lambda_1$，再由(1)知 $\lambda_1=\max\limits_{\substack{x\in\mathbf{R}^n\\x\neq\mathbf{0}}}\frac{(\boldsymbol{Ax},\boldsymbol{x})}{(\boldsymbol{x},\boldsymbol{x})}$。

(3) 显然有$\frac{(\boldsymbol{Ax}_n,\boldsymbol{x}_n)}{(\boldsymbol{x}_n,\boldsymbol{x}_n)}=\lambda_n$，再由(1) 知 $\lambda_n=\min\limits_{\substack{x\in\mathbf{R}^n\\x\neq\mathbf{0}}}\frac{(\boldsymbol{Ax},\boldsymbol{x})}{(\boldsymbol{x},\boldsymbol{x})}$。

定理 7.1.4 将实对称矩阵的特征问题描述为 Rayleigh 商的极值问题，它表明，实对称矩阵的 Rayleigh 商介于 λ_n 和 λ_1 之间，且 λ_n 和 λ_1 分别为 Rayleigh 商的最小值和最大值。

7.2 幂法和反幂法

7.2.1 幂法

幂法是计算矩阵的模最大的特征值(称为主特征值)和相应特征向量的一种迭代方法，优点是计算过程简单，不破坏原始矩阵，因此特别适合高阶稀疏矩阵；缺点是对某些矩阵收敛速度很慢。下面先介绍计算矩阵主特征值和相应特征向量的幂法，再介绍计算矩阵模最小的特征值和相应特征向量的反幂法。

1. 幂法

设实矩阵 **A** 有线性初等因子，则存在 n 个线性无关的特征向量，对应于特征值 λ_1，λ_2，…，λ_n，再假设 **A** 的主特征值满足下述条件：

$$|\lambda_1|>|\lambda_2|\geqslant|\lambda_3|\geqslant\cdots\geqslant|\lambda_n| \tag{7.2.1}$$

幂法的基本思想是，任取一个非零初始向量 $\boldsymbol{v}_0$，设

$$\boldsymbol{v}_0=a_1\boldsymbol{x}_1+a_2\boldsymbol{x}_2+\cdots+a_n\boldsymbol{x}_n,\quad a_1\neq0 \tag{7.2.2}$$

由矩阵 **A** 构造迭代向量序列

$$\boldsymbol{v}_k=\boldsymbol{A}\boldsymbol{v}_{k-1}=\boldsymbol{A}^k\boldsymbol{v}_0,\quad k=1,2,\cdots \tag{7.2.3}$$

由式(7.2.2)和式(7.2.3)知，

$$\boldsymbol{v}_k=a_1\lambda_1^k\boldsymbol{x}_1+a_2\lambda_2^k\boldsymbol{x}_2+\cdots+a_n\lambda_n^k\boldsymbol{x}_n=\lambda_1^k\Big[a_1\boldsymbol{x}_1+\sum_{i=2}^{n}a_i(\lambda_i/\lambda_1)^k\boldsymbol{x}_i\Big]=\lambda_1^k[a_1\boldsymbol{x}_1+\boldsymbol{\varepsilon}_k]$$

其中，$\varepsilon_k = \sum_{i=2}^{n} a_i(\lambda_i/\lambda_1)^k \boldsymbol{x}_i$。由式(7.2.1)知 $|\lambda_i/\lambda_1| < 1$，$i = 2, 3, \cdots, n$，从而 $\varepsilon_k \to 0(k \to \infty)$，因此

$$\lim_{k\to\infty} \frac{\boldsymbol{v}_k}{\lambda_1^k} = a_1 \boldsymbol{x}_1 \tag{7.2.4}$$

即序列 $\boldsymbol{v}_k/\lambda_1^k$ 收敛于 $\mathbf{A}$ 对应于 λ_1 的特征向量，因此当 k 充分大时，有

$$\boldsymbol{v}_k \approx a_1 \lambda_1^k \boldsymbol{x}_1 \tag{7.2.5}$$

可将迭代向量 $\boldsymbol{v}_k$ 作为 λ_1 的特征向量的近似（除一个非零常数因子外）。

对于主特征值 λ_1，有

$$\frac{(\boldsymbol{v}_{k+1})_i}{(\boldsymbol{v}_k)_i} = \lambda_1 \left\{ \frac{a_1(\boldsymbol{x}_1)_i + (\boldsymbol{\varepsilon}_{k+1})_i}{a_1(\boldsymbol{x}_1)_i + (\boldsymbol{\varepsilon}_k)_i} \right\} \tag{7.2.6}$$

其中，$(\boldsymbol{v}_k)_i$ 表示 $\boldsymbol{v}_k$ 的第 i 个分量，故

$$\lim_{k\to\infty} \frac{(\boldsymbol{v}_{k+1})_i}{(\boldsymbol{v}_k)_i} = \lambda_1 \tag{7.2.7}$$

也就是说，两相邻迭代向量分量的比值收敛到主特征值，迭代到一定程度，可将该比值作为主特征值的近似。上述过程由已知非零向量 $\boldsymbol{v}_0$ 及矩阵 $\mathbf{A}$ 的乘幂 $\mathbf{A}^k$ 构造向量序列 $\{\boldsymbol{v}_k\}$，以计算 $\mathbf{A}$ 的主特征值 λ_1(利用式(7.2.7))及相应特征向量(利用式(7.2.5))，称为**幂法**。

由式(7.2.6)知，$(\boldsymbol{v}_{k+1})_i/(\boldsymbol{v}_k)_i \to \lambda_1$ 的收敛速度由比值 $r=\lambda_2/\lambda_1$ 来确定，r 越小收敛越快，当 $r=\lambda_2/\lambda_1 \approx 1$ 时收敛就可能很慢。

上面讨论可总结为如下定理。

定理 7.2.1　幂法的收敛性。设 $\mathbf{A} \in \mathbf{R}^{n\times n}$ 有 n 个线性无关的特征向量，主特征值 λ_1 满足

$$|\lambda_1| > |\lambda_2| \geqslant |\lambda_3| \geqslant \cdots \geqslant |\lambda_n|$$

则对任何非零初始向量 $\boldsymbol{v}_0$ $(a_1 \neq 0)$，式(7.2.4)和式(7.2.7)成立。

如果 $\mathbf{A}$ 的主特征值为重根，设 $\lambda_1 = \lambda_2 = \cdots = \lambda_r$，且

$$|\lambda_r| > |\lambda_{r+1}| \geqslant \cdots \geqslant |\lambda_n|$$

又设 $\mathbf{A}$ 有 n 个线性无关的特征向量，λ_1 对应的 r 个线性无关特征向量为 $\boldsymbol{x}_1, \boldsymbol{x}_2, \cdots, \boldsymbol{x}_r$，则由式(7.2.3)得

$$\boldsymbol{v}_k = \mathbf{A}^k \boldsymbol{v}_0 = \lambda_1^k \left\{ \sum_{i=1}^{r} a_i \boldsymbol{x}_i + \sum_{i=r+1}^{n} a_i (\lambda_i/\lambda_1)^k \boldsymbol{x}_i \right\}$$

$$\lim_{k\to\infty} \frac{\boldsymbol{v}_k}{\lambda_1^k} = \sum_{i=1}^{r} a_i \boldsymbol{x}_i \quad \left(设 \sum_{i=1}^{r} a_i \boldsymbol{x}_i \neq \mathbf{0}\right)$$

这说明当 $\mathbf{A}$ 的主特征值是重根时，定理 7.2.1 的结论仍然是正确的。

2. 规范化幂法

应用幂法计算 $\mathbf{A}$ 的主特征值 λ_1 及对应的特征向量时，如果 $|\lambda_1| > 1$（或 $|\lambda_1| < 1$），迭

代向量 $\boldsymbol{v}_k$ 的各个不等于零的分量将随 $k\to\infty$ 而趋于无穷（或趋于零），计算时可能“溢出”。为了克服这一缺点，通常将迭代向量进行规范化。

设有向量 $\boldsymbol{v}\neq\boldsymbol{0}$，将其规范化得到向量 $\boldsymbol{u}=\boldsymbol{v}/\max(\boldsymbol{v})$，其中 $\max(\boldsymbol{v})$ 表示向量 $\boldsymbol{v}$ 的模值最大的分量。在定理 7.2.1 的条件下幂法可这样进行：任取一初始向量 $\boldsymbol{v}_0=\boldsymbol{u}_0\neq\boldsymbol{0}$ $(a_1\neq 0)$，构造向量序列

$$\begin{cases} \boldsymbol{v}_1=\boldsymbol{A}\boldsymbol{u}_0=\boldsymbol{A}\boldsymbol{v}_0, & \boldsymbol{u}_1=\dfrac{\boldsymbol{v}_1}{\max(\boldsymbol{v}_1)}=\dfrac{\boldsymbol{A}\boldsymbol{v}_0,}{\max(\boldsymbol{A}\boldsymbol{v}_0)} \\ \boldsymbol{v}_2=\boldsymbol{A}\boldsymbol{u}_1=\dfrac{\boldsymbol{A}^2\boldsymbol{v}_0}{\max(\boldsymbol{A}\boldsymbol{v}_0)}, & \boldsymbol{u}_2=\dfrac{\boldsymbol{v}_2}{\max(\boldsymbol{v}_2)}=\dfrac{\boldsymbol{A}^2\boldsymbol{v}_0}{\max(\boldsymbol{A}^2\boldsymbol{v}_0)} \\ \quad\vdots & \quad\vdots \\ \boldsymbol{v}_k=\dfrac{\boldsymbol{A}^k\boldsymbol{v}_0}{\max(\boldsymbol{A}^{k-1}\boldsymbol{v}_0)}, & \boldsymbol{u}_k=\dfrac{\boldsymbol{A}^k\boldsymbol{v}_0}{\max(\boldsymbol{A}^k\boldsymbol{v}_0)} \\ \quad\vdots & \quad\vdots \end{cases}$$

由式(7.2.3)，得到

$$\boldsymbol{A}^k\boldsymbol{v}_0=\sum_{i=1}^{n}a_i\lambda_i^k\boldsymbol{x}_i=\lambda_1^k\left[a_1\boldsymbol{x}_1+\sum_{i=2}^{n}a_i\left(\frac{\lambda_i}{\lambda_1}\right)^k\boldsymbol{x}_i\right] \tag{7.2.8}$$

$$\boldsymbol{u}_k=\frac{\boldsymbol{A}^k\boldsymbol{v}_0}{\max(\boldsymbol{A}^k\boldsymbol{v}_0)}=\frac{\lambda_1^k\left[a_1\boldsymbol{x}_1+\sum_{i=2}^{n}a_i\left(\frac{\lambda_i}{\lambda_1}\right)^k\boldsymbol{x}_i\right]}{\max\left[\lambda_1^k\left(a_1\boldsymbol{x}_1+\sum_{i=2}^{n}a_i\left(\frac{\lambda_i}{\lambda_1}\right)^k\boldsymbol{x}_i\right)\right]}$$

$$=\frac{\left[a_1\boldsymbol{x}_1+\sum_{i=2}^{n}a_i\left(\frac{\lambda_i}{\lambda_1}\right)^k\boldsymbol{x}_i\right]}{\max\left[a_1\boldsymbol{x}_1+\sum_{i=2}^{n}a_i\left(\frac{\lambda_i}{\lambda_1}\right)^k\boldsymbol{x}_i\right]}\to\frac{\boldsymbol{x}_1}{\max(\boldsymbol{x}_1)}\ (k\to\infty)$$

这说明规范化向量序列收敛到主特征值对应的特征向量。同理，可得到

$$\boldsymbol{v}_k=\frac{\lambda_1^k\left[a_1\boldsymbol{x}_1+\sum_{i=2}^{n}a_i\left(\frac{\lambda_i}{\lambda_1}\right)^k\boldsymbol{x}_i\right]}{\max\left[\lambda_1^{k-1}a_1\boldsymbol{x}_1+\sum_{i=2}^{n}a_i\left(\frac{\lambda_i}{\lambda_1}\right)^{k-1}\boldsymbol{x}_i\right]}$$

$$\max(\boldsymbol{v}_k)=\frac{\lambda_1\max\left[a_1\boldsymbol{x}_1+\sum_{i=2}^{n}a_i\left(\frac{\lambda_i}{\lambda_1}\right)^k\boldsymbol{x}_i\right]}{\max\left[a_1\boldsymbol{x}_1+\sum_{i=2}^{n}a_i\left(\frac{\lambda_i}{\lambda_1}\right)^{k-1}\boldsymbol{x}_i\right]}\to\lambda_1\ (k\to\infty)$$

收敛速度由比值 $r=\lambda_2/\lambda_1$ 确定。

总结上述讨论，可得出以下定理。

定理 7.2.2(规范化幂法的收敛性)　设 $\mathbf{A}\in\mathbf{R}^{n\times n}$ 有 n 个线性无关的特征向量，主特征

值 λ_1 满足 $|\lambda_1|>|\lambda_2|\geqslant|\lambda_3|\geqslant\cdots\geqslant|\lambda_n|$，则对任意非零初始向量 $\boldsymbol{v}_0=\boldsymbol{u}_0(a_1\neq 0)$，按下述方法构造的向量序列

$$\begin{cases}\boldsymbol{v}_0=\boldsymbol{u}_0\neq\boldsymbol{0}\\ \boldsymbol{v}_k=\boldsymbol{A}\boldsymbol{u}_{k-1}\\ \boldsymbol{u}_k=\dfrac{\boldsymbol{v}_k}{\max(\boldsymbol{v}_k)}\end{cases},\quad k=1,2,\cdots \tag{7.2.9}$$

有

$$\lim_{k\to\infty}\boldsymbol{u}_k=\frac{\boldsymbol{x}_1}{\max(\boldsymbol{x}_1)}$$

$$\lim_{k\to\infty}\max(\boldsymbol{v}_k)=\lambda_1$$

例 7.2.1　用规范化幂法计算 $\boldsymbol{A}=\begin{bmatrix}3&2&0.5\\2&2&-1\\0.5&-1&1\end{bmatrix}$ 的主特征值和相应的特征向量。

计算结果如表 7.2.1 所示，所有结果保留 9 位有效数字。由表可见，迭代 18 次即可得到精度较高的近似解 $\lambda_1\approx 4.576\ 456\ 79$，相应的特征向量为 $(1.000\ 000\ 00，0.809\ 890\ 23，-0.086\ 647\ 26)^{\mathrm{T}}$。

表 7.2.1　例 7.2.1 的计算过程

k	$\boldsymbol{u}_k^{\mathrm{T}}$	$\max(\boldsymbol{v}_k)$
0	(1,1,1)	
1	(1.000 000 00，0.725 274 73，　0.0109 89 01)	4.136 363 64
2	(1.000 000 00，0.771 886 56，−0.048 088 78)	4.456 043 96
3	(1.000 000 00，0.794 707 41，−0.070 795 25)	4.519 728 73
4	(1.000 000 00，0.803 732 16，−0.080 259 39)	4.554 017 19
5	(1.000 000 00，0.807 412 64，−0.084 073 44)	4.567 334 62
6	(1.000 000 00，0.808 893 45，−0.085 612 11)	4.572 788 56
7	(1.000 000 00，0.809 489 51，−0.086 231 09)	4.574 980 85
8	(1.000 000 00，0.809 729 16，−0.086 479 98)	4.575 863 48
9	(1.000 000 00，0.809 825 50，−0.086 580 04)	4.576 218 34
10	(1.000 000 00，0.809 864 22，−0.086 620 25)	4.576 360 99
11	(1.000 000 00，0.809 879 79，−0.086 636 41)	4.576 418 32

续表

k	$\boldsymbol{u}_k^{\mathrm{T}}$	$\max(\boldsymbol{v}_k)$
12	(1.000 000 00, 0.809 886 04, −0.086 642 91)	4.576 441 37
13	(1.000 000 00, 0.809 888 56, −0.086 645 52)	4.576 450 63
14	(1.000 000 00, 0.809 889 57, −0.086 646 57)	4.576 454 35
15	(1.000 000 00, 0.809 889 97, −0.086 646 99)	4.576 455 85
16	(1.000 000 00, 0.809 890 14, −0.086 647 16)	4.576 456 45
17	(1.000 000 00, 0.809 890 20, −0.086 647 23)	4.576 456 69
18	(1.000 000 00, 0.809 890 23, −0.086 647 26)	4.576 456 79

7.2.2 幂法的加速

1. 原点位移法

前面讨论表明，应用规范化幂法计算 $\boldsymbol{A}$ 的主特征值的收敛速度主要取决于比值 $r=\lambda_2/\lambda_1$ 的大小，当 r 接近于 1 时，收敛可能很慢。为了提高收敛速度，对幂法进行如下加速。

定义矩阵 $\boldsymbol{B}=\boldsymbol{A}-p\boldsymbol{I}$，其中，$p$ 为选择参数。设 $\boldsymbol{A}$ 的特征值为 $\lambda_1, \lambda_2, \cdots, \lambda_n$，则 $\boldsymbol{B}$ 的特征值为 $\lambda_i-p(i=1, 2, \cdots, n)$，且 $\boldsymbol{B}$ 与 $\boldsymbol{A}$ 有相同的特征向量。

如果需要计算 $\boldsymbol{A}$ 的主特征值 λ_1，选择适当的 p 使 λ_1-p 是 $\boldsymbol{B}$ 的主特征值，且满足 $\left|\dfrac{\lambda_2-p}{\lambda_1-p}\right|<\left|\dfrac{\lambda_2}{\lambda_1}\right|$。对 $\boldsymbol{B}$ 应用规范化幂法，使得在计算 $\boldsymbol{B}$ 的主特征值 λ_1-p 的过程中得到加速，计算出 $\boldsymbol{B}$ 的主特征值 λ_1-p 后，再加上 p 即可得到 $\boldsymbol{A}$ 的主特征值 λ_1，这种方法称为原点位移法。对于 $\boldsymbol{A}$ 的特征值的特殊分布，该方法是十分有效的。

例 7.2.2 设 4 阶方阵 $\boldsymbol{A}$ 有特征值 $\lambda_1=15.0$，$\lambda_2=14.7$，$\lambda_3=13.5$，$\lambda_4=13.0$，比值 $r=\lambda_2/\lambda_1=0.98$，作变换 $\boldsymbol{B}=\boldsymbol{A}-p\boldsymbol{I}$，并取 $p=13.85$，则 $\boldsymbol{B}$ 的特征值为

$$\mu_1=1.15, \mu_2=0.85, \mu_3=-0.35, \mu_4=-0.85$$

应用幂法计算 $\boldsymbol{B}$ 的主特征值 μ_1，决定其收敛速度的比值为 $|\mu_2/\mu_1|\approx 0.739<|\lambda_2/\lambda_1|=0.98$。

例 7.2.3 用原点位移法计算例 7.2.1 中矩阵 $\boldsymbol{A}$ 的主特征值。

解 作变换 $\boldsymbol{B}=\boldsymbol{A}-p\boldsymbol{I}$，取 $p=0.66$，则

$$\boldsymbol{B}=\begin{bmatrix} 2.34 & 2 & 0.5 \\ 2 & 1.34 & -1 \\ 0.5 & -1 & 0.34 \end{bmatrix}$$

对 $\boldsymbol{B}$ 应用幂法，计算结果见表 7.2.2。

表 7.2.2　例 7.2.3 的计算结果

k	$\boldsymbol{u}_k^{\mathrm{T}}$	$\max(\boldsymbol{v}_k)$
0	(1, 1, 1)	
1	(1.000 000 00, 0.814 763 65, 0.001 607 47)	3.290 413 22
2	(1.000 000 00, 0.778 316 92, −0.079 141 29)	3.970 331 04
3	(1.000 000 00, 0.809 446 41, −0.079 134 03)	3.857 063 19
4	(1.000 000 00, 0.807 228 69, −0.085 818 84)	3.919 325 81
5	(1.000 000 00, 0.809 783 06, −0.086 003 57)	3.911 547 95
6	(1.000 000 00, 0.809 666 99, −0.086 561 65)	3.916 564 34
7	(1.000 000 00, 0.809 875 48, −0.086 591 76)	3.916 053 16
8	(1.000 000 00, 0.809 871 39, −0.086 638 73)	3.916 455 07
9	(1.000 000 00, 0.809 888 53, −0.086 642 46)	3.916 423 41
10	(1.000 000 00, 0.809 888 64, −0.086 646 44)	3.916 455 82
11	(1.000 000 00, 0.809 890 06, −0.086 646 86)	3.916 454 06
12	(1.000 000 00, 0.809 890 11, −0.086 647 20)	3.916 456 70
13	(1.000 000 00, 0.809 890 23, −0.086 647 24)	3.916 456 62

迭代 13 次得到矩阵 $\boldsymbol{B}$ 的最大特征值 $\mu_1 \approx 3.916\,456\,62$，对应特征向量为(1.000 000 00, 0.809 890 23, −0.086 647 24)^{T}，由此得 $\boldsymbol{A}$ 的主特征值为 $\lambda_1 = \mu_1 + p \approx 4.576\,456\,62$。相应的特征向量为(1.000 000 00, 0.809 890 23, −0.086 647 24)^{T}。可见，选择适当的 p，原点位移法确实能够对规范化幂法起到加速收敛的作用。

虽然常常能够选择有利的 p 值，使幂法得到加速，但设计一个自动选择适当参数 p 的过程是困难的。下面考虑当 $\boldsymbol{A}$ 的特征值是实数时，如何选择 p 来提高使用幂法计算 λ_1 的收敛速度。

设 $\boldsymbol{A}$ 的特征值满足

$$\lambda_1 > \lambda_2 \geqslant \cdots \geqslant \lambda_{n-1} > \lambda_n \tag{7.2.10}$$

则不管 p 如何取，$\boldsymbol{B} = \boldsymbol{A} - p\boldsymbol{I}$ 的主特征值为 $\lambda_1 - p$ 或 $\lambda_n - p$。当希望计算 λ_1 及 x_1 时，首先应选择 p 使 $|\lambda_1 - p| > |\lambda_n - p|$，且使收敛速度的比值

$$\omega = \max\left\{\frac{|\lambda_2 - p|}{|\lambda_1 - p|}, \frac{|\lambda_n - p|}{|\lambda_1 - p|}\right\} = \min$$

显然，当 $\lambda_2 - p = -(\lambda_n - p)$，$p = \frac{\lambda_2 + \lambda_n}{2} \equiv p^*$ 时，ω 为最小，这时收敛速度的比值为

$$\frac{\lambda_2 - p^*}{\lambda_1 - p^*} = -\frac{\lambda_n - p^*}{\lambda_1 - p^*} = \frac{\lambda_2 - \lambda_n}{2\lambda_1 - \lambda_2 - \lambda_n}$$

因此当 $\boldsymbol{A}$ 的特征值满足式(7.2.10)且 λ_2、λ_n 能初步估计时，就能确定 p^* 的近似值。当希望计算 λ_n 时，应选择 $p = \frac{\lambda_1 + \lambda_{n-1}}{2} = p^*$，即可提高应用幂法计算 λ_n 的收敛速度。

原点位移加速方法是一个矩阵变换方法。这种变换容易计算，又不破坏矩阵 $\boldsymbol{A}$ 的稀疏性，但 p 的选择依赖于对 $\boldsymbol{A}$ 的特征值分布的大致了解。

2. Rayleigh 商加速

对于实对称矩阵，用 Rayleigh 商可以提高计算主特征值的幂法的收敛速度。

定理 7.2.3　设 $\boldsymbol{A} \in \mathbf{R}^{n\times n}$ 为对称矩阵，特征值满足

$$|\lambda_1| > |\lambda_2| \geqslant |\lambda_3| \geqslant \cdots \geqslant |\lambda_n|$$

对应的特征向量是规范正交的，即满足$(\boldsymbol{x}_i, \boldsymbol{x}_j) = \delta_{ij}$，应用幂法(式(7.2.9))计算 $\boldsymbol{A}$ 的主特征值 λ_1，则规范化向量 $\boldsymbol{u}_k$ 的 Rayleigh 商给出 λ_1 的较好的近似，即

$$\boldsymbol{R}_k = \frac{(\boldsymbol{A}\boldsymbol{u}_k, \boldsymbol{u}_k)}{(\boldsymbol{u}_k, \boldsymbol{u}_k)} = \lambda_1 + O\left(\left(\frac{\lambda_2}{\lambda_1}\right)^{2k}\right)$$

证明　由式(7.2.8)及

$$\boldsymbol{u}_k = \frac{\boldsymbol{A}^k\boldsymbol{u}_0}{\max(\boldsymbol{A}^k\boldsymbol{u}_0)},\ \boldsymbol{v}_{k+1} = \boldsymbol{A}\boldsymbol{u}_k = \frac{\boldsymbol{A}^{k+1}\boldsymbol{u}_0}{\max(\boldsymbol{A}^k\boldsymbol{u}_0)}$$

得

$$\boldsymbol{R}_k = \frac{(\boldsymbol{A}\boldsymbol{u}_k, \boldsymbol{u}_k)}{(\boldsymbol{u}_k, \boldsymbol{u}_k)} = \frac{(\boldsymbol{A}^{k+1}\boldsymbol{u}_0, \boldsymbol{A}^k\boldsymbol{u}_0)}{(\boldsymbol{A}^k\boldsymbol{u}_0, \boldsymbol{A}^k\boldsymbol{u}_0)} = \frac{\sum_{j=1}^{n} a_j^2 \lambda_j^{2k+1}}{\sum_{j=1}^{n} a_j^2 \lambda_j^{2k}} = \lambda_1 + O\left(\left(\frac{\lambda_2}{\lambda_1}\right)^{2k}\right) \quad (7.2.11)$$

幂法计算一般矩阵主特征值的收敛速度主要取决于比值 $r = \lambda_2/\lambda_1$，而 Rayleigh 商加速法计算实对称矩阵主特征值的收敛速度主要取决于比值$(\lambda_2/\lambda_1)^2 = r^2$，$r$ 越小，Rayleigh 商加速的效果越明显。

例 7.2.4　用 Rayleigh 商加速法计算例 7.2.1 中矩阵 $\boldsymbol{A}$ 的主特征值。

解　Rayleigh 商加速法计算得到的 $\boldsymbol{u}_k$ 和 $\boldsymbol{R}_k = \frac{(\boldsymbol{A}\boldsymbol{u}_k, \boldsymbol{u}_k)}{(\boldsymbol{u}_k, \boldsymbol{u}_k)}$，如表 7.2.3 所示。可见，迭代 9 次即可得到精度较高的近似解 $\lambda_1 \approx 4.576\ 456\ 84$，相应的特征向量为$(1.000\ 000\ 00, 0.809\ 825\ 50, -0.086\ 580\ 04)^{\mathrm{T}}$。

表 7.2.3　例 7.2.4 的计算结果

k	$\boldsymbol{u}_k^{\mathrm{T}}$	$\boldsymbol{R}_k$
0	(1,　1,　1)	
1	(1.000 000 00，0.725 274 73，　0.010 989 01)	4.552 856 46
2	(1.000 000 00，0.771 886 56，−0.048 088 78)	4.572 635 04
3	(1.000 000 00，0.794 707 41，−0.070 795 25)	4.575 838 93
4	(1.000 000 00，0.803 732 16，−0.080 259 39)	4.576 357 02
5	(1.000 000 00，0.807 412 64，−0.084 073 44)	4.576 440 73
6	(1.000 000 00，0.808 893 45，−0.085 612 11)	4.576 454 25
7	(1.000 000 00，0.809 489 51，−0.086 231 09)	4.576 456 43
8	(1.000 000 00，0.809 729 16，−0.086 479 98)	4.576 456 79
9	(1.000 000 00，0.809 825 50，−0.086 580 04)	4.576 456 84

7.2.3　反幂法

反幂法用来计算矩阵的模最小的特征值及其特征向量。设 $\boldsymbol{A}\in\mathbf{R}^{n\times n}$ 为非奇异矩阵，$\boldsymbol{A}$ 的特征值依次记为

$$|\lambda_1|\geqslant|\lambda_2|\geqslant\cdots>|\lambda_n|$$

相应的特征向量为 x_1，x_2，…，x_n，则 $\boldsymbol{A}^{-1}$ 的特征值为

$$\left|\frac{1}{\lambda_n}\right|>\left|\frac{1}{\lambda_{n-1}}\right|\geqslant\cdots\geqslant\left|\frac{1}{\lambda_1}\right|$$

对应的特征向量为 x_1，x_2，…，x_n。因此计算 $\boldsymbol{A}$ 的模最小的特征值 λ_n 的问题就是计算 $\boldsymbol{A}^{-1}$ 的模最大的特征值问题。

对 $\boldsymbol{A}^{-1}$ 应用幂法迭代(称为反幂法)，可求得矩阵 $\boldsymbol{A}^{-1}$ 的主特征值 $1/\lambda_n$，从而求得 $\boldsymbol{A}$ 的按模最小的特征值 λ_n。反幂法迭代过程为，任取初始向量 $\boldsymbol{v}_0=\boldsymbol{u}_0\neq\boldsymbol{0}$，构造向量序列

$$\begin{cases}\boldsymbol{v}_k=\boldsymbol{A}^{-1}\boldsymbol{u}_{k-1}\\ \boldsymbol{u}_k=\dfrac{\boldsymbol{v}_k}{\max(\boldsymbol{v}_k)}\end{cases},\quad k=1,2,\cdots$$

其中迭代向量 $\boldsymbol{v}_k$ 的计算要通过解方程组 $\boldsymbol{A}\boldsymbol{v}_k=\boldsymbol{u}_{k-1}$ 求得。

定理 7.2.4　设 $\boldsymbol{A}$ 为非奇异矩阵，有 n 个线性无关的特征向量，且其特征值满足

$$|\lambda_1|\geqslant|\lambda_2|\geqslant\cdots\geqslant|\lambda_{n-1}|>|\lambda_n|>0$$

则对任何初始非零向量 $\boldsymbol{v}_0=\boldsymbol{u}_0(a_n\neq0)$，由反幂法构造的向量序列 $\{\boldsymbol{v}_k\}$ 和 $\{\boldsymbol{u}_k\}$ 满足：

(1) $\lim\limits_{k\to\infty}\boldsymbol{u}_k=\dfrac{\boldsymbol{x}_n}{\max(\boldsymbol{x}_n)}$；

(2) $\lim\limits_{k\to\infty}\max(\boldsymbol{v}_k)=\dfrac{1}{\lambda_n}$。

收敛速度的比值为$|\lambda_n/\lambda_{n-1}|$。

在反幂法中也可以用原点位移法来加速迭代过程或求其他特征值及特征向量。如果矩阵$(\boldsymbol{A}-p\boldsymbol{I})^{-1}$存在，显然其特征值为

$$\frac{1}{\lambda_1-p},\ \frac{1}{\lambda_2-p},\ \cdots,\ \frac{1}{\lambda_n-p}$$

对应的特征向量仍然是$\boldsymbol{x}_1$，$\boldsymbol{x}_2$，…，$\boldsymbol{x}_n$。对矩阵$(\boldsymbol{A}-p\boldsymbol{I})^{-1}$应用幂法，得到反幂法迭代公式

$$\begin{cases}\boldsymbol{u}_0=\boldsymbol{v}_0\neq\boldsymbol{0}(\text{初始向量})\\ \boldsymbol{v}_k=(\boldsymbol{A}-p\boldsymbol{I})^{-1}\boldsymbol{u}_{k-1}\\ \boldsymbol{u}_k=\dfrac{\boldsymbol{v}_k}{\max(\boldsymbol{v}_k)},\ k=1,\ 2,\ \cdots\end{cases}\tag{7.2.12}$$

如果 p 是 $\boldsymbol{A}$ 的特征值 λ_j 的一个近似值，且$|\lambda_j-p|<|\lambda_i-p|\,(i\neq j)$，即$\dfrac{1}{\lambda_j-p}$是$(\boldsymbol{A}-p\boldsymbol{I})^{-1}$的主特征值，可用反幂法公式(7.2.12)计算其特征值及特征向量。

设$\boldsymbol{A}\in\mathbf{R}^{n\times n}$有 n 个线性无关的特征向量$\boldsymbol{x}_1$，$\boldsymbol{x}_2$，…，$\boldsymbol{x}_n$，则

$$\boldsymbol{u}_0=\sum_{i=1}^{n}a_i\boldsymbol{x}_i,\ a_i\neq 0$$

$$\boldsymbol{v}_k=\frac{(\boldsymbol{A}-p\boldsymbol{I})^{-k}\boldsymbol{u}_0}{\max((\boldsymbol{A}-p\boldsymbol{I})^{-(k-1)}\boldsymbol{u}_0)}$$

$$\boldsymbol{u}_k=\frac{(\boldsymbol{A}-p\boldsymbol{I})^{-k}u_0}{\max((\boldsymbol{A}-p\boldsymbol{I})^{-k}u_0)}$$

其中，$(\boldsymbol{A}-p\boldsymbol{I})^{-k}\boldsymbol{u}_0=\sum\limits_{i=1}^{n}a_i(\lambda_i-p)^{-k}\boldsymbol{x}_i$，由此可得如下定理。

定理 7.2.5　设$\boldsymbol{A}\in\mathbf{R}^{n\times n}$满足：

(1) 有 n 个线性无关的特征向量，$\boldsymbol{A}$ 的特征值及对应的特征向量记为λ_i及$\boldsymbol{x}_i$，$i=1$，2，…，n；

(2) p 为λ_j的近似值，$\boldsymbol{A}-p\boldsymbol{I}$ 可逆，且

$$|\lambda_j-p|<|\lambda_i-p|,\quad i\neq j$$

(3) $\boldsymbol{u}_0=\sum\limits_{i=1}^{n}a_i\boldsymbol{x}_i\neq\boldsymbol{0}\ (a_j\neq 0)$为给定的初始向量，则由反幂法迭代公式(7.2.12)构造的向量序列$\{\boldsymbol{v}_k\}$，$\{\boldsymbol{u}_k\}$满足：

① $\lim\limits_{k\to\infty}\boldsymbol{u}_k=\dfrac{\boldsymbol{x}_j}{\max(\boldsymbol{x}_j)}$；

② $\lim\limits_{k\to\infty}\max(\boldsymbol{v}_k)=\dfrac{1}{\lambda_j-p}$，即 $p+\dfrac{1}{\max(\boldsymbol{v}_k)}\to\lambda_j$，$k\to\infty$，且收敛速度由比值 $r=$

$\max\limits_{i\neq j}\left|\dfrac{\lambda_j-p}{\lambda_i-p}\right|$确定。

由该定理知，对$(\boldsymbol{A}-p\boldsymbol{I})$（其中 $p\approx\lambda_j$）应用反幂法，可用来计算特征向量 $\boldsymbol{x}_j$。只要选择的 p 是 λ_j 的一个较好的近似值且特征值分离情况较好，一般 r 很小，常常只要迭代一两次就可完成特征向量的计算。

反幂法迭代公式中的 $\boldsymbol{v}_k$ 是通过解方程组$(\boldsymbol{A}-p\boldsymbol{I})\boldsymbol{v}_k=\boldsymbol{u}_{k-1}$求得的。设对$(\boldsymbol{A}-p\boldsymbol{I})$进行三角分解，有 $\boldsymbol{P}(\boldsymbol{A}-p\boldsymbol{I})=\boldsymbol{LU}$，其中，$\boldsymbol{P}$ 为某个排列阵，求 $\boldsymbol{v}_k$ 相当于解两个三角形方程组

$$\boldsymbol{L}\boldsymbol{y}_k=\boldsymbol{P}\boldsymbol{u}_{k-1}$$
$$\boldsymbol{U}\boldsymbol{v}_k=\boldsymbol{y}_k$$

从而反幂法迭代公式可写为

$$\begin{cases}\boldsymbol{L}\boldsymbol{y}_k=\boldsymbol{P}\boldsymbol{u}_{k-1}\\ \boldsymbol{U}\boldsymbol{v}_k=\boldsymbol{y}_k\\ \boldsymbol{u}_k=\dfrac{\boldsymbol{v}_k}{\max(\boldsymbol{v}_k)},\ k=1,2,\cdots\end{cases}\tag{7.2.13}$$

实验表明，按下述方法选择 $\boldsymbol{v}_0=\boldsymbol{u}_0$ 是较好的：选 $\boldsymbol{u}_0$，使

$$\boldsymbol{U}\boldsymbol{v}_1=\boldsymbol{L}^{-1}\boldsymbol{P}\boldsymbol{u}_0=(1,1,\cdots,1)^{\mathrm{T}}\tag{7.2.14}$$

用回代求解式(7.2.14)即得 $\boldsymbol{v}_1$，然后再按公式(7.2.13)迭代。

例 7.2.5　用反幂法求 $\boldsymbol{A}$ 的对应数值特征值 $\lambda=1.2679$（精确特征值为 $\lambda_3=3-\sqrt{3}$）的特征向量（用 5 位浮点数进行运算）。

$$\boldsymbol{A}=\begin{bmatrix}2&1&0\\1&3&1\\0&1&4\end{bmatrix}$$

解　对$(\boldsymbol{A}-p\boldsymbol{I})$用部分选主元的三角分解（其中 $p=1.2679$），得 $\boldsymbol{P}(\boldsymbol{A}-p\boldsymbol{I})=\boldsymbol{LU}$，其中，

$$\boldsymbol{L}=\begin{bmatrix}1&0&0\\0&1&0\\0.7321&-0.26807&1\end{bmatrix},\ \boldsymbol{U}=\begin{bmatrix}1&1.7321&1\\0&1&2.7321\\0&0&0.29405\times10^{-3}\end{bmatrix},\ \boldsymbol{P}=\begin{bmatrix}0&1&0\\0&0&1\\1&0&0\end{bmatrix}$$

由 $\boldsymbol{U}\boldsymbol{v}_1=(1,1,1)^{\mathrm{T}}$，得

$$\boldsymbol{v}_1=(12692,-9290.3,3400.8)^{\mathrm{T}}$$
$$\boldsymbol{u}_1=(1,-0.73198,0.26795)^{\mathrm{T}}$$

由 $\boldsymbol{LU}\boldsymbol{v}_2=\boldsymbol{P}\boldsymbol{u}_1$，得

$$\boldsymbol{v}_2=(20404,-14937,5467.4)^{\mathrm{T}}$$
$$\boldsymbol{u}_2=(1,-0.73206,0.26796)^{\mathrm{T}}$$

λ_3 对应的特征向量为

$$x_3 = (1, 1-\sqrt{3}, 2-\sqrt{3})^{\mathrm{T}} \approx (1, -0.732\,05, 0.267\,95)^{\mathrm{T}}$$

由此看出 $\boldsymbol{u}_2$ 是 $\boldsymbol{x}_3$ 的相当好的近似。

7.3 雅可比方法

7.3.1 雅可比方法的基本思想

由线性代数理论知，若 $\boldsymbol{A}\in\mathbf{R}^{n\times n}$ 为对称矩阵，则存在正交阵 $\boldsymbol{P}$，使

$$\boldsymbol{P}^{\mathrm{T}}\boldsymbol{A}\boldsymbol{P} = \mathrm{diag}[\lambda_1, \cdots, \lambda_n] = \boldsymbol{D}$$

且 $\boldsymbol{D}$ 的对角元 λ_i，$i=1, 2, \cdots, n$ 就是 $\boldsymbol{A}$ 的特征值，$\boldsymbol{P}$ 的列向量 $\boldsymbol{v}_j$ 就是 $\boldsymbol{A}$ 的对应于 λ_j 的特征向量。于是求实对称阵 $\boldsymbol{A}$ 的全部特征值和特征向量的问题就等价于寻找正交矩阵 $\boldsymbol{P}$，使 $\boldsymbol{P}\boldsymbol{A}\boldsymbol{P}^{\mathrm{T}}=\boldsymbol{D}$ 为对角阵，此问题的主要困难在于正交阵 $\boldsymbol{P}$ 的构造。

为了讨论雅可比方法的基本思想，我们先从 2 阶实对称矩阵开始。设 $\boldsymbol{A}=\begin{bmatrix} a_{11} & a_{12} \\ a_{21} & a_{22} \end{bmatrix}$，$a_{12}=a_{21}\neq 0$，可用如下平面旋转变换矩阵 $\boldsymbol{P}=\begin{bmatrix} \cos\theta & -\sin\theta \\ \sin\theta & \cos\theta \end{bmatrix}$，将 $\boldsymbol{A}$ 对角化，显然 $\boldsymbol{P}$ 是正交阵。设 $\boldsymbol{P}^{\mathrm{T}}\boldsymbol{A}\boldsymbol{P}=\begin{bmatrix} c_{11} & c_{12} \\ c_{21} & c_{22} \end{bmatrix}$，则

$$\begin{aligned} c_{11} &= a_{11}\cos^2\theta + a_{22}\sin^2\theta + a_{21}\sin 2\theta \\ c_{22} &= a_{11}\sin^2\theta + a_{22}\cos^2\theta - a_{21}\cos 2\theta \\ c_{21} = c_{12} &= \frac{1}{2}(a_{22}-a_{11})\sin 2\theta + a_{21}\sin 2\theta \end{aligned}$$

可选择 θ 使

$$\frac{1}{2}(a_{22}-a_{11})\sin 2\theta + a_{21}\cos 2\theta = 0$$

即

$$\tan 2\theta = \frac{2a_{12}}{a_{11}-a_{22}} \quad \left(\text{当 } a_{11} = a_{22} \text{ 时，可选 } \theta = \frac{\pi}{4}\right)$$

结果为 $\boldsymbol{P}^{\mathrm{T}}\boldsymbol{A}\boldsymbol{P}=\mathrm{diag}[\lambda_1, \lambda_2]$。

上述利用平面旋转变换正交约化 2 阶实对称矩阵的方法可推广到一般实对称矩阵，称为雅可比方法，是计算实对称矩阵的全部特征值及特征向量的一种变换方法。

7.3.2 雅可比方法

定义 $\mathbf{R}^n$ 中的平面旋转变换矩阵

$$
\boldsymbol{P}=\begin{array}{c}\text{第 } i \text{ 列} \qquad\qquad \text{第 } j \text{ 列}\\ \left[\begin{array}{ccccccccc}
1 & & & & & & & & \\
 & \ddots & & & & & & & \\
 & & \cos\theta & & & -\sin\theta & & & \\
 & & & 1 & & & & & \\
 & & & & \ddots & & & & \\
 & & & & & 1 & & & \\
 & & \sin\theta & & & \cos\theta & & & \\
 & & & & & & 1 & & \\
 & & & & & & & \ddots & \\
 & & & & & & & & 1
\end{array}\right]\end{array}
\begin{array}{l} \\ \\ \text{第 } i \text{ 行} \\ \\ \\ \\ \text{第 } j \text{ 行} \\ \\ \\ \\ \end{array}
=\boldsymbol{P}(i,\ j) \qquad (7.3.1)
$$

$\boldsymbol{P}$ 有如下性质：

(1) $\boldsymbol{P}$ 为正交阵。

(2) $\boldsymbol{P}$ 和单位阵只有在 $(i,\ i)$、$(i,\ j)$、$(j,\ j)$、$(j,\ i)$ 四个位置上的元素不一样。

(3) $\boldsymbol{P}^{\mathrm{T}}\boldsymbol{A}$ 只改变 $\boldsymbol{A}$ 的第 i 行与第 j 行元素，$\boldsymbol{AP}$ 只改变 $\boldsymbol{A}$ 的第 i 列与第 j 列元素，$\boldsymbol{P}^{\mathrm{T}}\boldsymbol{AP}$ 只改变 $\boldsymbol{A}$ 的第 i 行、第 j 行、第 i 列、第 j 列元素。

定理 7.3.1　设 $\boldsymbol{A}$ 为 n 阶实对称矩阵，$\boldsymbol{C}=\boldsymbol{P}^{\mathrm{T}}\boldsymbol{AP}$，其中 $\boldsymbol{P}$ 为正交矩阵，则

$$\|\boldsymbol{C}\|_{\mathrm{F}}^{2}=\|\boldsymbol{A}\|_{\mathrm{F}}^{2}$$

证明　一方面，

$$\|\boldsymbol{A}\|_{\mathrm{F}}^{2}=\sum_{i=1}^{n}\sum_{j=1}^{n}a_{ij}^{2}=\mathrm{tr}(\boldsymbol{A}^{\mathrm{T}}\boldsymbol{A})=\mathrm{tr}(\boldsymbol{A}^{2})=\sum_{i=1}^{n}\lambda_{i}(\boldsymbol{A}^{2})=\sum_{i=1}^{n}\lambda_{i}^{2}(\boldsymbol{A})$$

另一方面，

$$\|\boldsymbol{C}\|_{\mathrm{F}}^{2}=\mathrm{tr}(\boldsymbol{C}^{\mathrm{T}}\boldsymbol{C})=\mathrm{tr}(\boldsymbol{C}^{2})=\sum_{i=1}^{n}\lambda_{i}(\boldsymbol{C}^{2})=\sum_{i=1}^{n}\lambda_{i}^{2}(\boldsymbol{C})$$

由假设 $\lambda_{i}(\boldsymbol{A})=\lambda_{i}(\boldsymbol{C})$，故 $\|\boldsymbol{C}\|_{\mathrm{F}}^{2}=\|\boldsymbol{A}\|_{\mathrm{F}}^{2}$。

定理表明正交变换不会改变矩阵的 $\boldsymbol{F}$ 范数。

定理 7.3.2　设 $\boldsymbol{A}\in\mathbf{R}^{n\times n}$ 为对称矩阵，$\boldsymbol{P}(i,\ j)$ 为平面旋转矩阵，则 $\boldsymbol{C}=\boldsymbol{P}^{\mathrm{T}}\boldsymbol{AP}$（其中 $\boldsymbol{C}=(c_{ij})_{n}$）的元素计算公式为

$$c_{ii}=a_{ij}\cos^{2}\theta+a_{jj}\sin^{2}\theta+2a_{ij}\sin\theta\cos\theta \qquad (7.3.2)$$

$$c_{jj}=a_{ii}\sin^{2}\theta+a_{jj}\cos^{2}\theta-2a_{ij}\sin\theta\cos\theta \qquad (7.3.3)$$

$$c_{ij}=c_{ji}=\frac{1}{2}(a_{jj}-a_{ii})\sin2\theta+a_{ij}\cos2\theta \qquad (7.3.4)$$

$$c_{ik}=a_{ik}\cos\theta+a_{jk}\sin\theta(k\neq i,\ j)(\text{第 } i \text{ 行其他元素}) \qquad (7.3.5)$$

$$c_{jk}=a_{jk}\cos\theta-a_{ik}\sin\theta(k\neq i,\ j)(\text{第 } j \text{ 行其他元素}) \qquad (7.3.6)$$

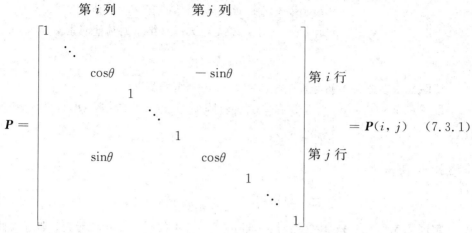

$$c_{ki} = a_{ki}\cos\theta + a_{kj}\sin\theta(k \neq i, j)（第 i 列其他元素） \quad (7.3.7)$$

$$c_{kj} = a_{kj}\cos\theta - a_{ki}\sin\theta(k \neq i, j)（第 j 列其他元素） \quad (7.3.8)$$

$$c_{lk} = a_{lk} \ (l, k \neq i, j)$$

证明 由上述关于初等正交矩阵 $\boldsymbol{P}$ 的性质即可推得。

设 $\boldsymbol{A}$ 的非对角元 $a_{ij} \neq 0$，选择平面旋转阵 $\boldsymbol{P}(i, j)$，使 $\boldsymbol{C}=\boldsymbol{P}^{\mathrm{T}}\boldsymbol{AP}$ 的非对角元素

$$c_{ij} = c_{ji} = \frac{a_{jj} - a_{ii}}{2}\sin 2\theta + a_{ij}\cos 2\theta = 0$$

即选择 θ，使

$$\tan 2\theta = \frac{2a_{ij}}{a_{ii} - a_{jj}}, \ |\theta| \leqslant \frac{\pi}{4} \quad (7.3.9)$$

定理 7.3.3 设 $\boldsymbol{A} \in \mathbf{R}^{n\times n}$ 为对称阵，$a_{ij} \neq 0$ 为 $\boldsymbol{A}$ 的一个非对角元素，则可选择一平面转阵 $\boldsymbol{P}(i, j)$，使 $\boldsymbol{C}=\boldsymbol{P}^{\mathrm{T}}\boldsymbol{AP}$ 的非对角元素 $c_{ij}=c_{ji}=0$ 且 $\boldsymbol{C}=\boldsymbol{P}^{\mathrm{T}}\boldsymbol{AP}$ 与 $\boldsymbol{A}$ 的元素满足下述关系：

(1) $c_{ik}^2 + c_{jk}^2 = a_{ik}^2 + a_{jk}^2 \ (k \neq i, j)$；

(2) $c_{ii}^2 + c_{jj}^2 = a_{ii}^2 + a_{jj}^2 + 2a_{ij}^2$；

(3) $c_{lk}^2 = a_{lk}^2 \ (l, k \neq i, j)$。

证明 由定理 7.3.2，直接计算可知(1)、(3)成立。由(1)及定理 7.3.1 可证(2)成立。

如果用 $S(\boldsymbol{A})$表示 $\boldsymbol{A}$ 的非对角线元素的平方和，$D(\boldsymbol{A})$表示 $\boldsymbol{A}$ 的对角元素平方和，由定理 7.3.3 得

$$\begin{aligned} D(\boldsymbol{C}) &= D(\boldsymbol{A}) + 2a_{ij}^2 \\ S(\boldsymbol{C}) &= S(\boldsymbol{A}) - 2a_{ij}^2 \end{aligned} \quad (7.3.10)$$

这说明 $\boldsymbol{C}$ 的对角线元素平方和比 $\boldsymbol{A}$ 的对角线元素平方和增加了 $2a_{ij}^2$，$\boldsymbol{C}$ 的非对角线元素平方和比 $\boldsymbol{A}$ 的非对角线元素平方和减少了 $2a_{ij}^2$。

下面给出用平面旋转变换将实对称矩阵正交约化为对角阵的**雅可比方法**。

首先在 $\boldsymbol{A}$ 的非对角线元素中选绝对值最大的元素(称为主元素)，如

$$|a_{i_1 j_1}| = \max_{l \neq k} |a_{lk}|$$

可设 $a_{i_1 j_1} \neq 0$，否则 $\boldsymbol{A}$ 已经对角化了。由定理 7.3.2，选择一平面旋转矩阵 $\boldsymbol{P}_1(i_1, j_1)$，使 $\boldsymbol{A}_1 = \boldsymbol{P}_1^{\mathrm{T}}\boldsymbol{AP}_1$ 的非对角元素 $c_{i_1 j_1} = c_{j_1 i_1} = 0$。

再选 $\boldsymbol{A}_1 = (a_{lk}^{(1)})$的非对角线元素中的主元素，如

$$|a_{i_2 j_2}^{(1)}| = \max_{l \neq k} |a_{lk}^{(1)}| \neq 0$$

由定理 7.3.2，又可选择一平面旋转阵 $\boldsymbol{P}_2(i_2, j_2)$，使 $\boldsymbol{A}_2 = \boldsymbol{P}_2^{\mathrm{T}}\boldsymbol{A}_1\boldsymbol{P}_2$ 的非对角元素 $a_{i_2 j_2}^{(2)} = a_{j_2 i_2}^{(2)} = 0$(注意上次消除了的主元素这次又可能变为非零)。

继续这一过程，连续对 $\boldsymbol{A}$ 施行一系列平面旋转变换，消除非对角线绝对值最大的元

素，直到将 $\boldsymbol{A}$ 的非对角元素全化为充分小为止，从而求得 $\boldsymbol{A}$ 的全部近似特征值。

下面定理给出雅可比方法的收敛性。

定理 7.3.4(雅可比方法的收敛性)　设 $\boldsymbol{A}=(a_{ij})_n$ 为实对称矩阵，对 $\boldsymbol{A}$ 施行上述一系列平面旋转变换

$$\boldsymbol{A}_m = \boldsymbol{P}_m^{\mathrm{T}}\boldsymbol{A}_{m-1}\boldsymbol{P}_m,\quad m=1,2,\cdots$$

则

$$\lim_{m\to\infty}\boldsymbol{A}_m = \boldsymbol{D}\text{（对角矩阵）}$$

证明　记 $\boldsymbol{A}_m=(a_{lk}^{(m)})_n$，$S_m=\sum\limits_{l\neq k}(a_{lk}^{(m)})^2$，则由式(7.3.10)有

$$S_{m+1} = S_m - 2\,(a_{ij}^{(m)})^2 \tag{7.3.11}$$

其中，

$$|a_{ij}^{(m)}| = \max_{l\neq k}|a_{lk}^{(m)}| \tag{7.3.12}$$

又

$$S_m = \sum_{l\neq k}(a_{lk}^{(m)})^2 \leqslant n(n-1)(a_{ij}^{(m)})^2$$

即

$$\frac{S_m}{n(n-1)} \leqslant (a_{ij}^{(m)})^2 \tag{7.3.13}$$

从而

$$S_{m+1} \leqslant S_m\left(1-\frac{2}{n(n-1)}\right)$$

反复应用上式得

$$S_{m+1} \leqslant S_0\left(1-\frac{2}{n(n-1)}\right)^{m+1},\quad n>2$$

故

$$\lim_{m\to\infty}S_m = 0$$

下面讨论雅可比方法涉及的一些计算问题。

1. 关于特征向量的计算

由雅可比方法的收敛性定理知，当 m 充分大时，$\boldsymbol{P}_m^{\mathrm{T}}\cdots\boldsymbol{P}_2^{\mathrm{T}}\boldsymbol{P}_1^{\mathrm{T}}\boldsymbol{A}\boldsymbol{P}_1\boldsymbol{P}_2\cdots\boldsymbol{P}_m\approx\boldsymbol{D}$。记 $\boldsymbol{R}_m=\boldsymbol{P}_1\boldsymbol{P}_2\cdots\boldsymbol{P}_m$，则 $\boldsymbol{R}_m$ 的列向量就是 $\boldsymbol{A}$ 的近似特征向量。计算 $\boldsymbol{R}_m$ 可采用累积的办法，用一数组 $\boldsymbol{R}$ 保存 $\boldsymbol{R}_m$，开始时 $\boldsymbol{R}\leftarrow\boldsymbol{I}$(单位阵)，以后对 $\boldsymbol{A}$ 每进行一次平面旋转变换，就进行计算

$$\boldsymbol{R}\leftarrow\boldsymbol{R}\boldsymbol{P}_m$$

用初等正交阵 $\boldsymbol{P}_m$ 左乘 $\boldsymbol{R}$ 只需计算 $\boldsymbol{R}$ 的两列元素，若记 $\boldsymbol{P}_m=\boldsymbol{P}_m(i,j)$，则 $\boldsymbol{R}\boldsymbol{P}_m$ 的计算公式

$$\begin{cases}(\boldsymbol{R})_{li} = (\boldsymbol{R})_{li}\cos\theta+(\boldsymbol{R})_{lj}\sin\theta\\(\boldsymbol{R})_{lj} = -(\boldsymbol{R})_{li}\sin\theta+(\boldsymbol{R})_{lj}\cos\theta\end{cases},\quad l=1,2,\cdots,n \tag{7.3.14}$$

2. 关于 $\sin\theta$、$\cos\theta$ 的计算

由定理 7.3.2 知，当 $a_{ij}\neq 0$ 时，可选 θ 满足式(7.3.9)。当 $a_{ii}\neq a_{jj}$ 时，由

$$\tan 2\theta = \frac{2\tan\theta}{1-\tan^2\theta} = \frac{2a_{ij}}{a_{ii}-a_{jj}} \equiv \frac{1}{d}$$

得到 $\tan\theta$ 的二次方程

$$\tan^2\theta + 2d\tan\theta - 1 = 0$$

解得

$$\tan\theta = \frac{1}{d \pm \sqrt{d^2 \pm 1}}$$

选取

$$\tan\theta = \begin{cases} \dfrac{1}{d+\sqrt{d^2+1}}, & d>0 \\ \dfrac{1}{-|d|-\sqrt{d^2+1}}, & d<0 \end{cases} \quad (\text{由此知 } |\tan\theta| \leqslant 1)$$

可由集合$\{a_{ii}, a_{jj}, a_{ij}\}$来计算 $\sin\theta$、$\cos\theta$。

设$|a_{ij}| = \max\limits_{l\neq k}|a_{lk}|\neq 0$，则

$$\begin{cases} d = \dfrac{a_{ii}-a_{jj}}{2a_{ij}} \\ \tan\theta = \dfrac{s(d)}{|d|+\sqrt{d^2+1}} \equiv t, \quad s(d) = \begin{cases} 1, & d\geqslant 0 \\ -1, & d<0 \end{cases} \\ \cos\theta = \dfrac{1}{\sqrt{1+t^2}} \equiv c \\ \sin\theta = \cos\theta \cdot t = ct \equiv s \end{cases} \tag{7.3.15}$$

如果$|a_{ij}|\ll|a_{ii}-a_{jj}|$，则取 $t\approx\dfrac{1}{2d}=\dfrac{a_{ij}}{a_{ii}-a_{jj}}$。将 c、s 代入式(7.3.2)和式(7.3.3)，且利用式(7.3.9)可得

$$\begin{cases} c_{ii} = a_{ii} + ta_{ij} \\ c_{jj} = a_{jj} - ta_{ij} \\ c_{ij} = c_{ji} = 0 \end{cases} \tag{7.3.16}$$

在雅可比方法中，每迭代一次的主要工作是选 $\boldsymbol{A}_m$ 的非对角线元素中的主元素与计算 $\boldsymbol{A}_{m+1}=\boldsymbol{P}_{m+1}^{\mathrm{T}}\boldsymbol{A}\boldsymbol{P}_{m+1}$。首先计算 $\sin\theta$、$\cos\theta$，再由定理 7.3.2 知，只需计算 $\boldsymbol{A}_{m+1}$ 的第 i 列、第 j 列元素，再算对称元素，不用做 3 个矩阵的乘法。计算时，需要两组工作单元，以便存储 $\boldsymbol{A}$（或 $\boldsymbol{A}_m$）和 $\boldsymbol{R}$。可用 $S_m = \sum\limits_{l\neq k}(a_{lk}^{(m)})^2 < \varepsilon$ 控制迭代终止，其中 ε 是要求的精度。

例 7.3.1　用雅可比方法计算对称阵

$$A=\begin{bmatrix}2 & \boxed{1} & 0\\ 1 & 2 & 0\\ 0 & 0 & 4\end{bmatrix}$$

的特征值。

解　只需要做一次旋转变化，将 $a_{12}=1$ 变为 0。

选非对角线元素中的主元素 $a_{12}=1$，$i=1$，$j=2$；

$$d=0,\ t=1,\ c=\frac{1}{\sqrt{2}},\ s=\frac{1}{\sqrt{2}},\ \boldsymbol{P}_1=\begin{bmatrix}\frac{1}{\sqrt{2}} & -\frac{1}{\sqrt{2}} & 0\\ \frac{1}{\sqrt{2}} & \frac{1}{\sqrt{2}} & 0\\ 0 & 0 & 1\end{bmatrix}$$

$$\boldsymbol{A}_1=\boldsymbol{P}_1\boldsymbol{A}\boldsymbol{P}_1^{\mathrm{T}}=\begin{bmatrix}1 & 0 & 0\\ 0 & 3 & 0\\ 0 & 0 & 4\end{bmatrix}$$

从而 $\boldsymbol{A}$ 的特征值为 1、3 和 4，对应特征向量分别为 $\boldsymbol{P}_1$ 的第 1、2 和 3 列。

例 7.3.2　用雅可比方法计算对称阵

$$A=\begin{bmatrix}2 & \boxed{-1} & 0\\ -1 & 2 & -1\\ 0 & -1 & 2\end{bmatrix}$$

的特征值。

解　第 1 步　$\boldsymbol{A}_0=\boldsymbol{A}$，选非对角线元素中的主元素：

$$a_{12}=-1,\ i=1,\ j=2$$

$$d=0,\ t=1,\ c=\frac{1}{\sqrt{2}}=0.707\,106\,8,\ s=\frac{1}{\sqrt{2}}=0.707\,106\,8$$

$$\boldsymbol{A}_1=\boldsymbol{P}_1\boldsymbol{A}\boldsymbol{P}_1^{\mathrm{T}}=\begin{bmatrix}1 & 0 & \boxed{-0.707\,106\,8}\\ 0 & 3 & -0.707\,106\,8\\ -0.707\,106\,8 & -0.707\,106\,8 & 2\end{bmatrix}$$

第 2 步　在 $\boldsymbol{A}_1$ 中选非对角元素的主元素：

$$a_{13}^{(1)}=-0.707\,106\,8,\ i=1,\ j=3$$

$$d=0.707\,106\,8,\ t=0.517\,638\,1,\ c=0.888\,073\,8,\ s=0.459\,700\,8$$

$$\boldsymbol{A}_2=\boldsymbol{P}_2\boldsymbol{A}_1\boldsymbol{P}_2^{\mathrm{T}}=\begin{bmatrix}0.633\,974\,6 & -0.325\,057\,6 & 0\\ -0.325\,057\,6 & 3 & \boxed{-0.627\,963\,0}\\ 0 & -0.627\,983\,0 & 2.366\,025\end{bmatrix}$$

第 3 步　在 $\boldsymbol{A}_2$ 中选非对角元素的主元素：

$$a_{23}^{(2)} = -0.627\,963\,0,\ i = 2,\ j = 3$$

$$d = -0.504\,786\,9,\ t = -0.615\,396\,0,\ c = 0.851\,654\,0,\ s = -0.524\,104\,5$$

$$\boldsymbol{A}_3 = \boldsymbol{P}_3\boldsymbol{A}_2\boldsymbol{P}_3^{\mathrm{T}} = \begin{bmatrix} 0.633\,974\,6 & \boxed{-0.276\,836\,6} & -0.170\,364\,2 \\ -0.276\,836\,6 & 3.386\,446 & 0 \\ -0.173\,642 & 0 & 1.979\,579 \end{bmatrix}$$

第 4 步　在 $\boldsymbol{A}_3$ 中选非对角元素的主元素：

$$a_{12}^{(3)} = -0.276\,836\,6,\ i = 1,\ j = 2$$

$$d = 4.971\,292,\ t = 0.099\,580\,13,\ c = 0.995\,078\,5,\ s = 0.099\,090\,04$$

$$\boldsymbol{A}_4 = \boldsymbol{P}_4\boldsymbol{A}_3\boldsymbol{P}_4^{\mathrm{T}} = \begin{bmatrix} 0.606\,407\,2 & 0 & \boxed{-0.169\,525\,8} \\ 0 & 3.414\,013 & 0.016\,881\,40 \\ -0.169\,525\,8 & 0.016\,881\,40 & 1.979\,579 \end{bmatrix}$$

第 5 步　在 $\boldsymbol{A}_4$ 中选非对角元素的主元素：

$$a_{13}^{(4)} = -0.169\,525\,8,\ i = 1,\ j = 3$$

$$d = 4.050\,038,\ t = 0.121\,629\,3,\ c = 0.992\,684\,2,\ s = 0.120\,739\,5$$

$$\boldsymbol{A}_5 = \boldsymbol{P}_5\boldsymbol{A}_4\boldsymbol{P}_5^{\mathrm{T}} = \begin{bmatrix} \underline{0.585\,787\,9} & 0.203\,825\,2\times 10^{-2} & 0 \\ 0.203\,825\,2\times 10^{-2} & \underline{3.414\,013} & 0.016\,757\,90 \\ 0 & 0.016\,757\,90 & \underline{2.000\,198} \end{bmatrix}$$

于是 $\boldsymbol{A}$ 的特征值为

$$\lambda_1 \approx 3.414\,013,\ \lambda_2 \approx 2.000\,198,\ \lambda_3 \approx 0.585\,787\,9$$

$\boldsymbol{A}$ 的精确特征值为

$$\lambda_1 = 2\left(1+\frac{\sqrt{2}}{2}\right) \approx 3.414\,214,\ \lambda_2 = 2,\ \lambda_3 = 2\left(1-\frac{\sqrt{2}}{2}\right) \approx 0.585\,786$$

逐步求出 $\boldsymbol{R}_5^{\mathrm{T}} = \boldsymbol{P}_1^{\mathrm{T}}\boldsymbol{P}_2^{\mathrm{T}}\boldsymbol{P}_3^{\mathrm{T}}\boldsymbol{P}_4^{\mathrm{T}}\boldsymbol{P}_5^{\mathrm{T}}$ 的列向量，即得 $\boldsymbol{A}$ 的(近似)特征向量。

雅可比方法是一个计算实对称矩阵的全部特征值及特征向量的迭代方法，精度较高，但计算量较大。为了降低计算量，可采用下述雅可比过关法。

7.3.3　雅可比过关法

由于雅可比方法在每次寻找非对角元的主元素时要花费很多机器时间，雅可比过关法对此进行了改进。

首先计算 $\boldsymbol{A}$ 的非对角元平方和

$$v_0 = \left(2\sum_{l=2}^{n}\sum_{k=1}^{l-1} a_{lk}^2\right)^{\frac{1}{2}} = (S(\boldsymbol{A}))^{\frac{1}{2}}$$

设置关口 $v_1=v_0/n$，在 $\boldsymbol{A}$ 的非对角元素中按行(或列)扫描，即按下述元素次序逐次比较，

$$\begin{matrix} a_{12}, & a_{13}, & \cdots, & a_{1n} \\ & a_{23}, & \cdots, & a_{2n} \\ & & \ddots & \vdots \\ & & & a_{n-1,n} \end{matrix}$$

如果非对角元素 $|a_{ij}|\geqslant v_1$，则选适当的平面旋转矩阵 $\boldsymbol{P}(i,j)$，使 a_{ij} 化为零，否则让元素 a_{ij} 过关(即不进行平面旋转变换)。由于某次消失了的元素，可能在以后的旋转变换中又会复增长，因此要经过多遍扫描(即重复上述过程)，一直约化到 $\boldsymbol{A}_m=(a_{lk}^{(m)})_n$ 满足 $|a_{ij}^{(m)}|<v_1(i\neq j)$ 为止。

再设第 2 道关口 $v_2=v_1/n$，重复前面的步骤，经过多遍扫描直到 $\boldsymbol{A}_r=(a_{ik}^{(r)})_n$ 的所有非对角元素都满足 $|a_{ij}^{(r)}|<v_2(i\neq j)$ 为止。

重复上述过程，经过一系列的关口 v_3，v_4，…，v_f，直到 $v_f\leqslant(\rho/n)\,v_0$ 为止，其中 ρ 为给定的精度要求。

如果 $\boldsymbol{A}$ 经过一系列关口 v_1，v_2，…，v_f，经正交相似约化为 $\boldsymbol{A}_t=(a_{lk}^{(t)})_n$，且 $|a_{ij}^{(t)}|<v_f\leqslant\left(\dfrac{\rho}{n}\right)v_0\,(i\neq j)$，则

$$\frac{S(\boldsymbol{A}_t)}{S(\boldsymbol{A})}<\rho^2$$

事实上

$$S(\boldsymbol{A}_t)=\sum_{t\neq k}(a_{lk}^{(t)})^2\leqslant n(n-1)v_f^2<n^2v_f^2\leqslant\rho^2v_0^2$$

7.4　豪斯荷尔德变换

7.4.1　豪斯荷尔德变换的基本思想

7.3 节讨论了计算实对称矩阵全部特征值和特征向量的雅可比方法，计算一般实矩阵的全部特征值，则要用本节介绍的豪斯荷尔德变换和下节介绍的 ***QR*** 方法来完成。

1958 年，Householder 提出用镜像反射阵将一般实矩阵 $\boldsymbol{A}\in\mathbf{R}^{n\times n}$ 正交变换为上 Hessenberg 矩阵，将实对称矩阵正交约化为实对称三对角矩阵，进一步用 ***QR*** 方法计算全部特征值和特征向量。对于实对称矩阵，若只需求部分特征值，则通常用二分法计算。优点是正交相似变换的过程有较高的数值稳定性，当仅需求特征值或少量特征向量时，该方法比旋转方法的工作量少、精度高，缺点是算法和程序较复杂，不如旋转法简单紧凑。

定理 7.4.1　设 $\boldsymbol{A}\in\mathbf{R}^{n\times n}$，则存在正交矩阵 $\boldsymbol{R}$，使

$$\boldsymbol{R}^{\mathrm{T}}\boldsymbol{A}\boldsymbol{R}=\begin{bmatrix} T_{11} & T_{12} & \cdots & T_{1s} \\ & T_{22} & \cdots & T_{2s} \\ & & \ddots & \vdots \\ & & & T_{ss} \end{bmatrix}$$

其中，对角块为一阶或二阶方阵，每个一阶对角块即为 $\boldsymbol{A}$ 的实特征值，每个二阶对角块的两个特征值是 $\boldsymbol{A}$ 的一对共轭复特征值。

定义 7.4.1　对方阵 $\boldsymbol{B}$，如果当 $i>j+1$ 时有 $b_{ij}=0$，则称 $\boldsymbol{B}$ 为上 Hessenberg 阵，即

$$\boldsymbol{B}=\begin{bmatrix} b_{11} & b_{12} & \cdots & b_{1n} \\ b_{21} & b_{22} & \cdots & b_{2n} \\ & \ddots & \ddots & \vdots \\ & & b_{n,\,n-1} & b_{nn} \end{bmatrix}$$

本节讨论约化一般实矩阵为上 Hessenberg 阵，约化对称阵为三对角矩阵的正交相似变换方法，从而将原矩阵特征值问题转化为上 Hessenberg 阵或对称三对角阵的特征值问题。

定义 7.4.2　设向量 $\boldsymbol{v}=(v_1, v_2, \cdots, v_n)^{\mathrm{T}}$ 满足 $\|\boldsymbol{v}\|_2=1$，下面定义的矩阵称为**初等反射阵或 Householder 矩阵**。

$$\boldsymbol{H}(\boldsymbol{v})=\boldsymbol{I}-2\boldsymbol{v}\boldsymbol{v}^{\mathrm{T}}=\begin{bmatrix} 1-2v_1^2 & -2v_1v_2 & \cdots & -2v_1v_n \\ -2v_2v_1 & 1-2v_2^2 & \cdots & -2v_2v_n \\ \vdots & \vdots & & \vdots \\ -2v_nv_1 & -2v_nv_1 & \cdots & 1-2v_n^2 \end{bmatrix}$$

Householder 矩阵有如下性质：

(1) **定理 7.4.2**　初等反射阵 $\boldsymbol{H}$ 是对称阵、正交阵（$\boldsymbol{H}^{\mathrm{T}}\boldsymbol{H}=\boldsymbol{I}$）和对合阵（$\boldsymbol{H}^2=\boldsymbol{I}$）。

证明　只证 $\boldsymbol{H}$ 的正交性，其他显然。

$$\boldsymbol{H}^{\mathrm{T}}\boldsymbol{H}=\boldsymbol{H}^2=(\boldsymbol{I}-2\boldsymbol{v}\boldsymbol{v}^{\mathrm{T}})(\boldsymbol{I}-2\boldsymbol{v}\boldsymbol{v}^{\mathrm{T}})=\boldsymbol{I}-4\boldsymbol{v}\boldsymbol{v}^{\mathrm{T}}+4\boldsymbol{v}(\boldsymbol{v}^{\mathrm{T}}\boldsymbol{v})\boldsymbol{v}^{\mathrm{T}}=\boldsymbol{I}$$

设向量 $\boldsymbol{u}\neq\boldsymbol{0}$，则显然有 $\boldsymbol{H}=\boldsymbol{I}-2\boldsymbol{u}\boldsymbol{u}^{\mathrm{T}}/\|\boldsymbol{u}\|_2^2$ 是一个初等反射阵。

(2) 对任何 $\boldsymbol{x}\in\mathbf{R}^n$，记 $\boldsymbol{y}=\boldsymbol{H}\boldsymbol{x}$，有 $\|\boldsymbol{y}\|_2=\|\boldsymbol{x}\|_2$。

(3) 记 $\boldsymbol{S}$ 为与 $\boldsymbol{v}$ 垂直的平面，则几何上 $\boldsymbol{x}$ 与 $\boldsymbol{y}=\boldsymbol{H}\boldsymbol{x}$ 关于平面 S 对称。实际上，由 $\boldsymbol{y}=\boldsymbol{H}\boldsymbol{x}=(\boldsymbol{I}-2\boldsymbol{v}\boldsymbol{v}^{\mathrm{T}})\boldsymbol{x}$ 得到

$$\boldsymbol{x}-\boldsymbol{y}=2(\boldsymbol{v}^{\mathrm{T}}\boldsymbol{x})\boldsymbol{v}$$

这表明向量 $\boldsymbol{x}-\boldsymbol{y}$ 与 $\boldsymbol{v}$ 平行，又 $\boldsymbol{y}$ 与 $\boldsymbol{x}$ 的长度相等，因此 $\boldsymbol{x}$ 经过变换后的像 $\boldsymbol{y}=\boldsymbol{H}\boldsymbol{x}$ 是 $\boldsymbol{x}$ 关于 $\boldsymbol{S}$ 对称的向量，如图 7.4.1 所示。

定理 7.4.3　设 $\boldsymbol{x}\neq\boldsymbol{y}$ 为两个 n 维向量，$\|\boldsymbol{x}\|_2=\|\boldsymbol{y}\|_2$，则存在一个初等反射阵 $\boldsymbol{H}$，使 $\boldsymbol{H}\boldsymbol{x}=\boldsymbol{y}$。

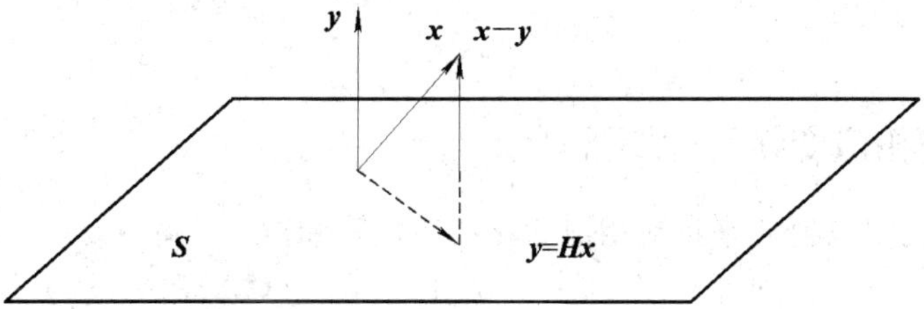

图 7.4.1　初等反射变换的几何意义

证明　令 $v=\frac{x-y}{\|x-y\|_2}$，则得到一个初等反射阵

$$H = I - 2vv^{\mathrm{T}} = I - 2\frac{(x-y)}{\|x-y\|_2^2}(x^{\mathrm{T}} - y^{\mathrm{T}})$$

而且

$$Hx = x - 2\frac{x-y}{\|x-y\|_2^2}(x^{\mathrm{T}} - y^{\mathrm{T}})x = x - 2\frac{(x-y)(x^{\mathrm{T}}x - y^{\mathrm{T}}x)}{\|x-y\|_2^2}$$

因为

$$\|x-y\|_2^2 = (x-y)^{\mathrm{T}}(x-y) = 2(x^{\mathrm{T}}x - y^{\mathrm{T}}x)$$

所以

$$Hx = x - (x-y) = y$$

推论　设向量 $x\in\mathbf{R}^n$，$x\neq\mathbf{0}$，$\sigma=\pm\|x\|_2$，且 $x\neq-\sigma e_1$，则存在一个初等反射阵

$$H = I - 2\frac{uu^{\mathrm{T}}}{\|u\|_2^2} = I - \rho^{-1}uu^{\mathrm{T}}$$

使 $Hx=-\sigma e_1$，其中 $u=x+\sigma e_1$，$\rho=\|u\|_2^2/2$。

下面讨论 σ 的符号。

设 $x=(a_1, a_2, \cdots, a_n)^{\mathrm{T}}\neq\mathbf{0}$，$u=(u_1, u_2, \cdots, u_n)^{\mathrm{T}}$，则

$$u = (a_1+\sigma, a_2, \cdots, a_n)^{\mathrm{T}}$$

$$\rho = \frac{1}{2}\|u\|_2^2 = \frac{1}{2}[(a_1+\sigma)^2 + a_2^2 + \cdots + a_n^2] = \sigma(\sigma + a_1)$$

为避免损失有效数字，取 σ 和 a_1 有相同的符号，即取 $\sigma=\mathrm{sign}(a_1)\|x\|_2$。计算 σ 时可能上溢或下溢，为了避免溢出，对 x 做规范化：$\eta=\max_i|a_i|$，$x'=x/\eta$，显然，$\sigma'=\sigma/\eta$，$H'=H$。

下面给出向量的 Householder 变换算法：

算法 1　已知 $x=(a_1, a_2, \cdots, a_n)^{\mathrm{T}}\neq\mathbf{0}$，本算法算出 H 及 σ，使 $Hx=-\sigma e_1$，u 的分量冲掉 x 的分量。

(1) $\eta=\max\limits_i|a_i|$。

(2) $a_i\leftarrow u_i=a_i/\eta+\sigma(i=1, 2, \cdots, n)$。

(3) $\sigma=\mathrm{sign}(u_1)\|u\|_2$。

(4) $u_1\leftarrow u_1+\sigma$。

(5) $\rho = \sigma u_1$。

(6) $\sigma \leftarrow \eta\sigma$。

7.4.2 用正交相似变换约化矩阵

下面考虑用初等反射阵来正交相似约化一般矩阵和对称矩阵。设

$$\boldsymbol{A} = \begin{bmatrix} a_{11} & a_{12} & \cdots & a_{1n} \\ a_{21} & a_{22} & \cdots & a_{2n} \\ \vdots & \vdots & & \vdots \\ a_{n1} & a_{n2} & \cdots & a_{nn} \end{bmatrix} \equiv \begin{bmatrix} a_{11} & \boldsymbol{A}_{12}^{(1)} \\ \boldsymbol{a}_{21}^{(1)} & \boldsymbol{A}_{22}^{(1)} \end{bmatrix} \equiv \boldsymbol{A}_1$$

第 1 步　不妨设 $\boldsymbol{a}_{21}^{(1)} \neq \boldsymbol{0}$，否则这一步不需约化，选择初等反射阵 $\boldsymbol{R}_1$，使 $\boldsymbol{R}_1 \boldsymbol{a}_{21}^{(1)} = -\sigma_1 \boldsymbol{e}_1$，其中

$$\begin{cases} \sigma_1 = \operatorname{sign}(a_{21}) \left(\sum\limits_{i=2}^{n} a_{i1}^2 \right)^{\frac{1}{2}} \\ \boldsymbol{u}_1 = \boldsymbol{a}_{21}^{(1)} + \sigma_1 \boldsymbol{e}_1 \\ \rho_1 = \dfrac{1}{2} \| \boldsymbol{u}_1 \|_2^2 = \sigma_1 (\sigma_1 + a_{21}) \\ \boldsymbol{R}_1 = \boldsymbol{I} - \rho_1^{-1} \boldsymbol{u}_1 \boldsymbol{u}^{\mathrm{T}} \end{cases} \tag{7.4.1}$$

令

$$\boldsymbol{U}_1 = \begin{bmatrix} 1 & \boldsymbol{0} \\ \boldsymbol{0} & \boldsymbol{R}_1 \end{bmatrix}$$

则

$$\boldsymbol{A}_2 = \boldsymbol{U}_1 \boldsymbol{A}_1 \boldsymbol{U}_1 = \begin{bmatrix} a_{11} & \boldsymbol{A}_{21}^{(1)} \boldsymbol{R}_1 \\ \boldsymbol{R}_1 \boldsymbol{a}_{21}^{(1)} & \boldsymbol{R}_1 \boldsymbol{A}_{22}^{(1)} \boldsymbol{R}_1 \end{bmatrix} \equiv \begin{bmatrix} \boldsymbol{A}_{11}^{(2)} & \boldsymbol{a}_{12}^{(2)} & \boldsymbol{A}_{13}^{(2)} \\ \boldsymbol{0} & \boldsymbol{a}_{22}^{(2)} & \boldsymbol{A}_{23}^{(2)} \end{bmatrix}$$

其中，$\boldsymbol{A}_{11}^{(2)} \in \boldsymbol{R}^{2\times 1}$，$\boldsymbol{a}_{22}^{(2)} \in \boldsymbol{R}^{n-2}$，$\boldsymbol{A}_{23}^{(2)} \in \boldsymbol{R}^{(n-2)\times(n-2)}$。

第 k 步　设对 $\boldsymbol{A}$ 已进行了$(k-1)$步正交相似约化，即 $\boldsymbol{A}_k$ 有形式

$$\boldsymbol{A}_k = \boldsymbol{U}_{k-1} \boldsymbol{A}_{k-1} \boldsymbol{U}_{k-1}$$

$$= \begin{bmatrix} a_{11} & a_{12}^{(2)} & \cdots & a_{1k}^{(k)} & a_{1,k+1}^{(k)} & \cdots & a_{1n}^{(k)} \\ -\sigma_1 & a_{22}^{(2)} & \cdots & a_{1k}^{(k)} & \vdots & & \vdots \\ & \ddots & \ddots & \vdots & & & \\ & & -\sigma_{k-1} & a_{kk}^{(k)} & a_{k,k+1}^{(k)} & \cdots & a_{k,n}^{(k)} \\ & & & a_{k+1,k}^{(k)} & a_{k+1,k+1}^{(k)} & \cdots & a_{k+1,n}^{(k)} \\ & & & \vdots & \vdots & & \vdots \\ & & & a_{nk}^{(k)} & a_{n,k+1}^{(k)} & \cdots & a_{n,n}^{(k)} \end{bmatrix}$$

$$=\begin{bmatrix} \boldsymbol{A}_{11}^{(k)} & \boldsymbol{a}_{12}^{(k)} & \boldsymbol{A}_{13}^{(k)} \\ \boldsymbol{0} & \boldsymbol{a}_{22}^{(k)} & \boldsymbol{A}_{23}^{(k)} \end{bmatrix}$$

其中，

$$\boldsymbol{A}_{11}^{(k)} \in \boldsymbol{R}^{k\times(k-1)},\quad \boldsymbol{a}_{22}^{(k)} \in \boldsymbol{R}^{n-k},\ \boldsymbol{A}_{23}^{(k)} \in \boldsymbol{R}^{(n-k)\times(n-k)}$$

设 $\boldsymbol{a}_{22}^{(k)} \neq \boldsymbol{0}$，选择初等反射阵 $\boldsymbol{R}_k$，使 $\boldsymbol{R}_k\boldsymbol{a}_{22}^{(k)} = -\sigma_k\boldsymbol{e}_1$，其中

$$\begin{cases} \sigma_k = \operatorname{sign}(a_{k+1,k}^{(k)})\left(\sum\limits_{i=k+1}^{n}(a_{ik}^{(k)})^2\right)^{\frac{1}{2}} \\ \boldsymbol{u}_k = \boldsymbol{a}_{22}^{(k)} + \sigma_k\boldsymbol{e}_1 \\ \rho_k = \dfrac{1}{2}\|\boldsymbol{u}_k\|_2^2 = \sigma_k(\sigma_k + a_{k+1,k}^{(k)}) \\ \boldsymbol{R}_k = \boldsymbol{I} - \rho_k^{-1}\boldsymbol{u}_k\boldsymbol{u}_k^{\mathrm{T}} \end{cases} \tag{7.4.2}$$

令

$$\boldsymbol{U}_k = \begin{bmatrix} \boldsymbol{I} & \boldsymbol{0} \\ \boldsymbol{0} & \boldsymbol{R}_k \end{bmatrix}$$

则

$$\boldsymbol{A}_{k+1} = \boldsymbol{U}_k\boldsymbol{A}_k\boldsymbol{U}_k = \begin{bmatrix} \boldsymbol{A}_{11}^{(k)} & \boldsymbol{a}_{12}^{(k)} & \boldsymbol{A}_{13}^{(k)}\boldsymbol{R}_k \\ \boldsymbol{0} & \boldsymbol{R}_k\boldsymbol{a}_{22}^{(k)} & \boldsymbol{R}_k\boldsymbol{A}_{23}^{(k)}\boldsymbol{R}_k \end{bmatrix} \equiv \begin{bmatrix} \boldsymbol{A}_{11}^{(k)} & \boldsymbol{a}_{12}^{(k)} & \boldsymbol{A}_{13}^{(k)}\boldsymbol{R}_k \\ \boldsymbol{0} & -\sigma_k\boldsymbol{e}_1 & \boldsymbol{R}_k\boldsymbol{A}_{23}^{(1)}\boldsymbol{R}_k \end{bmatrix} \tag{7.4.3}$$

由式(7.4.3)知，$\boldsymbol{A}_{k+1}$的左上角 $k+1$ 阶子阵为上 Hessenberg 阵，从而约化又进了一步，重复这一过程，直到

$$\boldsymbol{U}_{n-2}\cdots\boldsymbol{U}_2\boldsymbol{U}_1\boldsymbol{A}\boldsymbol{U}_1\boldsymbol{U}_2\cdots\boldsymbol{U}_{n-2} = \begin{bmatrix} a_{11} & \times & \times & \times & \times \\ -\sigma_1 & a_{22}^{(2)} & \times & \cdots & \times \\ & -\sigma_2 & a_{33}^{(3)} & \cdots & \times \\ & & \ddots & \ddots & \vdots \\ & & & -\sigma_{n-1} & a_{nn}^{(n-1)} \end{bmatrix} = \boldsymbol{A}_{n-1}$$

总结上述讨论，有下述定理。

定理 7.4.4　设 $\boldsymbol{A}\in\boldsymbol{R}^{n\times n}$，则存在初等反射阵 $\boldsymbol{U}_1$，$\boldsymbol{U}_2$，…，$\boldsymbol{U}_{n-2}$和上 Hessenberg 阵 $\boldsymbol{C}$，使

$$\boldsymbol{U}_{n-2}\cdots\boldsymbol{U}_2\boldsymbol{U}_1\boldsymbol{A}\boldsymbol{U}_1\boldsymbol{U}_2\cdots\boldsymbol{U}_{n-2} = \boldsymbol{C}$$

用初等反射阵正交相似约化 $\boldsymbol{A}$ 为上 Hessenberg 阵，大约需要$\dfrac{5}{3}n^3$ 次乘法。

由于$\boldsymbol{U}_k$都是正交阵，所以 $\boldsymbol{A}_1\sim\boldsymbol{A}_2\sim\cdots\sim\boldsymbol{A}_{n-1}$。求 $\boldsymbol{A}$ 的特征值问题就转化为求上 Hessenberg 阵 $\boldsymbol{C}$ 的特征值问题。

由定理 7.4.4，记 $\boldsymbol{P}=\boldsymbol{U}_1\boldsymbol{U}_2\cdots\boldsymbol{U}_{n-2}$，则 $\boldsymbol{P}^{\mathrm{T}}\boldsymbol{A}\boldsymbol{P}=\boldsymbol{C}$。设 $\boldsymbol{y}$ 是 $\boldsymbol{C}$ 的对应特征值λ 的特征向

量，则 $\boldsymbol{Py}$ 为 $\boldsymbol{A}$ 的对应特征值 λ 的特征向量，且

$$\boldsymbol{Py}=\boldsymbol{U}_1\boldsymbol{U}_2\cdots\boldsymbol{U}_{n-2}\boldsymbol{y}=(\boldsymbol{I}-\lambda_1^{-1}\boldsymbol{u}_1\boldsymbol{u}_1^{\mathrm{T}})\cdots(\boldsymbol{I}-\lambda_{n-2}^{-1}\boldsymbol{u}_{n-2}\boldsymbol{u}_{n-2}^{\mathrm{T}})\boldsymbol{y}$$

定理 7.4.5 如果 $\boldsymbol{A}\in\mathbf{R}^{n\times n}$ 为对称矩阵，则存在初等反射阵 $\boldsymbol{U}_1$，$\boldsymbol{U}_2$，…，$\boldsymbol{U}_{n-2}$，使

$$\boldsymbol{U}_{n-2}\cdots\boldsymbol{U}_2\boldsymbol{U}_1A\boldsymbol{U}_1\boldsymbol{U}_2\cdots\boldsymbol{U}_{n-2}=\boldsymbol{A}_{n-1}=\begin{bmatrix} c_1 & b_1 & & & \\ b_1 & c_2 & b_2 & & \\ & \ddots & \ddots & \ddots & \\ & & \ddots & \ddots & b_{n-1} \\ & & & b_{n-1} & c_n \end{bmatrix}=\boldsymbol{C}$$

证明 由定理 7.4.4 知，存在初等反射阵 $\boldsymbol{U}_1$，$\boldsymbol{U}_2$，…，$\boldsymbol{U}_{n-2}$，使 $\boldsymbol{A}_{n-1}$ 为上 Hessenberg 阵，但 $\boldsymbol{A}_{n-1}$ 又为对称阵，因此 $\boldsymbol{A}_{n-1}$ 为对称三角阵。

由上面讨论知，在由 $\boldsymbol{A}_k\rightarrow\boldsymbol{U}_k\boldsymbol{A}_k\boldsymbol{U}_k$ 的计算过程中，只需计算 $\boldsymbol{R}_k$ 和 $\boldsymbol{R}_k\boldsymbol{A}_{23}^{(k)}\boldsymbol{R}_k$。由于 $\boldsymbol{A}$ 的对称性，故只需计算 $\boldsymbol{R}_k\boldsymbol{A}_{23}^{(k)}\boldsymbol{R}_k$ 的对角线下面的元素。注意到

$$\boldsymbol{R}_k\boldsymbol{A}_{23}^{(k)}\boldsymbol{R}_k=(\boldsymbol{I}-\rho_k^{-1}\boldsymbol{u}_k\boldsymbol{u}_k^{\mathrm{T}})(\boldsymbol{A}_{23}^{(k)}-\rho_k^{-1}\boldsymbol{A}_{23}^{(k)}\boldsymbol{u}_k\boldsymbol{u}_k^{\mathrm{T}})$$

引进记号

$$\boldsymbol{r}_k=\rho_k^{-1}\boldsymbol{A}_{23}^{(k)}\boldsymbol{u}_k,\ \boldsymbol{t}_k=\boldsymbol{r}_k-\frac{\rho_k^{-1}}{2}(\boldsymbol{u}_k^{\mathrm{T}}\boldsymbol{r}_k)\boldsymbol{u}_k$$

则

$$\boldsymbol{R}_k\boldsymbol{A}_{23}^{(k)}\boldsymbol{R}_k=\boldsymbol{A}_{23}^{(k)}-\boldsymbol{u}_k\boldsymbol{t}_k^{\mathrm{T}}-\boldsymbol{t}_k\boldsymbol{u}_k^{\mathrm{T}},\ i=k+1,\cdots,n;\ j=k+1,\cdots,i$$

算法 2 （正交相似约化对称阵为对称三对角阵） 设 $\boldsymbol{A}\in\mathbf{R}^{n\times n}$ 是对称阵，本算法确定初等反射阵 $\boldsymbol{U}_1$，$\boldsymbol{U}_2$，…，$\boldsymbol{U}_{n-2}$，使 $\boldsymbol{U}_{n-2}\cdots\boldsymbol{U}_2\boldsymbol{U}_1\boldsymbol{A}\boldsymbol{U}_1\boldsymbol{U}_2\cdots\boldsymbol{U}_{n-2}=\boldsymbol{C}$（对称三对角阵），$\boldsymbol{C}$ 的对角元 c_i 存放在单元 c_1，c_2，…，c_n 中，$\boldsymbol{C}$ 的非对角元 b_i 存放在单元 b_1，b_2，…，b_{n-1} 中。单元 b_1，b_2，…，b_n 最初可用来存放 $\boldsymbol{r}_k$ 及 $\boldsymbol{t}_k$ 的分量，确定 $\boldsymbol{U}_k$ 的向量 $\boldsymbol{u}_k$ 的分量 $u_{k+1,k}$，…，u_{nk}，存放在 $\boldsymbol{A}$ 的相应位置。ρ_k 冲掉 a_{kk}，约化 $\boldsymbol{A}$ 的结果冲掉 $\boldsymbol{A}$，数组 $\boldsymbol{A}$ 的上部元素不变。如果第 k 步不需要变换，则置 ρ_k 为零。

Ⅰ. 对于 $k=1$，2，…，$n-2$，进行如下计算：

(1) $c_k=a_{kk}$。

(2) 确定变换 $\boldsymbol{R}_k$。

① 计算 $\eta=\max\limits_{k+1\leqslant i\leqslant n}|a_{ik}|$。

② 如果 $\eta=0$，则

$$\begin{cases} a_{kk}\rightarrow\rho_k=\mathbf{0} \\ b_k\rightarrow\mathbf{0} \\ \text{转 ④，否则继续} \end{cases}$$

③ 计算 $a_{ik}\leftarrow u_{ik}=a_{ik}/\eta$，$i=k+1$，…，$n$。

④ $\sigma=\text{sign}(u_{k+1,k})\sqrt{u_{k+1,k}^2+\cdots+u_{nk}^2}$。

⑤ $u_{k+1,k}\leftarrow u_{k+1,k}+\sigma$。

⑥ $a_{kk}\leftarrow\rho_k=\sigma u_{k+1,k}$。

⑦ $b_k\leftarrow-\sigma\eta$。

(3) 变换。

① $\sigma=0$。

② 计算 $\boldsymbol{A}_{23}^{(k)}\boldsymbol{u}_k$ 及 $\boldsymbol{u}_k^{\mathrm{T}}\boldsymbol{r}_k$。对于 $i=k+1,\cdots,n$，做

a. $b_i\leftarrow s=\sum\limits_{j=k+1}^{n}a_{ij}u_{jk}+\sum\limits_{j=i+1}^{n}a_{ji}u_{jk}$；

b. $\sigma\leftarrow\sigma+su_{ik}$。

③ 计算 t_k。

$$b_i\leftarrow\rho_k^{-1}\left(b_i-\rho_k^{-1}\frac{\sigma}{2}u_{ik}\right),\quad i=k+1,\cdots,n$$

④ 计算 $\boldsymbol{R}_k\boldsymbol{A}_{23}^{(k)}\boldsymbol{R}_k$。对于 $i=k+1,k+2,\cdots,n$ 及 $j=k+1,\cdots,i$，做

$$a_{ij}\leftarrow a_{ij}-u_{ik}b_j-b_iu_{jk}$$

Ⅱ. 进行如下变换：

① $c_{n-1}\leftarrow a_{n-1,n-1}$。

② $c_n\leftarrow a_{nn}$。

③ $b_{n-1}\leftarrow a_{n,n-1}$。

用正交矩阵进行约化的特点是 $\boldsymbol{U}_k$ 容易求逆，且 $\boldsymbol{U}_k$ 的元素数量级不大，算法稳定。

例 7.4.1　用 Householder 变换将下面实对称矩阵化为三对角矩阵。

$$\boldsymbol{A}_1=\boldsymbol{A}=\begin{bmatrix}4&-1&-1&0\\-1&4&0&-1\\-1&0&4&-1\\0&-1&-1&4\end{bmatrix}$$

解　(1) 确定变换：

$$\boldsymbol{U}_1=\begin{bmatrix}1&0&0&0\\0&&&\\0&&\boldsymbol{R}_1&\\0&&&\end{bmatrix},\ \boldsymbol{a}_{21}^{(1)}=\begin{bmatrix}-1\\-1\\0\end{bmatrix}$$

$\boldsymbol{R}_1$ 为初等反射阵，使

$$\boldsymbol{R}_1\boldsymbol{a}_{21}^{(1)}=-\sigma_1\begin{bmatrix}1\\0\\0\end{bmatrix}$$

$$\sigma_1 = \operatorname{sign}(\boldsymbol{a}_{21}^{(1)}) \| \boldsymbol{a}_{21}^{(1)} \|_2 = -\sqrt{2}$$

$$\boldsymbol{u}_1 = \boldsymbol{a}_{21}^{(1)} + \sigma_1 \boldsymbol{e}_1 = \begin{bmatrix} -1-\sqrt{2} \\ -1 \\ 0 \end{bmatrix}$$

$$\rho_1 = \sigma_1(\sigma_1 + a_{21}^{(1)}) = (\sqrt{2}+2)$$

$$\boldsymbol{R}_1 = \boldsymbol{I} - \rho_1^{-1} \boldsymbol{u}_1 \boldsymbol{u}_1^{\mathrm{T}} = \begin{bmatrix} -\frac{\sqrt{2}}{2} & -\frac{\sqrt{2}}{2} & 0 \\ -\frac{\sqrt{2}}{2} & \frac{\sqrt{2}}{2} & 0 \\ 0 & 0 & 1 \end{bmatrix}$$

做变换，得

$$\boldsymbol{A}_2 = \boldsymbol{U}_1 \boldsymbol{A}_1 \boldsymbol{U}_1 = \begin{bmatrix} 4 & \sqrt{2} & 0 & 0 \\ \sqrt{2} & 4 & 0 & \sqrt{2} \\ 0 & 0 & 4 & 0 \\ 0 & \sqrt{2} & 0 & 4 \end{bmatrix}$$

（2）确定变换

$$\boldsymbol{U}_2 = \begin{bmatrix} \boldsymbol{I}_2 & 0 \\ 0 & \boldsymbol{R}_2 \end{bmatrix}, \ \boldsymbol{a}_{32}^{(2)} = \begin{bmatrix} 0 \\ \sqrt{2} \end{bmatrix}$$

$\boldsymbol{R}_2$ 为初等反射阵，使

$$\boldsymbol{R}_2 \boldsymbol{a}_{32}^{(2)} = -\sigma_2 \begin{bmatrix} 1 \\ 0 \end{bmatrix}$$

$$\sigma_2 = \operatorname{sign}(\boldsymbol{a}_{32}^{(2)}) \| \boldsymbol{a}_{32}^{(2)} \|_2 = \sqrt{2}$$

$$\boldsymbol{u}_2 = \boldsymbol{a}_{32}^{(2)} + \sigma_2 \boldsymbol{e}_1 = \begin{bmatrix} \sqrt{2} \\ \sqrt{2} \end{bmatrix}$$

$$\rho_2 = \sigma_2(\sigma_2 + \boldsymbol{a}_{32}^{(2)}) = 2$$

$$\boldsymbol{R}_2 = \boldsymbol{I} - \rho_2^{-1} \boldsymbol{u}_2 \boldsymbol{u}_2^{\mathrm{T}} = \begin{bmatrix} 0 & -1 \\ -1 & 0 \end{bmatrix}$$

做变换，得

$$\boldsymbol{A}_3 = \boldsymbol{U}_2 \boldsymbol{A}_2 \boldsymbol{U}_2 = \begin{bmatrix} 4 & \sqrt{2} & 0 & 0 \\ \sqrt{2} & 4 & -\sqrt{2} & 0 \\ 0 & -\sqrt{2} & 4 & 0 \\ 0 & 0 & 0 & 4 \end{bmatrix}$$

7.5　QR 算法

Francis(1961，1962)利用矩阵的 **QR** 分解建立了计算矩阵特征值的 **QR** 方法，是计算一般中小型矩阵全部特征值的最有效方法之一。对于一般矩阵 $\mathbf{A}\in\mathbf{R}^{n\times n}$ 或对称矩阵，首先用 Householder 方法将 $\mathbf{A}$ 化为上 Hessenberg 阵 $\mathbf{B}$ 或对称三对角阵，然后再用 **QR** 方法计算 $\mathbf{B}$ 的全部特征值。

7.5.1　矩阵的 QR 分解

用 $\mathbf{P}(i, j)$ 记平面旋转矩阵，即

$$\mathbf{P}(i,j)=\begin{bmatrix} 1 & & & & & & & & \\ & \ddots & & & & & & & \\ & & 1 & & & & & & \\ & & & c & & & s & & \\ & & & & 1 & & & & \\ & & & & & \ddots & & & \\ & & & & & & 1 & & \\ & & & -s & & & c & & \\ & & & & & & & 1 & \\ & & & & & & & & \ddots \\ & & & & & & & & & 1 \end{bmatrix} \begin{matrix} \\ \\ \\ \text{第 } i \text{ 行} \\ \\ \\ \\ \text{第 } j \text{ 行} \\ \\ \\ \\ \end{matrix} \tag{7.5.1}$$

（c 位于第 i 列，s 位于第 j 列）

其中，$c=\cos\theta$，$s=\sin\theta$。

引理 7.5.1　设 $\boldsymbol{x}=(a_1, a_2, \cdots, a_i, \cdots, a_j, \cdots, a_n)^{\mathrm{T}}$，其中 a_i 和 a_j 不同时为零，则可选一平面旋转矩阵 $\mathbf{P}(i, j)$，使 $\mathbf{P}\boldsymbol{x}=(a_1, a_2, \cdots, a_i^{(1)}, \cdots, a_j^{(1)}, \cdots, a_n)^{\mathrm{T}}=\boldsymbol{y}$，其中

$$a_i^{(1)} = \sqrt{a_i^2+a_j^2} \tag{7.5.2}$$

$$a_j^{(1)} = 0 \tag{7.5.3}$$

$$c=\frac{a_i}{\sqrt{a_i^2+a_j^2}},\ s=\frac{a_j}{\sqrt{a_i^2+a_j^2}} \tag{7.5.4}$$

证明　事实上 $\mathbf{P}(i, j)\boldsymbol{x}$ 只改变 $\boldsymbol{x}$ 的第 i 个及第 j 个元素，且有

$$a_i^{(1)} = ca_i+sa_j,\ a_j^{(1)} =-sa_i+ca_j$$

因此可选 $\mathbf{P}(i, j)$，使 $a_j^{(1)}=-sa_i+ca_j=0$，即选 c，s 为式(7.5.4)，则有式(7.5.2)及式(7.5.3)成立。

实际计算时为了防止溢出，可先将 $\boldsymbol{x}$ 乘以 $1/\eta$ 进行规范化，其中 $\eta=\max(|a_i|, |a_j|)$

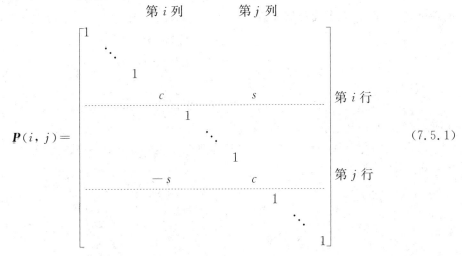

$\neq 0$，然后再做旋转变换。

下面考虑用平面旋转矩阵来约化一般实矩阵。

定理 7.5.1 若 $\boldsymbol{A}$ 为非奇异矩阵，则存在正交矩阵 $\boldsymbol{P}_1$，$\boldsymbol{P}_2$，…，$\boldsymbol{P}_{n-1}$(即一系列平面旋转矩阵)，使

$$\boldsymbol{P}_{n-1}\cdots\boldsymbol{P}_2\boldsymbol{P}_1\boldsymbol{A}=\begin{bmatrix} r_{11} & r_{12} & \cdots & r_{1n} \\ & r_{22} & \cdots & r_{2n} \\ & & \ddots & \vdots \\ & & & r_{nn} \end{bmatrix}=\boldsymbol{R} \tag{7.5.5}$$

且 $r_{ii}>0$，$i=1, 2, \cdots, n-1$。

证明 由 $\boldsymbol{A}$ 非奇异知，$\boldsymbol{A}$ 的第 1 列一定存在 $a_{i1}\neq 0$。如果 $a_{i1}\neq 0$，$i=2, 3, \cdots, n$，由引理 7.5.1 知，存在平面旋转矩阵 $\boldsymbol{P}_{12}$，$\boldsymbol{P}_{13}$，…，$\boldsymbol{P}_{1n}$，使

$$\boldsymbol{P}_{1n}\cdots\boldsymbol{P}_{13}\boldsymbol{P}_{12}\boldsymbol{A}=\begin{bmatrix} r_{11} & a_{12}^{(2)} & \cdots & a_{1n}^{(2)} \\ 0 & a_{22}^{(2)} & \cdots & a_{2n}^{(2)} \\ \vdots & \vdots & & \vdots \\ 0 & a_{n2}^{(2)} & \cdots & a_{nn}^{(2)} \end{bmatrix}=\boldsymbol{A}^{(2)}$$

记 $\boldsymbol{P}_{1n}\cdots\boldsymbol{P}_{13}\ \boldsymbol{P}_{12}=\boldsymbol{P}_1$。

同理，若 $a_{i2}^{(2)}\neq 0$，$i=3, \cdots, n$，由引理 7.5.1 知，存在平面旋转阵 $\boldsymbol{P}_{23}$，…，$\boldsymbol{P}_{2n}$，记 $\boldsymbol{P}_2=\boldsymbol{P}_{2n}\cdots\boldsymbol{P}_{23}$，使

$$\boldsymbol{P}_2\boldsymbol{P}_1\boldsymbol{A}=\begin{bmatrix} r_{11} & a_{12}^{(2)} & a_{13}^{(2)} & \cdots & a_{1n}^{(2)} \\ & r_{22} & a_{23}^{(3)} & \cdots & a_{2n}^{(3)} \\ & & a_{33}^{(3)} & \cdots & a_{3n}^{(3)} \\ & & \vdots & \vdots & \vdots \\ & & a_{n3}^{(3)} & \cdots & a_{nn}^{(3)} \end{bmatrix}$$

重复上述过程可得，存在正交阵 $\boldsymbol{P}_1$，$\boldsymbol{P}_2$，…，$\boldsymbol{P}_{n-1}$，使 $\boldsymbol{P}_{n-1}\cdots\boldsymbol{P}_2\boldsymbol{P}_1\boldsymbol{A}$ 为上三角阵，但对角元素不一定为正，引入对角阵 $\boldsymbol{D}=\mathrm{diag}[\pm 1, \pm 1, \cdots, \pm 1]$，使 $\boldsymbol{D}\boldsymbol{P}_{n-1}\cdots\boldsymbol{P}_2\boldsymbol{P}_1\boldsymbol{A}$ 对角元素都为正数。

定理 7.5.2(矩阵 $\boldsymbol{QR}$ 分解的存在唯一性) 若 $\boldsymbol{A}\in\mathbf{R}^{n\times n}$ 是非奇异矩阵，则 $\boldsymbol{A}$ 可分解为正交阵 $\boldsymbol{Q}$ 与上三角矩阵 $\boldsymbol{R}$ 的乘积，即 $\boldsymbol{A}=\boldsymbol{QR}$，且当 $\boldsymbol{R}$ 的对角元素都为正时，分解是唯一的。

证明 由定理 7.5.1 知，存在正交阵 $\boldsymbol{P}_1$，$\boldsymbol{P}_2$，…，$\boldsymbol{P}_{n-1}$，使

$$\boldsymbol{P}_{n-1}\cdots\boldsymbol{P}_2\boldsymbol{P}_1\boldsymbol{A}=\boldsymbol{R} \tag{7.5.6}$$

其中，$\boldsymbol{R}$ 为上三角阵，且 $\boldsymbol{R}$ 的对角元素为正。记 $\boldsymbol{Q}^{\mathrm{T}}=\boldsymbol{P}_{n-1}\cdots\boldsymbol{P}_2\boldsymbol{P}_1$，于是式(7.5.6)为 $\boldsymbol{Q}^{\mathrm{T}}\boldsymbol{A}=\boldsymbol{R}$，即 $\boldsymbol{A}=\boldsymbol{QR}$，其中 $\boldsymbol{Q}=\boldsymbol{P}_1^{\mathrm{T}}\boldsymbol{P}_2^{\mathrm{T}}\cdots\boldsymbol{P}_{n-1}^{\mathrm{T}}$ 为正交阵。

再证唯一性，设有 $\boldsymbol{A}=\boldsymbol{Q}_1\boldsymbol{R}_1=\boldsymbol{Q}_2\boldsymbol{R}_2$，其中，$\boldsymbol{R}_1$，$\boldsymbol{R}_2$ 为(显然为非奇异)上三角矩阵，且对角元素都为正数，$\boldsymbol{Q}_1$，$\boldsymbol{Q}_2$ 为正交阵。于是

$$\boldsymbol{Q}_2^{\mathrm{T}}\boldsymbol{Q}_1 = \boldsymbol{R}_2\boldsymbol{R}_1^{-1} \tag{7.5.7}$$

由式(7.5.7)知上三角阵 $\boldsymbol{R}_2\boldsymbol{R}_1^{-1}$ 为正交阵，故 $\boldsymbol{R}_2\boldsymbol{R}_1^{-1}$ 为对角阵，即

$$\boldsymbol{R}_2\boldsymbol{R}_1^{-1} = \boldsymbol{D} = \mathrm{diag}[d_1, d_2, \cdots, d_n]$$

因为 $\boldsymbol{R}_2\boldsymbol{R}_1^{-1}$ 是正交阵，所以 $\boldsymbol{D}^2=\boldsymbol{I}$，又因 $\boldsymbol{R}_1$，$\boldsymbol{R}_2$ 对角元素都为正数，故 $d_i>0$，$i=1, 2, \cdots, n$，即 $\boldsymbol{D}=\boldsymbol{I}$，于是 $\boldsymbol{R}_2=\boldsymbol{R}_1$，由式(7.5.7)得到 $\boldsymbol{Q}_2=\boldsymbol{Q}_1$。

7.5.2　*QR* 算法

设 $\boldsymbol{A}=\boldsymbol{A}_1=(a_{ij})\in\mathbf{R}^{n\times n}$，对 $\boldsymbol{A}_1$ 进行 $\boldsymbol{QR}$ 分解，得到 $\boldsymbol{A}_1=\boldsymbol{Q}_1\boldsymbol{R}_1$。做矩阵 $\boldsymbol{A}_2=\boldsymbol{R}_1\boldsymbol{Q}_1$ 并进行 $\boldsymbol{QR}$ 分解，得到 $\boldsymbol{A}_2=\boldsymbol{Q}_2\boldsymbol{R}_2$。依次做下去，求得 $\boldsymbol{A}_k$ 后将 $\boldsymbol{A}_k$ 进行 $\boldsymbol{QR}$ 分解，$\boldsymbol{A}_k=\boldsymbol{Q}_k\boldsymbol{R}_k$。做矩阵 $\boldsymbol{A}_{k+1}=\boldsymbol{R}_k\boldsymbol{Q}_k=\boldsymbol{Q}_k^{\mathrm{T}}\boldsymbol{A}_k\boldsymbol{Q}_k$。

上述利用矩阵的 $\boldsymbol{QR}$ 分解和递推法则构造矩阵序列$\{\boldsymbol{A}_k\}$的过程称为 $\boldsymbol{QR}$ 算法，总结为下面定理。

定理 7.5.3(基本 QR 方法)　设 $\boldsymbol{A}=\boldsymbol{A}_1\in\mathbf{R}^{n\times n}$，$\boldsymbol{QR}$ 算法的基本过程是对 $\boldsymbol{A}_k$ 做 $\boldsymbol{QR}$ 分解，得 $\boldsymbol{A}_k=\boldsymbol{Q}_k\boldsymbol{R}_k$(其中 $\boldsymbol{Q}_k$ 是正交阵，$\boldsymbol{R}_k$ 是上三角阵)

计算
$$\boldsymbol{A}_{k+1} = \boldsymbol{R}_k\boldsymbol{Q}_k \tag{7.5.8}$$

记 $\widetilde{\boldsymbol{Q}}_k=\boldsymbol{Q}_1\boldsymbol{Q}_2\cdots\boldsymbol{Q}_k$，$\widetilde{\boldsymbol{R}}_k=\boldsymbol{R}_k\cdots\boldsymbol{R}_2\boldsymbol{R}_1$，则有

(1) $\boldsymbol{A}_{k+1}=\boldsymbol{Q}_k^{\mathrm{T}}\boldsymbol{A}_k\boldsymbol{Q}_k$，故 $\boldsymbol{A}_{k+1}$ 与 $\boldsymbol{A}_k$ 相似；

(2) $\boldsymbol{A}_{k+1}=(\boldsymbol{Q}_1\boldsymbol{Q}_2\cdots\boldsymbol{Q}_k)^{\mathrm{T}}\boldsymbol{A}_1(\boldsymbol{Q}_1\boldsymbol{Q}_2\cdots\boldsymbol{Q}_k)=\widetilde{\boldsymbol{Q}}_k^{\mathrm{T}}\boldsymbol{A}_1\widetilde{\boldsymbol{Q}}_k$；

(3) $\boldsymbol{A}^k$($\boldsymbol{A}$ 的 k 次幂)的 $\boldsymbol{QR}$ 分解式为 $\boldsymbol{A}^k=\widetilde{\boldsymbol{Q}}_k\widetilde{\boldsymbol{R}}_k$。

证明　(1)、(2)显然。仅证(3)，用归纳法。

显然，当 $k=1$ 时，有 $\boldsymbol{A}=\boldsymbol{Q}_1\boldsymbol{R}_1=\widetilde{\boldsymbol{Q}}_1\widetilde{\boldsymbol{R}}_1$，设 $\boldsymbol{A}^{k-1}$ 有分解式 $\boldsymbol{A}^{k-1}=\widetilde{\boldsymbol{Q}}_{k-1}\widetilde{\boldsymbol{R}}_{k-1}$，则

$$\begin{aligned}\widetilde{\boldsymbol{Q}}_k\widetilde{\boldsymbol{R}}_k &= \boldsymbol{Q}_1\boldsymbol{Q}_2\cdots\boldsymbol{Q}_{k-1}(\boldsymbol{Q}_k\boldsymbol{R}_k)\boldsymbol{R}_{k-1}\cdots\boldsymbol{R}_1\\ &= \boldsymbol{Q}_1\boldsymbol{Q}_2\cdots\boldsymbol{Q}_{k-1}\boldsymbol{A}_k\boldsymbol{R}_{k-1}\cdots\boldsymbol{R}_1\\ &= \widetilde{\boldsymbol{Q}}_{k-1}\boldsymbol{A}_k\widetilde{\boldsymbol{R}}_{k-1}\\ &= \boldsymbol{A}\widetilde{\boldsymbol{Q}}_{k-1}\widetilde{\boldsymbol{R}}_{k-1} = \boldsymbol{A}^k\end{aligned}$$

在 $\boldsymbol{QR}$ 算法中，需要将 $\boldsymbol{A}_k$ 进行 $\boldsymbol{QR}$ 分解，即将 $\boldsymbol{A}_k$ 用正交变换(左变换)化为上三角矩阵，由定理 7.5.2 知，

$$\boldsymbol{Q}_k^{\mathrm{T}}\boldsymbol{A}_k = \boldsymbol{R}_k$$

其中，$\boldsymbol{Q}_k^{\mathrm{T}}=\boldsymbol{P}_{n-1}\cdots\boldsymbol{P}_2\boldsymbol{P}_1$，故

$$\boldsymbol{A}_{k+1} = \boldsymbol{Q}_k^{\mathrm{T}}\boldsymbol{A}_k\boldsymbol{Q}_k = \boldsymbol{P}_{n-1}\cdots\boldsymbol{P}_2\boldsymbol{P}_1\boldsymbol{A}_k\boldsymbol{P}_1^{\mathrm{T}}\boldsymbol{P}_2^{\mathrm{T}}\cdots\boldsymbol{P}_{n-1}^{\mathrm{T}}$$

这表明 $\boldsymbol{A}_{k+1}$ 可由 $\boldsymbol{A}_k$ 按下述方法求得。

(1) 左变换 $P_{n-1}\cdots P_2P_1A_k=R_k$(上三角阵)；

(2) 右变换 $R_kP_1^TP_2^T\cdots P_{n-1}^T=A_{k+1}$。

引理 7.5.2　设 $M_k=Q_kR_k$，其中 Q_k 为正交阵，R_k 为具有正对角元素的上三角阵，若 $M_k\to I(k\to\infty)$，则必有 $Q_k\to I$ 和 $R_k\to I(k\to\infty)$。

证明　令 $k\to\infty$，由假设 $M_k\to I$ 知，$R_k^TR_k=M_k^TM_k\to I$，记 $R_k=(r_{ij}^{(k)})$，则 $R_k^TR_k$ 的第一行是

$$r_{11}^{(k)}[r_{11}^{(k)},\ r_{12}^{(k)},\ \cdots,\ r_{1n}^{(k)}]$$

因此有

$$r_{11}^{(k)}\to 1,\ r_{12}^{(k)}\to 0,\ \cdots,\ r_{1n}^{(k)}\to 0 \tag{7.5.9}$$

$R_k^TR_k$ 的第二行是

$$r_{12}^{(k)}\cdot[r_{11}^{(k)},\ \cdots,\ r_{1n}^{(k)}]+r_{22}^{(k)}\cdot[0,\ r_{22}^{(k)},\ r_{23}^{(k)},\ \cdots,\ r_{2n}^{(k)}]$$

利用式(7.5.9)，有

$$r_{22}^{(k)}\to 1,\ r_{23}^{(k)}\to 0,\ \cdots,\ r_{2n}^{(k)}\to 0 \tag{7.5.10}$$

同理可得 $R_k^TR_k$ 其他行的极限，故 $R_k\to I$，易知有 $R_k^{-1}\to I$，从而 $Q_k=M_kR_k^{-1}\to I$。

定理 7.5.4(QR 方法的收敛性)　设 $A=(a_{ij})\in\mathbf{R}^{n\times n}$。

(1) 若 A 的特征值满足：$|\lambda_1|>|\lambda_2|>\cdots>|\lambda_n|>0$；

(2) A 有标准型 $A=XDX^{-1}$，其中 $D=\mathrm{diag}[\lambda_1,\ \lambda_2,\ \cdots,\ \lambda_n]$，且设 X^{-1} 有三角分解 $X^{-1}=LU$ (L 为单位下三角阵，U 为上三角阵)，则由 QR 算法产生的 $\{A_k\}$ 本质上收敛于上三角矩阵，即当 $k\to\infty$ 时，

$$A_k\xrightarrow{\text{本质上}}\begin{bmatrix}\lambda_1 & \times & \cdots & \times\\ & \lambda_2 & \cdots & \times\\ & & \ddots & \\ & & & \lambda_n\end{bmatrix}=R$$

或

(1) $a_{ii}^{(k)}\to\lambda_i$；　(7.5.11)

(2) 当 $i>j$ 时，$a_{ij}^{(k)}\to 0$，　(7.5.12)

当 $i<j$ 时，$a_{ij}^{(k)}$ 的极限不一定存在。

证明　由于 $A_{k+1}=\tilde{Q}_k^TA_1\tilde{Q}_k$，且 $\tilde{Q}_k$ 为 A^k 的 QR 分解中的正交矩阵。下面来确定 $\tilde{Q}_k$ 的表达式，再考虑 A_{k+1} 的极限。

由于 A 为非奇异矩阵，故存在非奇异矩阵 X，使 $X^{-1}AX=D$，则

$$A^k=XD^kX^{-1} \tag{7.5.13}$$

又由假设 $X^{-1}=LU$，于是式(7.5.13)为

$$A^k=XD^kLU=X(D^kLD^{-k})D^kU$$

显然

$$\boldsymbol{D}^k\boldsymbol{L}\boldsymbol{D}^{-k}=\boldsymbol{I}+\boldsymbol{E}_k$$

其中，

$$\boldsymbol{E}_k=\begin{bmatrix} 0 & & & & \\ \left(\frac{\lambda_2}{\lambda_1}\right)^k l_{21} & 0 & & & \\ \left(\frac{\lambda_3}{\lambda_1}\right)^k l_{31} & \left(\frac{\lambda_3}{\lambda_2}\right)^k l_{32} & 0 & & \\ \vdots & \vdots & \ddots & \ddots & \\ \left(\frac{\lambda_n}{\lambda_1}\right)^k l_{n1} & \left(\frac{\lambda_n}{\lambda_2}\right)^k l_{n2} & \cdots & \left(\frac{\lambda_n}{\lambda_{n-1}}\right)^k l_{n,n-1} & 0 \end{bmatrix}$$

由假设条件$|\lambda_i/\lambda_j|<1$(当 $i>j$ 时)，则

$$\boldsymbol{E}_k\rightarrow\boldsymbol{0}(k\rightarrow\infty)$$

且

$$\|\boldsymbol{E}_k\|_\infty\leqslant c\max_{1\leqslant j\leqslant n-1}\left|\frac{\lambda_{j+1}}{\lambda_j}\right|^k\quad(c\text{ 为正的常数，}k\geqslant 1)\tag{7.5.14}$$

矩阵 $\boldsymbol{X}$ 非奇异，设 $\boldsymbol{X}$ 有 $\boldsymbol{QR}$ 分解：

$$\boldsymbol{X}=\boldsymbol{QR}$$

其中 $\boldsymbol{Q}$ 为正交阵，$\boldsymbol{R}$ 为非奇异上三角阵。于是

$$\begin{aligned}\boldsymbol{A}^k&=\boldsymbol{QR}(\boldsymbol{I}+\boldsymbol{E}_k)\boldsymbol{D}^k\boldsymbol{U}\\&=\boldsymbol{Q}(\boldsymbol{I}+\boldsymbol{RE}_k\boldsymbol{R}^{-1})\boldsymbol{RD}^k\boldsymbol{U}\end{aligned}\tag{7.5.15}$$

由于 $\boldsymbol{R}(\boldsymbol{I}+\boldsymbol{E}_k)$(当 k 充分大时)为非奇异，故 $\boldsymbol{I}+\boldsymbol{RE}_k\boldsymbol{R}^{-1}=\boldsymbol{R}(\boldsymbol{I}+\boldsymbol{E}_k)\boldsymbol{R}^{-1}$亦为非奇异，于是 $\boldsymbol{I}+\boldsymbol{RE}_k\boldsymbol{R}^{-1}$有 $\boldsymbol{QR}$ 分解：$\boldsymbol{I}+\boldsymbol{RE}_k\boldsymbol{R}^{-1}=\bar{\boldsymbol{Q}}_k\bar{\boldsymbol{R}}_k$，且 $\bar{\boldsymbol{R}}_k$ 的对角元素均为正。由于 $\boldsymbol{I}+\boldsymbol{RE}_k\boldsymbol{R}^{-1}\rightarrow\boldsymbol{I}$ $(k\rightarrow\infty)$，由引理 7.5.2 知，有 $\bar{\boldsymbol{Q}}_k\rightarrow\boldsymbol{I}$，$\bar{\boldsymbol{R}}_k\rightarrow\boldsymbol{I}(k\rightarrow\infty)$。因此式(7.5.15)为

$$\boldsymbol{A}^k=(\boldsymbol{Q}\bar{\boldsymbol{Q}}_k)(\bar{\boldsymbol{R}}_k\boldsymbol{RD}^k\boldsymbol{U})\tag{7.5.16}$$

显然式(7.5.16)为 $\boldsymbol{A}^k$的 $\boldsymbol{QR}$ 分解式，但 $\bar{\boldsymbol{R}}_k\boldsymbol{RD}^k\boldsymbol{U}$(为上三角阵)对角元素不一定为正，引入对角阵

$$\boldsymbol{D}_k=\mathrm{diag}[\pm 1,\pm 1,\cdots,\pm 1]$$

以保证 $\boldsymbol{D}_k(\bar{\boldsymbol{R}}_k\boldsymbol{RD}^k\boldsymbol{U})$对角元素都为正数，从而得到 $\boldsymbol{A}^k$的 $\boldsymbol{QR}$ 分解式：

$$\boldsymbol{A}^k=(\boldsymbol{Q}\bar{\boldsymbol{Q}}_k\boldsymbol{D}_k)(\boldsymbol{D}_k\bar{\boldsymbol{R}}_k\boldsymbol{RD}^k\boldsymbol{U})$$

由定理 7.5.3 的(3)和 $\boldsymbol{QR}$ 分解的唯一性得到

$$\begin{cases}\tilde{\boldsymbol{Q}}_k=\boldsymbol{Q}\bar{\boldsymbol{Q}}_k\boldsymbol{D}_k\\\tilde{\boldsymbol{R}}_k=\boldsymbol{D}_k\bar{\boldsymbol{R}}_k\boldsymbol{RD}^k\boldsymbol{U}\end{cases}\tag{7.5.17}$$

从而

$$\begin{aligned}A_{k+1} &= \widetilde{Q}_k^{\mathrm{T}} A \widetilde{Q}_k = D_k \bar{Q}_k^{\mathrm{T}} Q^{\mathrm{T}} A Q \bar{Q}_k D_k \\ &= D_k \bar{Q}_k^{\mathrm{T}} (RDR^{-1}) \bar{Q}_k D_k \quad (\text{注意 } Q^{\mathrm{T}} A Q = RDR^{-1})\end{aligned}$$

记

$$R_0 \equiv RDR^{-1} = \begin{bmatrix} \lambda_1 & \times & \cdots & \times \\ & \lambda_2 & \cdots & \times \\ & & \ddots & \vdots \\ & & & \lambda_n \end{bmatrix}, \quad g_k = \bar{Q}_k D_k$$

则有

$$A_{k+1} = g_k^{\mathrm{T}} R_0 g_k$$

其中，R_0是上三角阵，g_k收敛于一个对角阵，由此即证得式(7.5.11)和式(7.5.12)，且收敛速度依赖于$\bar{Q}_k \to I$的收敛速度，即依赖于式(7.5.14)的界。

定理 7.5.5 如果对称矩阵 A 满足定理 7.5.4 的条件，则由 QR 算法产生的$\{A_k\}$收敛于对角阵。

证明 由定理 7.5.4 即知。

下面给出关于 QR 算法收敛性的另一结果，但不给出证明。

设 $A \in \mathbf{R}^{n\times n}$，如果 A 的等模特征值中只有实重特征值或多重复共轭特征值，则由 QR 算法产生的$\{A_k\}$本质上收敛于分块上三角形矩阵(对角块为一阶和二阶子块)且对角块每一个 2×2 子块给出 A 的一对共轭复特征值，每一个对角子块给出 A 的实特征值，即

$$A_k \to \begin{bmatrix} \lambda_1 & \times & \cdots & \times & \times\times & \cdots & \times\times \\ & \lambda_2 & & \vdots & \vdots & & \vdots \\ & & \ddots & & & & \\ & & & \lambda_m & \times\times & \cdots & \times\times \\ & & & & B_1 & & \vdots \\ & & & & & \ddots & \\ & & & & & & B_l \end{bmatrix}$$

其中，$m+2l=n$，B_i为 2×2 子块，给出 A 的一对共轭特征值。

7.5.3 带原点位移的 QR 方法

在定理 7.5.6 证明中进一步分析可知，$a_{nn}^{(k)} \to \lambda_n\ (k \to \infty)$的速度依赖于比值 $r_n = |\lambda_n/\lambda_{n-1}|$，当 r_n很小时，收敛较快。如果 s 为λ_n 的一个估计，且对 $A-sI$ 运用QR 算法，则$(n, n-1)$元素将以收敛因子$|(\lambda_n - s)/(\lambda_{n-1} - s)|$线性收敛于零，$(n, n)$元素将比在基本算法中收敛更快。

因此，为了加速收敛，选择数列$\{s_k\}$，按下述方法构造矩阵序列$\{\boldsymbol{A}_k\}$，称为带原点位移的 $\boldsymbol{QR}$ 算法。

(1) 设 $\boldsymbol{A}=\boldsymbol{A}_1\in\mathbf{R}^{n\times n}$；

(2) 将 $\boldsymbol{A}_k-s_k\boldsymbol{I}$ 进行 $\boldsymbol{QR}$ 分解，即

$$\boldsymbol{A}_k-s_k\boldsymbol{I}=\boldsymbol{Q}_k\boldsymbol{R}_k,\ k=1,2,\cdots$$

(3) 构造新矩阵

$$\boldsymbol{A}_{k+1}=\boldsymbol{R}_k\boldsymbol{Q}_k+s_k\boldsymbol{I}=\boldsymbol{Q}_k^{\mathrm{T}}\boldsymbol{A}_k\boldsymbol{Q}_k$$

(4) $\boldsymbol{A}_{k+1}=\widetilde{\boldsymbol{Q}}_k^{\mathrm{T}}\boldsymbol{A}\widetilde{\boldsymbol{Q}}_k$，其中 $\widetilde{\boldsymbol{Q}}_k=\boldsymbol{Q}_1\boldsymbol{Q}_2\cdots\boldsymbol{Q}_k$，$\widetilde{\boldsymbol{R}}_k=\boldsymbol{R}_k\cdots\boldsymbol{R}_2\boldsymbol{R}_1$；

(5) 矩阵$(\boldsymbol{A}-s_1\boldsymbol{I})(\boldsymbol{A}-s_2\boldsymbol{I})\cdots(\boldsymbol{A}-s_k\boldsymbol{I})=\varphi(\boldsymbol{A})$有 $\boldsymbol{QR}$ 分解式 $\varphi(\boldsymbol{A})=\widetilde{\boldsymbol{Q}}_k\widetilde{\boldsymbol{R}}_k$；

(6) 带位移 $\boldsymbol{QR}$ 方法变换一步的计算：首先用正交变换(左变换)将 $\boldsymbol{A}_k-s_k\boldsymbol{I}$ 化为上三角阵，即 $\boldsymbol{P}_{n-1}\cdots\boldsymbol{P}_2\boldsymbol{P}_1(\boldsymbol{A}_k-s_k\boldsymbol{I})=\boldsymbol{R}_k$，其中 $\boldsymbol{Q}_k^{\mathrm{T}}=\boldsymbol{P}_{n-1}\cdots\boldsymbol{P}_2\boldsymbol{P}_1$ 为一系列平面旋转矩阵的乘积。于是

$$\boldsymbol{A}_{k+1}=\boldsymbol{P}_{n-1}\cdots\boldsymbol{P}_2\boldsymbol{P}_1(\boldsymbol{A}_k-s_k\boldsymbol{I})\boldsymbol{P}_1^{\mathrm{T}}\boldsymbol{P}_2^{\mathrm{T}}\cdots\boldsymbol{P}_{n-1}^{\mathrm{T}}+s_k\boldsymbol{I}$$

7.5.4　上 Hessenberg 矩阵的特征值计算

下面讨论用 $\boldsymbol{QR}$ 算法计算上 Hessenberg 矩阵的全部特征值。

设

$$\boldsymbol{A}=\boldsymbol{A}_1=\begin{bmatrix} a_{11} & a_{12} & \cdots & a_{1n} \\ a_{21} & a_{22} & \cdots & a_{2n} \\ & \ddots & \ddots & \vdots \\ & & a_{n,n-1} & a_{nn} \end{bmatrix}\in\mathbf{R}^{n\times n}$$

(1) 左变换计算，选择平面旋转阵 $\boldsymbol{P}_{12}$，$\boldsymbol{P}_{23}$，…，$\boldsymbol{P}_{n-1,n}$，使

$$\boldsymbol{P}_{n-1,n}\cdots\boldsymbol{P}_{23}\boldsymbol{P}_{12}(\boldsymbol{A}_1-s_1\boldsymbol{I})=\boldsymbol{R}$$

首先

$$a_{ii}\leftarrow a_{ii}-s_1,\quad i=1,2,\cdots,n$$

第一次左变换，选择平面旋转阵 $\boldsymbol{P}_{12}$，使(2，1)元素为零。

$$\boldsymbol{P}_{12}(\boldsymbol{A}_1-s_1\boldsymbol{I})=\begin{bmatrix} v_1 & a_{12}^{(2)} & a_{13}^{(2)} & \cdots & a_{1n}^{(2)} \\ & a_{22}^{(2)} & a_{23}^{(2)} & \cdots & a_{2n}^{(2)} \\ & a_{32} & a_{33} & \cdots & a_{3n} \\ & & \ddots & \ddots & \vdots \\ & & & a_{n,n-1} & a_{nn} \end{bmatrix}$$

设已完成第 $i-1$ 次左变换，则

$$
\boldsymbol{P}_{i-1i}\cdots\boldsymbol{P}_{23}\boldsymbol{P}_{12}(\boldsymbol{A}_1-s_1\boldsymbol{I})=\begin{bmatrix}
v_1 & a_{12}^{(2)} & & & \cdots & & a_{1n}^{(2)} \\
 & v_2 & & & \cdots & & a_{2n}^{(2)} \\
 & & \ddots & & & & \\
 & & & v_{k-1} & \cdots & & \vdots \\
 & & & & a_{ii}^{(i)} & \cdots & a_{in}^{(i)} \\
 & & & & a_{i+1i} & & a_{i+1n} \\
 & & & & \ddots & \ddots & \vdots \\
 & & & & & a_{nn-1} & a_{nn}
\end{bmatrix}
$$

现进行第 i 次左变换，使$(i+1,\ i)$一元素为零，则有

$$
\boldsymbol{P}_{i,\ i+1}\cdots\boldsymbol{P}_{23}\boldsymbol{P}_{12}(\boldsymbol{A}_1-s_1\boldsymbol{I})=\begin{bmatrix}
v_1 & \times & & & & \cdots & \times \\
 & v_2 & \times & & & \cdots & \times \\
 & & \ddots & \ddots & & & \vdots \\
 & & & v_i & \times & \cdots & \times \\
 & & & & \times & \cdots & \times \\
 & & & & \times & & \vdots \\
 & & & & \ddots & \ddots & \\
 & & & & & \times & \times
\end{bmatrix}
$$

继续这过程，最后

$$
\boldsymbol{P}_{n-1,\ n}\cdots\boldsymbol{P}_{23}\boldsymbol{P}_{12}(\boldsymbol{A}_1-s_1\boldsymbol{I})=\boldsymbol{R}\quad（上三角阵）
$$

其中，$\boldsymbol{P}_{i,\ i+1}$，$i=1,\ 2,\ \cdots,\ n+1$ 为平面旋转阵。

(2) 右变换计算。计算 $\boldsymbol{R}\boldsymbol{P}_{12}^{\mathrm{T}}\boldsymbol{P}_{23}^{\mathrm{T}}\cdots\boldsymbol{P}_{n-1,\ n}^{\mathrm{T}}$，其中上三角阵 $\boldsymbol{R}$ 的元素仍记为 a_{ij} $(i\leqslant j)$，于是

$$
\boldsymbol{R}\boldsymbol{P}_{12}^{\mathrm{T}}=\begin{bmatrix}
a_{11}^{(2)} & a_{12}^{(2)} & a_{13} & \cdots & a_{1n} \\
a_{21}^{(2)} & a_{22}^{(2)} & a_{23} & \cdots & a_{2n} \\
 & & a_{33} & & \\
 & & & \ddots & \vdots \\
 & & & & a_{nn}
\end{bmatrix}
$$

$$
\boldsymbol{R}\boldsymbol{P}_{12}^{\mathrm{T}}\boldsymbol{P}_{23}^{\mathrm{T}}=\begin{bmatrix}
a_{11}^{(2)} & a_{12}^{(3)} & a_{13}^{(3)} & a_{14} & \cdots \\
a_{21}^{(2)} & a_{22}^{(3)} & a_{23}^{(3)} & a_{24} & \cdots \\
 & a_{32}^{(3)} & a_{33}^{(3)} & a_{34} & \cdots \\
 & & & a_{44} & \cdots \\
 & & & & \ddots
\end{bmatrix}
$$

继续此过程，最后得到

$$RP_{12}^{\mathrm{T}}P_{23}^{\mathrm{T}}\cdots P_{n-1n}^{\mathrm{T}}=\begin{bmatrix}\times & \times & & \cdots & \times\\ \times & \times & & \cdots & \times\\ & \times & & & \\ & & \ddots & \ddots & \vdots\\ & & & \times & \times\end{bmatrix}\text{（为上 Hessenberg 阵）}$$

故 $A_2=RP_{12}^{\mathrm{T}}P_{23}^{\mathrm{T}}\cdots P_{n-1n}^{\mathrm{T}}+s_1 I$ 仍为上 Hessenberg 阵。

上面分析表明，若 A 为上 Hessenberg 阵，则用 QR 算法产生的 A_2，A_3，…，A_k，…仍是上 Hessenberg 阵。显然，每一次左变换仅改变矩阵的两行，而每一次右变换仅改变矩阵的两列，为了节省存储量，左变换和右变换可以同时进行，例如

$$\begin{aligned}P_{23}P_{12}(A-s_1 I)&\rightarrow P_{23}P_{12}(A-s_1 I)P_{12}^{\mathrm{T}}\\&\rightarrow P_{34}P_{23}P_{12}(A-s_1 I)P_{12}^{\mathrm{T}}\\&\rightarrow P_{34}P_{23}P_{12}(A-s_1 I)P_{12}^{\mathrm{T}}P_{23}^{\mathrm{T}}\\&\rightarrow\cdots\end{aligned}$$

实际计算时，用不同位移 s_1，s_2，…，s_k，…反复应用上述变换就产生一正交相似于上 Hessenberg 阵A 的序列$\{A_k\}$，如果选取 $s_k=a_{nn}^{(k)}$，当 $a_{nn-1}^{(k)}$充分小，于是 A_k有形式

$$\begin{bmatrix}\times & \times & \times & \times & \times & \times\\ \times & \times & \times & \times & \times & \times\\ & \times & \times & \times & \times & \times\\ & & \times & \times & \times & \times\\ & & & \times & \times & \times\\ & & & & & \lambda_n\end{bmatrix}_{6\times 6}\equiv\begin{bmatrix}\boldsymbol{B} & \begin{matrix}\times\\ \vdots\\ \times\end{matrix}\\ \boldsymbol{0} & \lambda_n\end{bmatrix}$$

其中，$\lambda_n=a_{nn}^{(k)}$为 A 的近似特征值。采用收缩方法，继续对 $B\in\mathbf{R}^{(n-1)\times(n-1)}$应用 QR 算法，就可逐步求出 A 的其余近似特征值。

判别 $a_{nn-1}^{(k)}$充分小的准则是：

(1) $|a_{nn-1}^{(k)}|\leqslant\varepsilon\ \|A\|_{\infty}$；

(2) 或将 $a_{nn-1}^{(k)}$与相邻元素进行比较，

$$|a_{nn-1}^{(k)}|\leqslant\varepsilon\min(|a_{nn}^{(k)}|,|a_{n-1,n-1}^{(k)}|)$$

其中，$\varepsilon=10^{-t}$，t 是计算中有效数字的个数。

上述应用带位移的 QR 算法，可计算上 Hessenberg 阵 A 的所有实特征值，但不能计算 A 的复特征值，因为上述 QR 算法是在实数中进行计算的，位移 $s_k=a_{nn}$不能逼近一个复特征值。关于避免复数运算求上 Hessenberg 阵复特征值的 QR 算法——隐式位移的 QR 算法，请参看有关著作。

位移 s_k 的选取方法如下：

(1) 选取 $s_k=a_{nn}^k$；

(2) 选取 s_k 是 2×2 矩阵：

$$\begin{bmatrix} a_{n-1,n-1}^{(k)} & a_{n-1,n}^{(k)} \\ a_{n,n-1}^{(k)} & a_{n,n}^{(k)} \end{bmatrix}$$

特征值为λ，且 $|a_{nn}^{(k)}-\lambda|$ 最小（记 $\boldsymbol{A}_k=(a_{ij}^{(k)})$）。可以证明，对称三对角矩阵带(2)位移的 ***QR*** 算法常收敛，且为三阶收敛。

例 7.5.1　用 ***QR*** 方法计算对称三对角矩阵的全部特征值

$$\boldsymbol{A}=\boldsymbol{A}_1=\begin{bmatrix} 2 & 1 & 0 \\ 1 & 3 & 1 \\ 0 & 1 & 4 \end{bmatrix}$$

解　采用第一种选位移方法，即选 $s_k=a_{nn}^k$。又 $s_1=4$，故

$$\boldsymbol{P}_{23}\boldsymbol{P}_{12}(\boldsymbol{A}_1-s_1\boldsymbol{I})=\boldsymbol{R}=\begin{bmatrix} 2.2361 & -1.342 & 0.4472 \\ & 1.0954 & -0.3651 \\ & & 0.816\,50 \end{bmatrix}$$

$$\boldsymbol{A}_2=\boldsymbol{R}\boldsymbol{P}_{12}^{\mathrm{T}}\boldsymbol{P}_{23}^{\mathrm{T}}+s_1\boldsymbol{I}=\begin{bmatrix} 1.4000 & 0.4899 & 0 \\ 0.4899 & 3.2667 & 0.7454 \\ 0 & 0.7454 & 4.3333 \end{bmatrix}$$

$$\boldsymbol{A}_3=\begin{bmatrix} 1.2915 & 0.2017 & 0 \\ 0.2017 & 3.0202 & 0.2724 \\ 0 & 0.2724 & 4.6884 \end{bmatrix}$$

$$\boldsymbol{A}_4=\begin{bmatrix} 1.2737 & 0.0993 & 0 \\ 0.0993 & 2.9943 & 0.0072 \\ 0 & 0.0072 & 4.7320 \end{bmatrix}$$

$$\boldsymbol{A}_5=\begin{bmatrix} 1.2694 & 0.0498 & 0 \\ 0.0498 & 2.9986 & 0 \\ 0 & 0 & 4.7321 \end{bmatrix}$$

$$\widetilde{\boldsymbol{A}}_5=\begin{bmatrix} 1.2694 & 0.0498 \\ 0.0498 & 2.9986 \end{bmatrix}$$

现在收缩，继续对 $\boldsymbol{A}_5$ 的子矩阵 $\widetilde{\boldsymbol{A}}_5\in\mathbf{R}^{2\times 2}$ 进行变换，得到

$$\widetilde{\boldsymbol{A}}_6=\boldsymbol{P}_{12}(\widetilde{\boldsymbol{A}}_5-s_5\boldsymbol{I})\boldsymbol{P}_{12}^{\mathrm{T}}+s_5\boldsymbol{I}=\begin{bmatrix} 1.2680 & -4\times 10^{-5} \\ -4\times 10^{-5} & 3.0000 \end{bmatrix}$$

故求得 $\boldsymbol{A}$ 近似特征值为

$$\lambda_1\approx 4.7321,\ \lambda_2\approx 3.0000,\ \lambda_3\approx 1.2680$$

且 $\boldsymbol{A}$ 的特征值是

$$\lambda_1 = 3+\sqrt{3} \approx 4.7321,\ \lambda_2 \approx 3.0,\ \lambda_3 = 3-\sqrt{3} \approx 1.2679$$

7.6　计算实对称矩阵部分特征值的二分法

实对称矩阵可以通过 Householder 变换化为对称三对角矩阵，若只需求部分特征值，则可用下面的二分法计算。

设 $\boldsymbol{C}=\begin{bmatrix} c_1 & b_1 & & & \\ b_1 & c_2 & b_2 & & \\ & b_2 & c_3 & \ddots & \\ & & \ddots & \ddots & b_{n-1} \\ & & & b_{n-1} & c_n \end{bmatrix}$，特征多项式 $f_n(\lambda)=|\boldsymbol{C}-\lambda\boldsymbol{I}|$。若用 $f_i(\lambda)$ 表示第 i 阶主子阵的特征多项式，$f_i(\lambda)=\begin{vmatrix} c_1-\lambda & b_1 & & & \\ b_1 & c_2-\lambda & b_2 & & \\ & b_2 & c_3-\lambda & \ddots & \\ & & \ddots & \ddots & b_{i-1} \\ & & & b_{i-1} & c_i-\lambda \end{vmatrix}$，且有下列递推关系

$$\begin{cases} f_0(\lambda) = 1 \\ f_1(\lambda) = c_1 - \lambda \\ \quad\vdots \\ f_i(\lambda) = (c_i - \lambda) f_{i-1}(\lambda) - b_{i-1}^2 f_{i-2}(\lambda),\ i = 2, 3, \cdots, n \end{cases}$$

于是得到特征多项式序列 $\{f_0(\lambda), f_1(\lambda), \cdots, f_i(\lambda)\}$，具有如下性质：

性质 1　序列 $\{f_i(\lambda)\}$ 中两个相邻特征多项式没有相同的零点。

证明　假设对某个 i，多项式 $f_{i-1}(\lambda)$ 和 $f_i(\lambda)$ 有公共根 a，即 $f_{i-1}(a)=f_i(a)=0$。由 $f_i(a)=(c_i-a)f_{i-1}(a)-b_{i-1}^2 f_{i-2}(a)=0$ 和 $b_{i-1}\neq 0$ 推出 $f_{i-2}(a)=0$，这样一直推下去，最后推出 $f_0(a)=0$，这与 $f_0(\lambda)=1$ 矛盾，于是性质 1 得证。

性质 2　如果 $f_i(\lambda_0)=0$，则有 $f_{i-1}(\lambda_0)f_{i+1}(\lambda_0)<0$，$i=1, 2, \cdots, n-1$。

证明　由性质 1 知，若 $f_i(a)=0$，则 $f_{i-1}(a)\neq 0$，于是

$$f_{i-1}(a)f_{i+1}(a)=-b_i^2[f_{i-1}(a)]^2<0$$

性质 3　相邻两个多项式 $f_{i-1}(\lambda)$ 与 $f_i(\lambda)(i=2,3,\cdots,n)$ 的零点互相交错。

证明　采用归纳法。

由于 $f_i(\lambda)$ 是行列式 $\det(\boldsymbol{C}-\lambda\boldsymbol{I})$ 的第 i 阶主子式，$f_i(\lambda)$ 中 λ 的最高次项的系数是 $(-1)^i$，首项为 $(-1)^i\lambda^i$，于是 $\lim\limits_{\lambda\to-\infty}f_i(\lambda)>0$，$\lim\limits_{\lambda\to+\infty}f_i(\lambda)$ 的符号为 $(-1)^i$。

当 $i=1$ 时，$f_1(\lambda)=c_1-\lambda$，c_1 是 $f_1(\lambda)$ 的根。另一方面 $f_2(c_1)=-b_1^2<0$，$f_2(+\infty)>0$，$f_2(-\infty)>0$，所以在区间 $(-\infty,c_1)$ 和 $(c_1,+\infty)$ 内各有 $f_2(\lambda)$ 的一个根，于是当 $i=1$ 时，性质 3 成立。

假设当 $i=k-1$ 时性质 3 成立。设 $f_{k-1}(\lambda)$ 和 $f_k(\lambda)$ 的根分别为

$$x_1<x_2<\cdots<x_{k-1} \text{ 和 } y_1<y_2<\cdots<y_k$$

于是有

$$y_1<x_1<y_2<x_2<\cdots<y_{k-1}<x_{k-1}<y_k$$

当 $i=k$ 时，有 $f_{k+1}(y_j)=-b_{j-1}^2f_{k-1}(y_j)$。由于 $f_{k-1}(-\infty)>0$，$f_{k-1}(x_1)=0$，所以

$$f_{k-1}(y_1)>0,\ f_{k-1}(y_2)<0,\ f_{k-1}(y_3)>0,\ \cdots$$

$f_{k-1}(y_j)$ 的符号为 $(-1)^{j+1}$。于是 $f_{k+1}(y_j)$ 的符号为 $(-1)^j$，即

$$f_{k+1}(-\infty)>0,\ f_{k+1}(y_1)<0,\ f_{k+1}(y_2)>0,\ \cdots$$

于是，在区间 $(-\infty,y_1)$，(y_1,y_2)，…，$(y_k,+\infty)$ 内部有 $f_{k+1}(\lambda)$ 的根。由于 $f_{k+1}(\lambda)$ 只有 $k+1$ 个根，故每个区间内有且仅有一个根。

引进一个整值函数 $g(a)$，用它表示序列 $\{f_0(\lambda),f_1(\lambda),\cdots,f_n(\lambda)\}$ 在 $\lambda=a$ 处相邻两项符号相同的次数，如果 $f_i(a)=0$，则规定 $f_i(a)$ 的符号与 $f_{i-1}(a)$ 相同。

例 7.6.1　已知 $\boldsymbol{C}=\begin{bmatrix}-2 & 1 & & \\ 1 & -2 & 1 & \\ & 1 & -2 & 1\\ & & 1 & -2\end{bmatrix}$，计算 $g(a)\big|_{a=0}$ 和 $g(a)\big|_{a=-2}$。

解　计算相应的特征多项式序列 $\{f_0(\lambda),f_1(\lambda),\cdots,f_n(\lambda)\}$，有

$$\begin{cases}f_0(\lambda)=1\\ f_1(\lambda)=-2-\lambda\\ f_2(\lambda)=(-2-\lambda)^2-1\\ f_3(\lambda)=(-2-\lambda)[(-2-\lambda)^2-2]\\ f_4(\lambda)=(-2-\lambda)^4-3(-2-\lambda)^2+1\end{cases}$$

因为 $\{f_0(\lambda),f_1(\lambda),f_2(\lambda),f_3(\lambda),f_4(\lambda)\}_{\lambda=0}=\{1,-2,3,-4,5\}$ 符号为 $\{+,-,+,$

－，＋}，故 $g(0)=0$。

又因为 $\{f_0(\lambda), f_1(\lambda), f_2(\lambda), f_3(\lambda), f_4(\lambda)\}_{\lambda=-2}=\{1, 0, -1, 0, 1\}$ 符号为{＋，＋，－，－，＋}，故 $g(-2)=2$。

定理 7.6.1　设有 n 阶实对称三对角矩阵 $\boldsymbol{C}=\begin{bmatrix} c_1 & b_1 & & & \\ b_1 & c_2 & b_2 & & \\ & b_2 & c_3 & \ddots & \\ & & \ddots & \ddots & b_{n-1} \\ & & & b_{n-1} & c_n \end{bmatrix}$，则 $\boldsymbol{C}$ 的特征值满足 $a\leqslant\lambda\leqslant b$，其中 $\begin{cases} a=\min\limits_{1\leqslant i\leqslant n}\{c_i-|b_i|-|b_{i-1}|\} \\ b=\max\limits_{1\leqslant i\leqslant n}\{c_i+|b_i|+|b_{i-1}|\} \end{cases}$ $(b_0=b_n=0)$。

定理 7.6.2　设 $\boldsymbol{A}$ 为 n 阶实对称三对角矩阵，且 $b_i\neq 0(i=1, 2, \cdots, n-1)$，$\boldsymbol{A}$ 的特征多项式序列 $\{f_0(\lambda), f_1(\lambda), \cdots, f_n(\lambda)\}$ 由递推公式

$$\begin{cases} f_0(\lambda)=1,\ f_1(\lambda)=c_1-\lambda \\ f_i(\lambda)=(c_i-\lambda)f_{i-1}(\lambda)-b_{i-1}{}^2 f_{i-2}(\lambda), \quad i=2, 3, \cdots, n \end{cases}$$

给出，则有

(1) 特征多项式 $f_n(\lambda)$ 的零点大于或等于某个实数 a 的个数，恰好等于 $g(a)$。

(2) 设 $a<b$，$f_n(\lambda)$ 在 $[a, b)$ 内零点的个数等于 $g(a)-g(b)$。

利用上述两个定理可以给出计算三对角对称矩阵 $\boldsymbol{C}$ 的特征值的二分法。

设 $\boldsymbol{C}$ 的特征值的次序为 $\lambda_n<\lambda_{n-1}<\cdots<\lambda_m<\cdots<\lambda_2<\lambda_1$，考虑计算 λ_m 的方法：

(1) 首先确定全体特征值所在的区间 $[a, b]$，定义 $a_0=a$，$b_0=b$。

(2) 计算 $g\left(\dfrac{a+b}{2}\right)$ 的值。

若 $g\left(\dfrac{a+b}{2}\right)\geqslant m$，则新区间为 $\left[\dfrac{a+b}{2}, b\right]$，即 $a_1=\dfrac{a_0+b_0}{2}$，$b_1=b_0$。

若 $g\left(\dfrac{a+b}{2}\right)<m$，则新区间为 $\left[a, \dfrac{a+b}{2}\right]$，即 $a_1=a_0$，$b_1=\dfrac{a_0+b_0}{2}$。

继续步骤(2)的过程，直到所得区间的长度 $b_k-a_k=\dfrac{b-a}{2^k}$ 满足精度要求，则取 $\lambda_m\approx\dfrac{a_k+b_k}{2}$，当 λ_m 求出后，可用反幂法修正，并求出对应的特征向量。

7.7　矩阵的奇异值分解

对于方阵，特征值和特征向量都有重要应用。对于更一般的矩阵，我们讨论奇异值分解(SVD)，它在信号与图像处理、数据分析，特别是近年来在机器学习和计算机视觉领域有着广泛应用。

定理 7.7.1(奇异值分解定理)　设 $\boldsymbol{A}\in\mathbf{R}^{m\times n}$，秩为 $r\leqslant\min(m, n)$，则存在列正交矩阵 $\boldsymbol{U}$ 和 $\boldsymbol{V}$，即 $\boldsymbol{U}^{\mathrm{T}}\boldsymbol{U}=\boldsymbol{I}$，$\boldsymbol{V}^{\mathrm{T}}\boldsymbol{V}=\boldsymbol{I}$，使得

$$\boldsymbol{A}=\boldsymbol{U}\begin{bmatrix}\boldsymbol{\Sigma} & \boldsymbol{0}\\ \boldsymbol{0} & \boldsymbol{0}\end{bmatrix}\boldsymbol{V}^{\mathrm{T}}$$

其中，$\boldsymbol{\Sigma}=\mathrm{diag}(\sigma_1, \sigma_2, \cdots, \sigma_r)$，而且 $\sigma_1\geqslant\sigma_2\geqslant\cdots\geqslant\sigma_r>0$。称 $\boldsymbol{A}=\boldsymbol{U}\begin{bmatrix}\boldsymbol{\Sigma} & \boldsymbol{0}\\ \boldsymbol{0} & \boldsymbol{0}\end{bmatrix}\boldsymbol{V}^{\mathrm{T}}$ 为 $\boldsymbol{A}$ 的奇异值分解，σ_i，$i=1, \cdots, r$ 为 $\boldsymbol{A}$ 的奇异值，$\boldsymbol{U}$ 的各列为 $\boldsymbol{A}$ 的左奇异向量，$\boldsymbol{V}$ 的各列为 $\boldsymbol{A}$ 的右奇异向量。

证明　因为 $\boldsymbol{A}^{\mathrm{T}}\boldsymbol{A}$ 是一个对称半正定矩阵，设其特征值为 $\sigma_1^2, \sigma_2^2, \cdots, \sigma_n^2$，其中 $\sigma_1^2\geqslant\sigma_2^2\geqslant\cdots\geqslant\sigma_r^2>0=\sigma_{r+1}=\cdots\sigma_n$。由实对称矩阵的性质知，存在正交阵 $\boldsymbol{V}=[\boldsymbol{V}_1, \boldsymbol{V}_2]$，使

$$\boldsymbol{V}^{\mathrm{T}}\boldsymbol{A}^{\mathrm{T}}\boldsymbol{A}\boldsymbol{V}=\mathrm{diag}(\sigma_1^2, \sigma_2^2, \cdots, \sigma_r^2, 0, \cdots, 0)$$

其中，$\boldsymbol{V}_1=(\boldsymbol{v}_1, \boldsymbol{v}_2, \cdots, \boldsymbol{v}_r)$，$\boldsymbol{V}_2=(\boldsymbol{v}_{r+1}, \cdots, \boldsymbol{v}_n)$，$\boldsymbol{v}_i(i=1, 2, \cdots, n)$为 $\boldsymbol{V}$ 的第 i 列。直接计算表明

$$\boldsymbol{V}_1^{\mathrm{T}}\boldsymbol{A}^{\mathrm{T}}\boldsymbol{A}\boldsymbol{V}_1=\mathrm{diag}(\sigma_1^2, \sigma_2^2, \cdots, \sigma_r^2)=\boldsymbol{\Sigma}^2$$

所以

$$\boldsymbol{\Sigma}^{-1}\boldsymbol{V}_1^{\mathrm{T}}\boldsymbol{A}^{\mathrm{T}}\boldsymbol{A}\boldsymbol{V}_1\boldsymbol{\Sigma}^{-1}=\boldsymbol{I}_r \tag{7.7.1}$$

其中，$\boldsymbol{I}_r$为 $r\times r$ 的单位矩阵。由 $\boldsymbol{V}_2$ 的定义知 $\boldsymbol{V}_2^{\mathrm{T}}\boldsymbol{A}^{\mathrm{T}}\boldsymbol{A}\boldsymbol{V}_2=\boldsymbol{0}$，故有

$$\boldsymbol{A}\boldsymbol{V}_2=\boldsymbol{0} \tag{7.7.2}$$

下面来构造 $\boldsymbol{U}=[\boldsymbol{U}_1, \boldsymbol{U}_2]$。记 $\boldsymbol{U}_1=\boldsymbol{A}\boldsymbol{V}_1\boldsymbol{\Sigma}^{-1}$，由式(7.7.1)知 $\boldsymbol{U}_1$ 的各列均为单位长度向量，而且彼此两两正交，由线性代数的基础知识可知，在 $\mathbf{R}^m$ 空间中可以选出 $m-r$ 个向量 $\boldsymbol{u}_{r+1}, \cdots, \boldsymbol{u}_m$ 和 $\boldsymbol{U}_1$ 中的列一起构成的一组标准正交基。记 $\boldsymbol{U}_2=(\boldsymbol{u}_{r+1}, \cdots, \boldsymbol{u}_m)$，则 $\boldsymbol{U}=[\boldsymbol{U}_1, \boldsymbol{U}_2]$是一个正交阵。通过矩阵分块乘法有

$$\boldsymbol{U}^{\mathrm{T}}\boldsymbol{A}\boldsymbol{V}=\begin{bmatrix}\boldsymbol{U}_1^{\mathrm{T}}\\ \boldsymbol{U}_2^{\mathrm{T}}\end{bmatrix}\boldsymbol{A}(\boldsymbol{V}_1, \boldsymbol{V}_2)=\begin{bmatrix}\boldsymbol{U}_1^{\mathrm{T}}\boldsymbol{A}\boldsymbol{V}_1 & \boldsymbol{U}_1^{\mathrm{T}}\boldsymbol{A}\boldsymbol{V}_2\\ \boldsymbol{U}_2^{\mathrm{T}}\boldsymbol{A}\boldsymbol{V}_1 & \boldsymbol{U}_2^{\mathrm{T}}\boldsymbol{A}\boldsymbol{V}_2\end{bmatrix}$$

由式(7.7.2)可得

$$\boldsymbol{U}^{\mathrm{T}}\boldsymbol{A}\boldsymbol{V}=\begin{bmatrix}\boldsymbol{U}_1^{\mathrm{T}}\boldsymbol{A}\boldsymbol{V}_1 & \boldsymbol{0}\\ \boldsymbol{U}_2^{\mathrm{T}}\boldsymbol{A}\boldsymbol{V}_1 & \boldsymbol{0}\end{bmatrix}$$

又

$$\boldsymbol{U}_1^{\mathrm{T}}\boldsymbol{A}\boldsymbol{V}_1=\boldsymbol{V}_1^{\mathrm{T}}\boldsymbol{A}^{\mathrm{T}}\boldsymbol{A}\boldsymbol{V}_1=\boldsymbol{\Sigma}$$

$$\boldsymbol{U}_2^{\mathrm{T}}\boldsymbol{A}\boldsymbol{V}_1=\boldsymbol{U}_2^{\mathrm{T}}\boldsymbol{A}\boldsymbol{V}_1\boldsymbol{\Sigma}^{-1}\boldsymbol{\Sigma}=\boldsymbol{U}_2^{\mathrm{T}}\boldsymbol{U}_1\boldsymbol{\Sigma}=\boldsymbol{0}$$

故

$$\boldsymbol{U}^{\mathrm{T}}\boldsymbol{A}\boldsymbol{V}=\begin{bmatrix}\boldsymbol{\Sigma} & \boldsymbol{0}\\ \boldsymbol{0} & \boldsymbol{0}\end{bmatrix}$$

从定理的证明过程可以看出，$\boldsymbol{A}$ 的奇异值可由 $\boldsymbol{A}$ 唯一确定，但对应每个奇异值的奇异向量一般是不唯一的，奇异值分解提出了矩阵 $\boldsymbol{A}$ 的很多有用的信息。

推论 7.7.1　设 $\boldsymbol{A}$ 的奇异值分解为 $\boldsymbol{A}=\boldsymbol{U}\begin{bmatrix}\boldsymbol{\Sigma} & \boldsymbol{0}\\ \boldsymbol{0} & \boldsymbol{0}\end{bmatrix}\boldsymbol{V}^{\mathrm{T}}$，则

(1) $\operatorname{rank}(\boldsymbol{A})=r$，$\operatorname{rank}(\boldsymbol{A})$ 为 $\boldsymbol{A}$ 的秩。

(2) $N(\boldsymbol{A})=\operatorname{span}(\boldsymbol{v}_{r+1}, \boldsymbol{v}_{r+2}, \cdots, \boldsymbol{v}_n)$，$N(\boldsymbol{A})$ 为 $\boldsymbol{A}$ 的核空间。

(3) $R(\boldsymbol{A})=\operatorname{span}(\boldsymbol{u}_1, \boldsymbol{u}_2, \cdots, \boldsymbol{u}_n)$，$R(\boldsymbol{A})$ 为 $\boldsymbol{A}$ 的值域空间。

(4) $\boldsymbol{A}=\sum_{i=1}^{r}\sigma_i\boldsymbol{u}_i\boldsymbol{v}_i^{\mathrm{T}}$。

(5) $\|\boldsymbol{A}\|_2=\max\limits_{\boldsymbol{x}\neq\boldsymbol{0}}\dfrac{\|\boldsymbol{A}\boldsymbol{x}\|_2}{\|\boldsymbol{x}\|_2}=\sigma_1$。

证明　$\boldsymbol{A}=\begin{bmatrix}0.96 & 1.72\\ 2.28 & 0.96\end{bmatrix}=\boldsymbol{U}\boldsymbol{\Sigma}\boldsymbol{V}^{\mathrm{T}}=\begin{bmatrix}0.6 & -0.8\\ 0.8 & 0.6\end{bmatrix}\begin{bmatrix}3 & 0\\ 0 & 1\end{bmatrix}\begin{bmatrix}0.8 & 0.6\\ 0.6 & -0.8\end{bmatrix}^{\mathrm{T}}$

在奇异值分解 $\boldsymbol{A}=\boldsymbol{U}\begin{bmatrix}\boldsymbol{\Sigma} & \boldsymbol{0}\\ \boldsymbol{0} & \boldsymbol{0}\end{bmatrix}\boldsymbol{V}^{\mathrm{T}}$ 中，如果仅取 $\boldsymbol{U}$、$\boldsymbol{V}$ 的前 r 列，仍记为 $\boldsymbol{U}\in\mathbf{R}^{m\times n}$，$\boldsymbol{V}\in\mathbf{R}^{r\times n}$，则有奇异值分解的紧凑形式 $\underset{m\times n}{\boldsymbol{A}}=\underset{m\times r}{\boldsymbol{U}}\ \underset{r\times r}{\boldsymbol{\Sigma}}\ \underset{r\times n}{\boldsymbol{V}^{\mathrm{T}}}$。

特例　若 $\boldsymbol{A}\in\mathbf{R}^{m\times n}$ 为高阵，即 $m\geqslant n$，且 $\boldsymbol{A}$ 列满秩，$\operatorname{rank}(\boldsymbol{A})=r=n$，则对应的 SVD 为 $\underset{m\times n}{\boldsymbol{A}}=\underset{m\times n}{\boldsymbol{U}}\ \underset{n\times n}{\boldsymbol{\Sigma}}\ \underset{n\times n}{\boldsymbol{V}^{\mathrm{T}}}$。若 $\boldsymbol{A}$ 为扁阵，即 $m\leqslant n$，且 $\boldsymbol{A}$ 行满秩，$\operatorname{rank}(\boldsymbol{A})=r=m$，则对应的 SVD 为 $\underset{m\times n}{\boldsymbol{A}}=\underset{m\times m}{\boldsymbol{U}}\ \underset{m\times m}{\boldsymbol{\Sigma}}\ \underset{m\times n}{\boldsymbol{V}^{\mathrm{T}}}$。

下面给出特例情况下奇异值的计算方法。

设 $m\geqslant n$，且 $\boldsymbol{A}$ 列满秩，则 $\boldsymbol{A}^{\mathrm{T}}\boldsymbol{A}=\boldsymbol{V}\boldsymbol{\Sigma}\boldsymbol{U}^{\mathrm{T}}\boldsymbol{U}\boldsymbol{\Sigma}\boldsymbol{V}^{\mathrm{T}}=\boldsymbol{V}\boldsymbol{\Sigma}^2\boldsymbol{V}^{\mathrm{T}}$，即 $(\boldsymbol{A}^{\mathrm{T}}\boldsymbol{A})\boldsymbol{V}=\boldsymbol{\Sigma}^2\boldsymbol{V}$，计算奇异值问题转化为计算对称正定矩阵 $\boldsymbol{A}^{\mathrm{T}}\boldsymbol{A}$ 的特征值的问题。

设 $m\leqslant n$，且 $\boldsymbol{A}$ 行满秩，则 $\boldsymbol{A}\boldsymbol{A}^{\mathrm{T}}=\boldsymbol{U}\boldsymbol{\Sigma}\boldsymbol{V}^{\mathrm{T}}\boldsymbol{V}\boldsymbol{\Sigma}\boldsymbol{U}^{\mathrm{T}}=\boldsymbol{U}\boldsymbol{\Sigma}^2\boldsymbol{U}^{\mathrm{T}}$，即 $(\boldsymbol{A}\boldsymbol{A}^{\mathrm{T}})\boldsymbol{U}=\boldsymbol{U}\boldsymbol{\Sigma}^2$，计算奇异值问题转化为计算对称正定矩阵 $\boldsymbol{A}\boldsymbol{A}^{\mathrm{T}}$ 的特征值的问题。

对上述对称正定矩阵，可以用 $\boldsymbol{QR}$ 算法等算出全部的特征值，取正平方根得 $\boldsymbol{\Sigma}$。

习　题　7

1. 用 Gerschgorin 圆盘定理估计下列矩阵特征值的界：

(1) $\boldsymbol{A}=\begin{bmatrix}1 & 0 & 0\\ 1 & 0 & 1\\ 1 & 1 & 2\end{bmatrix}$；

(2) $\boldsymbol{A}=\begin{bmatrix}2 & -1 & & & \\ -1 & 2 & -1 & & \\ & \ddots & \ddots & \ddots & \\ & & -1 & 2 & -1\\ & & & -1 & 2\end{bmatrix}$。

2. 用规范化幂法计算下列矩阵的主特征值及对应的特征向量，当特征值有 3 位小数稳定时迭代终止。

$$\boldsymbol{A}=\begin{bmatrix}7 & 3 & -2\\ 3 & 4 & -1\\ -2 & -1 & 3\end{bmatrix}$$

3. 用反幂法计算下面矩阵模最小的特征值及对应的特征向量：

$$\boldsymbol{A}=\begin{bmatrix}3 & -4 & 3\\ -4 & 6 & 3\\ 3 & 3 & 1\end{bmatrix}$$

4. 求矩阵 $\begin{bmatrix}4 & 0 & 0\\ 0 & 3 & 1\\ 0 & 1 & 3\end{bmatrix}$ 与特征值 4 对应的特征向量。

5. 方阵 $\boldsymbol{T}$ 分块形式为

$$\boldsymbol{T}=\begin{bmatrix}\boldsymbol{T}_{11} & \boldsymbol{T}_{12} & \cdots & \boldsymbol{T}_{1n}\\ & \boldsymbol{T}_{22} & \cdots & \boldsymbol{T}_{2n}\\ & & \ddots & \\ & & & \boldsymbol{T}_{nn}\end{bmatrix}$$

其中，$\boldsymbol{T}_{ii}(i=1, 2, \cdots, n)$为方阵，$\boldsymbol{T}$ 称为块上三角阵，如果对角块的阶数至多不超过 2，则称 $\boldsymbol{T}$ 为准三角形形式。用 $\sigma(\boldsymbol{T})$ 记矩阵 $\boldsymbol{T}$ 的特征值集合，证明

$$\sigma(\boldsymbol{T})=\bigcup_{i=1}^{n}\sigma(\boldsymbol{T}_{ii})$$

6. 设 $\boldsymbol{x}_1=(1\quad 1\quad 1\quad 1)^{\mathrm{T}}$，用下列两种方法分别求正交矩阵 $\boldsymbol{P}$，使得 $\boldsymbol{Px}=\pm\|\boldsymbol{x}\|_2\boldsymbol{e}_1$。

(1) $\boldsymbol{P}$ 为平面旋转矩阵的乘积；

(2) $\boldsymbol{P}$ 为镜面反射阵。

7. (1) 设 $\boldsymbol{A}$ 是对称矩阵，λ 和 $\boldsymbol{x}(\|\boldsymbol{x}\|_2=1)$是 $\boldsymbol{A}$ 的一个特征值及相应的特征向量，又设 $\boldsymbol{P}$ 为一个正交阵，使 $\boldsymbol{Px}=\boldsymbol{e}_1=(1,0,\cdots,0)^{\mathrm{T}}$，证明 $\boldsymbol{B}=\boldsymbol{PAP}^{\mathrm{T}}$ 的第一行和第一列除了 λ 外其余元素均为零。

(2) 对于矩阵

$$\boldsymbol{A}=\begin{bmatrix}2 & 10 & 2\\ 10 & 5 & -8\\ 2 & -8 & 11\end{bmatrix}$$

$\lambda=9$ 是其特征值，$\boldsymbol{x}=\left(\frac{2}{3},\frac{1}{3},\frac{2}{3}\right)^{\mathrm{T}}$是相应于 9 的特征向量，试求一初等反射阵 $\boldsymbol{P}$，使 $\boldsymbol{Px}=\boldsymbol{e}_1$，并计算 $\boldsymbol{B}=\boldsymbol{PAP}^{\mathrm{T}}$。

8. 利用初等反射阵将 $\boldsymbol{A}=\begin{bmatrix}1 & 3 & 4\\ 3 & 1 & 2\\ 4 & 2 & 1\end{bmatrix}$正交相似约化为对称三对角阵。

9. 设 $\boldsymbol{A}\in\mathbf{R}^{n\times n}$，且 a_{i1}，a_{j1} 不全为零，$\boldsymbol{P}_{ij}$ 为使 $a_{j1}^{(2)}=0$ 的平面旋转阵，试推导计算 $\boldsymbol{P}_{ij}\boldsymbol{A}$ 第 i 行、第 j 行元素公式及 $\boldsymbol{AP}_{ij}^{\mathrm{T}}$第 i 列、第 j 列元素的计算公式。

10. 设 $\boldsymbol{A}_{n-1}$是由豪斯荷尔德方法得到的矩阵，又设 $\boldsymbol{y}$ 是 $\boldsymbol{A}_{n-1}$的一个特征向量。

(1) 证明矩阵 $\boldsymbol{A}$ 对应的特征向量是 $\boldsymbol{x}=\boldsymbol{P}_1\boldsymbol{P}_2\cdots\boldsymbol{P}_{n-2}\boldsymbol{y}$。

(2) 对于给出的 $\boldsymbol{y}$ 应如何计算 $\boldsymbol{x}$？

11. 试用初等反射阵将 $\boldsymbol{A}$ 分解为 $\boldsymbol{QR}$ 矩阵，其中 $\boldsymbol{Q}$ 为正交阵，$\boldsymbol{R}$ 为上三角阵，

$$\boldsymbol{A}=\begin{bmatrix}1 & 1 & 1\\ 2 & -1 & -1\\ 2 & -4 & 5\end{bmatrix}$$

数值实验题

1. 用规范化幂法和原点位移加速法(选适当的 p 值)计算下面矩阵的主特征值及对应的特征向量，当特征值有 6 位小数稳定时迭代终止，比较两种方法的迭代次数。

(1) $\boldsymbol{A}=\begin{bmatrix}2.0 & 1.0 & 0.5\\ 1.0 & 1.0 & 0.25\\ 0.5 & 0.25 & 1.0\end{bmatrix}$；

(2) $\boldsymbol{A}=\begin{bmatrix} 3 & -2 & -4 \\ -2 & 6 & -2 \\ -4 & -2 & 3 \end{bmatrix}$。

2. 利用反幂法求矩阵 $\boldsymbol{A}=\begin{bmatrix} 6 & 2 & 1 \\ 2 & 3 & 1 \\ 1 & 1 & 1 \end{bmatrix}$的最接近于 6 的特征值及对应的特征向量。

3. 用雅可比方法计算 $\boldsymbol{A}=\begin{bmatrix} 1.0 & 1.0 & 0.5 \\ 1.0 & 1.0 & 0.25 \\ 0.5 & 0.25 & 2.0 \end{bmatrix}$的全部特征值及特征向量。

4. 用带位移的 $\boldsymbol{QR}$ 方法计算下面矩阵的全部特征值。

(1) $\boldsymbol{A}=\begin{bmatrix} 1 & 2 & 0 \\ 2 & -1 & 1 \\ 0 & 1 & 3 \end{bmatrix}$；

(2) $\boldsymbol{B}=\begin{bmatrix} 3 & 1 & 0 \\ 1 & 2 & 1 \\ 0 & 1 & 1 \end{bmatrix}$。

参考文献

[1] 郑维行,王声望. 实变函数与泛函分析概要. 北京:高等教育出版社,1980.

[2] 夏道行,吴卓人,等. 实变函数论与泛函分析. 北京:人民教育出版社,1979.

[3] 李庆扬,王能超,易大义. 数值分析. 武汉:华中理工大学出版社, 2006.

[4] 李岳生,黄友谦. 数值逼近. 北京:人民教育出版社,1978.

[5] HARALICK R M, SHAPIRO L G. Computer and Robot Vision. Addison-Wesley, 1992, 1:28 - 48.

[6] 纳唐松. 函数构造论:上册. 徐家福,郑维行,译. 北京:科学出版社,1958.

[7] 纳唐松. 函数构造论:下册. 何旭初,唐述钊,译. 北京:科学出版社,1959.

[8] 宋国乡,等. 数值分析. 西安:西安电子科技大学出版社,2002.

[9] 冯象初,等. 数值分析. 西安:西安电子科技大学出版社,2013.

[10] KINCAID D, CHENEY W. Numerical Analysis. Thomson Learning, 3rd Edition, 2005.

[11] 冯康,等. 数值计算方法. 北京:国防工业出版社,1978.

[12] ORTEGA J M. Numerical Analysis: A Second Course. New York: Academic Press, 1972.

[13] YOUNG D M. Iterative Solution of Large Linear Systems. New York: Academic Press, 1971.